KB060738

Electrical Applications

최신 전기응용

오성근 · 이용길 · 정타관 공저

(가나다 순)

 (주) 북스힐

머리말

산업의 급격한 발전과 더불어 생산공정의 자동화·고속화·고정도화(高精度化)·대용량화 등 규모와 종류가 증대되고 있으며, 전기용품의 신형개발과 함께 전기 에너지의 소비도 급증함에 따라 전기 에너지의 합리적인 운영은 매우 중요하다고 할 수 있다.

이러한 산업의 원동력인 전기 에너지를 합리적으로 운영하기 위하여 각종 전기기계의 효율적인 활용방법에 대하여 연구하는 분야가 전기응용이며, 이 책에서는 조명공학, 전열공학, 전동기응용, 전기철도, 전기화학으로 분류하여 편집하였다.

이 책은 특히 다음과 같은 점에 유의하여 편찬하였다.

- 가급적 최근의 기술정보에 의하여 이론과 각종 데이터를 작성하도록 노력하였다.
- 본문 중에 이해하기 어려운 용어는 각주를 통하여 이해를 돕도록 하였다.
- 각종 주용 공식은 예제를 삽입하여 이해하기 쉽도록 하였다.
- 각 편 또는 각 장이 끝나는 곳에 연습문제를 삽입하여 스스로 총정리를 할 수 있도록 함과 동시에 실력 테스트에 활용할 수 있도록 하였다.
- 부록에 조도기준(KSA 3011) 및 주요내용에 대한 관련 사이트를 수록하였다.

막상 탈고를 하고 보니 이론과 실무의 격차를 실감하면서 미흡한 점이 너무 많으나 앞으로 보완해 나갈 것을 약속하며, 이 책이 후학들의 배움에 많은 도움이 되기를 바라는 바이다. 아울러 독자 여러분의 기탄없는 교시와 지도편달을 바라마지 않으며, 더욱 완벽한 책이 되도록 노력할 것을 다짐하는 바이다.

끝으로 이 책을 출판하기 위해 애써주신 도서출판 북스힐의 조승식 사장과 워드작업 등 제작에 수고를 아끼지 않은 시선 직원 여러분과 자료수집에 많은 협조를 하여준 학생 여러분 모두에게 감사를 드리는 바이다.

저자 일동

차 례

━━━━━━━━━━━━━━ ◉ 1편 조명공학 ◉ ━━━━━━━━━━━━━━

4편 전기철도

5편   전기화학

1편

조명공학

1장

조명의 기초

1-1 전자파의 스펙트럼

전자파(electro magnetic wave)란 그림 1-1과 같이 사람이 들을 수 있는 매우 낮은 주파수의 음파에서부터 시작하여 라디오, 텔레비전, 휴대폰, 레이더에서 사용하는 라디오파 영역, 적외선 영역, 가시광선 영역, 자외선 영역, X-선 영역, 그리고 우주선 영역 등의 매우 광범위한 영역이 있다. 사람이 볼 수 있는 전자파의 영역은 가시광선(可視光線) 영역이며, 이는 전자파의 영역에서 볼 때 매우 좁은 영역에 불과하며, 그 범위는 380~770 [nm]이다. 이처럼 자연에 존재하는 대부분의 전자파를 사람은 느낄 수 없는 것이다. 이러한 전자파는 잘 사용하면 인체에 좋은 것도 있지만 대부분 인체에 나쁜 것으로 알려져 있다. 특히 X-선 영역은 사람에게 너무나 위험하기 때문에 조사되는 한계량이 있으며, 이 외에도 가시광선보다 파장이 짧은 부분(10~400 [nm])의 넓은 범위의 전자파를 자외선(ultra violet ray)이라고 하며, 자외선은 살균 효과가 뛰어난 광선으로 파장에 따라 살균작용, 표백작용, 형광작용 등 여러 가지 화학작용을 하므로 화학선(化學線)이라 하기도 한다. 이러한 자외선을 너무 많이 받으면 피부암의 원인이 될 수 있다.

그러나 가시광선보다 파장이 긴 부분(770~3,000 [nm])에 적외선(infra-red ray)이 있으며, 이것은 오히려 인체의 신진 대사에 도움을 주기 때문에 일부러 적외선을 쬐기 위해 많은 노력을 하고 있다. 자연계의 모든 물체는 적외선을 발산하고 있다. 절대온도 $0\,[\mathrm{K}]\,(-273\,[°\mathrm{C}])$ 이상의 모든 물체는 물질을 이루고 있는 기본 단위인 원자들이 미소한 진동을 하고 있다. 이러한 원자들의 진동 에너지가 적외선 영역의 에너지와 동일하기 때문에 모든 물체는 적외선이 나오고 있는 것이다. 그리고 온도가 높으면 높을수록 더 많은 양의 적외선이 발산하게 되며, 이 적외선이 열작용을 하므로 열선(熱線)이라고도 부른다. 그러나 이러한 적외선도 너무 높은 온도에서는 인체에 오히려 해가 된다고 한다.

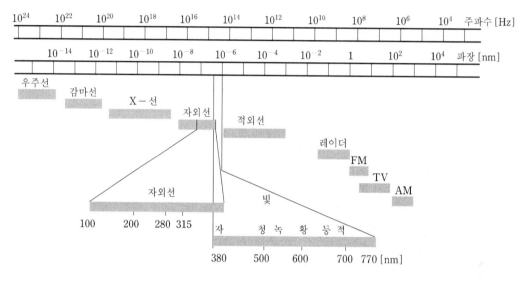

그림 1-1 전자파의 스펙트럼

표 1-1 파장에 따른 전자파의 분류

전 자 파		파 장
극초단파/전파		1 [mm] 이상
적외선(赤外線)	원적외선 영역	14 [μm]~1000 [μm]
	장파장 영역 (LWIR)	8 [μm]~14 [μm]
	중파장 영역 (MWIR)	3 [μm]~5 [μm]
	단파장 영역 (SWIR)	770 [nm]~2.5 [μm]
가시(可視)광선		380 [nm]~770 [nm]
자외선(紫外線)	자외선 A (UVA)	320 [nm]~400 [nm]
	자외선 B (UVB)	290 [nm]~320 [nm]
	자외선 C (UVC)	200 [nm]~290 [nm]
	진공자외선 (Vaccum UV)	10 [nm]~200 [nm]
X-선		0.1 [nm]~200 [nm]
γ-선		0.1 [nm] 이하

전자파의 파장의 단위는 다음과 같다.

$$1[\mu](\text{micron}) = 10^{-6}[\text{m}]$$

$$1[\text{m}\mu](\text{milli micron}) = 10^{-9}[\text{m}]$$

$$1[\text{Å}](\text{Ångstrom}) = 10^{-10}[\text{m}]$$

$$1[\text{nm}](\text{nano meter}) = 1[\text{m}\mu] = 10[\text{Å}]$$

1-2 시감도 (luminousity factor)

방사속(放射束)을 빛으로 이용할 때, 똑같은 양의 방사속이라도 그 파장에 따라 빛의 양이 다르다. 즉, 파장에 따라 빛의 밝음에 대한 느낌이 다르다.

파장 555[nm]의 빛이 가장 밝게 느껴지고 이것으로부터 파장이 길어지거나 짧아지면 밝음에 대한 느낌이 급격히 감소하게 된다. 이와 같이 어느 파장 λ의 방사속 ϕ_λ[W]가 눈에 감각(感覺)되는 광속(光束)을 F_λ[lm]이라고 하면, 방사속에 대한 광속의 비 K_λ를 **시감도**(視感度)라고 한다. 즉,

$$K_\lambda = \frac{F_\lambda}{\phi_\lambda} \quad [\text{lm/W}] \tag{1-1}$$

보통 사람의 눈은 파장 555[nm]의 빛(황록색)을 가장 밝게 느끼고, 이것을 **최대 시감도**라고 하며, 최대 시감도를 기준으로 한 다른 파장의 시감도를 **비시감도**(relative luminousity factor)라고 한다. 최대 시감도인 파장 555[nm]의 빛이 운반하는 에너지가 1[W]일 때, 빛의 밝기(광속)는 683[lm]이다.

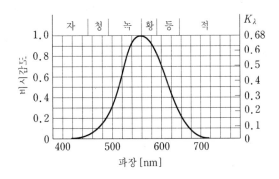

그림 1-2 비시감도 곡선

1-3 방사 (radiation)

빛은 파장(波長)에 따라 특성이 다른 일종의 전자파로 전파되며, 또한 에너지를 가지고 있다. 적외선, 가시광선, 자외선, X-선 등과 같이 전자파로서 에너지가 공간에 전파되는 현상을 **방사**(radiation)라 한다. 전자파의 주파수(frequency)를 f, 파장(wave length)을 λ, 광속도[1]를 c라 하면 다음의 관계가 성립한다.

$$c = f \cdot \lambda \tag{1-2}$$

단, $c = 3 \times 10^8 \,[\mathrm{m/s}]$

1-4 방사속 (radiant flux)

파동의 형태로 공간을 전파하는 전자파(電磁波)가 단위시간당 운반하는 에너지를 **방사속**(radiant flux)이라고 하며, 단위는 와트(Watt : $[\mathrm{W}] = [\mathrm{J/s}]$)를 사용한다.

태양이 방출하는 방사속은 $4 \times 10^{26} \,[\mathrm{W}]$이며, $100\,[\mathrm{W}]$의 백열등, $40\,[\mathrm{W}]$의 형광등이 방출하는 방사속은 각각 약 $80\,[\mathrm{W}]$ 및 $23\,[\mathrm{W}]$이다. 이 중에서 눈으로 직접 볼 수 있는 파장의 방사속은 각각 약 $10\,[\mathrm{W}]$ 및 $9\,[\mathrm{W}]$이다.

1-5 광속 (luminous flux)

방사속 가운데 사람의 눈으로 빛을 느낄 수 있는 파장은 $380 \sim 770\,[\mathrm{nm}]$ 범위 내의 것이며, 이러한 가시범위의 방사속을 눈의 감도를 기준으로 하여 측정한 것을 **광속**(光束)이라 한다.

단위는 루멘(lumen : lm), 기호는 F로 표시하며, 단위시간당 통과하는 빛의 광량(光量)을 말한다.

광량(光量)은 광속의 시간적분을 말하며, 단위는 루멘-시(lumen-hour ; lm-h)로 나타낸다. 미소시간 $dt\,[\mathrm{h}]$ 동안 통과한 빛의 양을 $dQ\,[\mathrm{lm-h}]$ 라 하면 광속 $F\,[\mathrm{m}]$는 다음과 같다.

---

1) 광속도의 가장 정확한 값은

$$c = (2.997902 \pm 0.00009) \times 10^8 \,[\mathrm{m/s}]$$

$$F = \frac{dQ}{dt}, \qquad dQ = F \cdot dt$$

$$\therefore \ Q = \int_0^t F \cdot dt \ \ [\text{lm}-\text{h}] \tag{1-3}$$

1-6 광도 (luminous intensity)

모든 광원(光源)은 넓이와 크기를 가지고 있다. 그리고 태양과 같이 거대한 것(지름 약 6.96×10^5 [km])도 지구와 태양 사이의 거리(149.6×10^6 [km])가 매우 멀리 떨어져 있으므로 하나의 점광원으로 취급할 수 있다. 일반적으로 거리가 광원넓이의 10배 이상이 되면 그 광원을 점광원으로 취급하여도 큰 오차는 없다.

하나의 점광원으로부터 나오는 빛은 모든 방향으로 발산되며, 임의의 방향의 **광도**(光度)는 그 방향의 단위 입체각(solid angle)으로부터 발산되는 광속(光束), 즉 광속의 입체각(立體角) 밀도를 말한다.

그림 1-3에서 미소입체각 $d\omega$로부터 dF의 광속이 발산된다면, 그 방향의 광도 I는 다음의 관계가 성립한다.

$$I = \frac{dF}{d\omega}, \quad dF = I \cdot d\omega \tag{1-4}$$

만약 어느 입체각 ω 내의 광속을 F라 하면, 이 입체각내의 모든 방향의 광도 I는 다음과 같다.

$$I = \frac{F}{\omega} \ [\text{cd}], \quad F = I \cdot \omega \ [\text{lm}] \tag{1-5}$$

광도의 단위는 칸델라(candela : cd), 기호는 I로 표시하며, 단위 입체각으로부터 발산되는 광속(光束)을 말한다.

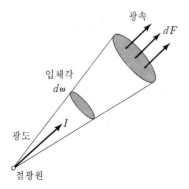

그림 1-3 광 도

1-7 입체각 (solid angle)

그림 1-4와 같은 원뿔모양의 꼭지점 O를 중심으로 반지름이 $r[m]$인 구(球)를 가정하고, 원뿔이 이 구에서 절취하는 표면적이 $S[m^2]$라고 하면 원뿔모양의 입체각 ω는

$$\omega = \frac{S}{r^2} \quad [sr] \tag{1-6}$$

와 같이 된다. 입체각의 단위는 스테라디안(steradian ; sr)이다.

모든 방향의 광도가 균일한 점광원을 **균등점광원**(均等點光源)이라 하며, 이 점광원의 광도를 $I[cd]$라 하면, 이 점광원에서 발산되는 전광속 $F[lm]$는 점광원 둘레의 입체각이 $4\pi[sr]$이므로 다음과 같다.

$$F = 4\pi I \quad [lm] \tag{1-7}$$

광원을 점광원으로 볼 수 없는 경우에는 광도 대신 휘도를 이용하여 빛의 양을 나타낸다.

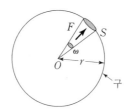

그림 1-4 입체각

예제 1

평균구면광도[2]가 780 [cd]인 전구로부터의 총발산광속은 얼마인가?

풀이 $F = 4\pi I = 4 \times 3.14 \times 780 = 9,805 \ [lm]$

예제 2

점광원으로부터 원뿔의 밑변까지의 거리가 4 [m]이고, 밑변의 반지름이 3 [m]인 원형면에 입사되는 광속이 3,140 [lm]이라면 이 점광원의 평균광도는?

---

2) 평균구면광도 : 광원에서 나오는 광속이 각 방향에 따라 일정하지 않으므로 광원의 전광속을 구의 입체각(4π)으로 나누어 평균한 광도를 말한다.

풀이 입체각 ω는

$$\omega = 2\pi(1 - \cos\theta)$$

$$= 2\pi\left(1 - \frac{4}{\sqrt{3^2+4^2}}\right)$$

$$\fallingdotseq 0.4\pi \text{ [sr]}$$

$$\therefore I = \frac{F}{\omega} = \frac{3,140}{0.4\pi} = 2,500 \text{ [cd]}$$

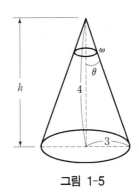

그림 1-5

1-8 조도 (illumination)

어느 면(面)에 광속이 투사되면, 그 면은 밝게 비치는 데 그 정도를 조도(照度)로 표시한다. 즉 조도란 단위면적당 입사광속을 말하며, 단위는 **럭스**(lux : lx), 기호는 E로 표시한다.

그림 1-6에서 면적 $S\,[\mathrm{m}^2]$에 균일하게 광속 $F\,[\mathrm{lm}]$가 투사되고 있을 때, 이 면의 평균조도 E는 다음의 관계가 성립한다.

$$E = \frac{F}{S} \ \ [\mathrm{lx}] \tag{1-8}$$

1럭스[lux]란 MKS 단위로 $1\,[\mathrm{m}^2]$에 $1\,[\mathrm{lm}]$의 광속이 입사할 때의 조도이다.

$$1\,[\mathrm{lx}] = 1\,[\mathrm{lm/m^2}]$$

또한 경우에 따라서 다음과 같이 CGS 단위인 **포트**(phot : ph)를 사용하기도 한다.

$$1\,[\mathrm{ph}] = 1\,[\mathrm{lm/cm^2}] = 10^2 \times 10^2\,[\mathrm{lm/m^2}] = 10^4\,[\mathrm{lx}]$$

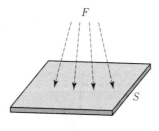

그림 1-6 조 도

※ 미국이나 영국에서는 공업용 조도의 단위로 Foot-candle(fc)을 쓴다.

$$1\,[\mathrm{fc}] = 1\,[\mathrm{lm/ft^2}] = 10.764\,[\mathrm{lx}]$$

1️⃣ 거리 역제곱의 법칙

광도 I[cd]인 균등점광원을 반지름 r[m]인 구(球)의 중심에 놓았을 때, 구면상의 모든 점의 조도 E는

$$E = \frac{F}{S} = \frac{4\pi I}{4\pi r^2} = \frac{I}{r^2} \ [\text{lx}] \tag{1-9}$$

가 된다. 즉 구면상의 조도는 광원의 광도에 비례하고, 거리의 제곱에 반비례한다.

또한 그림 1-7과 같이 점광원의 어느 방향의 광도가 I[cd]일 때 r[m] 떨어진 장소에서 빛의 방향과 수직인 면의 조도 E_n는

$$E_n = \frac{I}{r^2} \ [\text{lx}] \tag{1-10}$$

가 된다. 이것을 조도의 **거리 역제곱의 법칙**(inverse-square law)이라 한다.

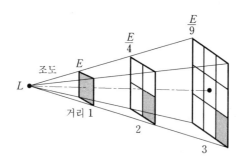

그림 1-7 거리 역제곱의 법칙

2️⃣ 입사각 여현의 법칙

그림 1-8과 같이 어느 평면 S[m²]에 평행광선에 의한 광속 F[lm]가 입사하고 있을 때, 그 면의 조도 E_n는

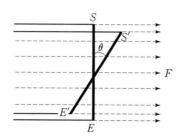

그림 1-8 입사각 여현의 법칙

$$E_n = \frac{F}{S} \ [\text{lx}] \tag{1-11}$$

가 된다. 여기서 S는 평행광선에 수직인 면이며, 광선의 방향에 대하여 면의 법선이 각(角) θ만큼 기울어진 평면을 S'라고 하면 면적의 변화는 없고, 다만 입사하는 광속 F'는 다음과 같이 된다.

$$F' = F \cos \theta \ [\text{lm}] \tag{1-12}$$

따라서, S'면의 조도 E'는

$$E' = \frac{F'}{S} = \frac{F}{S} \cdot \cos \theta = E_n \cdot \cos \theta \tag{1-13}$$

가 된다. 즉 평행광선과 각 θ만큼 기울어진 면의 조도는 광선과 직교하는 면의 조도의 $\cos \theta$ 배이다. 이것을 **입사각 여현의 법칙**(cosine law of incident angle)이라고 한다.

식 (1-9)를 식 (1-12)에 대입하면 다음 식과 같이 된다.

$$E' = E_n \cdot \cos \theta = \frac{I}{r^2} \cdot \cos \theta \tag{1-14}$$

따라서 조도에는 **법선조도**(normal illumination), **수평면조도**(horizontal illumination), **수직면조도**(vertical illumination) 등이 있다. 그림 1-9와 같이 광도 I인 광원으로부터 거리가 r인 점 P의 법선조도, 수평면조도, 수직면조도는 다음 식과 같다.

$$\begin{cases} \text{법선조도} \quad E_n = \dfrac{I}{r^2} \\[2mm] \text{수평면조도} \quad E_h = E_n \cdot \cos \theta = \dfrac{I}{r^2} \cdot \cos \theta \\[2mm] \text{수직면조도} \quad E_v = E_n \cdot \sin \theta = \dfrac{I}{r^2} \cdot \sin \theta \end{cases} \tag{1-15}$$

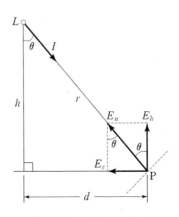

그림 1-9 점광원에 의한 조도

예제 3

150 [cd]의 점광원에서 10 [m]의 거리에 있는 점의 조도는 얼마인가?

풀이 $E = \dfrac{I}{r^2} = \dfrac{150}{10^2} = \dfrac{150}{100} = 1.5 \,[\text{lx}]$

예제 4

100 [cd]의 점광원으로부터 3 [m]의 거리에서 그 방향에 직각인 면과 30° 기울어진 평면상의 조도를 구하여라.

풀이 $E = \dfrac{I}{r^2} \cdot \cos\theta = \dfrac{100}{3^2} \times \cos 30° = \dfrac{100}{9} \times \dfrac{\sqrt{3}}{2} = 9.6 \,[\text{lx}]$

예제 5

그림 1-10과 같이 간판을 비추는 광원이 있다. 간판 위 P점에서의 조도를 200 [lx]로 하려면 광원의 광도를 얼마로 하면 되느냐? 단, P점은 광원 L을 포함하고 간판에 직각인 평면 위에 있으며, 또 간판의 기울기는 직선 LP와 60°이고, LP의 거리는 2 [m]이다.

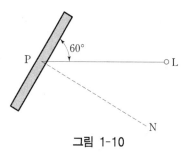

그림 1-10

풀이 $E = \dfrac{I}{r^2} \cdot \cos\theta$ 에서 $\theta = 90° - 60° = 30°$ 이며, $\cos 30° = \dfrac{\sqrt{3}}{2}$, $E = 200\,[\text{lx}]$,

$r = 2\,[\text{m}]$ 이므로

$$\therefore I = \frac{E \cdot r^2}{\cos\theta} = \frac{200 \times 2^2}{\sqrt{3}/2} = 923.78\,[\text{cd}]$$

1-9 휘도 (luminance)

광원을 바라볼 때, 똑같은 광도를 가진 광원이라도 조그만 투명유리구를 통하여 볼 때와 큰 우유빛 글로브(globe)를 씌워서 볼 때의 눈부심(glare)이 다르다. 즉 빛나는 정도가 다르고, 이러한 광원의 빛나는 정도를 **휘도**(luminance)라 하며, 단위로는 니트[3](nit : nt)를 쓰고 있

---

3) $1\,[\text{nt}] = 1\,[\text{cd/m}^2]$

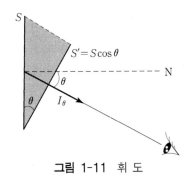

그림 1-11 휘 도

으나 경우에 따라 CGS 단위인 스틸브[4](stilb : sb)를 쓰기도 한다. 기호는 L로 표시한다.

그림 1-11에서 평면 S에 대하여 각 θ 방향의 휘도 L_θ는 θ방향의 광도 I_θ를 그 방향에 대한 정투영면적 $S' = S\cos\theta$로 나눈 값, 즉 광도의 밀도이다.

$$L_\theta = \frac{I_\theta}{S \cdot \cos\theta} \ [\text{cd}/\text{m}^2] \tag{1-16}$$

어느 방향의 광도를 $I\,[\text{cd}]$, 그 방향에 대한 광원의 정투영면적을 S'라고 하면 휘도 L은

$$L = \frac{I}{S'} \ [\text{nt}] \tag{1-17}$$

가 되며, 휘도는 눈으로부터 광원까지의 거리에는 무관함을 알 수 있다.

눈으로 물체를 인식하고 분별하는 것은 면의 휘도차에 의한 것으로 휘도가 균일하면 모두 평판으로 보이게 된다.

예제 6

그림 1-12와 같이 지름이 $4\,[\text{cm}]$, 길이 $1\,[\text{m}]$인 원통형 광원의 직각 방향의 광도를 $325\,[\text{cd}]$

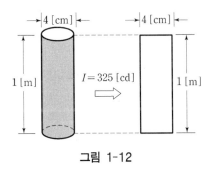

그림 1-12

---

4) $1\,[\text{sb}] = 1\,[\text{cd}/\text{cm}^2]$

※ 미국이나 영국에서는 휘도의 단위로 $[\text{cd}/\text{in}^2]$을 사용한다.

$$1\,[\text{cd}/\text{in}^2] = 0.156\,[\text{cd}/\text{cm}^2]$$

라고 하면, 이 광원의 표면 위의 휘도[sb]는 얼마인가?

풀이 광원의 정투영면적 S'는 폭 4[cm], 길이 1[m]의 면적이므로

$$S' = 4 \times 100 = 400\,[\text{cm}^2]$$

$$\therefore\ L = \frac{I}{S'} = \frac{325}{400} = 0.812\,[\text{cd/cm}^2] = 0.812\,[\text{sb}]$$

 예제 7

150[W]의 백열전구를 반경 20[cm], 투과율 80[%]의 글로브 속에서 점등했을 때의 휘도를 구하여라. 단, 글로브의 반사는 무시하고, 그 광속은 2,450[lm]이다.

풀이 글로브에서의 발산광속 F_0는 전구의 광속을 F라고 하면,

$$F_0 = \tau F = 0.8 \times 2,450 = 1,960\,[\text{lm}]$$

글로브의 투영면은 원이 되므로,

$$S' = \pi r^2 = 3.14 \times 20^2 = 400\pi\,[\text{cm}^2]$$

따라서, 평균휘도 L은

$$L = \frac{I}{S'} = \frac{F_0}{4\pi \cdot S'} = \frac{1,960}{1,600\,\pi^2} = 0.124\,[\text{cd/cm}^2]$$

1-10 광속 발산도 (luminous radiance)

광속 발산도(光速發散度)란 어느 면의 단위면적으로부터 발산하는 광속, 즉 발산광속의 밀도를 말한다. 조도는 어느 면에 입사하는 광속 밀도를 표시하는 반면에, 광속 발산도는 어느 면에서 발산하는 광속 밀도를 표시하므로, 단위는 조도와 구분하여 **라드럭스**[5](rad lux : rlx) 또는 **아포스틸브**[6](apostilb : asb)를 쓰며, 경우에 따라 CGS 단위인 **라드포트**[7](rad phot : rph) 또는 **람벨트**[8](Lambert : L)를 사용한다.

면적 $S[\text{m}^2]$로부터 균일하게 발산하는 광속이 $F[\text{lm}]$이라 하면, 그 면의 광속 발산도 M은

$$M = \frac{F}{S}\,[\text{rlx}] \tag{1-18}$$

가 된다.

---

5) 1[rlx] = 1[lm/m^2] = 1[asb]
6) 1[asb] = 1[lm/m^2] = 1[rlx]
7) 1[rph] = 1[lm/cm^2] = 1[L]
8) 1[L] = 1[lm/cm^2] = 1[rph]

1-11   완전확산면

어느 방향에서 보아도 휘도가 동일한 면을 **완전확산면**(完全擴散面)이라고 한다. 완전 확산면은 실제로 존재하기 어려운 이상적인 면이지만, 이에 가까운 것으로는 유백색 유리구, 가을 하늘 등을 완전확산면으로 취급한다. 완전확산면에서 휘도 L[nt]와 광속 발산도 M[rlx]와의 사이에는

$$M = \pi L \tag{1-19}$$

의 관계가 있다.

예제 8

완전확산면에서 그 휘도를 L, 광속 발산도를 M이라고 할 때, $M = \pi L$가 됨을 증명하여라.

풀이   그림 1-13에서 S를 완전확산발광체라 하고, 그 법선 방향의 광도를 I라 하면 완전확산체이므로 휘도 L은 일정하다. 그러므로

$$L = \frac{I}{S}$$

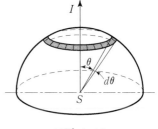

그림 1-13

그리고 θ 방향의 광도를 I_θ, 그 방향의 투영 면적은 $S\cos\theta$이므로,

$$L = \frac{I_\theta}{S\cos\theta} \quad \therefore I_\theta = I\cos\theta$$

θ와 $\theta + d\theta$ 사이의 구대가 포함하는 입체각 $d\omega$를 구하기 위해, 먼저 구대의 면적 dS를 구하면

$$dS = 2\pi r \sin\theta \cdot r\, d\theta = 2\pi r^2 \sin\theta\, d\theta$$

$$\therefore d\omega = \frac{dS}{r^2} = 2\pi \sin\theta \cdot d\theta$$

그러므로 반구내의 전광속 F를 구하면,

$$F = \int_0^{\pi/2} I_\theta\, d\omega = \int_0^{\pi/2} I\cos\theta \cdot 2\pi\sin\theta\, d\theta = \pi I \int_0^{\pi/2} \sin 2\theta\, d\theta = \pi I$$

그런데 $L = \dfrac{I}{S}$이고 광속 발산도 $M = \dfrac{F}{S}$이므로

$$\therefore M = \frac{I}{S} = \frac{\pi I}{I/L} = \pi L$$

1-12 반사율, 투과율, 흡수율

그림 1-14와 같이 어떤 물체에 광속(또는 방사속) F[lm]이 입사하여 그 일부 F_1[lm]이 반사한다면, 입사광속과 반사광속의 비를 **반사율**(reflection factor)이라 하며 ρ로 표시한다.

또, 입사광속 중에서 그 물체를 투과하는 광속의 비를 **투과율**(transmission factor)이라 하며 τ로 표시하고, 입사광속 중에서 그 물체가 흡수하는 광속의 비를 **흡수율**(absorption factor)이라 하며 α로 표시한다. 이들의 관계는 다음과 같다.

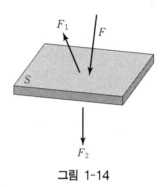

그림 1-14

$$\text{반사율} \quad \rho = \frac{\text{반사광속}}{\text{입사광속}} = \frac{F_1}{F}$$

$$\text{투과율} \quad \tau = \frac{\text{투과광속}}{\text{입사광속}} = \frac{F_2}{F}$$

$$\text{흡수율} \quad \alpha = \frac{\text{흡수광속}}{\text{입사광속}} = \frac{F - F_1 - F_2}{F}$$

$$\text{반사율} + \text{투과율} + \text{흡수율} = 1 \qquad\qquad (1\text{-}20)$$

반사율 ρ, 면적 S[m^2]의 완전확산면에 광속 F[lm]이 입사하면, 그 면의 휘도 L은

$$L = \frac{F}{S} \cdot \frac{\rho}{\pi} = E \cdot \frac{\rho}{\pi} \ [\text{cd/m}^2] \qquad\qquad (1\text{-}21)$$

이 된다.

예제 9

반사율 60[%], 흡수율 20[%]를 가지고 있는 물체에 2,000[lm]의 빛을 비추었을 때, 투과되는 광속 [lm]은?

풀이　$\rho + \tau + \alpha = 1$에서 투과율 τ는

$$\tau = 1 - \rho - \alpha = 1 - 0.6 - 0.2 = 0.2$$

따라서, 투과 광속 F_τ는

$$F_\tau = \tau \times F = 0.2 \times 2,000 = 400 \ [\text{lm}]$$

예제 10

반사율 $50[\%]$의 완전확산성의 종이를 $100[\text{lx}]$의 조도로 비추었을 때, 종이의 광속발산도와 휘도를 구하여라.

풀이 광속발산도를 M이라 하면

$$M = \rho E = 0.5 \times 100 \ [\text{lm/m}^2] = 0.005 \ [\text{lm/cm}^2]$$

완전확산면에서 $M = \pi L$이므로 휘도 L은

$$L = \frac{M}{\pi} = \frac{1}{\pi} \times 0.005 = 0.00159 \ [\text{cd/cm}^2]$$

1-13 발광효율 및 전등효율

광원으로부터 발산되는 전방사속 $\phi[\text{W}]$와 육안으로 느끼게 되는 전광속 $F[\text{lm}]$와의 비를 **발광효율**(luminous efficiency)이라 한다. 즉 발광효율을 ε으로 표시하면

$$\varepsilon = \frac{F}{\phi} \ [\text{lm/W}] \tag{1-22}$$

가 되고, $2,200[\text{K}]$의 텅스텐 전구의 발광효율은 $6[\text{lm/W}]$이고, 최대 시감도를 일으키는 파장 $555[\text{nm}]$는 $680[\text{lm/W}]$이다.

실제로 광원에서 나오는 에너지는 전도(傳導), 대류(對流), 방사(放射) 등에 의하여 소비되므로, 광원에서 소비되는 에너지는 광원에서 발산되는 전방사속보다 많다. 광원의 전소비전력을 $P[\text{W}]$, 광원의 전발산광속을 $F[\text{lm}]$라 하면 **전등효율**(lamp efficiency) η는

$$\eta = \frac{F}{P} \ [\text{lm/W}] \tag{1-23}$$

가 되고, 일반적으로 전등효율은 발광효율보다 적다.

1-14 발광 현상

① 발광의 종류

방사 에너지를 발생시키려면 그 파장에 따라 여러 가지 방법이 있으나, 조명에 필요한 빛을 발생시키는 방법에는 **온도방사**(temperature radiation)와 **루미네슨스**(luminescence)에 의한 방법이 있다.

② 온도방사

물체에 열을 가하여 온도를 높이면 빛을 발산하여 방사현상을 일으킨다. 처음에는 적외선을 방사하고, 400~450[℃]에서 암적색(dull red)을 볼 수 있으며, 더욱 온도를 높여 500[℃] 이상으로 하면 빛을 발산하기 시작하고, 더욱더 온도를 높이면 등색, 황색을 거쳐 백색으로 된다. 이 상태를 백열(incandescence)상태라고 하며, 여러 가지 파장의 전자파가 방사된다. 이 것을 **온도방사**라고 부른다.

③ 색온도

흑체[9](black body)를 고온으로 가열하면 광색은 적색, 황색, 청록색, 백색으로 변화한다. 흑체의 어느 온도에서의 광색과 광원의 광색이 같을 때, 그 흑체의 온도를 광원의 **색온도** (color temperature)라고 한다. 색온도는 절대온도 $T[K]$로 표시하며, 표 1-2는 각종 광원의 색온도를 표시한 것이다.

표 1-2 각종 광원의 색온도

광원의 종류	색온도 [K]	광원의 종류	색온도 [K]
태양이 솟은 후 30분	2,400~2,650	가스입 전구(1,000[W])	2,990
태양이 솟은 후 9~15시	5,450~5,800	사진 전구(250[W])	3,475
맑은 하늘 9~15시	12,000~26,000	형광 램프(백색)	4,500
흐린 하늘	6,800~7,000	형광 램프(주광색)	6,500
달 빛	4,100	순수 탄소아크등	3,700
가스입전구(40[W])	2,760	아세틸렌염	2,380
가스입전구(100[W])	2,865	가스염	2,160
가스입전구(500[W])	2,960	파라핀 양초	1,925

---

9) 흑체(黑體)란 입사하는 방사 에너지(광속)를 모두 흡수해 버리는 물체로서 반사나 투과가 전혀 없는 이상적인 물체이며, 흑체에 열을 가하면 이 열은 모두 흑체에 흡수되고 흡수된 열은 적외선이라는 형태로 손실없이 나오는 것을 뜻한다. 이에 가까운 것은 숯과 검정 등이 있다.

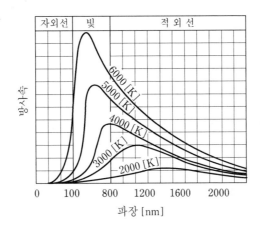

그림 1-15 흑체의 온도방사 특성곡선

흑체에서 방사되는 에너지의 특성은 그림 1-15와 같고, 이 곡선을 보면 방사에너지의 양은 파장에 따라 다르며, 어느 특정파장에서 최대로 된다. 또 흑체의 온도가 높을수록 방사에너지는 증가한다. 이 곡선에서 특성곡선과 횡축으로 둘러싸인 면적은 방사에너지의 총량에 비례한다.

1-15 온도방사에 관한 법칙

➊ 스테판 볼츠만의 법칙

온도 $T[\mathrm{K}]$의 흑체의 단위표면적으로부터 단위시간에 방사되는 전방사에너지 W는 그 절대온도 T의 4제곱에 비례한다. 이것을 **스테판 볼츠만의 법칙**(Stefan-Boltzmann's law)이라 한다.

$$W = a\,T^4 \ [\mathrm{W/m^2}] \tag{1-24}$$

여기서 a는 스테판 볼츠만의 상수로서 $a = 5.6696 \times 10^{-8}\,[\mathrm{W/m^2 \cdot K^4}]$이다.

예제 11

온도가 2,000[K]가 되는 흑체의 전방사에너지는 1,000[K]일 때 값의 몇 배가 되는가?

풀이 흑체의 단위표면적으로부터 단위시간에 방사되는 에너지 W는 그 절대온도 $T[\mathrm{K}]$의 4승에 비례한다(스테판 볼츠만의 법칙).
따라서 온도가 2배인 경우에 전방사에너지는 $2^4 = 16$배가 된다.

❷ 빈의 변위법칙

그림 1-15와 같이 흑체의 온도방사는 그 온도에 따라 방사스펙트럼의 상태가 달라진다. 즉, 흑체에서 방사되는 에너지의 최대 파장 λ_m은 절대온도 $T[\mathrm{K}]$에 반비례한다. 이것을 **빈의 변위법칙**(Wien's displacement law)이라고 한다.

$$\lambda_m = \frac{b}{T} \ [\mu] \tag{1-25}$$

여기서, b는 상수로서 $2,896\,[\mu \cdot \mathrm{K}]$이다.

예제 12

$3,300\,[\mathrm{K}]$에서 흑체의 최대 파장 $[\mu]$은 약 얼마인가? 단, 빈의 변위법칙에서 상수값은 $2,896\,[\mu \cdot \mathrm{K}]$이다.

풀이 빈의 변위법칙에 의하여 최대 파장은 $\lambda_m = \dfrac{b}{T}$ 이고, $b = 2,896\,[\mu \cdot \mathrm{K}]$, $T = 3,300\,[\mathrm{K}]$ 이므로

$$\therefore \lambda_m = \frac{2,896}{T} = \frac{2,896}{3,300} = 0.878\,[\mu]$$

❸ 플랑크의 방사법칙

절대온도 $T[\mathrm{K}]$, 임의의 파장 $\lambda\,[\mu]$에 있어서의 분광 방사속의 발산도 P_λ는 다음과 같다.

$$P_\lambda = \frac{c_1}{\lambda^5} \cdot \frac{1}{e^{c_2/\lambda T} - 1} \ [\mathrm{W/m^2 \cdot \mu}] \tag{1-26}$$

이것을 **플랑크의 방사법칙**(Planck's radiation law)이라고 한다.

여기서 c_1 및 c_2는 플랑크의 정수로서 $c_1 = 2\pi hc^2 = 3.7415 \times 10^{-16}\,[\mathrm{W \cdot m^2}]$, $c_2 = 1.4388 \times 10^{-2}\,[\mu \cdot \mathrm{K}]$이며, e는 자연대수의 밑으로 $e = 2.71828$ 이다.

1-16 루미네슨스

백열전구와 같이 물체의 온도를 높여서 빛을 발생시키는 온도방사 이외의 모든 발광을 루미네슨스(luminescence)라고 한다. 루미네슨스는 일반적으로 물질이 빛, X-선, 방사선 및 화학적 자극을 받아 그 에너지를 흡수해서 빛을 방출하는 현상을 말하고, **냉광**(cold light)이라

고도 한다.

루미네슨스는 발광의 지속시간에 따라 **형광**(fluorescence)과 **인광**(phosphorescence)으로 분류된다. 형광은 자극이 작용하는 동안만 발광을 계속하고 자극이 사라지면 곧 발광을 멈추는 것을 말하며, 인광은 자극이 없어진 후에도 장시간(1/1,000초에서 1일 정도 ; 물질에 따라서 다르다) 발광을 지속하는 것을 말한다.

루미네슨스는 처음에 주어지는 자극의 종류에 따라 다음과 같은 종류가 있다.

(1) 전기 루미네슨스 (electric luminescence)

기체 또는 금속 증기내의 방전에 따른 발광현상을 이용한 것으로, 대전입자(帶電粒子) 상호간 또는 원자, 분자 등의 충돌에 기인하는 것이며, 네온관등과 수은등과 같은 방전등은 전기 루미네슨스를 이용한 것이다.

(2) 방사 루미네슨스 (radiant luminescence)

어떤 물질에 광선, 자외선, X-선 등의 단파장(短波長)의 방사에너지를 조사(照射)하면 이 물질 중의 원자 또는 분자가 그 중 어떤 파장의 방사에너지를 흡수하여 일부 또는 전부를 장파장(長波長)의 빛으로 발산하는 것을 말한다.

야광도료(夜光塗料)는 방사 루미네슨스의 인광을 발생하는 것이고, 형광등은 형광을 이용한 것이다.

(3) 음극선 루미네슨스 (cathode-ray luminescence)

음극선(陰極線)이 형광체와 같은 물체에 조사되었을 때, 일어나는 발광으로서 텔레비전 영상, 브라운(braun)관, 오실로그래프(oscillograph) 등에 이용된다.

(4) 파이로 루미네슨스 (pyro luminescence)

알칼리 금속, 알칼리 토금속 등의 증발하기 쉬운 원소 또는 염류를 가스의 불꽃 속에 넣을 때, 금속증기가 발광하는 것을 말하며, 염색반응(染色反應)에 의한 화학분석, 스펙트럼분석, 발염 아크등 등에 응용된다.

(5) 열 루미네슨스 (thermal luminescence)

물체를 가열할 때, 같은 온도의 흑체에 비하여 많은 방사속을 발산하는 현상을 말한다. 금강석, 대리석, 형석(螢石) 등을 약간 가열하면 일어나는 발광이다.

(6) 생물 루미네슨스 (bio luminescence)

반딧불이, 야광충(夜光虫), 발광어류(發光魚類), 발광박테리아 등의 생물(生物)에서의 발광을 말한다. 이것은 루시페린(luciferin)이라는 발광물질이 같은 세포내에 있는 루시페라제 (luciferase)라고 하는 발광효소의 작용으로 물로 산화될 때 발광하는 것이다.

(7) 화학 루미네슨스 (chemi luminescence)

황린(黃燐)이 산화(酸化)할 때에 발광하는 것과 같이 화학반응에 의해서 직접 생기는 발광을 말하며, 보통 연소 때의 발광과 구별된다.

(8) 마찰 루미네슨스 (tribo luminescence)

각설탕, 석영 등의 결정을 어두운 곳에서 분쇄하면 청백한 빛을 볼 수 있는 것과 같이, 물질을 기계적으로 파괴하거나 마찰할 때, 순간적으로 발광하는 것을 말한다.

(9) 결정 루미네슨스 (crystallo luminescence)

황산소다(Na_2F_2), 황산가리($NaSO_4$) 등이 용액에서 결정하는 순간에 발광하는 현상을 말한다.

1-17 배광곡선과 루소 선도

1️⃣ 배광곡선

발광체가 놓인 공간에서 광속분포의 상태, 즉 광원의 중심을 지나는 평면상의 광속분포를 극좌표로 나타낸 것을 **배광곡선**(distribution curve of light)이라 하고, 수평면상의 것을 **수평배광곡선**, 수직면상의 것을 **수직배광곡선**이라고 한다. 일반적으로 배광곡선이라 하면 수직배광곡선을 말한다.

그림 1-16(a)는 가스입 백열전구의 배광입체도, 그림 1-16(b)는 수직배광곡선을 표시한 것이며, 그림 1-17은 각종 조명기구의 배광곡선을 나타낸 것이다.

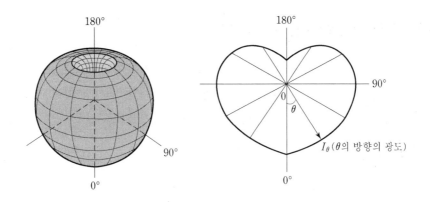

(a) 배광입체도   (b) 수직배광곡선

그림 1-16 백열전구의 배광곡선

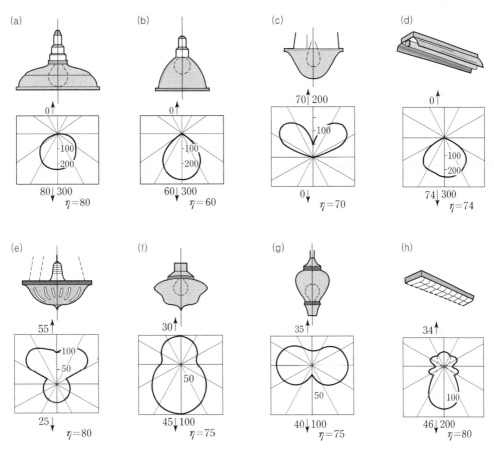

(a) 법랑을 입힌 강판 반사갓
(b) 법랑을 입힌 강판 반사갓 (좁은 곳에서 사용함)
(c) 간접조명 불투명 반사갓
(d) 형광등용 반사갓

(e) 반간접조명용 젖빛유리 반사갓
(f) 젖빛유리제 글로브
(g) 도로용 글로브
(h) 형광등용 루버가 붙은 기구

그림 1-17 각종 조명기구의 배광곡선

❷ 축대칭 완전확산광원의 배광곡선

어느 광원의 임의의 방향에 대한 광도는 그 방향에서 광원을 바라보았을 때의 투영면적에 휘도를 곱한 값이 된다. 그러므로 완전확산광원인 경우에는 어느 방향에서 보아도 휘도가 같으므로 이 경우에는 광원의 투영면적만 구하면 간단하게 배광곡선을 구할 수 있다.

(1) 구 광원

그림 1-18(a)와 같이 반지름 r인 구 광원의 휘도를 L이라고 하면, 어느 방향에서의 투영면적도 πr^2이므로 광도 I는

$$I = \pi r^2 \cdot L \tag{1-27}$$

가 되고, 수직배광곡선은 그림 1-18(b)와 같이 광원의 중심을 중심으로 하는 원이 된다.

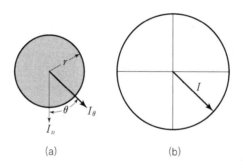

(a)   (b)

그림 1-18 구광원의 배광곡선

(2) 반구 광원

그림 1-19(a)와 같이 반지름 r, 휘도 L의 반구(半球)에서는 $\theta = 0°$의 방향에서는 $I_0 = \pi r^2 L$, $\theta = 90°$의 방향에서는 $I_{90} = \frac{1}{2} \pi r^2 L$이 된다. 임의의 θ 방향의 정투영면적은 그림 1-19(a)의 S'와 같이 반원과 반타원과의 합성이고, 반타원의 면적은 $\frac{1}{2} \pi r^2 \cos \theta$가 된다. 따라서 θ 방향의 광도 I_θ는

$$I_\theta = \left(\frac{1}{2} \pi r^2 + \frac{1}{2} \pi r^2 \cos \theta \right) L = \frac{1}{2} I_n (1 + \cos \theta) \tag{1-28}$$

가 되고, 이 수직배광곡선은 그림 1-19(b)와 같이 된다.

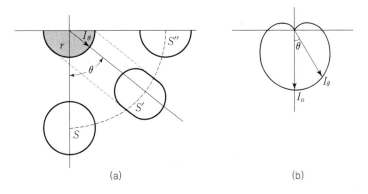

(a)   (b)

그림 1-19 반구 광원의 배광곡선

(3) 원통 광원

그림 1-20(a)와 같이 반지름 r, 높이 h의 수직원통의 외면이 휘도 L을 가질 때, 수평 방향의 정투영면적은 폭 $2r$, 높이 h인 직사각형이므로 수평광도는 $I_n = 2rhL$이 된다.

따라서 광도 I_θ는

$$I_\theta = 2rh \sin \theta \cdot L = I_n \sin \theta \tag{1-29}$$

가 되고, 수직배광곡선은 그림 1-20(b)와 같이 수평광도 I_n을 지름으로 하는 원이 된다.

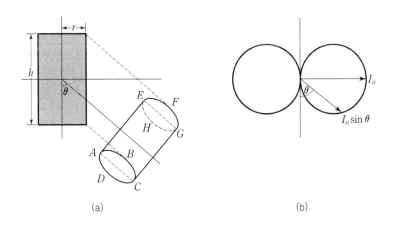

(a)   (b)

그림 1-20 원통 광원의 배광곡선

(4) 평원판 광원

그림 1-21(a)와 같이 휘도 L, 면적 S인 평원판 광원에서 그 법선방향의 광도는 $I_n = LS$이

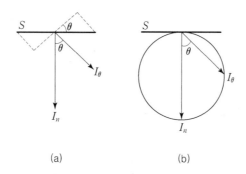

(a)   (b)

그림 1-21 평원판 광원의 배광곡선

고, 이것과 θ각을 이루는 방향의 투영면적은 $S\cos\theta$이므로 그 방향의 광도 I_θ는

$$I_\theta = L \cdot S \cos\theta = I_n \cdot \cos\theta \tag{1-30}$$

이다. 그러므로 법선방향을 수직축으로 한 수직배광곡선은 그림 1-21(b)와 같이 광원에 접하는 원이 된다.

3 루소 선도

방향에 따라 광도가 다른 점광원의 전광속을 구하려면, 루소 선도(Rousseau diagram)를 사용하는 것이 좋다. 대부분의 인공광도는 각 방향의 광속분포가 축대칭을 가지는 경우가 많고, 또 광원의 축을 중심으로 적당히 회전시키면 위와 같은 상태로 할 수 있다. 이와 같이 대칭축을 가진 점광원의 배광곡선을 얻었다고 가정하고, 그림 1-22에서 광원 O를 중심으로 반경 $R[\mathrm{m}]$의 구면을 그리면, 각 θ와 $\theta+d\theta$ 사이의 구면대의 면적 dS는

$$dS = 2\pi R^2 \sin\theta\, d\theta \ [\mathrm{m}^2]$$

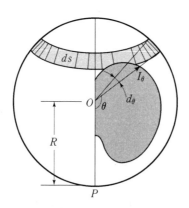

그림 1-22 배광곡선

이고, 이 중심에서 구면대의 양단을 향한 입체각 $d\omega$는 다음 식과 같이 표시된다.

$$d\omega = \frac{dS}{R^2} = 2\pi \sin\theta\, d\theta$$

θ방향의 광원의 광도를 $I_\theta\,[\mathrm{cd}]$라 하면, $d\omega$ 내의 광속 dF는

$$dF = I_\theta\, d\omega = 2\pi I_\theta \sin\theta\, d\theta \ [\mathrm{lm}]$$

이다. 따라서, 전광속 F는

$$F = 2\pi \int_0^\pi I_\theta \sin\theta\, d\theta \ [\mathrm{lm}] \tag{1-31}$$

가 된다. 이와 같이 배광곡선의 적분을 도표로 나타낸 것이 **루소 선도**(Rousseau diagram)이다.

루소 선도의 면적은 다음에 증명하는 바와 같이 광속에 비례하므로 면적을 측정하여 전광속을 구할 수 있다.

그림 1-23의 광원 O를 중심으로 반경 $R\,[\mathrm{m}]$의 원을 그리고, 직경 OA, OB, OC, $\cdots$의 연장선이 원주와 만나는 점에서 x축에 평행선을 그어 y축으로부터 $aa' = OA$, $bb' = OB$, $cc' = OC$라고 한다. 즉 aa'는 OA 방향의 광도 I_θ와 같게 취한 것이 된다. 따라서 광도 $1\,[\mathrm{cd}]$를 나타내는 동경(動經)의 길이를 $k\,[\mathrm{m}]$라고 하면, 점 q'의 x, y 좌표는

$$x = kI_\theta, \qquad y = -R\cos\theta$$

이므로, 곡선 $a'b'c'q'$와 y축으로 이루어지는 부분의 면적을 S라고 하면, 다음과 같이 된다.

$$S = \int_0^{2R} x\, dy = kR \int_0^\pi I_\theta \sin\theta\, d\theta \ [\mathrm{m}^2] \tag{1-32}$$

$k = 1$이라 하고, 식 (1-30)과 (1-31)을 비교해 보면 루소 선도가 나타내는 면적 S는 광원의 전광속 F와 다음의 관계가 성립된다.

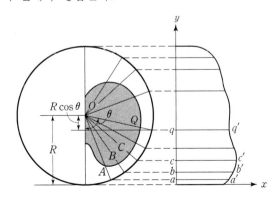

그림 1-23 루소 선도

$$F = \frac{2\pi}{R} \cdot S \ [\text{lm}] \tag{1-33}$$

따라서 루소 선도의 면적을 측정하면 전광속을 구할 수 있음을 알 수 있다. 다음에 간단한 광원의 루소 선도에 의한 광속계산의 예를 들어 본다.

(1) 구 광원

구 광원의 균등한 광도를 I_a라 하면 $x = I_\theta = I_a$이므로, 루소 선도의 기선으로부터 I_a만큼 떨어져서 평행인 그림 1-24 (b)와 같은 직선으로 되며, 루소 선도의 면적 S는 $S = 2R \cdot I_a$로 표시된다. 따라서

$$\text{전광속} = \frac{2\pi}{R} \times (\text{루소 선도의 면적})$$
$$= \frac{2\pi}{R} \times 2RI_a$$
$$= 4\pi I_a \tag{1-34}$$

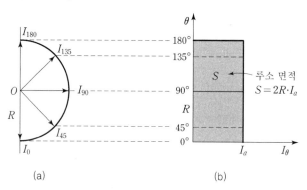

(a)   (b)

그림 1-24 구 광원의 배광곡선과 루소 선도

(2) 원통 광원

원통 광원의 최대 광도를 I_b라 하면 $I_\theta = I_b \sin\theta$로 된다. 그러므로

$$x = I_b \sin\theta, \qquad y = -R\cos\theta$$

이 두 식으로부터 θ를 소거하기 위하여 $\sin^2\theta + \cos^2\theta = 1$을 사용하면,

$$\frac{x^2}{I_b{}^2} + \frac{y^2}{R^2} = 1$$

이 되고, 이것은 횡축이 I_b, 종축이 R인 원이 되므로 그림 1-25(b)와 같은 곡선으로 된다.

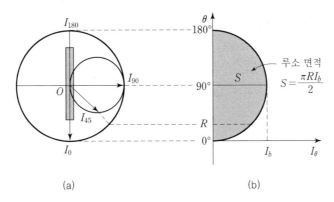

그림 1-25 원통광원의 배광곡선과 루소 선도

따라서

$$전광속 = \frac{2\pi}{R} \times (루소 \ 선도의 \ 면적)$$

$$= \frac{2\pi}{R} \times \frac{\pi R \cdot I_b}{2} = \pi^2 I_b \tag{1-35}$$

(3) 평판 광원

평판 광원의 최대 광도를 I_c라 하면, $I_\theta = I_c \cos \theta$로 되므로,

$$x = I_c \cos \theta, \qquad y = -R \cos \theta$$

x의 식으로부터 $\cos \theta$를 구하여, y의 식에 대입하면,

$$y = -R \frac{x}{I_c} = -\frac{R}{I_c} x$$

이 되고, 이것은 원점을 통과하여 횡축과 $\tan R / I_c$을 이루는 그림 1-26 (b)와 같은 직선이 된다. 따라서

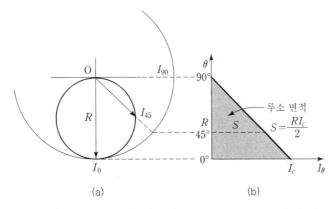

그림 1-26 평판광원의 배광곡선과 루소 선도

$$전광속 = \frac{2\pi}{R} \times (루소\ 선도의\ 면적)$$

$$= \frac{2\pi}{R} \times \frac{R \cdot I_c}{2} = \pi I_c \tag{1-36}$$

구 광원, 원통 광원, 평판 광원에 대한 배광곡선과 루소선도는 그림 1-27과 같다.

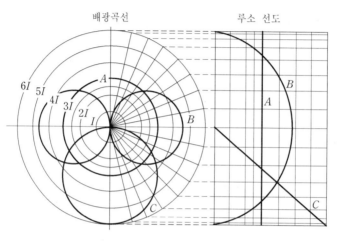

배광곡선   루소 선도

A : 구 광원
B : 원통 광원
C : 평판 광원

그림 1-27 배광곡선과 루소 선도

표 1-3 기하학적 광원의 배광곡선

성질 \ 광원	직 선	원 통	구	반 구	평 판
전등축					
수직배광곡선					
루소 선도					
I_θ	$I_{90} \sin\theta$	$I_{90} \sin\theta$	$I_\theta = I_{90} = I_0$	$I_{90}(1 + \cos\theta)$	$I_0 \cos\theta$
I_{90}	최대	최대	$I_\theta = I_{90} = I_0$	$I_0/2$	0
I_0	0	0	$I_\theta = I_{90} = I_0$	최대	최대
전광속 F_0	$\pi^2 I_{90}$	$\pi^2 I_{90}$	$4\pi I_0$	$2\pi I_0$	πI_0
하반구광속	$F_0/2$	$F_0/2$	$F_0/2$	$3F_0/4$	F_0
상반구광속	$F_0/2$	$F_0/2$	$F_0/2$	$F_0/4$	0

예제 13

루소 선도가 그림 1-28과 같이 표시되는 광원의 하반구광속을 구하여라.

풀이 루소 선도에서 광원의 광속 $F[\text{lm}]$와 루소 선도의 면적 S 사이에는

$$F = \frac{2\pi}{R} S$$ 이고, $R = 100$

이므로

하반구광속에 대한 루소 선도의 면적 S는

$$S = \frac{(100 + 50)}{2} \times 100 = \frac{150 \times 100}{2}$$

$$\therefore F = \frac{2\pi}{100} \times \frac{150 \times 100}{2}$$

$$= 150\pi$$

$$= 471 \ [\text{lm}]$$

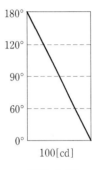

그림 1-28

1-18 시각의 작용

눈은 조도가 변화하여도 스스로 그 기능을 적응시키는 능력이 있으므로, 일광(日光)이 직사하는 밝은 곳이나 달밤과 같은 어두운 곳에서도 마찬가지로 동작하게 된다. 이것을 **순응**(adaptation)이라고 한다. 눈이 어두운 곳에 순응하는 것을 **암순응**(dark adaptation), 밝은 곳에 순응하는 것을 **명순응**(light adaptation)이라 한다.

명순응에서 암순응으로 변할 때에는 약 30분이 필요하고, 암순응에서 명순응으로 변할 때는 약 1~2분 정도 걸린다. 터널(tunnel)조명에서 특히 순응에 대한 고려를 하여야 한다.

1 조명의 네 가지 요소

물체가 잘 보이기 위해서는 다음의 네 가지 조건을 만족하여야 한다. 이것을 조명의 네 가지 요소라 한다.

(1) 충분하게 밝을 것

물체를 비추고 있는 빛이 없다면 물체를 볼 수 없고, 빛이 있다 하더라도 충분한 빛이 없으면 물체가 잘 보이지 않는다. 실제에 있어서는 물체에서 나오는 광속에 의하여 그 물체를 인식하므로 광속발산도(＝조도×반사율)가 커야 한다.

(2) 물체의 크기, 즉 시각이 클 것

박테리아와 같이 작은 것은 아무리 조도를 밝게 하여도 보이지 않는다. 그러므로 물체의 크기가 커야 한다. 물체의 크기라 함은 물체의 치수가 아니고 시각(視角)의 크기를 말하는 것이다.

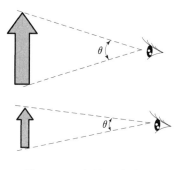

그림 1-29   시각(視角)의 크기

(3) 대비가 클 것

물체와 그 물체 주위의 밝기의 차이, 즉 대비(對比)가 커야 한다. 예컨대 흰눈 위에 엎지른 숯가루는 잘 보이지만 백묵가루는 잘 보이지 않는다.

(a) 대비가 작다

(b) 대비가 크다

그림 1-30   대 비

(4) 보는 시간이 길 것

빠르게 움직이는 것은 느리게 움직이는 것보다 자세히 볼 수 없다. 물체를 보는 시간을 T 라 하면, 그 역수 $1/T$ 을 시속도(視速度)라 하며, 이 시속도가 작아야 한다.

2 눈부심(glare)

시야 내에 광원이 직접 노출되거나, 정반사에 의해 광원의 모습이 눈에 들어오므로 불쾌감,

고통, 눈의 피로 또는 시력의 일시적인 감퇴를 초래하는 현상을 눈부심(glare)이라고 한다. 눈부심을 일으키는 주요 원인을 들면 다음과 같다.

① 광원의 휘도가 과대할 때
② 눈에 들어오는 광속이 너무 많을 때
③ 광원을 오래 바라볼 때
④ 순응이 잘 안될 때
⑤ 시선 부근에 광원이 있을 때
⑥ 광원과 배경 사이의 휘도대비가 클 때

높은 휘도에 의한 눈부심은 잠시동안 잔상(殘像)을 낳는다. 그리고 순응이 잘 안될 때의 예로는 대낮에 밖에서 성냥을 켜도 눈부시지 않으나, 어두운 밤의 성냥불은 눈이 부시다. 이것은 성냥의 불빛에는 변함이 없고, 다만 눈의 순응상태가 다르기 때문에 일어나는 현상이다.

눈부심이 있으면 작업능률이 저하하고 부상 등 재해의 원인이 된다. 그러므로 눈부심을 적극 피하여야 한다. 눈부심을 제거하기 위해서는 휘도가 낮은 광원을 사용하든지 광원 주위를 밝게 하든지 또는 광원이 시야에 들어오지 않도록 하여야 한다. 사람이 오랜 시간 바라볼 수 있는 휘도의 한계는 $5,000\,[\mathrm{cd/m^2}]$이다.

③ 색 (color)의 3요소

색채는 인간의 심리적인 면에 많은 영향을 주고 있으므로 최근에는 건물의 각 분야에 색채적인 요소가 많이 들어 있으며, 이 색채는 조명 방법에 따라 그 효과를 살릴 수도 있고 아주 낮출 수도 있게 된다. 색에는 다음과 같은 3요소가 있다.

① **색상**(hue) : 적색, 청색, 황색 등과 같은 색의 종류를 나타낸다.
② **명도**(luminosity) : 색의 밝음의 정도를 말하는 것으로 백색은 상당히 밝고, 흑색은 어둡고, 회색은 그 중간 정도이다(모든 색은 명도가 0에서 흑색으로 된다).
③ **채도**(saturation) : 색에 대한 선명도를 말하는 것으로 교통신호의 적색은 선명하지만 검붉은 적색은 흐릿하다(백색이 혼합되지 않은 순수한 색의 채도는 100%이며, 0%로 되면 백색이 된다).

④ 연색성

광원의 분광분포 곡선이 원만하지 않으면 기복의 심한 정도에 따라 색의 보임에 미치는 영향이 크다. 이러한 물체의 고유한 색을 사실대로 재현하는 특성을 **연색성**(演色性)이라고 한다.

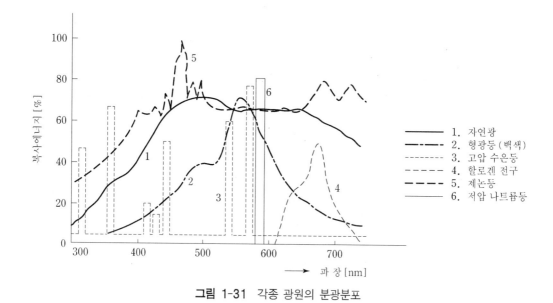

그림 1-31 각종 광원의 분광분포

그림 1-31에서 자연광의 분광분포는 원만한데 비하여 수은등, 나트륨등과 같은 인공광원은 기복이 심하다. 따라서 일반적으로 인공조명은 자연광 밑에서 본 것보다 색의 보임이 떨어진다. 백열전구는 청색과 보라색의 빛이 적으며, 주광색 형광등은 적색 계통이 적음을 알 수 있다.

인공광원 중에서 연색성이 가장 좋은 것은 제논등(xenon lamp)이며, 연색성이 가장 나쁜 것은 나트륨등(sodium vapour lamp)이다.

연색성의 평가법으로서 연색성 평가지수(R_a)가 있고, 이것은 시료 광원에 근접한 색온도를 지닌 기준 광원에 의한 색을 보는 방법을 비교하여, 색틀림을 정량화한 것으로 색틀림이 없는 태양광(주광)에서 보여지는 기준 수치를 100이라 한다. 백열 전구나 할로겐 전구가 평균 연색성 평가지수는 100에 근접하나, 형광등은 65~99, 메탈 할라이드등은 65~93이다. 색의 재현에는 연색성 평가지수(R_a)가 적어도 85 이상이 바람직하다.

연습문제

1. 가시광선의 파장의 범위는 몇 [nm]인가?

2. 최대시감도의 파장은 몇 [nm]인가?

3. 광원의 색온도란 무엇인가?

4. 완전확산면이란 무엇인가?

5. 조명의 단위에서 람벨트 [L]는 무엇의 단위인가?

6. 흑체(black body)란 무엇인가?

7. 우수한 조명의 조건 네 가지는 무엇인가?

8. 온도가 3,000 [K]가 되는 흑체의 전방사에너지는 1,000 [K]일 때 값의 몇 배가 되는가?

9. 반사율 50 [%]의 완전확산성의 종이를 100 [lx]의 조도로 비추었을 때, 종이의 휘도 B를 구하여라.

10. 그림 1-32와 같이 간판을 비추는 광원이 있다. 간판 위 P점에서의 조도를 200 [lx]로 하려면 광원의 광도 [cd]는 얼마인가? (단, P점은 광원 L을 포함하고 간판에 직각인 평면 위에 있으며, 또 간판의 기울기는 직선 LP와 30°이고, LP 간의 거리는 1 [m]이다)

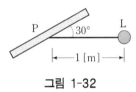

그림 1-32

11. 100 [cd]의 점광원으로부터 2 [m]의 거리에서 그 방향과 직각인 면과 30° 기울어진 평면상의 조도는 얼마인가?

12. 60 [W] 전구를 책상 위 2 [m]인 곳에서 점등하였을 때, 전구의 바로 밑의 조도가 18 [lx]가 되었다. 이 전구를 50 [cm]만큼 책상 쪽으로 가까이 할 때의 조도 [lx]는 얼마인가?

13. 백열전구가 있다. 평균 수평면 광도는 100 [cd], 주변 확산율이 0.9일 때, 전구의 전광속 [lm]을 구하여라.

14. 반사율 40 [%], 흡수율 10 [%]를 가지고 있는 캐트지에 1,500 [lm]의 빛을 비추었을 때 투과 광속 [lm]은 얼마인가?

15. 균일한 휘도를 가진 긴 원통(원주)광원의 축 중앙수직방향의 광도가 200 [cd]이다. 이 원통광원의 구면 광도 [cd]는 얼마인가?

16. 면적이 80×80 [cm²]인 완전확산성 유리면의 바로 아래에서 본 광도가 320 [cd]이다. 휘도 [sb]를 구하여라.

17. 그림 1-33과 같이 바닥 BC에서 높이 3 [m], 벽 AB에서 거리 4 [m] 되는 곳에 있

는 광원 L에 의하여 모서리 B의 바닥에 생긴 조도가 20 [lx]일 때, B로 향하는 방향의 광도 [cd]는 약 얼마인가?

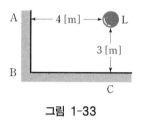

그림 1-33

18. 모든 방향의 광도가 360 [cd]인 전등을 지름 3 [m]의 책상 중심 바로 위 2 [m] 되는 곳에 놓았다. 책상 위 가장자리의 수평면 조도 [lx]는 얼마인가?

19. 그림 1-34와 같은 높이 3 [m]의 가로등 A, B가 8 [m]의 간격으로 배치되어 있고, 그 중앙에 P점에서 조도계를 A로 향하여 측정한 법선 조도가 1 [lx], B를 향하여 측정한 법선 조도가 0.8 [lx]라 한다. P점의 수평면 조도는 몇 [lx]인가?

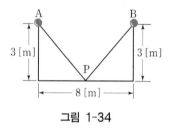

그림 1-34

20. 그림 1-35와 같은 루소 선도로 표시되는 광원의 전광속과 하반구광속을 구하여라.

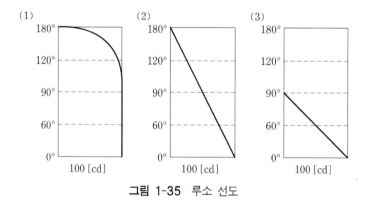

그림 1-35 루소 선도

2장

백열전구

2-1 백열전구의 구조

백열전구는 저항에 전류가 흐르면 열이 발생하고 온도가 높아지며 빛을 발광하는 현상을 이용한 것으로 1879년 미국의 토머스 에디슨(Tomas Edison : 1847～1931)에 의해 최초로 만들어졌으며, 에디슨과 영국의 스완에 의해 실용화되었다. 에디슨이 만든 것은 진공 속에서 탄화(炭化)된 실을 유리구 내에 넣고 백금을 사용하여 바깥과 연결한 것이었다. 그 후 종이 · 대나무 등을 탄화하여 필라멘트를 만들었으며, 1894년 셀룰로오스를 사용하여 만든 탄소 필라멘트 전구가 사용되었으며, 1910년 미국의 쿨리지가 텅스텐을 가는 선으로 만드는데 성공하여 텅스텐 필라멘트를 만들어냈다.

온도방사를 이용한 광원으로서 가장 많이 사용되고 있는 것은 그림 2-1과 같은 텅스텐 전구이며, 구조 및 각 부의 역할은 다음과 같다.

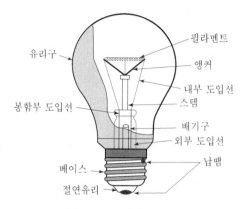

그림 2-1 백열전구의 구조

1️⃣ 유리구 (bulb)

유리구는 보통 연화온도가 680~750[℃]의 연질유리인 소다석회유리를 사용하고 있으나, 고용량전구에는 연화온도가 770~920[℃]로 높은 온도에 견딜 수 있는 경질유리인 붕규산유리가 사용된다. 유리구의 모양은 그림 2-2에 있는 바와 같이 여러 가지 형태의 것이 있다.

전구의 휘도가 너무 높으면 눈이 부시므로, 이것을 막기 위하여 유리구의 내면에 불화수소, 불화암모늄(NH_4F), 녹말 등을 주로 하는 수용액으로 부식시켜서 프로스트(frost)를 하였으나, 근래에는 유리구 내면에 무기질의 백색 분말인 실리커(SiO_3) 분말을 칠하여 휘도를 낮추고 있다. 이 프로스트 전구는 맑은 유리구의 전구에 비하여 휘도를 1/50~1/80로 감소시킬 수 있다.

그림 2-2 유리구의 모양과 명칭

② 베이스 (base)

베이스는 전구를 소켓에 접속하기 위하여 유리구에 부착시킨 부분으로 전구에 전류를 도입하는 단자를 말하며, 재료는 황동이나 알루미늄을 사용하고 있다. 이것의 모양과 크기는 한국산업규격(K.S)에 규정하고 있다.

베이스는 일반적으로 나사식으로 된 에디슨형(Edison screw base)을 많이 쓰고, 기차, 선박, 공장 등의 진동이 심한 곳은 차입식(bayonet)을 사용하여 전구가 자연적으로 빠져나가는 것을 방지한다. 형광등과 같이 긴 전구의 베이스에는 바이포스트(bipost)형을 사용한다.

전구의 베이스는 나사식으로 된 에디슨형은 E, 반회전하여 고정시키는 스완형은 S, 막대기 모양의 다리가 2개 있는 바이포스트식은 G의 머릿자와 지름([mm] 단위)을 붙여서 표시하며, 특소형(E_{10}), 소형(E_{12}), 중형(E_{17}), 보통형(E_{26}) 및 대형(E_{39}) 등으로 구분한다. 200 [W]까지는 보통형(medium)이 사용되고, 300 [W] 이상은 내열성 때문에 지름이 39 [mm]인 대형(mogul)으로 만들고 있다.

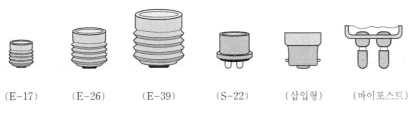

(E-17)　　(E-26)　　(E-39)　　(S-22)　　(삽입형)　　(바이포스트)

그림 2-3 베이스의 종류

③ 도입선 (leading wire)

도입선(leading wire)은 베이스 단자와 필라멘트를 전기적으로 연결하는 것이며, 외부 도입선, 봉함부 도입선 및 내부 도입선 등 세 가지 부분으로 되어 있다. 외부 도입선으로는 주로 구리선이 사용되고, 내부 도입선으로는 진공전구에서는 구리를 사용하고 가스입 전구에서는 니켈 또는 니켈도금한 철선이 사용된다.

봉함부에서는 도입선이 유리를 관통하므로, 공기가 새지 않도록 유리와 거의 일치하는 팽창계수를 갖는 듀밋선(dumet wire)이 사용된다.

듀밋선은 42[%]의 니켈을 포함한 강철선에 동을 두껍게 피복한 것으로 팽창계수는 6×10^{-6} 정도이다.

4️⃣ 앵커 (anchor)

앵커(anchor)는 필라멘트가 움직이지 않도록 지지하는 것으로서, 그 지지점의 온도를 낮추지 않고, 높은 온도에서도 인장강도가 변하지 않으며 유리와 잘 밀착되는 몰리브덴선(molybdenum wire)을 사용한다.

5️⃣ 필라멘트 (filament)

백열전구는 필라멘트에 전류를 통해서, 고온으로 가열하여 온도방사에 의한 발광 원리를 이용한 것이다. 백열전구는 온도가 높을수록 발광효율이 좋으므로 가급적이면 온도를 높게 할 필요가 있다. 이와 같은 요구에 따라서 필라멘트 재료의 구비조건은 다음과 같다.

① 융해점이 높을 것
② 고유저항이 클 것
③ 높은 온도에서의 증발(승화)이 적을 것
④ 점화온도에서 주위의 것과 화합하지 않을 것
⑤ 전기저항의 온도계수가 양수(+)일 것
⑥ 고온으로 되어도 기계적 강도가 감소하지 않을 것
⑦ 선팽창계수가 적을 것
⑧ 가는 선으로서의 가공이 용이할 것
⑨ 재료가 풍부하고, 가격이 염가일 것

융해점이 가장 높은 것은 $3,600\,[\,°C\,]$인 탄소(carbon)가 있으나, 이것은 높은 온도에서의 승화 작용이 심하고, 기계적 강도가 약하므로 현재에는 사용되지 않고, 융해점이 그 다음으로 높은 텅스텐[1](tungsten)을 널리 쓰고 있다. 텅스텐의 융해점은 $3,410\,[\,°C\,]$이며, 사용 온도는 $2,145 \sim 2,750\,[\,°C\,]$이다.

텅스텐의 온도계수는 양수이며 그 값이 매우 크고, 저항은 절대온도의 1.2 제곱에 비례한다. 예를 들어 텅스텐 전구의 점등시의 온도가 $2,200\,[\,°C\,]$라 하고 소등시의 온도가 $27\,[\,°C\,]$라 하면, 저항의 증가는

$$\left(\frac{2,200+273}{27+273}\right)^{1.2} = 8.24^{1.2} = 12.6$$

즉, 12.6배가 된다. 따라서 전구의 스위치를 넣는 순간에는 텅스텐의 온도가 상승하지 않은

---

1) 텅스텐의 고유저항은 $5.48\,[\,\mu\Omega\cdot cm\,]$이며, 저항온도계수는 0.0045, 비중은 19.3이다.

상태이므로 점등시에 비하여 12.6배에 가까운 전류가 흐르려고 한다. 그러나 도중의 전압강하가 있고, 또 온도상승이 1/10 [초] 이하에서 급격하게 점등온도로 되므로, 전구 자신이나 다른 공작물에 아무런 나쁜 영향을 주지 않는다.

텅스텐은 금속 재료이므로, 이것의 고유저항은 수천 분의 1로 되어 있으나 기계공업의 발전으로 매우 가는 선으로 가공할 수 있으므로 적당한 저항값을 갖게 할 수 있다. 필라멘트는 보통 0.01 [mm] 굵기의 것이 쓰이며 그 모양은 직선형, 코일형 및 2중 코일형이 있다.

진공전구(vacuum lamp)에는 직선형이 쓰이고, 가스입전구(gas-filled lamp)에는 코일 필라멘트 또는 2중 코일 필라멘트가 사용되며, 필라멘트를 코일로 감음으로써 긴 선을 좁은 곳에 설치할 수 있다. 그리고 가스입 전구에 코일 필라멘트를 사용하면 가스에 의한 손실을 적게 할 수 있다. 가스손을 더욱 감소시키기 위하여 코일 필라멘트를 또 다시 코일로 감은 2중 코일 필라멘트를 사용하면, 효율을 10~20[%] 정도 높일 수 있다.

⑥ 봉입가스

1913년 이전까지 백열전구는 가스를 봉입하지 않고 진공 상태로 직선형의 필라멘트를 사용하여 점등하였다. 백열전구의 효율을 높이기 위해서는 필라멘트의 온도를 높여 주어야 하지만, 온도를 높이면 필라멘트의 증발에 의하여 수명이 짧아지게 된다.

따라서, 유리구내를 진공으로 하고 고온에서도 텅스텐과 화합하지 않는 불활성가스를 봉입하여, 가스의 압력을 높이면 텅스텐의 증발이 억제되어 필라멘트의 수명이 길어지게 되며 효율이 높아지므로, 20 [W] 이하의 전구는 진공전구로 하고, 30 [W] 이상의 전구에는 가스를 봉입한다(표 2-1). 주입가스로는 질소와 아르곤이 사용되고, 일반적으로 100 [V] 전구에서는 아르곤 90~95 [%], 질소 5~10 [%]를 섞지만, 200 [V] 이상의 전압에서는 아르곤이 50 [%], 질소 50 [%]이다.

이처럼 아르곤에 질소를 혼합하는 이유는 순아르곤의 아크전압이 낮으므로 내부 도입선 사이에 발생할 수 있는 아크를 억제하기 위하여 질소를 혼합하여 아크전압을 상승시키는 것이다.

표 2-1 주입가스 압력과 텅스텐의 증발비

주입가스의 압력 [mmHg]	증발비 [%]
진 공	1
10	1/10
100	1/50
1,000	1/100

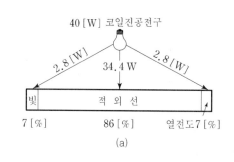

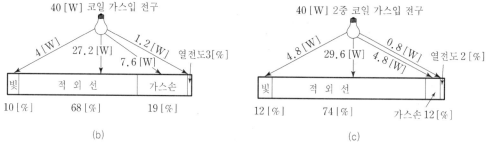

그림 2-4 전구의 에너지 분포

　필라멘트의 증발 작용을 감소시키기 위해 주입하는 가스의 압력을 높이는 것은 한계가 있으므로, 필라멘트를 코일형으로 함으로써 가스와의 접촉 면적을 적게 하여 가스손을 감소시킬 수 있다.

　가스압은 보통 600 [mmHg] 정도로 봉입하여 점등시에 1기압(760 [mmHg])이 되도록 한다. 가스입 전구는 가스손이 있음에도 불구하고 진공전구보다 효율이 높다. 아르곤은 대기 중에 1[%] 정도의 비율로 포함되어 있어서 질소보다 한층 더 화합하기 어려운 원소이다. 아르곤보다 더욱 가스손이 적은 것, 즉 공기 중에 겨우 1만분의 1[%] 이하로 포함되어 있는 크립톤(Kr), 제논(Xe)을 봉입한 전구도 있다.

7 게터 (getter)

　유리구 내부는 고온에서 필라멘트의 산화를 막기 위하여 10 ~ 30 [mmHg] 정도로 배기하지만 미량의 산소가 잔재해 있으므로 점등할 때 고온에서 필라멘트가 산화될 수 있으며, 이로 인해 유리구 내부가 검게 그을리고 필라멘트가 가늘어지게 되어 전등 효율이 감소하는 흑화[2]

---

2) 흑화(黑化) : 전구를 점등하였을 때, 필라멘트의 표면으로부터 분자가 증발하여 유리구 내벽에 엷은 막으로 부착해서 전구가 까맣게 되는 것을 흑화라 한다.

(blackening) 현상을 초래하게 된다. 따라서, 게터(getter)를 필라멘트나 스템(stem)에 도포하여 점등시 전구내에 잔재하는 산소와 결합하게 함으로써 진공도를 상승시켜(약 10^{-5}[mmHg]) 필라멘트의 산화를 억제하고 있다.

30[W] 이하의 진공전구에서 적린(P)과 불화소다(NaF)를 에틸알코올에 녹여 니트로셀룰로오스를 혼합하여 게터로 사용하여, 40[W] 이상 큰 용량의 전구에서는 질화바륨[Ba(N$_3$)$_2$]에 카올린(Al$_2$O$_3$, 2SiO$_2$, 2H$_2$O)을 혼합하여 물에 탄 것을 게터로 사용하고 있다.

2-2 백열전구의 특성

1 동정 (performance)

공장에서 제작된 전구를 처음 점등하면 일시적으로 광속과 전류 등이 변화하고 그 후에 서서히 일정하게 된다. 이와 같이 새로 제작된 전구에 정격전압의 약 120[%]의 전압으로 약 40분간 점등하여 특성을 일정하게 하는 조작을 **에이징**(ageing)이라고 하며, 약 40분간의 에이징이 끝난 후에 측정한 전구의 특성을 **초특성**이라 한다. 또 에이징이 끝난 전구는 사용함에 따라 필라멘트가 승화하여 가늘어지므로 그의 저항은 증가하고 전류나 광속은 감소한다. 이와 같이 변화하여 가는 과정을 **동정**(performance)이라 하고, 이 변화를 곡선으로 그린 것을 **동정곡선**(performance curve)이라 한다. 필라멘트가 단선될 무렵의 전류는 처음 점등시의 95[%]로 되는데 비하여, 광속은 80[%] 정도로 저하하고 있다.

전구의 필라멘트가 단선될 때까지의 점등시간의 합계를 전구의 **수명**(life)이라 한다. 전구의 효율은 광속과 소비전력의 비로서 표시된다. 따라서 온도방사의 법칙에 의하여 필라멘트의 온도를 높이면, 즉 소비전력이 큰 전구일수록 효율은 좋아지지만 그 대신에 수명은 짧아진다. 그러므로 한국산업규격(KSC)에서는 이 관계를 고려하여 표준효율과 표준수명을 정하고 있다.

한국산업규격에서 제정한 표준 전구의 초특성, 동정특성 및 수명은 표 2-2와 같다. 여기서 초특성이라 함은 약 40분간의 에이징 후에 측정한 것이고, 동정특성이라 함은 점등하여 수명시간의 1/2에 달하였을 때에 측정한 것이다.

표 2-2 백열전구의 초특성 및 수명

(KS C 7501)

형 식		정격 전압 [V]	소비 전력 [W]	광 속 [lm]	광속 유지율 [%]	정격 수명 [h]
110 [V]	10 [W]	110	10	70	72 이상	1500
110 [V]	20(19) [W]	110	20(19)	160	72(85) 이상	1500
110 [V]	30(29) [W]	110	30(29)	300	85 이상	1000
110 [V]	40(38) [W]	110	40(38)	445	85 이상	1000
110 [V]	60(57) [W]	110	60(57)	770	85 이상	1000
110 [V]	100(95) [W]	110	100(95)	1420	85 이상	1000
110 [V]	150 [W]	110	150	2360	85 이상	1000
110 [V]	200 [W]	110	200	3250	85 이상	1000
120 [V]	10 [W]	120	10	69	72 이상	1500
120 [V]	20(19) [W]	120	20(19)	158	72(85) 이상	1500
120 [V]	30(29) [W]	120	30(29)	295	85 이상	1000
120 [V]	40(38) [W]	120	40(38)	435	85 이상	1000
120 [V]	60(57) [W]	120	60(57)	760	85 이상	1000
120 [V]	100(95) [W]	120	100(95)	1400	85 이상	1000
120 [V]	150 [W]	120	150	2320	85 이상	1000
120 [V]	200 [W]	120	200	3250	85 이상	1000
220 [V]	10 [W]	220	10	57	72 이상	1500
220 [V]	20(19) [W]	220	20(19)	130	72(85) 이상	1500
220 [V]	30(29) [W]	220	30(29)	240	85 이상	1000
220 [V]	40(38) [W]	220	40(38)	350	85 이상	1000
220 [V]	60(57) [W]	220	60(57)	630	85 이상	1000
220 [V]	100(95) [W]	220	100(95)	1250	85 이상	1000
220 [V]	150 [W]	220	150	2090	85 이상	1000
220 [V]	200 [W]	220	200	2920	85 이상	1000

【비고】 ( ) 표시를 한 것은 백색 박막 도장에 적용한다.

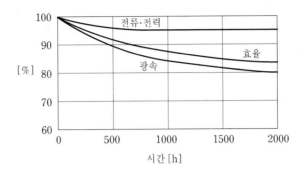

그림 2-5 백열전구의 동정특정곡선

② 전압특성

백열전구의 전압을 변화시키면 필라멘트의 온도가 변화하고, 따라서 저항값이 변화하여 전류, 전력, 광속, 효율, 수명 등이 변화한다. 이와 같은 전압의 변화에 대한 특성을 **전압특성**(電壓特性)이라고 한다.

이 특성의 변화는 전구의 종류, 모양, 필라멘트의 제조 조건 등에 따라 일정하지는 않으나 대략 다음과 같은 실험식을 만족하게 된다.

전류 : $\dfrac{I}{I_0} = \left(\dfrac{V}{V_0}\right)^{0.54 \sim 0.58}$

전력 : $\dfrac{W}{W_0} = \dfrac{V \cdot I}{V_0 \cdot I_0} = \left(\dfrac{V}{V_0}\right)^{1.54 \sim 1.58}$

광속 : $\dfrac{F}{F_0} = \left(\dfrac{V}{V_0}\right)^{3.38 \sim 3.51}$

효율 : $\dfrac{\eta}{\eta_0} = \dfrac{F}{W} \bigg/ \dfrac{F_0}{W_0} = \dfrac{F}{VI} \bigg/ \dfrac{F_0}{V_0 I_0} = \left(\dfrac{V}{V_0}\right)^{1.84 \sim 1.93}$

수명 : $\dfrac{L}{L_0} = \left(\dfrac{V}{V_{00}}\right)^{-13.1 \sim -13.5}$

여기서 첨자 0가 붙은 것은 정격값을 표시하며 첨자가 없는 것은 변동시의 값이다. 그리고 위첨자의 앞 숫자는 가스입 전구의 값이고, 뒤 숫자는 진공전구의 값을 나타낸 것이다.

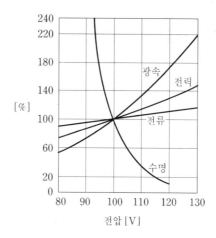

그림 2-6 가스입 전구의 전압특성

예제 1

정격전압 100[V], 60[W] 전구의 수명이 1,000[h]이다. 96[V]로 점등할 때의 수명을 구하여라.(단, 수명은 전압의 13제곱에 반비례한다)

풀이 수명의 전압특성식은 $\dfrac{L}{L_0} = \left(\dfrac{V}{V_0}\right)^{-13}$ 이고

$$V_0 = 100\,[\text{V}], \quad V = 96\,[\text{V}]$$

$L_0 = 1,000\,[\text{h}]$ 이므로

$$L = \left(\frac{V}{V_0}\right)^{-13} \cdot L_0 = \left(\frac{96}{100}\right)^{-13} \times 1000 = \left(\frac{100-4}{100}\right)^{-13} \times 1000$$

$$= (1-0.04)^{-13} \times 1000$$

2항 정리[3]에 의하여 근사값을 구하면

$$L \fallingdotseq (1+13 \times 0.04) \times 1000 = 1520\,[\text{h}]$$

③ 수명과 효율

전구의 수명(life)은 전구를 점등하여 필라멘트가 단선될 때까지의 시간을 말한다. 전구의 수명을 좌우하는 인자는 전구의 효율, 필라멘트의 성질과 형상(굵기, 길이, 코일의 직경 등),

---

3) 2항 정리 : $(1+x)^n = (1+nx) + \dfrac{n(n-1)}{2}x^2 + \dfrac{n(n-1)(n-2)}{2 \times 3}x^3 + \cdots$

여기서 $x \ll 1$ 라면 $(1+x)^n$의 근사값은 다음과 같다.

$$(1+x)^n \fallingdotseq 1 + nx$$

봉압가스의 성분, 순도, 봉압 압력, 사용상태 및 전구의 품질 등이다. 일반적으로 효율이 좋은 전구를 만들려면 필라멘트의 굵기를 가늘게 하여 온도를 높여 주면 된다. 그러나 이와 같이 하면 수명이 짧아지게 되므로 가장 경제적인 전구의 제작을 위해서는 수명과 효율을 함께 고려하여야 한다.

전구의 효율 η와 수명 L과의 관계는 전압특성식에서 다음과 같이 된다.

$$\eta = \frac{F}{W} = k_1 V^{1.9}$$

$$L = k_2 V^{-13} = k_2 \left[\left(\frac{\eta}{k_1} \right)^{\frac{1}{1.9}} \right]^{-13} \fallingdotseq k_2 \left(\frac{1}{k_1} \right)^{-7} \cdot \eta^{-7} = k_3 \eta^{-7}$$

즉, 일정전압에서 수명은 효율의 7제곱에 반비례한다.

④ 주위온도 및 점멸횟수의 영향

주위온도가 상승함에 따라 전구의 수명은 대체로 감소한다. 진공전구에서는 200[°C]까지는 영향이 없고, 260[°C]에서 약 12[%] 감소하는데 비하여, 가스입 전구에서는 100[°C]에서 40[%], 200[°C]에서 50[%], 300[°C]에서 60[%] 정도로 감소한다.

또한 점멸횟수가 많아지면 수명이 짧아지며, 굵은 필라멘트일수록 이 영향이 크다. 이것은 점등의 순간에 과도 전류가 흐르기 때문이다. 일반전구에서 점등하기 전의 필라멘트의 저항은 점등 후의 저항에 비하여 약 1/13~1/16배로서 대단히 적으며, 따라서 점등의 순간에는 규정 전류보다 약 10배의 대단히 큰 과도전류가 흐른다.

2-3 백열전구의 시험

한국산업규격(KSC 7501)에 의하면 전구의 시험은 구조시험, 초특성시험, 동정특성시험, 수명시험 및 베이스의 집착강도시험 등 다섯 항목으로 규정되어 있다. 또 필요한 경우에는 베이스의 치수검사 및 베이스 온도상승시험을 하여야 한다.

전구의 시험은 모든 전구를 시험하는 것이 아니라 발췌시험으로 한다. 발췌시험이라는 것은 같은 종류와 같은 크기의 전구에서 동정시험용으로 5개, 수명시험용으로 5개, 기타 시험용으로 500개 미만에서는 10개, 500개 이상에서는 20개를 뽑아내어 이것만을 시험하여 전체의 합격 여부를 결정하는 것이다.

① 구조 시험

앞의 설명에서 발췌된 20개 또는 30개에 대하여 필라멘트, 도입선, 유리구, 베이스 등의 재료 검사를 하고, 치수를 확인하며, 필라멘트가 유리구의 중앙 위치에 있는가의 여부를 검사한다. 또 전구의 표시, 즉 전압, 전력, 형식 및 제조자의 약칭 등이 날인되어 있는가를 검사하여야 한다. 검사 수의 80[%] 이상이 합격되면 하나, 둘의 불량품이 있어도 전부를 합격으로 결정한다.

② 초특성 시험

주파수 60[Hz]의 정현파 교류 또는 직류의 정격 전압을 가하여, 광속 및 전류를 측정하고, 소비 전력 및 효율을 산출한다. 이 시험에 앞서서 정격 전압의 120[%]의 전압으로 약 40분간 점등하여 에이징이 끝나고 특성이 거의 안정된 후에 하는 것이다. 또 가스입 전구는 정격 전압으로 1분간 점등하여 봉입 가스가 정상 상태에 도달하였을 때에 시험한다.

초특성 시험은 특별한 경우를 제외하고 전구의 정상 위치, 즉 베이스가 위에 있는 상태에서 시험하며, 광속은 구형 광속계로, 전압, 전류는 정밀급 계기를 사용하여 측정하여야 한다. 초특성 시험은 발췌한 20개 또는 30개에 대하여 시험하여 90[%] 이상이 합격해야 한다.

③ 동정특성 시험

교류의 정격 전압을 가하여, 전 수명 시간의 1/2에 도달하였을 때에 정격 전압에 있어서의 광속 및 전류를 측정하여 효율을 산출한다. 그러나 사전에 시험 전압과 수명에 대하여 협정이 성립된 경우에는 시험 시간을 단축하기 위하여 과전압으로 시험할 수 있다.

과전압 시험은 진공전구에서 정격 전압의 130[%], 가스입 전구는 120[%] 정도까지가 적당하다. 그러나 시험 중의 전압 변동은 ±1[%] 이내로 유지하여야 하며, 그 전압은 정밀한 기록 전압계를 사용하여야 한다. 특히 지정이 없는 것은 전구의 정상 위치에서 진동하지 않는 상태로 시험한다. 동정 시험은 발췌한 5개에 대하여 하며, 효율의 평균치가 규격에 합격되어야 한다.

④ 수명 시험

전구의 수명은 필라멘트가 단선될 때까지의 점등 시간으로 한다. 수명시험의 점등 조건 및 측정 방법은 동정특성시험과 같다. 과전압 시험에 있어서 수명이 전압의 13제곱에 반비례한다

표 2-3 과전압과 수명의 관계

전압 [V]	105	110	115	120	125	130
수명 [%]	53.0	29.0	16.3	9.34	5.50	3.31

고 계산하면 표 2-3과 같이 된다.

수명 시험에 사용되는 전구는 발췌한 5개에 대하여 시험하고, 평균 수명은 다음 식에서 주어지는 수명 한도 이상이어야 한다. 평균 수명에 대한 각개 수명의 부족치의 합계는 각개 수명 합계의 15[%] 이하이어야 한다.

$$L = L_0 \left(1 - \frac{k}{\sqrt{N}}\right)$$

여기서, L_0 : 규격수명

N : 수명 시험에 사용한 전구 수

k : 상수(0.6)

⑤ 베이스의 치수와 접착 강도 시험

베이스의 치수는 한계 게이지를 써서 검사하고, 접착 강도 시험은 베이스와 유리구 사이에 비틀림 모멘트를 서서히 가하여, E_{26}의 보통 베이스(10~200 [W])에서는 20 [kg·cm], E_{39}의 대형 베이스(300~1,000 [W])에서는 30 [kg·cm]에 견디는가의 여부를 시험한다. 베이스의 치수검사 및 접착강도시험은 수회 발췌법에 의하여 하며, 발췌 개수 및 합격, 불합격의 결정은 표 2-4와 같다.

표 2-4 베이스의 치수와 접착강도시험 합격 조건

검사횟수	검사개수	누 계	합격으로 하는 불량품개수 누계	불합격으로 하는 불량품개수 누계
1	5	5	—	3
2	5	10	0	4
3	5	15	1	5
4	5	20	2	6
5	5	25	3	7
6	5	30	4	7
7	5	35	6	7

2-4   특수 전구

1️⃣ 주광색(晝光色) 전구

보통 전구는 주광(晝光)에 비하여 황색이 강하므로, 유리에 산화코발트 및 산화구리를 가하여 엷은 청색으로 한 것을 주광색 전구라고 하며, 주광색 전구는 광색이 좋고 색온도가 높다. 빛의 흡수는 30~40[%] 정도이지만, 연색성이 우수하여 백화점 등 상가의 의류 진열대 또는 그림을 취급하는 전시실 등에 사용된다.

2️⃣ 투광용 전구

빛을 소요방향으로 집중시키기 위한 투광용 전구는 투광기에 의한 광속의 이용도를 높이기 위하여 필라멘트를 가급적 적게 집합시키고, 빛의 중심을 반사경의 초점에 일치하도록 만든 것이다.

스포트라이트(spotlight)용 전구는 사진 효과를 높이기 위하여 수명은 단축하더라도 효율 및 색온도를 높인 대용량의 전구를 말하며, 영화 촬영용 스튜디오의 조명 또는 특히 강력한 조명을 필요로 할 경우에 사용된다. 전구의 크기에 비하여 소형이며 빛의 이용도가 높고 취급이 간단하다.

빔(beam)의 넓이에 따라 플랫형(flat type)과 스포트형(spot type)이 있다. 그리고 이 반사형 투광 전구는 투광 조명으로 사용하는 외에 형광등과 병용하여 연색성을 좋게 하는 동시에 다운 라이트(down light)로써 전반조명에 악센트(accent)를 강조할 때에도 사용된다.

3️⃣ 사진 전구와 섬광 전구

스튜디오용의 사진 전구는 유리구의 내면에 확산성 자연도료를 바르고, 와트수가 낮은 유리구에 와트수가 높은 전구의 필라멘트의 길이를 짧게 하여 넣은 것으로서 색온도를 3,000~3,500[K]로 높여 주고 있으므로 수명이 수 시간밖에 되지 않는다.

사진기의 셔터와 섬광을 동기시켜서 촬영할 때 사용하는 섬광전구는 점화용의 텅스텐 필라멘트에 알루미늄선 또는 알루미늄막을 넣고, 170[mmHg]의 압력으로 산소를 봉입하였다. 단자간에 1.5[V] 이상의 전압을 가하면 필라멘트가 점화 용단되고, 그의 열로 알루미늄선과 산소가 폭발적으로 화합하여 발광하는 것이다. 이때의 색온도는 3,800[K]이며, 천연색 사진용으로는 유리구 외면에 푸르게 착색하여 색온도를 5,500~6,000[K]로 하고 있다.

④ 영사용 전구

영화의 영사용(projector lamp)에 사용되는 것으로 코일 필라멘트를 단일평면에 배치하여 반사경과 볼록렌즈로서 강력한 평행광속이 얻어지게 된 것으로 영사막면의 조도가 높아진다. 색온도를 $3,000 \sim 3,200$ [K]로 하기 위하여 수명은 $25 \sim 50$ [h]을 표준으로 하고 있다.

⑤ 자동차용 전구

자동차용 전구는 자동차의 전조등, 실내등, 후미등(tail lamp)에 사용되며 필라멘트는 내진형으로 하고, 6 [V], 12 [V], 24 [V]의 축전지로 점등하고, 수명은 짧게, 효율을 좋게 한 가스입 전구이다. 특히 전조등 사용은 필라멘트가 정초점형으로 되어 있다. 효율은 $12 \sim 15$ [lm/W]로서 수명은 100시간 정도이다. 빛의 이용도를 높이기 위하여 필라멘트를 정확하게 알루미늄 반사경의 초점에 붙이고, 반사경과 전면렌즈를 용봉하여 가스를 봉입한 실드빔 (shield beam)형 자동차 전조등용 전구가 있다. 두 종의 필라멘트를 가지고 있으며 전면렌즈 효과에 의하여 평행광선을 좌우상하로 적당히 배광시킬 수 있는 특징이 있다.

⑥ 적외선 전구

적외선에 의한 가열, 건조 등은 공업의 여러 분야에서 널리 이용되고 있으며, 이러한 목적에 사용되는 것이 적외선전구이다. 보통 전구에서도 75 [%] 내외의 적외선이 나오고 있으나, 적외선전구는 특히 필라멘트의 온도를 $2,500$ [K] 정도로 낮게 하고 있으므로 적외선의 방사가 증대되고, 수명은 5,000시간 정도이다. 사용 중의 유리구(bulb)의 온도가 높으므로 내열유리를 사용하고 있다. 적외선건조는 차량, 기계의 금속도장에 많이 쓰이며, 섬유, 농수산물 등의 건조에도 쓰이고 있다.

⑦ 할로겐 전구

할로겐 전구는 석영관 내에 질소(N_2), 아르곤(Ar), 크립톤(Kr) 등의 불활성가스 이외에 요오드(I_2), 브롬(Br_2), 염소(Cl_2), 불소(F_2) 등의 미량의 할로겐 화합물을 봉입한 것이며, 할로겐은 낮은 온도에서는 텅스텐과 결합하고 높은 온도에서는 분해하는 성질이 있다. 전구 내에 소량의 할로겐을 넣으면 이것이 증발하여 확산되며, 250 [°C] 이상에서는 증기상태로 관벽에 부착하지 않고 유리구 내를 떠다니다가 필라멘트로부터 증발된 텅스텐이 온도가 낮은 유리구 관 벽에 가까이 간 것과 결합하여 할로겐화 텅스텐으로 된다. 이것은 투명하고 증발하기 쉬운 것으로서 필라멘트에 가까이 가면 필라멘트의 열에 의해 텅스텐과 할로겐 가스로 분리가 되며 텅스텐은 필라멘트에 다시 재결합하게 되고 할로겐은 확산한다. 이 할로겐이 관 벽에 가면 또 다시 텅스텐을 잡아서 필라멘트로 되돌려 주는 **할로겐 사이클**(halogen cycle)을 이룬다. 이것으로 인해 전구는 수명이 길어질 뿐만 아니라 수명이 끝날 때까지 필라멘트는 덜 가늘어지고 유리구의 흑화도 적으며, 따라서 광속의 저하나 색온도의 저하가 극히 적다. 흑화가 적으므로 유리구가 적어도 되며, 250 [°C]의 온도를 유지하기 위해 전구 내면과 필라멘트가 가까워야 하므로 백열전구 크기의 1/200 크기로 소형화하여야 한다. 할로겐 전구에는 그림 2-7과 같이 소형 유리구(mini bulb)를 사용한 미니할로겐 전구와 일반 조명용인 관형이 있으며, 용도에는 일반 조명용, 스튜디오용, 영사기·광학기용, 자동차용, 비행장용 등이 있으며, 특히 미니할로겐 전구는 주로 스포트라이트(spotlight), 다운 라이트(down light) 등에 널리 이용되고 있다. 최근에 점차로 용도개발이 진척되고 있으며, 새로운 품종이 제품화되고 있다. 유리구(bulb)는 매우 적고 고온으로 되도록 만들어지므로 석영 또는 경질유리가 사용된다.

사용상의 주의사항은 점등 중의 필라멘트 온도가 높고 코일 밀도가 높으므로 점등 중에 충격이나 진동을 주면 단선이나 필라멘트의 단락을 일으키기 쉬우므로 점등한 채 등기구를 움직이는 것을 피해야 한다. 또한 점등 중 또는 소등 직후의 전구는 뜨거우므로 절대로 손이나 피부를 닿지 않도록 하고, 오염된 그대로 점등하면 유리구가 투명도를 잃게 되므로 깨끗하게

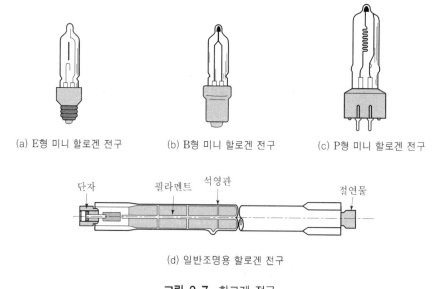

(a) E형 미니 할로겐 전구   (b) B형 미니 할로겐 전구   (c) P형 미니 할로겐 전구

단자   필라멘트   석영관   절연물

(d) 일반조명용 할로겐 전구

그림 2-7 할로겐 전구

취급하여야 하며, 점등방향의 지정이 있는 전구는 반드시 지정방향으로 사용하여야 한다. 관형은 수평에서 4° 이상 경사하여 사용할 수 없다. 할로겐 전구의 크기는 15[W]의 미니 할로겐 전구에서부터 300, 500, 1,000, 1,500[W]의 일반조명용 할로겐 전구까지 여러 가지가 있으며, 효율은 20~22[lm/W]이며, 수명은 2,000~3,000시간이다.

표 2-5 일반 조명용 할로겐 전구의 특성 (KSC 7523)

형 식	소비전력 [W]	관의 길이 [mm]	관의 지름 [mm]	전광속 [lm]	효 율 [lm/W]	수 명 [h]
J 100V 300W	300± 24	117.6 이하	12 이하	5900± 850	19.7	2000
J 100V 500W	500± 40	117.6 이하	12 이하	10500±1500	21	2000
J 220V 1000W	1000± 80	208.4 이하	12 이하	21000±3000	21	2000
J 220V 1500W	1500±120	248.4 이하	12 이하	33000±4500	22	2000

표 2-6 스튜디오용 할로겐 전구의 특성

형 식	소비전력 [W]	관의 길이 [mm]	관의 지름 [mm]	전광속 [lm]	효 율 [lm/W]	수 명 [h]
JP 100V 500WB	500±40	117.6 이하	10.2 이하	11000±1500	22	500
JP 100V 500WC	500±40	117.6 이하	10.2 이하	13000±1800	26	100
JP 100V 750WB	750±60	117.6 이하	10.2 이하	16500±2300	22	500
JP 100V 750WC	750±60	117.6 이하	10.2 이하	19500±2700	26	100
JP 100V 1000WB	1000±80	117.6 이하	14.0 이하	23000±3200	23	500
JP 100V 1000WC	1000±80	117.6 이하	14.0 이하	27000±3800	27	100

【주】 JP : 스튜디오용 할로겐 전구, B : 광원의 분포온도(3050K), C : 광원의 분포온도(3200K)

표 2-7 영사기·광학기기용 할로겐 전구의 특성

형 식	소비전력 [W]	전구의 길이 [mm]	전구의 지름 [mm]	전광속 [lm]	효 율 [lm/W]	수 명 [h]
JC 12V 50W	50± 6	44 이하	11.5 이하	1400± 200	28	50
JC 12V 100W	100±12	44 이하	11.5 이하	3000± 420	30	50
JC 15V 150W	150±18	44 이하	11.5 이하	5000± 700	33.3	50
JC 24V 150W	150±18	50 이하	13.5 이하	5000± 700	33.3	50
JC 24V 250W	250±30	55 이하	13.5 이하	8500±1200	34	50

【주】 JC : 영사기·광학기용 할로겐 전구

표 2-8 자동차용 할로겐 전구의 특성(1)

형 식	소비전력 [W]	전구의 길이 [mm]	전구의 지름 [mm]	전광속 [lm]	효 율 [lm/W]	수 명 [h]
JA 12V 35W	43 이하	42 이하	11.5 이하	750±110	90 이상	150
JA 12V 55W	68 이하	42 이하	11.5 이하	1450±220	90 이상	150
JA 24V 55W	62 이하	42 이하	11.5 이하	1230±180	90 이상	150

【주】 JA : 자동차용 할로겐 전구

8 기타

위에 설명한 특수전구 외에도 여러 가지의 특별한 전구가 많이 있다. 즉 필라멘트 지지선을 많이 하고 그 구조를 내진형으로 하여 선박, 철도, 차량 등 진동이 많은 장소에 쓰는 내진전구가 있고, 장식, 사인표시 등에 쓰이는 착색전구가 있으며, 장식용의 소형전구로서 크리스마스 전구, 관형 유리관내에 코일 필라멘트를 일직선으로 넣어 진열장 등에 쓰이는 관형전구(25 [W], 40 [W], 60 [W]), 회중 전등용의 꼬마전구(5~10 [V]), 위나 입 속에서 점등하여 그 내벽을 검사하는 의료용 전구, 광산의 안전 등으로 쓰이는 캡 램프(2.5 [V], 4 [V]), 각종의 표식에 쓰이는 파일럿 램프, 어업에 쓰이는 집어등, 각종 실험에 쓰이는 표준전구 등이 있다.

연습문제

1. 백열전구에서 필라멘트 재료의 구비조건을 열거하여라.

2. 전구에 게터(getter)를 사용하는 목적은 무엇인가?

3. 전구의 봉함부 도입선으로 쓰이는 재료는 무엇인가?

4. 가스입 전구에 아르곤가스를 넣을 때, 질소를 봉입하는 이유는 무엇인가?

5. 백열전구의 전압이 10[%] 저하할 때, 광속의 감소율은 몇 [%]인가?(단, 광속은 전압의 3.4제곱에 비례한다)

6. 정격전압 100 [V], 평균구면광도 100 [cd]의 텅스텐전구를 96 [V]에서 점등하였을 때의 광도는 몇 [cd]인가?(단, 광도는 전압의 3.5제곱에 비례한다)

7. 백열전구의 수명을 좌우하는 인자는 어떤 것들인가?

8. 에이징(ageing)이란 무엇인가?

9. 적외선전구의 특징과 용도를 열거하여라.

10. 할로겐전구의 특징과 용도를 열거하여라.

11. 광질과 특색이 고휘도이고, 광색은 적색부분이 비교적 많은 편이며, 배광제어가 용이하고, 흑화가 거의 일어나지 않는 전등은 무엇인가?

12. 할로겐 전구의 할로겐 사이클에 대하여 설명하여라.

13. 한국산업규격(KSC)에 의한 백열전구의 시험에는 어떤 것들이 있는가?

3장

방전등

3-1 방전등의 기초

1 방전 개시

방전등은 기체 중의 방전현상을 이용한 광원으로 탄소 아크등이나 지르코늄 방전등과 같이 주로 고온도의 전극에서 발생하는 빛을 이용한 것이다.

그림 3-1(a)와 같이 기체 중에 두 개의 평행판 전극을 맞대어 놓고 직류전압을 가하면 전류가 흐른다. 처음에는 OA와 같이 전류는 전압에 비례하여 증가하며, 그 경사는 이온 및 전자의

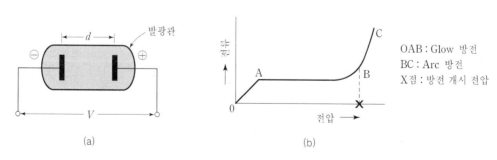

OAB : Glow 방전	
BC : Arc 방전	
X점 : 방전 개시 전압	

그림 3-1 인가전압과 방전전류

양과 이동에 따라 다르다. 다시 전압을 올리면 AB와 같이 전류는 포화가 되며, 이것은 공급원
에서 주어지는 이온이 모두 운반되는 것을 의미한다. 전압을 다시 올리면 전류는 BC와 같이
급격히 증가한다. 이것은 기체 중의 전자가 충돌에 의하여 원자(atom)를 전리하는 데 충분한
에너지를 갖고 있음을 의미한다. 이와 같이 하여 방전(放電)이 개시된다.

❷ 파센의 법칙

일정한 전극금속과 기체 사이에서, 방전 개시전압 V_s[V]는 기체의 압력 P[mmHg]와 전극
사이의 거리 d[m]의 곱의 함수로 된다. 이것을 **파센의 법칙**(Paschen's law)이라고 부른다.

❸ 페닝 효과

그림 3-2에 표시한 것과 같이 네온에 적은 양의 아르곤을 혼합한 혼합기체의 방전개시 전압은
순네온가스의 방전개시 전압보다 낮아진다. 이것은 아르곤의 전리전압이 네온의 준안정 상태에
서의 여기전압보다 약간 낮으므로 네온의 준안정원자가 아르곤원자를 쉽게 전리하기 때문이다.
수은이나 불활성 가스와 같이 준안정 상태를 형성하는 기체에 극히 적은 양의 다른 기체를
혼합하였을 경우, 혼합기체의 **전리전압**[1](ionization voltage)이 원기체의 준안정 상태에서의
여기전압[2](excitation voltage)보다 낮은 경우에는 방전전압(放電電壓)이 매우 낮아지게

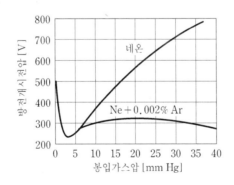

그림 3-2 순수기체(네온)와 혼합기체의 방전개시전압의 비교

---

1) 전리전압 : 전자가 원자로부터 완전히 분리되는데 필요로 하는 에너지에 대응하는 전압
2) 여기전압 : 원자의 맨 바깥쪽에 있는 전자(電子)는 외부로부터 에너지를 가하면 에너지 준위(level)
   가 높은 전자궤도로 옮겨간다. 이 상태로 된 원자나 분자를 여기상태에 있다고 하며, 여기상태로 올
   리는 데 요하는 에너지에 대응하는 전압을 여기전압이라고 한다. 여기상태에서 10^6[s] 정도의 매
   우 짧은 시간에 원래의 상태로 되돌아가는데, 이때 일정한 파장의 전자파를 방사한다.

된다. 이와 같은 현상을 **페닝 효과**(Penning effect)라 한다.

수은의 증기압은 온도에 따라 변하기 때문에 방전개시전압도 온도에 따라 변한다. 그러므로 수은등이나 형광등에 수은(Hg)외에 수[mmHg]의 아르곤가스를 봉입하는 이유도 여기에 있다.

3-2 방전 특성

기체(氣體)는 보통 전기절연체이지만 어떤 특별한 상태에서는 중성분자의 이온화가 일어나 방전(放電)하기도 한다. 그 형식은 전류의 크기, 전극의 형태와 종류, 기체의 종류와 압력으로 결정된다.

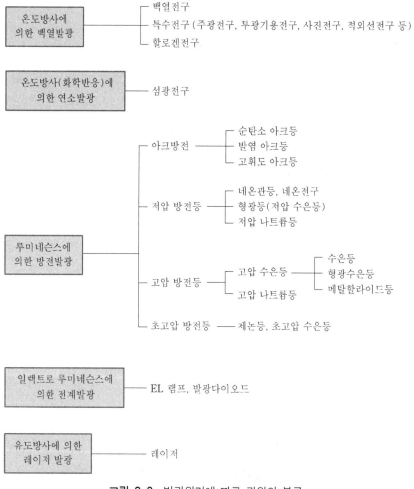

그림 3-3 발광원리에 따른 광원의 분류

방전의 형식에는 글로우 방전(glow discharge)과 아크 방전(arc discharge)의 두 종류가 있으며, 이 중 어느 형식의 방전이 발생하는가는 조건에 따라서 달라진다. 글로우 방전은 비교적 저기압 중에서 방전전류가 적은 경우에 발생하나 전류가 증가하면 결국 아크 방전으로 이행하게 된다.

기압(氣壓)에 의해서 $0.001 \sim 0.0001\,[\mathrm{mmHg}]$ 이하의 방전을 진공방전이라 하고, $10 \sim 20\,[\mathrm{mmHg}]$ 이상의 방전을 고기압 방전이라고도 한다.

1️⃣ 글로우 방전 (glow discharge)

가늘고 긴 저기압(低氣壓)방전관에 저항 또는 임피던스를 직렬로 접속하여 전류를 통하면 저압 가스방전이 발생한다. 방전전류가 작을 경우에는 글로우(glow) 방전이 발생하며, 이 때의 전위분포 및 발광상태를 그림 3-4에 표시한다.

음극의 바로 앞 부분은 전계가 세기 때문에, 전자가 받는 에너지가 너무 커서 전리작용은 활발하나 여기(勵起)의 확률이 도리어 적어지므로 거의 발광을 볼 수 없다. 이 부분이 **아스톤 암부**(aston dark space)이고, 다음의 음극 글로우에서는 아스톤 암부에서의 전리작용으로 전자의 높은 운동에너지가 소비되고, 또한 전계도 약해지므로 여기(勵起)가 일어나 발광을 볼 수 있다.

또한 이 부분에서는 전자와 양이온의 밀도가 크며, 재결합에 의한 발광도 겹쳐 있다. 다음의 **음극 암부**(crooks dark space)에서는 계속적인 전리작용에 의하여 전자의 수가 계속 증가하지만, 이 공간전하는 속도가 느린 양이온에 의한 것으로, 전자의 밀도는 도리어 적어지고 발광은 거의 없다.

다음의 **부글로우**(negative glow)에서는 전자가 갖는 에너지는 적어지고, 분자, 원자와 충돌하여 여기(勵起)를 상반하는 확률이 많아져서 발광을 볼 수 있다. 이 부분에서는 전자와 양이온의 밀도가 커지므로 재결합에 의한 발광도 섞여 있다.

다음의 **패러데이 암부**(faraday dark space)에서 전자의 밀도는 또다시 적어지며, 여기(勵起)에 불충한 전자 에너지이므로 재결합의 기회도 적어져서 발광이 없다. 여기서부터 양극

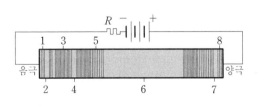

1. 아스톤 암부
2. 음극 글로우
3. 음극 암부
4. 부 글로우
5. 패러데이 암부
6. 양광주
7. 양극광막
8. 양극암부

그림 3-4 글로우 방전

글로우(anode glow)까지 양광주(陽光柱) 전체를 통하여 1 [cm]당 수 볼트 내지 수십 볼트의 균등한 전위경도가 존재하며, 이 부분의 발광은 여기(勵起)와 약간의 재결합에 의하여 이루어진다. 이 부분이 방전관의 중요한 발광부분이며, 네온사인관, 수은등, 형광등 등은 이곳에서의 발광을 이용한 것이다.

방전관이 짧아지면 음극 부분에는 변동이 없으며, 다만 양광주만이 짧아진다. 양극간의 전위차는 양광주에서는 균등한 경사로 강하하고, 음극 부분에서는 급강하한다. 이것을 **음극 강하**(cathode fall)라 한다. 이 음극강하의 강한 전계에 의해서 가속된 양이온이 음극에 충돌하여 음극으로부터 전자가 방출된다. 이 방출된 전자는 양극을 향한 강한 전계로 가속되어 기체분자를 충돌하여 전리를 시키고, 이 때 발생한 양이온이 음극으로부터의 전자 방출의 원인이 된다. 이와 같이 음극강하가 크고, 음극에서의 전자방사가 주로 양이온의 충돌로 이루어지는 방전을 **글로우 방전**이라 한다.

방전에 의한 광색은 기체의 종류와 전류의 밀도에 따라 다르며, 전류가 증가하면 아르곤의 양광주는 적색이 청색으로 네온은 적색에서 등색으로 된다.

표 3-1 기체의 종류와 광색

기체종류	Ne	Ar	Hg	He	Na	N_2	O_2	CO_2	H_2	K
부글로우	황적	담청	청록	백록	황록	청	황백	청백	백청	청
양 광 주	등적	적자	청록	적황	황	황	황	백	장비	녹

② 아크 방전 (arc discharge)

글로우 방전의 상태에서 전류를 증가시키면 양(+)이온의 음극면에 대한 충돌작용이 더욱 강하게 되므로, 음극면에 국부적으로 고온이 되어 열전자방출이 왕성하게 된다. 이로 인하여 음극에서의 전압강하가 감소하고, 전극 사이의 전압도 감소한다. 이와 같이 되면 양광주는 강렬한 빛을 발광하게 되고, 이 상태를 **아크 방전**(arc discharge)이라 한다.

글로우 방전과 아크 방전은 양광주나 양극 부근에서는 본질적으로 차이가 없으나 음극 부근의 상태가 다르다. 즉 글로우 방전에서는 양극의 전자방사가 주로 양이온의 충돌에 의한 2차 방사에 의하여 이루어지는데 대하여 아크 방전에서는 이것이 열전자방사 또는 양이온의 존재에 의한 전계전자방사에 따르는 것이 다르다.

③ 안정기 (ballast)

글로우 방전에서 아크 방전으로 전환하여 전류를 증가시키면 전압은 급속하게 감소한다. 금속체에 있어서는 당연히 전압이 상승하지만, 기체내의 방전인 경우에는 반대로 감소하는 것이다. 금속체와 같이 전류의 증가와 더불어 전압이 상승하는 것을 **정특성**(正特性), 기체내의 방전과 같이 전류가 증가하면 전압이 감소하는 것을 **부특성**(負特性)이라 한다.

방전등의 전압전류특성은 부특성이므로 이것을 일정전압의 전원에 연결하면, 전류가 급속히 증대하여 방전등을 파괴하게 된다. 그림 3-5와 같이 방전등에 저항 R을 직렬로 접속하면 저항내의 전압강하는 전류의 증가에 따라 직선적으로 상승하므로 이것과 방전등의 전압강하의 합성이 이루어져서 그림 3-6과 같이 전류의 안정을 얻을 수 있다. 교류회로에서는 쵸크 코일(choke coil)을 써서 저항을 쓰는 경우의 손실을 방지할 수 있다. 이와 같이 방전등에 있어서 전류의 안정을 얻기 위하여 접속하는 저항 또는 쵸크 코일을 **안정기**(ballast)라 한다.

변압기의 2차측에 방전등을 접속하는 경우에는 누설리액턴스를 크게 설계한 누설변압기를 사용하면, 이것이 안정기가 되므로 따로 저항이나 쵸크 코일을 쓸 필요가 없다.

3-3 아크등

두 개의 탄소막대를 전극으로 해서 수 [Ω]의 안정저항을 직렬로 접속하여 약 100 [V]의 전원에 연결하고, 두 전극을 접속시켰다가 서서히 떨어뜨리면 접근하고 있는 부분에 고열을 내게 되어 양 전극 사이에 탄소증기가 생기고, 이것을 통하여 계속 전류가 흘러 아크가 발생하며, 이 원리를 이용하여 등(lamp)으로 제작한 것이 **탄소 아크등**(carbon arc lamp)이다. 다른 광원보다 높은 휘도와 광도를 얻을 수 있으므로 영사용, 청사진굽기와 제판용으로 사용된다.

탄소 아크등은 전압, 전류의 관계가 부특성이므로 그림 3-5와 같이 안정저항 R를 접속한다. 실험 결과에 의하면 탄소 아크의 단자전압 V_a는 $V_0 + k/I^n$의 관계로 되어 그림 3-6과 같은 특성으로 된다.

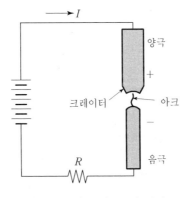

그림 3-5 탄소 아크등의 원리도

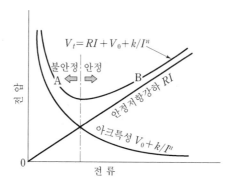

$$V_t = RI + V_0 + k/I^n$$

불안정 | 안정
A ⇐ ⇒ B

전압 (세로축)

안정저항강하 RI

아크특성 $V_0 + k/I^n$

전류 (가로축)

그림 3-6 아크전압과 안정기의 관계

저항 R를 직렬로 접속하면, 그의 단자전압 V_t는 $RI + V_0 + k/I^n$로 된다. 이 회로의 전원전압을 E라 하면, $E = V_t$가 성립되는 전류 I에서 점등한다. 그런데 위의 식이 성립되는 전류값 I는 그림 3-6에서 알 수 있는 바와 같이 A, B 두 개가 있다. A점 부근은 부특성이므로 불안정하고, 전류의 증가와 더불어 전압이 상승하는 B점 쪽에서 안정하게 점등한다. 이 R를 **안정저항**(steadying resistance)이라 한다.

교류를 쓰는 경우에는 두 전극의 극성이 교호로 바뀌어지므로 화구의 온도가 떨어져 충분한 빛을 내지 못하여 그 효율이 직류용보다 낮다. 교류용에 있어서는 안정리액턴스를 쓰게 된다. 탄소 아크등은 전류가 일정값을 초과하면 소음(hissing)이 생기고, 특성이 약간 불연속으로 된다. 탄소 아크등에는 순탄소 아크등, 발염 아크등 및 고휘도 아크등이 있다.

탄소 아크등의 장ㆍ단점은 다음과 같다.

장 점	단 점
① 광원이 작고 휘도가 높다.	① 전류특성이 부특성이므로 안전장치를 필요로 한다.
② 광도와 효율이 높다.	② 전극이 소모하며 연소물질을 만든다.
③ 자외선이 풍부하다.	③ 기동장치 및 전극조정장치를 필요로 한다.
	④ 빛(光)이 움직인다.
	⑤ 소음을 발생한다.

1 순탄소 아크등 (pure carbon arc lamp)

점등초에는 순흑연의 전극을 사용하여 직류로 점등하고, 점등 후에는 전극소모를 자동적으로 보충하는 장치가 필요하다. 직류 및 교류에도 사용되는데 아크가 안전성이 좋다. 직류 아크는 양극(陽極)의 끝에 양극 크레이터(crater)라는 부분이 고휘도 광원이 된다. 빛의 비율은 양극 크레이터 85 [%], 음극 10 [%], 아크 5 [%]이며, 효율은 20 [lm/W] 이하, 휘도는 $9,000 \sim 15,000$ [cd/cm^2], 전극 소모율은 1 [mm/ min] 정도이며, 주로 분석 실험용으로 사용된다.

순탄소 아크등의 휘도는 전류밀도와 더불어 증가되나 소음이 일어나지 않는 정도로 사용한다. 빛은 연속스펙트럼이나 적외선이 많다.

❷ 발염 아크등 (flameing arc lamp)

전극에 금속염류(Ca, Sr, Ce, Ti 등)를 침투시킨 것으로, 염류는 먼저 증발하고 이어서 이온화하여 루미네슨스에 의한 빛을 발생하여 효율을 높인다. 이것의 빛은 금속특유의 스펙트럼을 발산한다. 즉, 불화칼슘은 황색, 스트론튬과 이트륨은 적색, 수은·사마륨·에르븀은 녹색 등으로 된다. 빛은 순탄소 아크등과 달리 85 [%]가 아크에서 나오므로 움직이지 않는 빛을 필요로 할 경우에는 적합하지 않다. 발염 아크등은 직류 및 교류에서 사용되는데, 직류의 경우에는 양극에만 염류를 넣고 음극은 보통 탄소를 사용한다.

발염 아크등은 휘도는 저하되나 발광면적이 크고, 효율은 최고 80 [lm/W]에 달하며, 주용도는 인쇄 제판용, 소형 영사용, 광욕용 등이다.

❸ 고휘도 아크등

양극(陽極)의 중심에 지름의 약 반은 발광체(發光體)로써 불화쎄륨(CeF$_3$), 산화쎄륨(CeO) 등의 심(芯)을 넣은 것으로 벡 아크등(beck arc lamp)이라고도 부른다. 이것은 어느 전류치에 도달하면 급히 깊은 화구(火口)가 생겨 전방에 백색의 화염이 일어난다. 화구의 온도는 4,200 [K] 이하로 되나 양극의 화염은 최고 5,800 [K] 정도된다.

광선의 범위는 평균적으로 연속 스펙트럼이 방사되나 특히 400 [nm] 부근에서 높게 된다. 이 휘도는 최고 120,000 [cd/cm^2] 정도이며, 주용도는 탐조등, 영사용 등이다.

3-4 방전등

방전등을 넓은 의미에서 해석하면 아크등도 당연히 방전등에 속한다. 그러나 아크등은 관

길이가 짧고 전류가 크므로 일반적인 방전등과 분리하고 있다.

방전등에는 수은등, 나트륨등, 메탈 할라이드등, 제논등, 지르코늄등과 글로우 방전을 이용한 네온관등, 네온전구 등이 있으며, 특히 고압 수은등, 메탈 할라이드등 및 고압 나트륨등을 고휘도방전등[3](High Intensity Discharge Lamp : HID등)이라고 한다.

고효율, 고출력, 장수명 등이 HID등의 공통 특징이다. 최근에는 밝기 일변도에서 밝기의 질을 중요시하며, 연색성이 우수한 램프가 점포 등 상업시설과 스포츠시설 등에 보급되고 있다.

1 수은등 (mercury vapour lamp)

수은등은 유리관내에 봉입된 수은증기 중의 방전을 이용한 것이다. 상온의 수은증기압은 대단히 낮으므로 이것만으로 기동시키려면 고전압이 필요하다. 그러므로 페닝 효과를 이용하여 기동을 용이하게 하기 위하여 미량의 아르곤가스를 봉입한다. 방전이 시작되면 수은이 서서히 증발하여 적당한 압력으로 된다. 일반적으로 수은증기압이 상승함에 따라 아크는 관의 중심에 가늘게 모여 관전압, 휘도, 효율 등이 높아진다. 수은증기압과 효율과의 관계는 대체로 그림 3-7에서 보는 바와 같이 수은증기압이 높아질수록 효율은 좋으나 저압 수은등과 고압 수은등 사이에 효율이 떨어지는 곳이 있다.

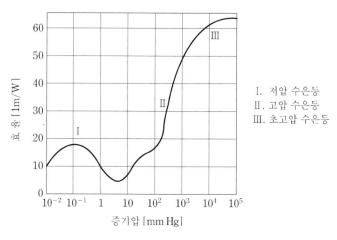

Ⅰ. 저압 수은등
Ⅱ. 고압 수은등
Ⅲ. 초고압 수은등

그림 3-7 수은등의 증기압과 효율의 관계

---

3) 고휘도 방전등(HID등) : 고휘도 방전등은 발광관의 관벽부하가 $3[W/cm^2]$ 이상의 것을 말하며, 고압 수은등, 메탈 할라이드등, 고압 나트륨등, 형광 수은등, 저압 나트륨등이 있으며 널리 사용되고 있는 것은 메탈 할라이드등, 고압 나트륨등이다.

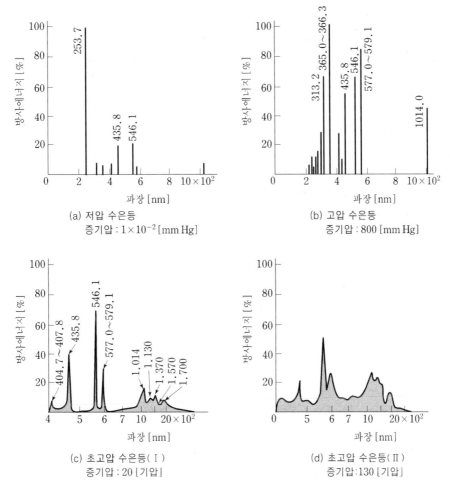

그림 3-8　수은등의 분광분포

수은증기 중의 아크방전에 의해 발산하는 방사는 수은증기의 압력에 따라 다르며, 저압수은 등(0.01 [mmHg])의 경우에는 253.7 [nm]의 자외선이 많이 발산되고 또한 453.8 [nm](청 색), 546.1 [nm](녹색) 등의 가시선도 발산되고 있다. 고압 수은등(80 [mmHg])에서는 자외 선의 스펙트럼은 약해지고, 가시선으로 되어 있는 404.7~407.8 [nm], 435.8~546.1 [nm], 577~579.1 [nm]의 스펙트럼이 크게 증가한다. 초고압 수은등(20기압)으로 되면 가시선이 연 속 스펙트럼의 경향을 나타내고, 광색도 백색으로 근접한다.

(1) 저압 수은등(low pressure mercury lamp)

수은(Hg)을 봉입한 가늘고 긴 유리관의 양단에 전극을 설치한 방전관으로서, 열음극[4])이나

---

4) 열음극 : 음극의 가열에 의해 열전자를 방출하도록 되어 있는 것

냉음극[5])을 사용하기도 하고, 한쪽 전극에 수은류의 음극을 설치한 것도 있다.

수은증기압이 0.01~10 [mmHg] 범위의 것을 저압 수은등이라고 하며, 이 정도의 증기압에 의한 방전에서는 253.7 [nm]의 자외선이 전 방사속의 90 [%] 이상 발산된다. 저압 수은등을 응용한 것이 살균등과 형광등이다.

(2) 살균등 (germicidal lamp)

살균등은 저압 수은등에서 253.7 [nm]의 자외선이 풍부히 나오는 것을 살균용으로 이용한 것이다. 살균등은 산화물로 피복한 열음극을 사용한 것으로 수은증기압은 상온에서 약 0.001 [mmHg]로 봉입되어, 동작시의 증기압은 0.01~2 [mmHg] 정도로 된다. 방전관내에는 수은 이외에 보조가스인 아르곤이 수 [mmHg]로 봉입되어 있다. 입력전력의 약 60 [%]가 253.7 [nm]의 자외선으로 발산되므로, 자외선 투과 유리관을 사용하면 살균등 또는 태양등으로 된다. 보통 유리는 253.7 [nm]의 자외선을 흡수하므로 살균등으로서 이용하려면 관을 석영관으로 하든가 특수한 자외선 투과유리로 하여야 한다. 253.7 [nm]의 자외선은 공기 이외의 대부분의 물질을 투과하지 않으므로 표면 살균에만 국한되며, 특히 사람의 눈에 유해하므로 직사광이 눈에 들어오지 않도록 조명방법을 고려하여야 한다. 보통 유리관을 사용하여 내면에 형광물질을 발라서 자외선을 가시선으로 변환하는 것이 형광등이다. 표 3-2는 보통 사용되는 15 [W] 살균등의 정격을 표시한 것이다.

표 3-2 살균등의 정격

크기 [W]	길이 [mm]	관지름 [mm]	관전류 [A]	정격전압 [V]	살균선 출력 [W]	거리 1 [mm]에서의 살균 방사 조도 $[\mu W/cm^2]$	평균 수명 [h]
15	436	25	0.30	100	2.9	30	3000

(3) 고압 수은등 (high pressure mercury lamp)

고압 수은등은 점등시에 수은증기압이 100~760 [mmHg] 정도의 것을 말하며, 그림 3-9에 나타낸 것과 같이 발광관의 수은증기압, 즉 온도를 높이기 위하여 2중관으로 되어 있다.

---

5) 냉음극 : 음극의 가열함이 없이 강한 전계를 걸든가 2차 전자 또는 광전자를 충돌시켜서 전자를 방출하는 것

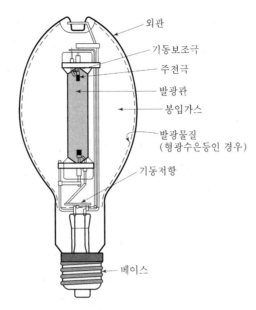

그림 3-9 고압 수은등의 구조

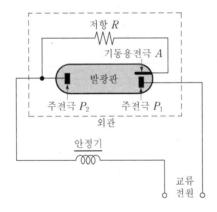

그림 3-10 고압 수은등의 점등회로

발광관은 점등 중의 온도가 400[℃] 이상으로 높으므로 내열성인 석영 유리로 만들어 1기압 정도의 수은증기와 방전개시를 용이하게 하기 위한 미량(5~6[mmHg])의 아르곤 가스가 봉입되어 있다.

외관은 연질의 유리를 써서 발광관을 보호하며, 온도를 유지하고 내부에 있는 금속 부분의 산화를 방지하며, 또 해로운 자외선이 외부로 나오지 않도록 하기 위하여 배기 후에 질소 또는 아르곤 가스를 1/2 기압 정도로 봉입한다. 이와 같이 하여 점등시에 외관 내외의 기압이 1기압으로 평형이 되도록 하고 있다.

고압 수은등의 점등은 보조전극과 그것에 근접한 주전극 사이에 국부적인 방전이 일어나고, 이 방전전류에 의한 열 때문에 수은이 증발하여 발광관 안에 수은증기가 충만하면, 두 주전극 사이로 방전이 옮겨지는 것이다. 주전극에는 산화물이 피복되어 있으며, 그림 3-11에 표시한 것과 같이 점등 후 최대광도에 도달하려면 약 5~8분이 걸리고, 또 정상적으로 점등된 것을 한 번 소등하고 다시 스위치를 넣어도 바로 점등되지 않고 약 7~10분 정도의 시간이 소요된다.

고압 수은등의 효율은 20~50 [lm/W] 정도로 높으며, 수명이 12,000시간으로 되어 도로, 공원, 광장, 경기장 및 큰 공장의 고천장 조명에 사용되었으나, 효율과 연색성이 우수한 메탈 할라이드등이 개발됨에 따라 고압 수은등은 거의 사용되지 않고 있다.

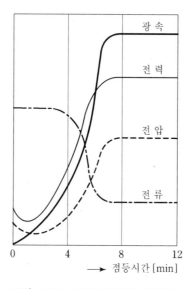

그림 3-11   고압수은등의 기동특성

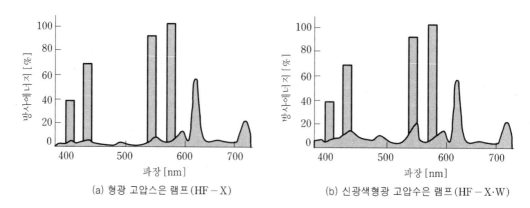

(a) 형광 고압스은 램프(HF－X) (b) 신광색형광 고압수은 램프(HF－X·W)

그림 3-12   형광 수은등의 분광에너지 분포

표 3-3 고압 수은등의 성능

(KSC 7604)

형 식		정격 입력 전압 [V]	초 특 성				안정 시간 [분]	재시동 시간 [분]
			(참고) 램프 전력 [V]	램프 전압 [V]	램프 전류 [A]	전 광 속 [lm]		
H	40	220	40	90±15	0.53±0.12	1,200	8 이하	10 이하
HF	40X					1,300		
H	100	220	100	130±15	0.85±0.17	3,700	8 이하	10 이하
HF	100X					3,900		
HRF	100X					3,100		
H	175	220	175	130±15	1.50±0.27	7,200	8 이하	10 이하
HF	175X					7,900		
HRF	175X					5,700		
H	200	220	200	130±15	1.70±0.36	8,200	8 이하	10 이하
HF	200X					9,000		
HRF	200X					6,500		
H	250	220	245	130±15	2.15±0.39	10,500	8 이하	10 이하
HF	250X					11,800		
HRF	250X					8,400		
H	300	220	295	135±15	2.50±0.46	14,200	8 이하	10 이하
HF	300X					15,200		
HRF	300X					10,700		
H	400	220	395	135±15	3.25±0.60	20,000	8 이하	10 이하
HF	400X					21,000		
HRF	400X					14,600		
H	700	220	705	140±15	5.45±1.07	36,000	8 이하	10 이하
HF	700X					38,500		
HRF	700X					28,000		
H	1000	220	1000	135±15	8.00±1.50	52,000	8 이하	10 이하
HF	1000X					56,000		
HRF	1000X					41,000		

【주】 H : 투명형 수은등. HF : 형광 수은등. HRF : 반사형 형광 수은등

고압 수은등 및 초고압 수은등의 결점은 광색에 적색이 부족한 것이다. 이 결점을 개선하기 위하여 발광관에서 방사되는 에너지 중 투명유리 수은등에서는 이용되지 않고 있는 자외선을 이용하여 외관 안쪽에 도포된 적색 발광용의 형광물질을 여기시켜 적색광을 보충함으로써 연색성과 효율을 개선한 것이 **형광 수은등**(fluorescent mercury lamp)이다. 즉, 형광 수은등은 점등 중에 발광관에서 나오는 자외선을 가시광선으로 바꾸는 것이다.

고압 수은등은 백열전구와 비교하면, 다음과 같은 특징을 갖고 있다.

① 휘도가 높다($1,000 \sim 10,000 \, [\mathrm{cd/cm^2}]$).

② 1등당의 전력 및 광속이 크다.

③ 효율이 높다($30 \sim 65 \, [\mathrm{lm/W}]$).

④ 연색성이 나쁘다(청백색, R_a $40 \sim 50$).

⑤ 기동에서부터 정상상태까지 시간이 걸린다($5 \sim 8$분).

⑥ 재점등시에도 시간을 요한다($7 \sim 10$분).

수은등은 투명형(clear-glass) 수은등(H)뿐만 아니라 외관내면에 형광체를 도포한 형광 (phosphor-coated) 수은등(HF)을 많이 사용한다. 또한 투광용으로는 외관에 반사막을 부착 시킨 반사형 수은등(HR), 반사형 형광수은등(HRF) 등이 있다.

(4) 초고압 수은등 (super-high pressure mercury lamp)

초고압 수은등의 증기압은 $10 \sim 200$기압이고 발광효율은 $40 \sim 70 \, [\mathrm{lm/W}]$, 휘도가 $10^5 \, [\mathrm{cd/cm^2}]$ 이상의 고휘도가 되며, 광색은 백색광으로 연속스펙트럼이 많다.

그리고 석영관내에 $1 \sim 2 \, [\mathrm{cm}]$ 간격의 두 개의 전극과 수은 및 소량의 아르곤가스를 봉입한 발광관을 다시 유리구의 외관으로 덮은 것이다. 중심온도는 $8,000 \sim 10,000 \, [\mathrm{°C}]$로 되고, 관벽 은 $400 \sim 600 \, [\mathrm{°C}]$ 정도로서 용량이 작은 것은 공냉식으로 하며, $1 \, [\mathrm{kW}]$ 이상의 용량이 큰 것 은 수냉식으로 되어 있다.

초고압 수은등은 효율과 광색이 좋고 용량도 크므로 영화촬영 및 영사기 등에 사용된다. 대 용량 수냉식의 것은 사진제판용으로 사용된다.

❷ 메탈 할라이드등 (metal halide lamp)

메탈 할라이드등의 외관(外觀)은 고압 수은등과 비슷하지만, 발광관 안에 수은, 아르곤 등의 비활성 가스 외에 발광물질로 금속 할로겐 화합물(탈륨 ; Tl, 나트륨 ; Na, 인듐 ; In, 토륨 ; Th 등)이 봉입되어 있으며, 금속원자에 의한 금속특유의 광(스펙트럼)을 발광하는 것으로 효율 과 연색성을 개선한 방전등이다. 봉입금속을 할로겐화 금속으로 하는 이유는 실용적인 발광관 온 도에서 높은 증기압이 얻어진다는 점과 할로겐화 금속으로 봉입하면 고온상태에서 발광관의 재료 인 석영과 첨가한 금속이 반응하는 것을 방지할 수 있기 때문이다. 봉입하는 금속증기의 종류에 따라 각 금속에서 나오는 선 스펙트럼을 이용한 것과 분자(分子) 발광에 의한 연속 스펙트럼을 이용한 고연색성형이 있다. 일반적으로는 효율이 높은 선 스펙트럼형의 것이 쓰이고 있다.

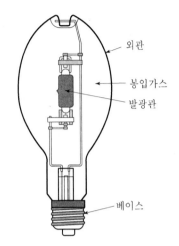

그림 3-13 메탈 할라이드등

구조는 그림 3-13에 나타낸 것과 같이 고압 수은등과 거의 동일하나 기동을 용이하게 하기 위하여 발광관내에 아르곤, 수은 및 할로겐화금속이 봉입되어 있다.

현재 실용화되고 있는 것은 다음 네 가지이다.

(1) Na-Tl-In계

나트륨(589 [nm]), 탈륨(535 [nm]) 및 인듐(411 [nm], 451 [nm])의 강한 스펙트럼을 조합한 것으로 램프 효율은 $75 \sim 85$ [lm/W], 평균 연색성 평가지수 $R_a = 60 \sim 70$, 색온도는 5,000 [K]이다.

(2) Sc-Na계

나트륨의 강한 스펙트럼과 많은 스칸듐(Sc)의 약한 스펙트럼을 조합한 것으로 램프효율은 $80 \sim 100$ [lm/W], 평균 연색성 평가지수 $R_a = 60 \sim 70$, 색온도는 $4,000 \sim 5,000$ [K]이다.

(3) Dy-Tl-(In)계

탈륨(Tl), 인듐(In)의 강한 스펙트럼과 많은 디스프로슘(Dy)의 약한 스펙트럼의 조합으로 램프 효율은 $80 \sim 83$ [lm/W], 평균 연색성 평가지수 $R_a = 85 \sim 90$, 색온도는 $5,500 \sim 6,000$ [K]이다.

(4) Sn계

할로겐화 주석의 분자에 따른 연속 스펙트럼을 이용한 것으로 특히 연색성이 우수하고 플리커도 작다. 램프 효율은 50 [lm/W], 평균 연색성 평가지수 $R_a = 92$, 색온도는 6,000 [K]이다.
메탈 할라이드 램프의 분류는 다음과 같다.

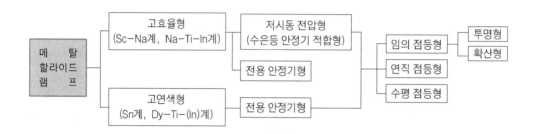

램프의 정격수명은 9,000시간(Sn계는 6,000시간), 광속 유지율은 정격수명 시간으로 70 [%]
(Sn계는 90 [%])이다.

메탈 할라이드등은 그림 3-14와 같이 연색성이 우수하며, 수은등이나 백열전구보다 전력소

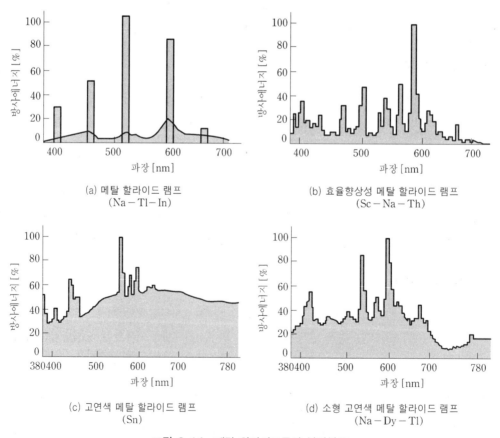

그림 3-14 메탈 할라이드등의 분광분포

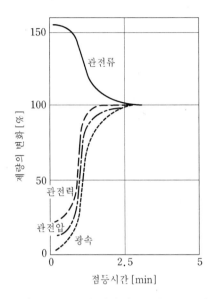

그림 3-15 메탈 할라이드등의 기동특성

모가 적고, 효율이 1.8배 이상 높다. 또한 수명이 길고 광속감소가 적어 높은 광도를 유지할 수 있으며, 기동시에는 약 8분의 시간이 소요되며, 전원을 껐다가 재점등을 할 경우에는 약 10분이 소요된다. 주용도는 고압 수은등의 용도와 비슷하며, 일반조명, 쇼윈도우, 박물관 화랑, 전시장, 광화학용, 방사용, 식물육성용, 어업용 등 다양한 용도로 사용되고 있다.

전원전압변동의 영향을 받기 쉽고, 램프의 종류에 따라 광색의 흩어짐이 일어나기 쉬우므로 정격전압의 ±6[%] 이내에서의 사용이 바람직하다. 점등방향에 의해서도 광속이 변하기 쉬우므로 수평 또는 수직방향으로 램프의 방향을 지정한 것이 있다.

③ 나트륨등 (sodium vapour lamp)

(1) 저압 나트륨등

나트륨(natrium) 증기를 통하여 방전할 때 생기는 D선(580~589.6 [nm])을 광원으로 이용한 것이 나트륨등(sodium vapour lamp)이다.

저압 나트륨등의 증기압은 4×10^{-3} [mmHg]이고, 구조는 그림 3-16과 같이 발광관과 외관으로 되어 있으며 그의 중간은 단열효과를 좋게 하기 위하여 고진공으로 하고, 외관 내면에 산화석(酸化錫)에 의한 적외선 반사막을 만들어 효율을 향상시키고 있다. 휘도는 11~13 [cd/cm²]이므로, 이를 낮추기 위하여 특수 나트륨유리의 U자형 발광관을 사용하고, 나트륨 증기가 균등하

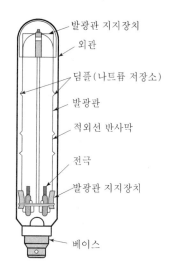

발광관 지지장치

외관

딤플(나트륨 저장소)

발광관

적외선 반사막

전극

발광관 지지장치

베이스

그림 3-16 저압 나트륨등

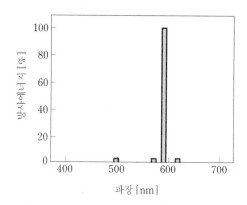

그림 3-17 저압 나트륨등의 분광분포

게 분산할 수 있도록 관내의 수개 소에 딤플(dimple)이라고 하는 나트륨 저장소가 있으며 기동용으로 미량의 아르곤과 네온가스가 봉입되어 있다.

D선의 에너지는 전방사에너지의 약 76[%]에 도달한다. 광색은 거의 순수한 등황색이다. D선의 비시감도는 0.765이므로, 전기에너지 중에서 76[%]가 전부 D선의 빛으로 변환하였다면, 555[nm]에서 1[W]의 방사속은 680[lm]이므로

$$680 \times 0.765 \times 0.76 \fallingdotseq 395 \, [\text{lm/W}]$$

로 된다. 그러나 실용상의 효율은 160[lm/W] 정도이다.

표 3-4 메탈 할라이드등의 성능

(KSC 7607)

형식 \ 구분		정격 입력 전압 [V]	안정 시간 [분]	재시동 시간 [분]	초 특 성			전광속 [lm]
					램프 전압 [V]	램프 전류 [A](참고값)	램프 전력 [W]	
MH	70(A)	220	8 이하	10 이하	90±15	0.98	94 이하	5,000
MHF	70(A)							4,500
MHT	70(A)							5,000
MH	100(A)	220	8 이하	10 이하	100±15	1.00	105 이하	6,500
MHF	100(A)							5,900
MHT	100(A)							6,500
MH	100(B)	220	8 이하	10 이하	100±15	1.10	105 이하	6,500
MHF	100(B)							5,900
MHT	100(B)							6,500
MH	175(B)	220	8 이하	10 이하	130±15	1.50	184 이하	14,000
MHF	175(B)							12,000
MHT	175(B)							14,000
MH	250(A)	220	8 이하	10 이하	100±15	3.00	263 이하	17,000
MHF	250(A)							15,000
MHT	250(A)							17,000
MH	250(B)	220	8 이하	10 이하	130±15	2.10	263 이하	20,500
MHF	250(B)							18,000
MHT	250(B)							20,500
MH	400(A)	220	8 이하	12 이하	125±15	3.65	420 이하	28,800
MHF	400(A)							25,000
MHT	400(A)							28,800
MH	400(B)	220	8 이하	12 이하	135±15	3.25	420 이하	34,000
MHF	400(B)							30,000
MHT	400(B)							34,000
MH	1,000(A)	220	8 이하	15 이하	130±15	8.30	1,050 이하	80,000
MHF	1,000(A)							72,000
MHT	1,000(A)							80,000
MH	1,000(B)	480	8 이하	15 이하	263±25	4.00	1,050 이하	88,000
MHF	1,000(B)							79,000

【주】 MH : 메탈 할라이드등. MHT : 관형 메탈 할라이드등. MHF : 형광물질을 도포한 메탈 할라이드등
　　A : 회로전압 220 [V]. B : 회로전압 380 [V]

　기동시에 기동을 쉽게 하기 위하여 봉입된 네온 가스 때문에 적색광이 되지만 그 후 나트륨의 증발과 더불어 등황색의 안정된 빛으로 된다. 소등시에는 발광관의 돌기부에 나트륨이 되돌아오므로 램프의 점등방향에는 제한이 있으며 일반적으로 수평방향으로 사용한다.

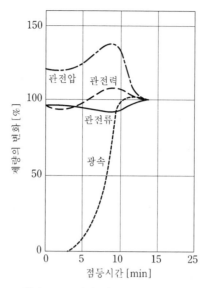

그림 3-18 저압 나트륨등의 기동특성

표 3-5 저압 나트륨등의 성능

(KSC 7610)

형 식	정격 입력 전압 [V]	안정 시간 [분]	재시동 시간 [분]	초 특 성			전광속 [lm]
				램프 전압 [V]	램프 전류 [A]	램프 전력 (참고)[W]	
NXT 35				70 ± 15	0.60 ± 0.06	38	4,600 이상
XT 55	470			$105 ^{+20}_{-15}$	0.59 ± 0.06	58	7,600 이상
NXT 90	500			$115 ^{+20}_{-15}$	0.92 ± 0.10	97	12,500 이상
NXT 135	700	—	—	$160 ^{+25}_{-15}$		136	21,500 이상
NXT 180				$245 ^{+25}_{-20}$	0.88 ± 0.10	190	31,500 이상
NX E18	300			57 ± 15		18	1,800 이상
NX E26				84 ± 15	0.35 ± 0.04	25	3,900 이상
NX E36	480			120 ± 15		35	5,900 이상
NX E66		—	—	$123 ^{+20}_{-15}$		65	11,000 이상
NX E91	650			$173 ^{+20}_{-15}$	0.62 ± 0.06	90	17,000 이상
NX E131				$250 ^{+25}_{-15}$		127	26,000 이상

【주】 NX : 저압 나트륨등, T : 관형

발광관의 온도가 약 270~280 [°C]일 때의 나트륨의 포화증기압은 4×10^{-3} [mmHg]로 되며 효율은 최고로 된다. 그의 분광분포는 580~589.6 [nm]의 등황색의 스펙트럼선(D선)이므로 램프효율은 130~175 [lm/W]의 높은 효율로 된다. 광원의 광색이 단일색광이므로 물체의 형체나 요철(凹凸)의 식별에 우수한 효과를 갖고 있으나 연색성은 매우 나쁘다. 용도는 유리의 굴절률 측정 및 평면검사 등의 광학실험용, 주사액의 불순물 검사용 및 간선도로, 터널, 주차장 등의 도로조명에 널리 쓰이고 있다.

(2) 고압 나트륨등

나트륨 증기 내의 방전으로 인하여 나트륨등의 증기압을 높여가면 자기흡수에 의하여 발광효율은 일단 저하하지만 다시 증기압을 높게 하면 발광효율은 재차 증가하고 100~200 [mmHg]에서 최대가 된다.

고압 나트륨등의 증기압은 100 [mmHg]이고, 분광분포는 D선 부근을 중심으로 폭 넓게 밴드 스펙트럼을 형성하고 2,100 [K]의 황백색이 얻어진다.

고압 나트륨등의 구조는 그림 3-19에 표시한 것과 같이 열음극을 가지고 있는 발광관에 보온용의 외관을 붙이고, 그 중간은 진공으로 하고 있다. 나트륨등의 발광효율이 250 [°C](나트륨의 증기압 0.0016 [mmHg]) 부근에서 최고로 되기 때문에 이러한 보온구조로 만든 것이다.

발광관내에는 소량의 고형 나트륨과 보조 기체로서 아르곤을 1.5 [mmHg] 정도 봉입하고 있다. 고압 나트륨등은 점등 후 특성이 안정되기까지 약 10분 정도의 시간이 필요하다. 또 일

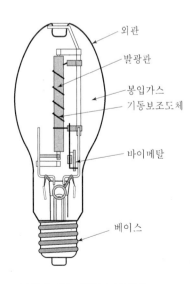

그림 3-19 고압 나트륨등

단 소등했다가 재점등하기까지는 수분간을 필요로 한다. 발광관은 나트륨 증기에 의하여 황갈색 또는 흑색으로 변하기 때문에 나트륨 증기에 견딜 수 있는 특수유리, 즉 SiO_2를 극소량 포함한 B_2O_3, Al_2O_3, Na_2O, CaO를 주성분으로 한 것을 사용한다.

또 발광관내의 열음극은 산화물을 피복하여 열전자방출을 돕고 있다. 400 [W] 고압 나트륨 램프의 전광속은 4,400 [lm], 램프효율 92~130 [lm/W], 색온도 2,200 [K], 평균수명 12,000시간 정도이며, 분광분포는 그림 3-21과 같다.

고압 나트륨등은 터널 내의 배기가스 및 안개 등에 대한 투과력이 우수하므로 터널조명, 교량조명, 항만조명, 가로조명(고속도로 인터체인지 등), 식물재배 및 산업시설의 내부조명, 스포츠 조명 등에 이용되고 있다.

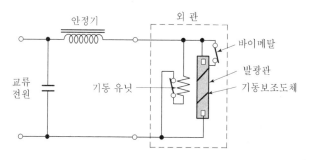

그림 3-20   기동보조 유닛형 고압 나트륨등의 점등회로

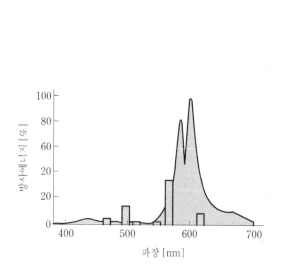

그림 3-21   고압 나트륨등의 분광분포

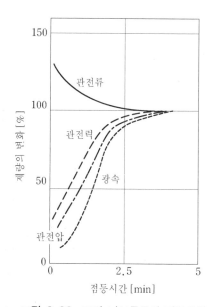

그림 3-22   고압 나트륨등의 기동특성

표 3-6 고압 나트륨등의 성능 (KSC 7610)

형 식	정격 입력 전압 [V]	안정 시간 [분]	재시동 시간 [분]	초 특 성 램프 전압 [V]	램프 전류 [A]	램프 전력 (참고) [W]	전광속 [lm]
NH 50	220	8 이하	5 이하	90 $^{+15}_{-20}$	0.76±0.12	50	3,000 이상
NH 50F							2,900 이상
NHT 50							3,000 이상
NHR 50							3,000 이상
NH 70	220	8 이하	5 이하	90 $^{+15}_{-20}$	1.0±0.18	70	4,600 이상
NH 70F							4,300 이상
NHT 70							4,600 이상
NHR 70							4,600 이상
NH 100	220	8 이하	5 이하	100 $^{+15}_{-20}$	1.2±0.2	100	9,000 이상
NH 100F							8,500 이상
NHT 100							9,000 이상
NHR 100							—
NH 150	220	8 이하	5 이하	100 $^{+15}_{-20}$	1.8±0.3	150	14,000 이상
NH 150F							13,000 이상
NHT 150							14,000 이상
NHR 150							—
NH 200	220	8 이하	5 이하	100 $^{+15}_{-20}$	2.3±0.40	200	20,000 이상
NH 200F							19,000 이상
NHT 200							20,000 이상
NHR 200							—
NH 250	220	8 이하	5 이하	100 $^{+15}_{-20}$	3.0±0.50	250	25,000 이상
NH 250F							23,000 이상
NHT 250							25,000 이상
NHR 250							—
NH 400	220	8 이하	5 이하	100 $^{+15}_{-20}$	4.6±0.7	400	46,000 이상
NH 400F							43,000 이상
NHT 400							46,000 이상
NHR 400							—
NH 1000(A)	220	8 이하	5 이하	110 $^{+20}_{-28}$	10.5±1.58	1000	101,000 이상
NH 1000F(A)							95,000 이상
NHT 1000(A)							101,000 이상
NHR 1000(A)							101,000 이상
NH 1000(B)	380	8 이하	5 이하	200 $^{+30}_{-35}$	5.8±0.7	1000	101,000 이상
NH 1000F(B)							98,000 이상
NHT 1000(B)							101,000 이상
NHR 1000(B)							101,000 이상
NH 1000(C)	480	8 이하	5 이하	250 $^{+35}_{-40}$	4.7±0.7	1000	101,000 이상
NH 1000F(C)							98,000 이상
NHT 1000(C)							104,000 이상
NHR 1000(C)							104,000 이상

【주】 NH : 고압 나트륨등, T : 관형, F : 형광물질이 도포된 것, 무표시 : 형광물질이 도포되어 있지 않은 것

④ 제논등 (xenon lamp)

제논등은 대부분 직류전압에서 사용되도록 설계되어 있으며, 높은 압력으로 봉입한 제논 (Xenon) 가스 중의 아크방전을 이용한 램프로서 그림 3-23의 분광분포에서와 같이 스펙트럼이 자외선 영역(320 [nm])에서부터 적외선 영역(1,100 [nm])까지 모든 파장을 발산하는 것이다. 특히 가시광선 영역에서 연속적이므로 자연주광(自然畵光)의 분포와 비슷하여 연색성이 가장 우수하며, 기동에 시간을 요하지 않고 순시 재점등도 가능하다는 것이 특징이다. 이것은 수은등과 같이 방전열에 의하여 저압의 상태로부터 서서히 고압상태로 되는 것이 아니고 최초부터 고압의 제논이 봉입되어 있기 때문이다.

그러나 최초부터 고압이므로 기동에 요하는 전압이 높아야 함은 파센의 법칙으로부터 잘 알 수 있다.

이 제논등은 할로겐 전구와는 달리 필라멘트가 없는 것이 특징이다. 고압의 전원을 공급하고 최적의 작동을 위해서는 빠른 점화장치와 안정기(ballast)가 필요하다.

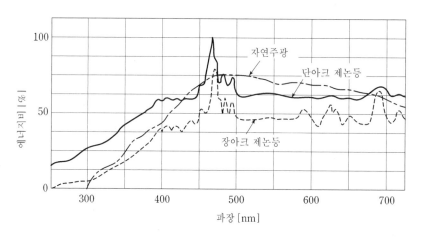

그림 3-23 제논등의 분광분포

(1) 단(短)아크 제논등

그림 3-24와 같이 석영관에 양극과 음극을 수 [mm]의 간격으로 설치한 것으로 봉입가스의 압력은 10기압 정도이다. 보통직류로 점등하며, 기동에는 안정기 외에 고압펄스 발생장치가 필요하다. 이 램프는 표준 백색의 고휘도 광원으로 색채감별, 스트로보스코프, 방사기, 팩시밀리, 탐조등, 자동차용 전조등, 영화의 영사용 광원, 무대조명용 스포트라이트 등에 이용된다.

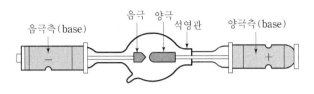

그림 3-24 단아크 제논등

표 3-7 단아크 제논등의 정격

램프의 크기 [kW]	0.5	2	3	3.6	5	
램프전류 (max)[A]	25	80	100	120	145	160
램프전압 [V]	20	26	30	30	34	30
수평광도 [cd]	1,300~1,500	5,800~7,500	10,000	12,500	18,000~20,000	
전광속 [lm]	13,500~14,000	56,000~70,000	100,000	115,000	160,000~200,000	

(2) 장(長)아크 제논등

그림 3-25와 같이 석영관의 양단에 전극을 설치하고, 가스의 봉입 압력은 1기압 정도이며, 20[kW]에서 80[kW]에 이르는 대용량인 것이 광장이나 공항의 조명 등에 이용되고 있다. 일반적으로 교류로 점등하고, 수냉식과 공냉식이 있으며 또 안정기가 없는 것도 제작되고 있다.

그림 3-25 장아크 제논등

표 3-8 장아크 제논등의 정격

램프의 크기 [kW]	6.5 밸러스트레스	20	10
전원전압 [V]	200	380	220
램프전류 [A]	75	75	75
램프전압 [V]	—	270	140
전광속 [lm]	412,000	550,000	220,000

5 지르코늄 방전등 (zirconium discharge lamp)

지르코늄 방전등은 현재 사용되고 있는 광원 중에서 가장 이상적인 점광원으로 그림 3-26과 같은 구조를 갖고 있다.

양극은 텅스텐이나 몰리브덴 등의 금속판에 바늘구멍 정도의 구멍을 뚫은 것이며, 음극은 탄탈 또는 텅스텐의 원통에 산화 지르코늄을 넣은 것이다. 전극 간격을 약 1[mm]로 하여 봉입가스로서 순아르곤을 1기압 정도 넣고, 그림 3-27과 같은 회로에서 방전시키면, 음극부의 산화물은 환원되어 표면에 엷은 금속층이 생기고 그 중앙에 음극휘점이 형성되며, 이 빛이 양극에 뚫은 가는 구멍을 통하여 밖으로 나온다. 따라서 극히 적은 점광원으로 되며, 그 휘도는 수 $10^3 \sim 10^8$ [cd/cm^2] 정도에 도달하므로 광학적 검사용광원으로 적당하다. 지르코늄의 분광곡선은 그림 3-28과 같이 연속 스펙트럼이며 색온도는 약 3,000[K]이다.

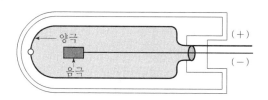

그림 3-26 지르코늄 방전등의 구조

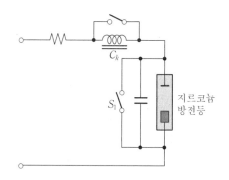

그림 3-27 지르코늄 방전등의 점등회로

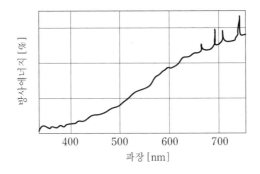

그림 3-28 지르코늄 방전등의 분광분포

⑥ 글로우 방전등

(1) 네온관등 (neon tube lamp)

지름 12~15 [mm]의 긴 유리관을 진공으로 한 후에 7.5~34 [mmHg] 정도의 압력으로 불활성가스 또는 수은을 봉입하고, 고압의 교류전압을 가하면 양광주가 뚜렷이 빛난다. 이것을 **네온관등**(neon tube lamp)이라고 하며, 광고용으로 많이 쓰이므로 **네온사인**(neon sign)이라고도 부른다. 네온관등은 글로우 방전의 양광주를 이용한 것이다. 방전관 속에서는 음극에서 양극을 향해 전자가 흐른다. 이 경우 전자는 도중에서 네온이나 아르곤의 기체 원자와 충돌하여 에너지가 높은 상태로 된다. 이것을 여기(勵起)라고 한다. 그때 기체 원자는 전자가 1개 튀어나와서 양이온이 된다. 이 양이온은 곧 전자와 충돌하여 재결합하여 에너지가 낮은 본래의 상태(기저 상태)로 돌아간다. 이때 그 차액의 에너지가 빛이 되어 방출된다. 이 차액의 에너지의 크기는 기체에 따라 다르고, 그것에 의해 방사광(放射光)의 색이 변하게 된다. 광색은 봉입가스 및 유리관의 종류에 따라 표 3-9와 같이 여러 가지 색을 얻을 수 있다.

유리관은 한 개의 길이가 50 [cm]에서 6 [m] 정도의 것까지 있으며, 전류는 10~20 [mA]로서 방전개시전압은 관전압의 1.5~3배 정도, 수명은 2,000~15,000시간이다. 방전의 원리

표 3-9 봉입가스와 광색

봉입가스	유리관색	광 색	봉입가스	유리관색	광 색
네 온	투 명	등적색	헬 륨	투 명	백 색
네 온	청 색	등 색	헬 륨	황갈색	황갈색
아르곤과 수은	투 명	청 색	아르곤	투 명	고동색
아르곤과 수은	황록색	녹 색			

는 형광등과 마찬가지이지만 관의 길이가 길기 때문에 방전관에 가하는 전압을 높게 할 필요가 있다. 따라서 네온관의 길이 1[m]에 대하여 약 1,000[V]의 전압을 필요로 하며, 전원에는 방전전류를 일정값으로 안정시키기 위해 안정기를 겸한 자기누설변압기를 쓴다. 이 누설변압기를 네온관용 변압기 또는 네온 트랜스라고 하는데, 철심(鐵心)의 구성을 잘 고안하여 2차 전류가 증가한 경우, 2차 전압이 급격히 떨어져 전류가 감소되도록 되어 있다.

(2) 네온 전구

그림 3-29와 같이 유리구내에 전극을 2~3[mm] 간격으로 접근하여 장치하고, 네온 또는 아르곤을 수십[mmHg]의 압력으로 봉입한 것으로 스템 속에 1,500~3,000[Ω]의 안정저항을 직렬로 삽입한 것이다.

이 네온 전구는 철 또는 니켈의 나선(螺線) 또는 평판(平板) 모양의 두 개의 전극이 2~3[mm] 간격으로 봉입되어 있으므로 부글로우를 발광으로 이용한 것이다. 100[V]용은 전극에 알칼리 희토류금속인 바륨, 세슘, 마그네슘, 나트륨 등을 칠하여 방전하기 쉽게 되어 있으며, 100[V]용의 전극간 전압은 65~75[V]이며, 200[V]용은 전극에 철 또는 니켈을 사용하고 전극간 전압은 120~130[V]이다. 100[V]용의 소비전력은 0.05~1.5[W]이고, 광도는 100[V], 1.5[W]의 것이 0.06[cd] 정도가 보통이다. 발광(發光)은 황적색 또는 적색이다. 네온 전구의 용도는 다음과 같다.

① 소비전력이 적으므로 배전반의 파일럿등이나 종야등에 적합하다.
② 음극만이 빛나므로 직류의 극성판별용에 사용된다.
③ 일정전압에서 점등되므로 검전기, 교류파고치의 측정에 쓰인다.
④ 빛의 관성이 없고, 교류전압을 가하면 주파수의 2배나 되는 속도로 빛의 세기가 변하므로 오실로그래프, 스트로보스코프용에 이용된다.

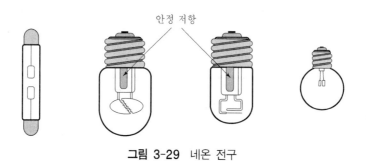

그림 3-29 네온 전구

7 EL 램프 (electro luminescence lamp)

EL이란 전계 루미네슨스(Electro Luminescence)의 약자로 투명한 유기필름 위에 도포한 형광체에 전계를 가하면 발광이 되는 평면 형태의 면발광체이다.

그림 3-30에 나타낸 것처럼 유리면에 투명한 도전성의 피막을 만들어 그 위에 특수한 형광 물질을 유전물질 중에 묻힌 것을 100 [μ] 정도 이하의 얇은 층으로 도포하고, 그 위에 금속피 막을 증착한 것인데 마치 양 전극 사이에 형광물질의 얇은 층을 끼운 것과 같은 것이다.

이 투명전극과 금속전극 사이에 교류전압을 걸면 형광물질에 센 교번자계(交番磁界)가 가하여짐에 따라 형광물질이 발광하게 된다. 이 빛은 투명전극을 도포한 유리판을 통하여 외부로 방출된다. 이것을 **EL 램프**(electro luminescence lamp)라 한다.

형광등이 출현함에 따라 광원은 점(또는 구)광원으로부터 선광원(線光源)으로 진보하였으며, 다음은 면광원(面光源)으로 진보한 것인데 그 시초가 EL 램프이다.

EL 램프는 안내표시(기업로고, 매장안내 등의 디스플레이), 위험표지(비상구 표시, 통로표시 등), 실내 인테리어 및 장식물, 자동차 실내 액세서리, 전화기, LCD(액정 디스플레이) 백라이트 등의 기타 산업분야에 다양한 용도에 사용되고 있으며, 점차적으로 그 용도가 확대되고 있다.

휘도는 2~20 [nt](전압 50~200 [V], 60 [Hz]), 발광효율은 대략 0.5~5 [lm/W]로서 대단히 낮다. 수명은 일반적으로 휘도가 초기값의 1/2일 때까지의 시간으로 결정하여 약 1~2만 시간이다. EL 램프의 특징은 다음과 같다.

① 초박형 평면광원이다(220 [μm])
② 전력소비 절감 및 수명이 길다(형광등이나 네온사인에 대비 70~80 [%]의 전력 소비 절감, 수명은 10,000시간).
③ 색상이 다양하며 소재가 견고하다(16가지 색상).

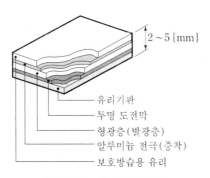

2~5 [mm]

유리기판
투명 도전막
형광층 (발광층)
알루미늄 전극 (증착)
보호방습용 유리

그림 3-30 EL 램프의 구조

④ 선명도가 뛰어나다.

⑤ 비발열식(非發熱式) 광원이다(전기장에 의한 고체 평면 발광체로 발광 시 발열이 전혀 없다).

⑥ 가볍고 견고하며 진동과 충격, 방습 방수력이 뛰어나다.

3-5 형광등

① 형광등의 구조와 발광원리

형광등(fluorescent lamp)은 열음극(熱陰極)으로 된 저압 수은등의 일종이다. 구조는 그림 3-31과 같이 유리관의 양단에 전자의 방사를 왕성하게 하기 위하여 바륨(Ba) 또는 스트론튬(Sr)의 산화물을 피복한 열음극(2중 코일의 텅스텐 필라멘트)을 장치하고, 관내에 5~6[mmHg]의 소량의 수은을 넣어서 점등 중에 0.01[mmHg]의 수은증기압이 되도록 하고,

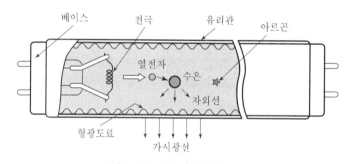

그림 3-31 형광 방전등의 구조

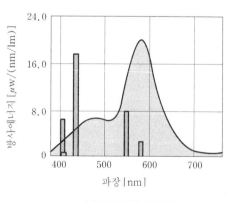

(a) W(백색) 4200 K

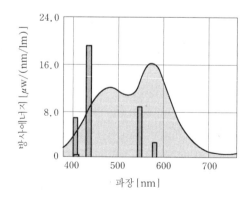

(b) D(주광색) 6500 K

그림 3-32 형광등의 분광분포

페닝효과에 의한 방전개시를 용이하게 하기 위하여 5~6 [mmHg]의 아르곤을 봉입하고 관벽에는 형광체가 칠해져 있다.

점등시에는 예열회로를 통하여 전류가 램프 양단의 전극(필라멘트)에 흐르도록 하여 전극이 예열되어 열전자(熱電子)가 관단부로 확산하게 한다. 이때 예열회로를 차단하면(초크 코일식 안정기 회로에서는 초크 코일에 발생하는 유기 전압이 양 전극에 가해져서) 양 전극 사이에 방전이 개시된다. 방전에 의해 열전자가 관의 내부에 봉입한 소량의 수은원자와 충돌하게 한다. 열전자와 충돌한 수은원자에서는 자외선(253.7 [nm])이 방출되며, 이 자외선이 유리관 내부에 도포한 형광물질을 여기(勵起)하여 형광물질에서 가시광선을 발광하게 되며, 이 빛을 조명에 이용하는 것이다.

이때 램프에서 발생한 자외선은 보통 유리관을 투과하지 못하므로 외부로 방사되지 않는다. 자외선 투과 유리관이나 석영관을 써서 형광체를 칠하지 않고 내부에서 발생한 자외선을 그대로 방사시킨 것이 살균등, 오존램프 등의 자외선 램프이다.

형광등에는 형상(직관, 원형관 등), 크기(watt 수), 점등회로 방식(글로우 스타트형, 래피드 스타트형 등), 광색(점등 중의 겉보기 빛깔), 연색성(분광분포), 특수한 용도에 맞추기 위한 형상과 특성 등 많은 요소의 조합에 의한 수많은 품종이 있으므로 각 요소의 의미를 이해하여 두지 않으면 적당한 종류의 램프를 선택하기가 곤란하다. 형광등의 크기에는 4~8 [W]의 저출력관에서부터 160~110 [W]의 고출력관, 110~220 [W]의 초고출력관에 이르기까지 종류가 많다.

② 스토크의 법칙

유리관의 내벽에는 형광물질이 도포되어 있으며, 이 형광체의 종류에 따라 표 3-10과 같이 여러 가지의 광색을 얻을 수 있다. 한국산업규격(K.S)에서는 주광색(day light 기호 : D)과 백색(white 기호 : W)으로 구별하고 있으며, 주광색(D)의 색온도는 6,500 [K]이고, 백색(W)의 색온도는 4,500 [K]이다. 주광색과 백색을 비교하면 주광색은 푸르게 보이고, 백색은 자연전구와 같이 황색으로 보인다.

```
필라멘트(열전자 방출) ──→ 수은(자외선 방출) ──→ 형광물질(가시광선 발광)
                    〈여기 파장〉           〈발기 파장〉
```

표 3-10에서 여기파장(勵起波長)이라는 것은 여기광, 즉 자극선(수은에서 방출하는 자외선)의 파장이고, 발기파장(發起波長)이라는 것은 발기광, 즉 형광(가시광선)의 파장을 뜻한다.

형광체나 인광체에 빛을 조사(照射)했을 때 발생하는 형광이나 인광의 파장은 원래 빛의 파

표 3-10 형광체 특성

형광체	분자식	광색	여기파장[Å]		발기파장[Å]		잔광기간 [sec]
			범위	극대	범위	극대	
텅스텐산 칼슘	CaWO₄-Sb	청 색	2,000~ 3,000	2,720	3,800~ 7,000	4,400	1×10^{-5}
텅스텐산 마그네슘	MgWO₄	청백색	2,200~ 3,200	2,850	3,800~ 7,200	4,800	5×10^{-5}
규산 아연	ZnSiO₃-Mn	녹 색	2,200~ 2,960	2,537	4,500~ 6,200	5,250	14×10^{-3}
규산 카드뮴	CdSiO₂-Mn	등 색	2,200~ 3,200	2,400	4,300~ 7,200	5,950	24×10^{-3}
붕산 카드뮴	CdB₂O₅	핑크색	2,200~ 3,600	2,500	4,000~ 7,200	6,150	16×10^{-3}
할로린산 칼슘	2Ca₃(PO₄)₄- Ca₂(Cl₂F₂)- Sb, Mn	황백색	1,500~ 3,200	2,537	3,800~ 7,200	5,950	30×10^{-3}

장과 같거나 그보다 길어진다. 즉 발기파장(형광의 파장)은 여기파장(자극선파장)보다 항상 길다고 하는 것이 **스토크의 법칙**(Stock's law)이다. 또 어떤 형광체라도 표 3-10에 있는 것과 같이 짧은 시간의 잔광현상이 있으며, 이것을 빛의 관성이라고 한다.

③ 형광등의 점등회로

형광등은 일단 방전을 개시하면 관전류(管電流)가 점점 증가하여 전극을 파괴하게 된다. 즉, 전극간 전압과 전류와의 관계는 부특성(負特性)이므로 점등 중의 전류가 일정한 정전압 회로로 점등하려면 안정기로서 저항기 또는 리액턴스를 직렬로 삽입하여 안정상태를 유지하여 야 한다. 또 방전개시에 들어가면 방전개시전압을 인가할 필요가 있다. 이 때문에 반드시 어떤 점등장치를 통해서 점등되므로 기동 특성은 점등회로 방식에 의해서도 영향을 받는다. 형광등 의 점등방법에는 다음과 같은 방식이 있다.

(1) 글로우 스타터(점등관) 방식

① 수동 기동법(manual starting)

그림 3-33 (a)와 같은 회로를 만들어 우선 스위치 S_2가 열려있는 상태에서 전원스위치 S_1 을 닫은 다음에 S_2를 닫으면 정격전류의 약 두 배에 가까운 전류가 흘러서 열음극 필라멘트

F_1, F_2가 충분히 가열되므로, 약 1초 후에 S_2를 열면, 그 순간에 안정기(choke coil) L내에 $L\dfrac{di}{dt}$ 의 기전력이 유기되어 열음극 필라멘트 F_1, F_2의 양단에 걸리므로 열전자(熱電子)가 방출되고, 방전에 의하여 포화증기가 된 수은증기에 작용하여 자외선을 방출한다. 이 자외선은 형광등 관벽의 형광물질을 여기하여 형광방전등의 주방전이 시작된다. 이 유기기전력의 크기는 수백 내지 수천[V] 정도로 높은 것이다. 이와 같이 점등하고 나면 관전류는 약 1/2로 안정되어 흐르고, 소등할 때에는 전원스위치 S_1을 열면 된다.

② 글로우 스타터(점등관) 기동법

기동을 자동적으로 하기 위하여 그림 3-33(a)의 스위치 S_2 대신에 점등관(glow starter)을 접속한다.

이 점등관은 글로우 램프(glow lamp)라고도 하며, 그림 3-34와 같이 한쪽 전극이 U자형의 바이메탈(bimetal)로 되어 있으며, 관내에 네온가스 또는 아르곤가스가 봉입되어 있다. 그림 3-33(b)에서 전원 스위치 S를 닫으면 전원전압은 필라멘트 F_1, F_2를 통하여 점등관의 양단에 가해지고, 그 때문에 점등관은 글로우 방전을 시작한다.

점등관이 방전하면 그 전극에 열이 발생하여 1~2초 간에 가동전극인 바이메탈이 팽창되어

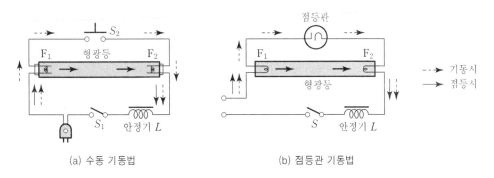

(a) 수동 기동법   (b) 점등관 기동법

그림 3-33 글로우 스타터 기동방식

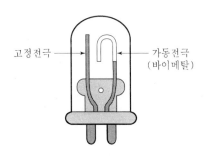

그림 3-34 점등관 (glow stater)

구부려져서 다른 쪽의 고정전극에 접촉한다. 그 때문에 점등관은 단로(短路)되고, 회로에 많은 기동전류가 흘러서 필라멘트 F_1, F_2를 가열하여 열전자가 방출되기 쉬운 형태로 된다. 점등관이 단로되면 글로우 방전은 정지하므로 발열은 없어지고, 바이메탈은 원형으로 되돌아가므로 접점이 열려진다. 그 순간에 안정기 L에 유기기전력이 유기되어 램프의 전극 사이에 주방전이 시작된다. 과전류가 흐르면 관의 단자전압이 $60 \sim 70\,[\mathrm{V}]$ 정도로 낮아지므로 점등관은 재동작하지 않는다.

점등관 기동 방식은 다음과 같은 특징을 갖고 있다.

장 점	단 점
① 속시기동 방식보다 전력 손실이 적다. ② 가격이 저렴하다.	① 점등 시간이 오래 걸린다(약 2~3초). ② 점등관(glow starter)의 수명이 짧다. ③ 발열과 소음이 많다. ④ 효율이 낮다. ⑤ 전원 전압이 낮아지거나 주위 온도가 일정 값 이하로 되면 점등되지 않는 경우가 있다.

(2) 래피드 스타트(속시기동) 방식

형광등의 전극이 가열되어 있으면 비교적 낮은 전압에서도 기동할 수 있는 특성을 이용한 회로이다. 램프의 외관은 보통의 것과 같지만, 전극은 전자 및 이온의 충격에 견딜 수 있어야 하므로 전용 램프를 사용하여야 한다.

래피드 스타트(rapid start) 방식의 안정기는 글로우 스타터(glow starter) 방식의 안정기와 마찬가지로 자기누설변압기이지만, 그림 3-35와 같이 램프의 필라멘트를 예열하기 위한 코일을 갖고 있으므로 스위치를 넣는 동시에 전극가열 전류가 흐르기 시작하여 어느 정도 전극 온도가 올라가서 기동 전압이 되면 점등되는 방식이다.

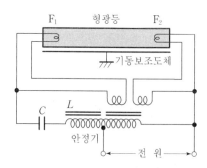

그림 3-35   래피드 스타트 방식

래피드 스타트(속시기동) 방식은 다음과 같은 특징을 갖고 있다.

장 점	단 점
① 점등 시간이 짧다. ② 기동용 점등관이 필요없다. ③ 저전압에서도 기동되며 전원전압이 낮아져도 소등되지 않는다.	① 무부하 손실(전력손실)이 많다(약 25[%] 이상). ② 안정기 자체의 온도가 높아 발열이 많다. ③ 크고, 중량이 무겁다. ④ 저온에서 점등이 잘 되지 않는다. ⑤ 전자식 기동방식보다 효율이 다소 낮다. ⑥ 소음이 있다.

(3) 순시기동 방식

형광방전등에 600[V]의 높은 전압을 인가하여 필라멘트를 예열하지 않고 순간적으로 기동시킬 수 있다. 이때 사용되는 형광방전등을 슬림라인(slimline)이라 한다. 이 방식에서 형광방전등은 순간적으로 점등하지만 기동시에 고전압이 형광방전등의 전극에 걸리므로 수명이 짧아진다. 또한 2차 전압이 높으므로 점등장치가 비싸고 전력 손실도 커진다.

순시기동 방식은 다음과 같은 특징을 갖고 있다.

장 점	단 점
① 순간적으로 점등된다. ② 기동용 점등관이 필요없다.	① 전력손실이 크다. ② 2차 전압이 높으므로 점등장치가 비싸다. ③ 기동시 고전압이 형광램프의 전극에 걸리므로 수명이 짧아진다. ④ 발열이 심하다. ⑤ 슬림라인 형광램프에만 사용된다.

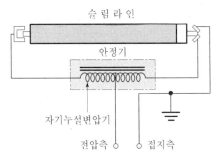

그림 3-36 순시기동 방식

(4) 전자식 기동방식

전자식 기동방식은 램프의 기동방식에 따라 예열방식 및 비예열방식으로 구분하고, 발진기의 초기 작동 및 제어방식에 따라 자여식과 타여식으로 구분된다.

반도체 소자와 변압기, 초크 코일, 커패시터 등으로 조합하여 기동 및 점등회로를 구성하며, 교류 220 [V], 60 [Hz]의 전원을 정류회로에 의하여 전파정류하여 직류전원으로 변환한 다음 다시 스위치 회로(인버터)에 의해서 20 ~ 50 [kHz]의 고주파로 발진하여 LC 직렬공진회로에 인가하면 콘덴서 양단에 고전압이 유기되어 형광방전등이 방전된다. 그후 콘덴서 전압은 형광방전등의 관전압으로 급속히 떨어져 계속적인 정상 점등이 이루어진다.

전자식 기동방식의 특징은 다음과 같다.

장 점	단 점
① 고주파 스위칭 방식으로 순간적으로 점등된다. ② 전력손실이 적다(기존의 형광등보다 30% 절감). ③ 소형 경량이다. ④ 형광램프의 구분없이 사용 가능하다. ⑤ 저온(−20 [℃])에서도 점등이 가능하다. ⑥ 효율이 높다. ⑦ 소음이 거의 없다. ⑧ 빛의 어른거림(flicker)이 없다.	① 전자파 발생의 우려가 있다. ② 전압변동 및 서지(surge)에 약하다. ③ 많은 전자 부품으로 구성되어 있으므로 신뢰성이 다소 떨어진다. ④ 가격이 비싸다. ⑤ 선로의 노이즈 및 전자파 장애 등에 대한 대책이 필요하다.

한국산업규격(KS C 8102)에 따르면 안정기는 변압기, 초크 코일, 커패시터 등의 전부 또는 일부로 구성되어 램프를 적정하게 동작시키는데 사용하는 것으로 명시되어 있으며, 표 3-11과 같이 여러 가지 분류방식에 따라 구분하고 있다.

표 3-11 형광 램프용 안정기의 종류

기동방식	사용장소	물에 대한 보호 기능		역률 구분
		일 반	방 수	
글로우 스타터식	기구내용	일반형	방직형(SP)	저역률
래피드 스타트식				
순시 기동식				
전자 기동식	옥내용		방침형(WT)	고역률

표 3-12 형광등의 특성

① 글로우 스타터 방식

(a) 직관형

종 별	크기의 구분	정격 램프 전력 [W]	정격 입력 전압 [V]	시동 시험 전압 [V]	램프 전력 [W]	램프 전류 [A]	램프 전압 (참고값) [V]	D [lm]	N [lm]	W, WW, L [lm]	EX-N [lm]	광속 유지율 [%]	(참고) 정격 수명 [h]
FL 10	10	10	100	94	9.5	0.230±0.030	46	390	420	440	480	80	4,000 이상
FL 15	15	15			14.7	0.300±0.030	55	680	740	780	860		
FL 20	20	20	100	94	19.0	0.360±0.040	58	1,010	1,100	1,160	1,280	90	6,000 이상
FL 20S													
FL 20S/18		18			18.0	0.350±0.040	59						
FL 20SS/18													
FL 30	30	30	100	94	30.0	0.610±0.050	55	1,480	1,620	1,700	1,870	80	
FL 40	40	40	200	180	39.5	0.420±0.040	106	2,610	2,850	3,000	3,250	90	8,000 이상
FL 40S													
FL 40S/37		37			37.0	0.410±0.040	108						
FL 40SS/36		36			36.0	0.430±0.040	103						

(b) 둥근형

종 별	크기의 구분	정격 램프 전력 [W]	정격 입력 전압 [V]	시동 시험 전압 [V]	램프 전력 [W]	램프 전류 [A]	램프 전압 (참고값) [V]	D [lm]	N [lm]	W, WW, L [lm]	EX-N [lm]	광속 유지율 [%]	(참고) 정격 수명 [h]
FCL 20	20	20	100	94	19.0	0.375±0.040	58	900	1,000	1,040	1,140	75	4,000 이상
FCL 20 S/18		18			18.0	0.365±0.040	58						
FCL 22	22	22			21.0	0.390±0.030	59						
FCL 30	30	30	100	94	29.0	0.610±0.050	55	1370	1,510	1,580	1,740	75	4,000 이상
FCL 30 S/28		28			28.0	0.600±0.050	55						
FCL 32	32	32	147	137	31.5	0.435±0.040	83	1690	1,860	1,940	2,130	75	4,000 이상
FCL 32 S/30		30			30.3	0.425±0.040	83						
FCL 40	40	40	200	180	39.5	0.435±0.040	103	2310	2,550	260	2,930	75	4,000 이상
FCL 40 S/38		38			38.0	0.425±0.040	103						

【주】 1. 전광속에 ( )를 붙인 것은 참고값으로 한다.
2. 연색성의 구분을 나타내는 기호가 −DL, −SDL 및 −EDL인 램프의 전광속은 각각 이 표 값의 75% 이상, 65% 이상 및 60% 이상으로 한다.
3. EX-D, EX-L, EX-W의 전광속은 각각 EX-N의 94%, 104%로 한다.

② 래피드 스타트 방식

종별	크기의 구분	정격 램프 전력 [W]	음극 전류 (3.6V에서) [A]	시동 시험에 의한 음극 예열 전압	정격 입력 전압 [V]	시동 시험 전압 [V]	램프 전력 [W]	램프 전류 [A]	램프 전압 (참고값) [V]	D [lm]	N [lm]	W.WW.L [lm]	EX-D [lm]	EX-N [lm]	EX-W [lm]	EX-L [lm]	광속 유지율 [%]	(참고) 정격 수명 [h]
FLR 20	20	20	0.5 이하	3.05	155	140	19	0.360±0.040	58	960	—	1,100	—	1,150	—	—	80	6,000 이상
FLR 32SS	32	32	0.5 이하	3.05	300	270	32	0.265±0.030	137	—	2,700	—	2,680	2,850	2,910	2,910	80	8,000 이상
FLR 40	40	40	0.5 이하	3.05	230	205	39.5	0.420±0.040	106	2,560	2,700	2,850	—	—	—	—	80	8,000 이상
FLR 40S/36	40	36	0.5 이하	3.05	230	205	36	0.440±0.040	96	—	—	—	—	2,990	—	—	80	8,000 이상
FLR 65	65	65	0.9 이하	3.10	236	210	64.5	0.670±0.070	110	3,260	3,700	3,900	—	—	—	—	80	8,000 이상
(FLR 60H)	60	60	1.2 이하	3.10	230	205	59.5	0.800±0.080	85	2,860	—	3,210	—	—	—	—	80	8,000 이상
(FLR 80H)	80	80	1.2 이하	3.10	250	225	79.5	0.900±0.090	102	3,750	—	4,190	—	—	—	—	80	8,000 이상
FLR 110H	110	110	1.2 이하	3.05	400	360	109	0.800±0.080	159	7,570	8,260	8,700	—	9,130	—	—	80	8,000 이상
FLR 110H/100	110	100	1.2 이하	3.05	400	360	100	0.820±0.080	142	—	—	—	—	—	—	—	80	8,000 이상
(FLR 110EH)	110	110	1.65 이하	3.05	300	205	113	—	84	5,100	—	5,800	—	—	—	—	80	5,600 이상
(FLR 220EH)	220	220	1.65 이하	3.05	400	360	220	1.500±0.100	173	11,600	—	11,800	—	—	—	—	80	5,600 이상

【주】 1. 열색성의 구분을 나타내는 기호가 —DL, —SDL 및 —EDL인 램프의 전광속은 각각 이 표 값의 75% 이상, 65% 이상 및 60% 이상으로 한다.
2. EX-D, EX-L, EX-W의 전광속은 각각 EX-N의 94%, 104%로 한다.
3. FLR : 래피드 스타트형 형광등(직관형), S : 크기의 구분이 같고 유리관이 가는 것, SS : S보다 유리관이 더욱 가는 것
4. D : 주광색, N : 주백색, W : 흰색, WW : 온백색, L : 전구색

④ 효 율

형광등의 에너지 분포를 태양 및 백열전구와 비교하면 표 3-13과 같다. 형광등을 쓰면 동일한 전력일 경우, 빛으로 되는 방사에너지는 백열전구의 약 3배이며, 열방사 에너지는 약 40[%] 정도로 되기 때문에 서늘한 감을 주게 된다.

표 3-13 에너지 분포의 비교

종 류	전방사	빛	자외선	적외선	열방사	열전도와 대류
태양 (40[W] 방사 에너지)	40[W] 100[%]	21.6[W] 54[%]	1.6[W] 4[%]	16.8[W] 42[%]		
백열전구 (40[W]의 가스입 단일코일)	28.5[W] 71.3[%]	3[W] 7.5[%]		25.5[W] 63.8[%]		11.5[W] 28.7[%]
형광등(40[W] 백색)	18.8[W] 47[%]	8.2[W] 20.5[%]			10.6[W] 26.5[%]	21.2[W] 53[%]

또 수은원자의 방전으로 인하여 방출되는 자외선에 의하여 형광물질로부터 형광이 발산되므로 눈부심이 적고, 빛이 부드러우며, 형광물질의 배합으로 높은 효율의 여러 가지 광색을 얻을 수 있다.

⑤ 동정특성과 수명

그림 3-37과 같이 점등시간에 따라 전류, 전압, 전력 및 효율 등의 관계를 나타내는 곡선을 **동정곡선**(performance curve)이라 한다.

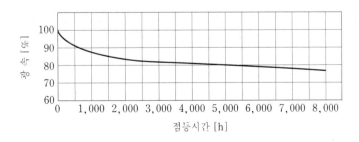

그림 3-37 동정곡선

형광등의 수명은 점등을 시작하여 전광속이 80[%]로 되었을 때까지의 시간과 방전불능으로 되었을 때까지의 시간 중 짧은 것으로 정한다. 표준규격품의 수명은 3,500시간 정도로 되어 있으나 우량품은 7,500시간까지 되는 것도 있다. 형광등은 점등 후 100시간까지는 광속이 급격히 감소하고, 그 후 1,000시간까지는 완만한 감소를 보이고 그 후에는 비교적 안정적이다.

따라서 한국산업규격에서는 초특성의 전광속이라는 것은 100시간 점등 후의 광속으로 하고, 동정특성의 광속은 500시간 점등 후의 광속으로 정하고 있다.

6 전압특성

형광등은 정격전압의 ±6[%] 이상이 되면, 전압이 높은 경우나 낮은 경우나 다같이 수명이 짧아진다. 그 원인은 전압이 높아지면 필라멘트가 고온으로 되어 수명이 짧아지고, 전압이 낮아지면 기동시간이 길어지므로 전극물질의 비말작용(sputtering)과 수은증기압의 과소 등으로 전극이 과열되어 수명이 짧아진다. 또 안정기의 질이 나쁠 경우에도 임피던스 저하로 말미암아 전류가 증가하여 수명에 큰 영향을 주게 된다.

7 온도특성

형광등은 주위 온도가 20~25[℃]일 때, 가장 알맞는 관벽온도 40~45[℃]가 되도록 설계되어 있다. 그림 3-38과 같이 10[℃] 이하로 되면 광속이 급속히 감소하고 방전개시 전압이 높아지므로 점등하기 힘들게 되며, 35[℃] 이상으로 되면 방전개시는 용이하나 광속이 감소하여 어두워진다. 또 형광등은 온도가 저하하면 관내의 수은증기압이 감소하여 광속이 적어지고, 온도가 높아지면 관내의 압력이 증가되어 여기파장(253.7[nm])이 약하게 되므로 이것 역시 광속이 감소하게 된다.

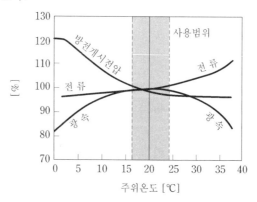

그림 3-38 형광등의 온도 특성

8 형광등의 흑화현상

형광등의 양 끝부분이 검게 되는 현상을 흑화(黑化)라 하며, 안정기가 부적당하거나 점멸횟수가 많거나 또는 전압변동이 심한 경우에 흑화현상이 일어나며, 광속이 감소하여 조명에 나쁜 영향을 주게 된다.

형광등을 사용함에 따라 광속이 감소하는 원인은 다음과 같다.

① 전극의 소모에 의한 열전자방출의 감소
② 전극물질의 비말에 의한 램프 양단의 흑화
③ 형광체의 열화

또 방전관 양단에 흑화현상이 생기는 것은 다음과 같이 분류된다.

① 전극에서 5[cm] 정도의 곳에 환상(環狀)의 흑화를 볼 수 있으며, 이것은 수십 시간 이상 사용하면 나타나는 것이고, 특성에는 별로 영향을 주지 않는다.
② 베이스에 가까운 부분에 짙은 반점이 생긴다. 이것은 기동전류 또는 점등시의 전류가 과대한 경우에 일어난다.
③ 방전관 끝 부분의 넓은 흑화는 관의 수명 말기에 생기며, 이것은 필라멘트 표면에 도포되어 있는 전자방출물질인 바륨이 비산되어 관내벽에 부착한 것이다.

이와 같은 흑화현상이 생기면, 방전개시전압이 높아져서 점등관이 동작하여도 필라멘트만 가열될 뿐이며, 점멸을 반복하여도 안정된 점화가 불가능하게 된다. 형광체의 열화는 수은과 형광체가 화합하거나 자외선의 심한 자극으로 변질하는 것이다.

9 형광등의 특징

① 수명이 길다.

형광등의 평균수명은 7,000시간(표준 수명은 2,700시간)으로 백열전구의 1,000시간에 비하여 매우 길다. 안정기가 좋지 않은 경우, 전원전압이 너무 높거나 낮은 경우, 전원주파수가 정격치가 아닌 경우, 점멸횟수가 많은 경우, 주위 온도가 심하게 낮은 경우에는 수명이 짧아진다.

② 희망하는 광색을 얻을 수 있다.

형광체의 종류에 따라 여러 가지 광색을 얻을 수 있다.

③ 효율이 높다.

백열전구는 물론 수은등보다 효율이 높다. 2중 코일 필라멘트 40[W] 백열전구의 효율은

표 3-14 각종 램프의 효율

종 류	효 율 [lm/W]	종 류	효 율 [lm/W]
백열전구	16∼20	형광등(3파장 램프)	81
할로겐 전구	20∼22	형광 수은등	37∼65
형광등	40∼90	메탈 할라이드등	65∼100
고압 수은등	30∼65	저압 나트륨등	130∼175
초고압 수은등	40∼70	고압 나트륨등	92∼130

12.5 [lm/W]이고, 40 [W] 백색 형광등은 안정기의 손실 7 [W]를 포함하여 47 [W]가 소비 전력일 때 전광속은 2,000 [lm]이므로 효율은 42.5 [lm/W]가 되어 백열전구의 3.4배가 된다.

④ 휘도가 낮다.

발광면적이 넓기 때문에 휘도가 낮아 6,000∼10,000 [cd/m^2] 정도이다.

⑤ 열이 거의 발생하지 않는다.

15 [W] 주광색 형광등의 경우 방사열로 되는 에너지는 입력의 약 50 [%] 정도이다. 이에 비하여 백열전구는 약 90 [%]가 열로 방사된다. 그런데 형광등의 효율은 백열전구의 약 3∼4 배이므로 같은 양의 광속을 주는 광원의 방사열로 형광등은 백열전구의 1/5∼1/7로 된다.

⑥ 전원전압의 변동에 대하여 광속의 변화가 적다.

전압변동에 대한 형광등의 광속의 변화는 백열전구의 경우에 비하여 적으며, 전압 1 [%]의 변동에 대하여 1∼2 [%]의 광속이 변화할 뿐이다.

⑦ 기동시간이 길다.

주위온도가 낮아지면 점등관의 특성이 나빠져서 더욱 긴 시간이 걸린다. 래피드 스타트형이 나 슬림라인형은 이 결점을 제거할 수 있다.

⑧ 주위온도의 영향을 받는다.

주위온도가 20∼25 [℃]일 경우 효율이 높고, 이 보다 온도가 높거나 낮으면 효율은 떨어진 다. 주위온도가 너무 떨어지면 점등할 수 있는 최저 전압은 높아지며, 결국 점등관은 동작하지 만 형광등은 점등하지 않는다.

⑨ **역률6)이 낮다.**

안정기로 초크 코일이 많이 사용되므로 역률이 $55 \sim 65\,[\%]$ 정도로 낮다. 따라서 전원에 병렬로 $3.5 \sim 5.5\,[\mu F]$의 콘덴서를 접속하여 역률을 개선한다.

⑩ **전원주파수의 변동이 광속과 수명에 영향을 미친다.**

안정기로서 초크 코일이나 콘덴서를 사용하므로 이것들이 전원주파수의 영향을 받아 형광등의 광속이나 수명에 영향을 미친다.

⑪ **빛의 어른거림이 있다.**

형광방전등에 흐르는 전류의 방향이 1초 동안에 120번 바뀌므로 어른거림(flicker)이 있다.

⑫ **라디오 장해를 준다.**

형광등에서 방해전파가 나와 라디오에 장해를 준다. 잡음을 일으키는 방법에는 다음 세 종류가 있으며, 어느 것이나 수신기에 전달된다.

① 방전등에서 직접수신기의 안테나회로에 들어온다.
② 전원에서 전파의 모양으로 수신기의 안테나회로에 들어온다.
③ 기구로부터 전선을 통해서 라디오에 들어온다.

여기서 ①은 라디오와 형광등을 $3\,[m]$ 이상 띄우면 영향이 없어지고, ②의 영향은 비교적 약하며, ③의 영향은 크고, 이것을 방지하려면 점등관에 병렬로 $0.006\,[\mu F]$ 정도의 콘덴서를 접속한다.

🔟 조광장치

램프의 광출력을 증감시키기 위한 점등회로를 조광회로라 한다. 이것을 크게 나누면 다음과 같다.

① 램프출력을 연속적으로 증감할 수 있는 **연속조광방식**
② 램프출력을 불연속, 단계적으로 증감할 수 있는 **단계조광방식**(불연속조광방식)

연속조광방식은 극장이나 실내 경기장 혹은 주택이나 레스토랑 등에서의 분위기 조명에 쓰

---

6) 형광등에는 고역률형과 저역률형이 있으며, 고역률형 형광등은 역률이 $85\,[\%]$ 이상인 것을 말하며, 저역률형은 $85\,[\%]$ 미만을 말한다.

이고, 단계조광방식은 도로, 공장, 사무실 등에서의 주야, 창 밖의 밝기에 대응한 밝기의 단계 조절을 위해 많이 쓰인다.

일반조명의 경우, 조광장치를 합리적으로 이용함으로써 조명용 전력의 절감을 도모할 수도 있으며, 이 경우 부분선별 점멸과는 다르게 조도나 휘도의 밸런스를 손상치 않고 밝기의 조절을 할 수 있는 이점이 있다. 단, 램프의 광출력, 전압, 전류, 전력 등은 각각 직선적인 대응 관계에 있지 않으므로 광출력을 감소시킨 비율로 전력이 절감되는 것은 아니다. 일반적으로는 연속조광할 수 있는 램프는 백열전구와 형광등으로 제한되어 있다.

(1) 백열 전구용 조광회로

종전에는 램프와 직렬로 가변 저항기 또는 가변 변압기를 접속하는 방법을 이용하였으나 최근에는 다이리스터 등에 의한 위상제어회로를 써서 램프전류의 도통각을 조정하여 실효전류를 조절하는 방법이 많이 사용되고 있다.

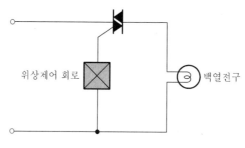

그림 3-39 백열전구용 조광회로

(2) 형광등용 조광회로

형광등용 조광회로의 대표적인 회로는 그림 3-40과 같다.

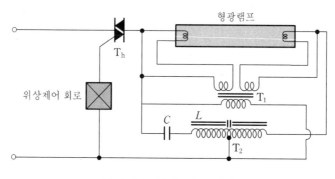

그림 3-40 형광등용 조광회로

래피드 스타트 방식의 형광램프를 써서 변압기 T_1의 독립코일에 의해 램프 양단의 전극 코일을 항상 가열하고 누설 변압기 T_2의 전압을 램프 양단의 전극에 항상 인가해서 램프의 방전을 유지한다. 이 상태에 있어서 사이리스터 T_h에 의해 램프의 전류파형을 위상제어하여 실효전류를 조절한다. 실제의 회로에서는 이 밖에 동작을 안정시키기 위한 각종의 보조회로가 설치되어 있다.

11 슬림라인

슬림라인(slimline)이란 순시기동형 형광방전관으로서 냉음극으로 동작하는 형광등이다. 램프의 지름은 $20 \sim 30\,[\mathrm{mm}]$, 관길이 $100 \sim 240\,[\mathrm{cm}]$의 가늘고 긴 모양으로 되어 있고, 전극으로는 텅스텐 필라멘트를 사용하며 그 양단을 단락하여 베이스에는 한 단자만 나와 있다.

슬림라인의 점등회로는 그림 3-36과 같이 누설변압기를 연결하여 순간 점화하며, 점등전압은 $450 \sim 750\,[\mathrm{V}]$이나 보통 $600\,[\mathrm{V}]$이다. 전기설비기술기준에 의하여 램프를 떼어내면 자동적으로 전원이 열리게 하기 위하여 인터록(interlock)이 있는 소켓을 사용한다. 슬림라인은 진열장의 조명에 적합하고 간접조명용에 널리 쓰인다.

12 3파장 형광램프

3파장 협대역 발광형(三波長 狹帶域 發光形) 형광램프를 일반적으로 간략하게 3파장 램프라고 부른다. 사람의 눈에 가장 자연스럽고 유익한 빛은 태양으로부터 오는 햇빛이며 이 햇빛에 가장 가까운 자연색으로 연출한 것이 청색, 녹색, 적색의 3파장에 의한 방식이다. 일반 조명용으로 사용하고 있는 형광램프의 형광체로 주로 사용하고 있는 할로린산 칼슘 형광체는 적색부분의 발광이 적어 연색성이 나쁘므로 이러한 연색성을 보완하기 위하여 희토류 형광체를 대신 사용함으로써 파장폭이 좁은 청색($453\,[\mathrm{nm}]$), 녹색($545\,[\mathrm{nm}]$) 및 적색($611\,[\mathrm{nm}]$)의 빛을 조합하여 효율과 연색성을 보완한 것이 3파장 형광 램프이다. 주백색[7] 램프와 주광색[8] 램프가 있다. $27\,[\mathrm{W}]$ 3파장 램프의 전류는 $300\,[\mathrm{mA}]$ 정도이며, 광속은 백열전구 $150\,[\mathrm{W}]$와 거의 비슷하므로 효율이 매우 높다. 따라서 $45\,[\mathrm{W}]$ 3파장 램프로 $150\,[\mathrm{W}]$의 수은등에 대체하고 있는 추세에 있다. 수명은 8,000시간이다.

---

[7] 주백색 : 색온도 5,000 [K], 자연색에 가까움
[8] 주광색 : 색온도 6,500 [K], 휘도(눈부심)가 높음

표 3-15 슬림라인 형광등의 특성

(KSC 7601)

종별	정격 입력 전압 [V]	시동 시험 전압 [V]	램프 전류 [A]	램프 전압 (참고값) [V]	초특성 전 광 속 D [lm]	N [lm]	W. WW. L [lm]	EX-N [lm]	광속 유지율 [%]	(참고) 정격 수명 [h]
FSL 42T6	450	405	0.12±0.01	174	1,010	1,090	1,150	1,210		
			0.20±0.02	150	1,320	1,420	1,500	1,570	75	3,000 이상
			0.30±0.03	133	1,720	1,860	1,960	2,050		
FSL 64T6	600	540	0.12±0.01	267	1,520	1,640	1,730	1,810		
			0.20±0.02	233	2,130	2,290	2,420	2,540	75	3,000 이상
			0.30±0.03	201	2,730	2,950	3,110	3,260		
FSL 72T8	600	540	0.12±0.01	245	1,520	1,640	1,730	1,810		
			0.20±0.02	220	2,230	2,400	2,530	2,660	75	3,000 이상
			0.30±0.03	195	3,040	3,280	3,450	3,620		
FSL 96T8	750	675	0.12±0.01	325	2,130	2,290	2,420	2,540		
			0.20±0.02	295	3,140	3,390	3,570	3,740	75	3,000 이상
			0.30±0.03	263	4,150	4,480	4,720	4,950		

[주] 1. 연색성의 구분을 나타내는 기호가 −DL, −SDL 및 −EDL인 램프의 전광속은 각각 이 표 값의 75% 이상, 65% 이상 및 60% 이상으로 한다. 또한 광속 유지율은 이 표 값에서 5%를 뺀 값 이상으로 한다.

2. EX-D, EX-L, EX-W의 전광속은 각각 EX-N의 94%, 104%로 한다.

3. FLR : 슬림 라인형 램프(직관형). 42, 64, 72, 96 : 램프의 길이. T6, T8 : 램프의 지름

4. D : 주광색, N : 주백색, W : 횐색, WW : 온백색, L : 은백색, L : 전구색

(1) 분광 분포

3파장 형광램프와 일반 형광램프의 분광분포도를 비교하여 보면 그림 3-41과 같다. 이 그림에서 알 수 있듯이 3파장 형광램프의 분광분포가 사람의 눈으로 가장 밝게 느껴지는 녹색 파장대와 적색 파장대가 높게 나타나고 있다.

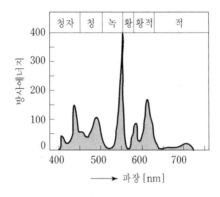

(a) 3파장 형광램프 (주백색)

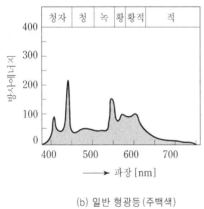

(b) 일반 형광등 (주백색)

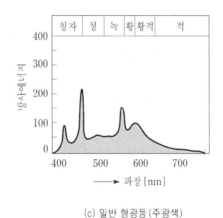

(c) 일반 형광등 (주광색)

그림 3-41 3파장 형광램프와 일반 형광램프의 분광분포도의 비교

(2) 일반 형광램프와의 특성 비교

일반 형광램프와 3파장 형광램프의 특성을 비교하면 표 3-16과 같다.

3파장 형광 램프의 특징은 다음과 같다.

① 가장 밝은 형광램프이다(같은 규격의 백색형광램프에 비하여 10[%] 정도 밝다).

표 3-16 일반 형광램프와 3파장 형광램프의 특성 비교

구 분	일반 형광램프(백색)	3파장 형광램프
광 속 [lm]	3,120	3,300
효 율 [lm/W]	57.2	67.1
연 색 성	63	84
기존 램프와의 호환성	없음	있음

② 밝다는 느낌이 뛰어나다(같은 조도하에서도 일반 형광램프에 비해서 약 40[%] 밝게 느 낀다).

③ 연색성이 우수하다(색상이 자연스럽고 선명하게 보인다).

④ 산뜻하고 싱싱한 분위기를 만든다(백색형광램프보다 물체가 분명하고 똑똑하게 보이기 때문에 방안의 분위기가 생기가 있어 보인다).

⑤ 3파장 형광램프는 기존의 백열전구와 비교해서 치수, 형상 및 전기적 특성이 유사하므로 기존의 등기구를 그대로 사용할 수 있다.

⑥ 전기 요금이 절약된다(유리관의 지름을 축소시킨 램프에서 광속의 감퇴율이 적고 또한 3~5[%] 절전된다).

13 특수한 용도의 형광등

① 반사 형광등

관의 내벽에 반사막을 설치하여 직하광도를 높인 것이다. 따라서, 반사갓이 필요 없고 먼지 가 많은 장소에 적합하다.

② 저온용 형광등

−20[℃]에서 사용할 수 있게 한 것이다. 냉동실이나 한랭지에서 사용한다.

③ 직류 형광등

차량, 선박, 빌딩이나 공장의 비상등 및 레저용 등의 직류전원을 사용하는 것에서 사용한다.

④ 살균등

살균효력이 가장 강한 자외선인 253.7[nm]의 파장을 효율적으로 풍부하게 방사하도록 고 안된 램프이다. 살균선 투과율이 좋은 특수 경질 유리 및 석영 유리를 사용한다. 제약회사, 병

표 3-17 주요 광원의 특성 비교

광원 종류	용량 [W]	효율 [lm/W]	색온도 [K]	연색 평가수 [Ra]	안정기	평균 수명 [h]	장점	단점
백열 전구	2~ 1,000	16~ 20	3,000	100	불필요	1,000 ~ 2,000	·연색성이 좋다. ·광색에 적색부분이 많고, 따스하다. ·깜박거림이 없다. ·즉시 점등이 된다.	·효율이 낮고, 수명이 비교적 짧다. ·열방사가 많고, 열손실이 많다.
할로겐 램프	5~ 2,000	20~ 22	2,800 ~ 3,000	100	불필요	2,000	·연색성이 좋다. ·흑화가 거의 일어나지 않는다. ·즉시 점등이 된다.	·효율이 낮고, 수명이 비교적 짧다. ·열방사가 많고, 열손실이 많다.
형광 램프	4~ 110	40~ 90	3,500 ~ 6,500	60~ 95	필요	7,000	·연색성이 비교적 좋다. ·열방사가 적다. ·수명이 비교적 길다. ·비교적 고효율이며, 경제적이다.	·점등에 시간이 걸린다. ·주위온도의 영향을 받는다.
수은 램프	40~ 3,000	30~ 65	5,700	25	필요	12,000	·수명이 매우 길며, 효율이 좋다. ·고휘도이고, 배광제어가 용이하다.	·점등에 시간이 걸린다.
메탈 할라 이드 램프	175~ 2,000	65~ 100	4,800	78	필요	9,000	·수명이 매우 길며, 효율이 좋다. ·고휘도이고 배광제어가 용이하다. ·연색성이 좋다.	·수평으로 점등해야 하며, 경사지게 사용하면 광색의 변화가 일어날 수 있다. ·점등에 시간이 걸린다.
저압 나트륨 램프	35~ 180	130~ 175	1,740	28	필요	9,000	·효율은 인공광원 중 가장 높다. ·투과력이 높다.	·단일 광색이며, 연색성이 나쁘다. ·점등에 시간이 걸린다.
고압 나트륨 램프	250~ 1,000	92~ 130	2,200	29	필요	12,000	·효율이 높다. ·투과력이 높다. ·대용량의 것을 만들 수 있다.	·단일 광색이며, 연색성이 나쁘다. ·점등에 시간이 걸린다.
제논 램프	600~ 20,000	21~ 28	6,000	95	필요	2,000	·분광분포가 태양광과 유사하고, 연색성이 가장 우수하다. ·대용량의 것을 만들 수 있다.	·효율이 낮다. ·기동에 시간을 요하지 않고, 즉시 재점등이 가능하다.

원 수술실의 실내공기 살균, 백화점, 극장, 식당용으로 적합하다.

⑤ 건강선 형광등

파장이 280~320[nm]인 자외선의 건강작용을 이용하여 지하실 등에서의 일광욕이나 치료, 가축 등의 사육에 사용한다.

⑥ 블랙라이트

블랙라이트(black light)는 360[nm]부근의 자외선을 효율적으로 방사하는 램프이며, 가시광선을 흡수하고 근자외선을 통과하는 특수 필터 유리를 사용하고 있다.

자외선의 형광작용을 이용하여 금속 마무리면, 주물(鑄物), 보석, 미술품 등의 각종 정밀검사에 사용한다.

⑦ 화학 램프

자외선의 광화학(光化學)반응작용을 이용하여 방사기나 사진제판 등에 사용한다.

이 밖에 식물 육성용 · 관상용 · 잎담배 선별용 · 포충용(捕蟲用) 형광등이 있다.

⑧ 무전극 형광등

무전극 형광등의 원리는 자기장에 의한 플라즈마(plasma)의 발생, 즉 극초단파(micro wave)의 전자가 램프 내의 특수 금속화합물과 충돌하면서 금속전자가 이온화되어 연속적으로 빛을 발산하는 것이다. 플라즈마 현상을 응용한 무전극 형광등은 수명이 약 60,000시간에 가까운 장수명이며, 자연광과 흡사한 연속광 스펙트럼을 얻을 수 있으며, 효율은 백열전구의 10배에 달하는 110[1m/W]이고, 눈의 피로감이나 불쾌감이나 피로의 원인이 될 수 있는 자외선 및 적외선의 방출이 적은 특성을 지니고 있다.

연습문제

1. 파셴의 법칙에 대하여 간략하게 설명하여라.

2. 방전개시에 미치는 페닝 효과를 설명하여라.

3. 스토크의 법칙에 대하여 간략하게 설명하여라.

4. 여기전압이란 무엇인가?

5. 탄소아크등의 장·단점을 열거하여라.

6. 살균등에 대하여 간략하게 설명하여라.

7. 고압수은등을 백열전구와 비교하여 특징을 열거하여라.

8. 나트륨등의 특징에 대하여 간략하게 설명하여라.

9. 제논등의 특징에 대하여 간략하게 설명하여라.

10. 형광등에 수은가스 외에 약간의 아르곤 가스를 봉입하는 이유는 무엇인가?**11.** HID 등이란 무슨 뜻이며, 가장 널리 사용되고 있는 방전등 3가지는 무엇인가?

12. FL-20D 형광등의 전압이 100 [V], 전류가 0.35 [A], 안정기의 손실이 5 [W]일 때 역률은 몇 [%]인가?

13. 네온전구의 특징에 대하여 간략하게 설명하여라.

14. 형광등을 사용함에 따라 광속이 감소하는 원인을 열거하여라.

15. 형광등의 특징을 열거하여라(백열전구와 비교하여).

16. 형광등에서 형광체의 형광발생을 자극시키는 데 가장 유효한 파장 [Å]은 얼마인가?

17. 형광등에 의하여 발생하는 라디오의 잡음을 방지하기 위하여 어떻게 하여야 하는가?

18. 형광등의 발광원리를 설명하여라.

19. 형광등은 주위온도가 몇 [°C]일 때 사용하기에 가장 적당한 온도인가?

20. 고압 수은등에서 발광관 외에 외관을 사용하여 2중관으로 하는 이유는 무엇인가?

21. 발광에 양광주를 이용하는 방전등에는 어떤 것들이 있는가?

22. 발광에 부글로우를 이용하는 방전등은 무엇인가?

23. 인공광원 중에서 연색성이 가장 우수한 방전등은 무엇인가?

4장

측 광

4-1 표준전구

광도의 단위는 칸델라(candela : cd)이다. 이것은 백금(白金)의 응고점(1,769[℃])에 있는 흑체 1[cm^2]의 표면이 수직방향으로 내는 광도의 1/60을 1[cd]로 하는 광도의 단위로서, 1942년 이후 국제적으로 채용되었다. 이와 같은 광도의 단위 [cd]를 정하는 원기(原器)는 그림 4-1에 표시한 백금 흑체로를 사용하며, 이것을 **1차 표준기**(primary standard)라고 한다.

이러한 백금 흑체로는 제작이나 측광에 어려움이 많으므로, 실제적으로 일반실험실이나 전구공장에서 사용하고 있는 표준기는 백금 흑체로(1차 표준기)와 비교하여 광도가 정해진 텅스텐 전구이며, 이것을 **2차 표준기**(secondary standard)라고 한다.

2차 표준기는 광도표준기와 광속표준기가 있으며, 측광(測光)이나 동정특성을 안정하게 하기 위하여 재료, 구조, 제작 등에 특별한 주의를 요하며, 충분한 에이징(ageing)을 하여야 한다.

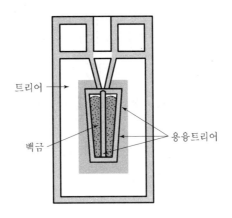

그림 4-1 백금 흑체 표준기

4-2 광도 측정

광원의 광도를 측정하는 방법에는 육안에 의하여 측정하려는 전구와 표준전구를 직접 비교하여 측정하는 직접법(直接法)과 비교전구와 비교하여 측정하는 치환법(置換法) 및 수광기(受光器)에 의한 물리측광이 있다.

① 직접법

그림 4-2와 같이 길이가 1,200[mm]인 눈금자를 부착한 대(臺)위의 한 쪽에 광원을 고정시키고, 반사판(screen)이나 다른 광원을 이동하며 광도를 측정하는 광도계를 **장형 광도계**(bar photometer)라 한다. 여기서 반사판을 **광도계 두부**(photometer head)라 하고, 광도계 두부의 위치조정으로 광도계의 평형을 취한다. 즉 양측면의 반사율이 같은 반사판(screen)의 양면을 표준전구 A와 피측정 전구 B로 비추어 휘도가 같아지면 양면의 조도도 같아진다. 여기서 표준전구의 광도를 I_s, 반사판과의 거리를 d_s, 피측정 전구의 광도를 I_x, 피측정 전구까지의

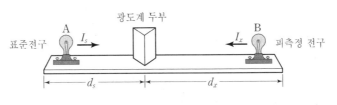

그림 4-2 장형 광도계

그림 4-3 반사판(광도계 두부)

거리를 d_x라고 하면, 거리 역제곱의 법칙에 따라 조도는

$$E_s = \frac{I_s}{d_s^{\,2}} \ , \quad E_x = \frac{I_x}{d_x^{\,2}}$$

가 되고, 반사판 양면의 조도와 반사율이 같다면, $E_s = E_x$가 되므로

$$\frac{I_s}{d_s^{\,2}} = \frac{I_x}{d_x^{\,2}}$$

$$\therefore \ I_x = I_s \left(\frac{d_x}{d_s}\right)^2 \quad [\mathrm{cd}]$$ (4-1)

가 된다. 이 식으로부터 I_s를 알고 있다면 d_s와 d_x를 측정함으로써 I_x를 구할 수 있다.

② 치환법

백열전구의 광도를 측정하는 실제적인 방법으로는 치환법(置換法)을 사용한다.

치환법은 표준전구를 피측정 전구의 위치에 놓고, 비교전구(comparison lamp)와 비교하여 측광하는 방법이다. 즉, 광도계의 양측면의 조도가 동일하게 되었을 경우의 표준전구 A와 비교전구 C로부터 광도계 두부(반사판)까지의 거리를 각각 d_s, d_c, 광도를 I_s, I_c라 하면,

$$I_c = I_s \left(\frac{d_c}{d_s}\right)^2$$

다음에 비교전구 C를 그대로 두고, 피측정 전구 B를 표준전구 A의 위치에 바꾸어 놓고서 동일한 측정을 하여 양자와 두부(반사파)까지의 거리 d_x, $d_c{'}$을 구하면,

$$I_x = I_c \left(\frac{d_x}{d_c{'}}\right)^2$$

이상의 두 식으로부터

$$I_x = I_s \left(\frac{d_c}{d_s}\right)^2 \left(\frac{d_x}{d_c{'}}\right)^2 \quad [\mathrm{cd}]$$ (4-2)

가 된다.

치환법은 측정하려는 전구와 표준전구를 직접 비교하는 직접법에 비하여 복잡하기는 하나 측정기의 오차가 측정에 영향을 미치지 않고, 표준전구의 점등시간을 줄임으로써 표준전구의 특성변동이 적어지는 이점이 있다.

③ 수광기에 의한 물리측광

앞의 방법은 시감측광(視感測光)에 의한 것이었으나 물리측광에 의한 경우에는 그림 4-4(a)와 같이 수광기로부터 d_s의 거리에 표준전구 A를 놓았을 경우의 광전류를 피측정 전구 B에 대하여 거리 d_x에서 얻을 수 있다면, 식 (4-1)로부터 피측정 전구의 광도를 구할 수 있다.

또 그림 4-4(b)에서 A에 대한 광전류를 i_s라 하고, 피측정 전구 B를 A가 놓았던 자리에 바꾸어 놓았을 때의 광전류를 i_x라고 하면 식 (4-1)로부터 피측정전구의 광도를 구할 수 있다. 즉,

$$I_x = I_s \frac{i_x}{i_s} \quad [\text{cd}] \tag{4-3}$$

가 되고, 이 식이 정확히 성립되려면 수광기의 입사광속과 광전류 사이에 비례관계가 성립하여야 한다.

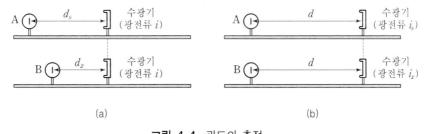

(a)   (b)

그림 4-4 광도의 측정

④ 광도계 두부

광도계 두부에는 루머 브로둔(Lummer-Brodhun)형이 주로 사용되며, 다음과 같은 두 종류가 있다.

(1) 등휘형

그림 4-5(a)에서 S는 산화 마그네슘을 칠한 반사판(screen)이고, m, m'는 반사거울, P는 루머 브로둔의 입방체(Lummer-brodhun cube)라 불리는 것이다. 한쪽은 삼각 프리즘 B, 다른 쪽은 밑변의 양단을 자른 삼각 프리즘 A이며, 그림 4-5(b)와 같이 A, B 두 프리즘의 밑부분이 맞붙어 있다.

지금 두 광원으로 반사판 S를 조사하면, 왼쪽의 피조면상으로부터의 반사광은 m에서 전반사하여 프리즘 A의 중앙부를 직진해서 접안렌즈 E에 도달하고, S의 오른쪽 반사면의 반사광은 m'에서 전반사하여 프리즘 B의 중앙부분에서는 왼쪽으로 직통하지만, 프리즘 B의 위와 아랫 부분에 부딪친 빛은 전반사하여 접안렌즈 E에 도달한다. 따라서 E의 주위에는 오른쪽 광원에 의한 S면의 휘도, 그 중앙부에는 왼쪽 광원에 의한 S면의 휘도를 한눈으로 비교할 수 있게 된다. 따라서 S의 양면의 조도가 같을 때에는 E에서 바라보았을 때, 주위와 중앙부의 휘도가 같게 되어 내외의 경계선이 없어져 버리고, 이 점이 평형점이 된다.

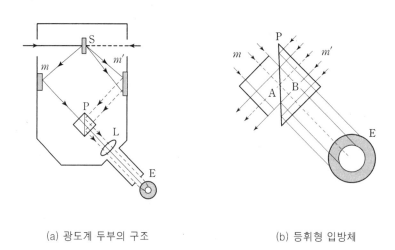

(a) 광도계 두부의 구조   (b) 등휘형 입방체

그림 4-5 광도계의 두부와 등휘형 입방체

(2) 대비형

그림 4-6과 같이 입방체(cube)의 한 쪽 프리즘 A에는 경계면에 같은 간격으로 홈이 파여져 있으므로, 빛의 통행 및 E에서 본 시야(視野)는 그림 4-6의 동그라미 속과 같이 된다.

그리고 각 프리즘에는 투과율이 같은 필터 g와 g'가 붙어 있으므로, 시야에서 사다리꼴 모양의 a와 b의 휘도가 같게 되어 중앙의 경계가 없어진 곳이 평형점이다.

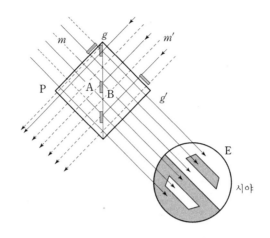

그림 4-6 대비형 입방체

육안으로는 대비형(對比型)이 등휘형(等輝型)보다 S상의 휘도의 차이를 용이하게 찾아낼 수 있으므로 그만큼 정확한 측광을 할 수 있다. 광도계의 스크린 상의 조도는 보통 10～ 20 [lx]가 적합하다.

4-3 광속계

광원의 광속을 측정하는 계기를 광속계(integrating photometer)라 하고, 주로 **구형광속계**가 사용된다. 그림 4-7은 구형광속계의 측정 원리이며, 발명자의 이름을 붙여서 울브리트의 구(Ulbricht's globe)라고 부른다.

구의 내면은 반사율이 높고, 완전확산성인 백색도료(MgO, ZnO, $BaSO_4$ 등)를 도포하고, 내부에 측정하려는 광원을 넣는다. 또한 구내에는 광원으로부터의 직사광이 직접 측광창(測光

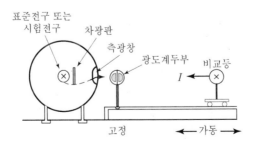

그림 4-7 울브리트 구형광속계

窓)에 닿지 못하도록 구 내면과 똑같은 도료를 바른 차광판(遮光板)이 광원과 측광창 사이에 놓여져 있다. 측광창(유백색 유리)의 광도는 광원의 위치가 구내의 어디에 있든지 광원의 전 광속에 비례한다. 따라서 치환법에 의하여 표준전구의 광속과 측정하려는 광원의 광속을 비교 할 수 있다.

4-4 조도계

광도계에 의하여 광도를 측정함으로써 간접적으로 미지의 조도를 측정할 수도 있으나 실용 적으로는 미리 이 방법에 의해서 교정(較正)된 조도계를 사용하여 조도를 측정하는 경우가 많 다. 조도계에는 육안으로 측정하는 방법(맥베스 조도계)과 물리수광기(광전지 조도계)에 의한 방법이 있다.

1️⃣ 맥베스 조도계

맥베스 조도계(Macbeth illuminometer)는 그림 4-8과 같은 모양으로서 다이얼을 돌려 루 머 브로둔의 등휘형 입방체 P와 전구 L과의 거리를 가감할 수 있게 되어 있다. 조도의 눈금은 L의 움직이는 축에 그려져 있으며 다이얼에 지침이 있다. 전구를 점등하는 전지와 전구의 광 도를 조정하는 가감저항기 및 전류계는 조정상자에 넣고, 코드로 전구에 연결되어 있다.

측정방법은 조도를 측정하려는 장소에서 계기에 부속된 완전확산성의 측정판 S를 측정하려 는 방향으로 향하게 놓고, 조도계의 접안렌즈 E로부터 S를 바라보면서 다이얼을 돌려 평형을

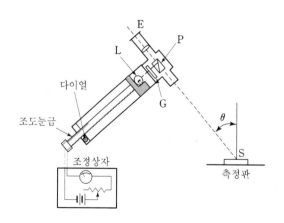

그림 4-8 멕베스 조도계

취한다. 그 때의 조도눈금으로 측정하려는 조도를 알 수 있다. 측정범위는 10~250 [lx]이지만, 필터를 사용하면 0.1~25,000 [lx] 범위의 조도를 측정할 수 있다.

② 광전지 조도계

광전지 조도계의 광전지는 수광창(受光窓)에 입사한 광속에 따라 전기출력을 발생한다. 따라서 광전지 면의 조도와 광전류 사이의 관계를 미리 교정하여 전류계(μ-ammeter)로 직접 조도의 눈금을 읽을 수 있도록 한 것이 많이 사용된다. 감도는 100~500 [μA/lm], 응답시간은 [m·sec] 정도이므로 수십[kHz]까지의 주파수를 가진 광의 측정에 사용되며, 10배, 100배 등의 필터를 사용하여 측정범위를 넓힐 수 있다. 광전지를 측정면에 놓고 계기의 값을 읽으면, 즉시 조도가 구해지는 이점과 간편함이 있다.

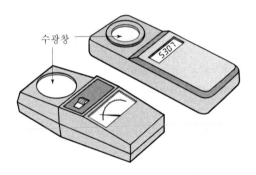

수광창

그림 4-9 휴대용 조도계의 외관

연습문제

1. 광도계는 어떤 종류가 있으며, 어떤 형이 주로 사용되는가?

2. 길이 2 [m]인 광도계로 20 [cd]의 표준등에서 90 [cm]인 곳에서 광도계 두부가 평형이 되었다면 피측정 전구의 광도[cd]는 얼마인가?

3. 조도는 육안으로 측정하는 방법과 물리수광기에 의하여 측정하는 방법이 있다. 육안으로 측정할 때 주로 사용되는 것과 물리수광기에 의하여 측정할 때 주로 사용되는 것의 명칭은 각각 무엇인가?

4. 길이 250 [cm]의 장형 광도계의 양단에 전구 A와 B를 점등하고, A 전구측에 회색유

리판 F를 삽입하여 측광하였을 때 광도계의 중앙에서 평형되고, 다음 B 전구측에 동일유리판 F를 삽입하여 측광하였을 때 중앙에서 35 [cm] 옮긴 점에서 평형되었다. 이 회색 유리판의 투과율을 구하여라. 그리고 회색 유리판이 없을 때, 평형되는 위치는 A 에서 몇 [cm]의 거리에 있는가?

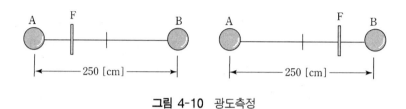

그림 4-10 광도측정

5장

조명계산

5-1 점 광원에 의한 직사조도

광원으로부터 직접 피조면에 도달하는 광속에 의한 조도를 **직사조도**라 하고, 광원으로부터의 광속이 천장, 벽 등에서 반사되거나 투과되어 피조면에 생기는 조도를 **확산조도**라 한다.

직사조도는 비교적 간단하게 계산되며, 도로조명, 광장조명, 투광조명 등의 경우에는 직사조도만으로 계산하면 충분하다. 그러나 확산조도의 계산은 대단히 복잡하며, 상호반사론으로 처리되고 있다.

1 1개의 점 광원에 의한 직사조도

그림 5-1에서 수평면상 h [m]의 높이에 있는 점광원 L이 있다고 하자. 광원 바로 아래의 점 O로부터 d [m]의 거리에 있는 점 P에서의 법선조도 E_n은

$$E_n = \frac{I}{r^2} \quad [\text{lx}] \tag{5-1}$$

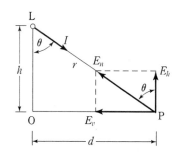

그림 5-1 점 광원에 의한 직사조도

수평면 조도 E_h는

$$E_h = \frac{I}{r^2} \cos \theta \ [\mathrm{lx}]$$
(5-2)

수직면 조도 E_v는

$$E_v = \frac{I}{r^2} \sin \theta \ [\mathrm{lx}]$$
(5-3)

② 여러 개의 점 광원에 의한 직사조도

여러 개의 점 광원 L_1, L_2, … 에 의하여 P점에 생기는 직사조도 E를 구하려면, 각 광원에 의하여 P점에 생기는 조도 E_1, E_2, … 의 총계를 구하면 된다.

예제 1

높이 5 [m]인 가로등 A, B가 24 [m]의 거리에 있다. 이 중앙의 P점에서 조도계 A로 향하여 관측한 법선조도는 1 [lx], B로 향하여 관측한 법선조도는 0.8 [lx]이다. P점의 수평면조도 [lx]는?

풀이   그림 5-2에서 $\sqrt{5^2 + 12^2} = 13\,[\mathrm{m}]$.

$$\cos \theta = \frac{5}{13}$$

P점의 수평면 조도 E_h는

$$E_h = E_{nA} \cos \theta + E_{nB} \cos \theta$$

$$= 1 \times \frac{5}{13} + 0.8 \times \frac{5}{13}$$

$$= (1 + 0.8)\frac{5}{13} = 0.69\,[\mathrm{lx}]$$

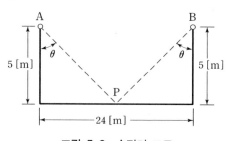

그림 5-2 수평면 조도

5-2 직선 광원에 의한 직사조도

형광등이나 네온사인과 같은 가늘고 긴 광원은 굵기를 무시하여 직선 광원으로 취급하는 경우가 많다. 휘도가 L [cd/m^2], 지름 D[m], 길이 dl[m]인 관형광원의 관축에 대하여 수직방향의 광도는 $dI = DL\,dl$ [cd]로 되므로 단위길이당 광도가 $I_1 = \dfrac{dI}{dl} = DL$ [cd/m]인 선 광원으로 볼 수 있다.

형광등의 경우에는 확산성이 있으므로 관축과 각 θ를 이루는 방향의 광도는 근사적으로 다음과 같이 표시된다.

$$dI_\theta = DL\,dl \sin\theta = I_1 \sin\theta\,dl$$

네온사인과 같이 투명한 광원의 경우에는 근사적으로 모든 방향에서의 광도가 같으므로 $dI_\theta = I_1\,dl$ 라고 할 수 있다.

1️⃣ 완전확산 직선 광원에 의한 직사조도

그림 5-3에서 바르게 세운 직선 광원 OA의 하단 O를 통과하는 수평면 위에서 O로부터 x[m]의 거리에 있는 점 P에서의 수평면 조도는

$$E_z = \int_0^h \frac{dI_\theta \cos\theta}{r^2} = \int_0^h \frac{I_1 \sin\theta \cos\theta\,dz}{r^2} \quad [\text{lx}] \tag{5-4}$$

가 되며, h [m]는 광원의 길이, dI_θ [cd]는 O로부터 z[m] 위 쪽의 dz 부분의 점 P로 향하는 방향의 광도, r [m]은 dz와 P와의 거리이다.

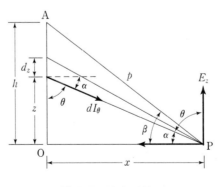

그림 5-3 직선 광원 (1)

위의 식에서 $r^2 = x^2 + z^2$, $\sin\theta = x/\sqrt{x^2+z^2}$ 이므로 식 (5-4)는

$$E_z = \int_0^h \frac{I_1 x z\, dz}{(x^2+z^2)^2} = \frac{I_1 x}{2}\left[-\frac{1}{x^2+z^2} \right]_0^h$$

$$= \frac{I_1 x}{2}\left[\frac{1}{x^2} - \frac{1}{p^2} \right] \text{[lx]} \tag{5-5}$$

가 된다. 단, $p = \sqrt{x^2+h^2} = \overline{\text{AP}}$ 이다.

또한, OP에 수직인 면 위의 수직면 조도는

$$E_x = \int_0^h \frac{dI_\theta \sin_\theta}{r^2} = \int_0^h \frac{I_1 \sin^2\theta\, dz}{r^2}$$

$$= \int_0^h \frac{I_1 x^2 dz}{(x^2+z^2)^2} = \frac{I_1}{2}\left[\frac{z}{x^2+z^2} + \frac{1}{x}\tan^{-1}\frac{z}{x} \right]_0^h$$

$$= \frac{I_1}{2}\left[\frac{h}{x^2+h^2} + \frac{1}{x}\tan^{-1}\frac{h}{x} \right] = \frac{I_1}{2}\left[\frac{h}{p^2} + \frac{\beta}{x} \right] \text{[lx]} \tag{5-6}$$

가 된다. 단, $\beta = \angle \text{APO}$ 이다.

그림 5-4와 같이 광원 양단이 O점으로부터 각각 h_1, h_2 [m]의 거리에 있는 경우 점 P에서의 조도는 광원의 길이가 h_2 및 h_1인 경우의 조도의 차로 구해진다.

$$E_z{'} = \frac{I_1 x}{2}\left[\frac{1}{p_1{}^2} - \frac{1}{p_2{}^2} \right] \text{[lx]} \tag{5-7}$$

$$E_x{'} = \frac{I_1}{2}\left[\frac{h_2}{p_2{}^2} - \frac{h_1}{p_1{}^2} + \frac{2\beta_0}{x} \right] \text{[lx]} \tag{5-8}$$

단, $2\beta_0 = \angle h_1 \text{P} h_2$

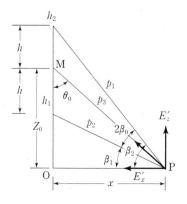

그림 5-4 직선 광원 (2)

광원의 중점을 M이라 하면, $\overline{MP}$에 수직인 면 위의 조도는

$$E_0' = E_z' \cos\theta_0 + E_x' \sin\theta_0 \quad [\text{lx}] \tag{5-9}$$

가 된다.

지금 $h_2 - h_1 = 2h$, $\beta_2 - \beta_1 = 2\beta_0$, $\overline{MP} = P_0$, $\overline{OM} = z_0$ 라 놓으면

$$x = z_0 \tan\theta, \quad x\cos\theta_0 = z_0 \sin\theta_0$$

이며 앞의 식은 다음과 같이 된다.

$$E_0' = \frac{I_1 h \sin\theta_0}{2} \left[\frac{1}{p_1{}^2} + \frac{1}{p_2{}^2} + \frac{2\beta_0}{xh} \right] \quad [\text{lx}] \tag{5-10}$$

② 원환 광원에 의한 직사조도

광원이 원호 또는 원환의 경우에 직사조도는 보통 타원적분으로 표시되지만, 원환의 중심을 통과하고 원의 면에 수직인 직선 위에서의 조도는 간단히 구해진다. 그림 5-5에서 원의 반지름을 $a\,[\text{m}]$, 단위길이의 광도를 $I_1\,[\text{cd/m}]$라 하면, A점에서의 광도는 원호의 미소부분 $ad\theta$에 의하여 P로 향하는 광도는 $dI = I_1 a d\theta$로 된다.

광원에 평행인 면 위의 조도는 다음 식으로 주어진다.

$$E = \int_0^{2\pi} \frac{I_1 a d\theta}{p^2} \cos\alpha = \frac{I_1 a \cos\alpha}{p^2} \int_0^{2\pi} d\theta$$

$$= \frac{2\pi I_1 a \cos\alpha}{p^2} = \frac{2\pi a I_1 z}{(a^2 + z^2)^{3/2}} \quad [\text{lx}] \tag{5-11}$$

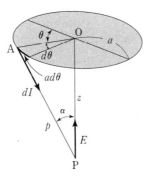

그림 5-5 원환 광원

5-3 면 광원에 의한 직사조도

1 면 광원

광천장(luminous ceiling)이나 창은 면 광원의 대표적인 것이지만, 외구 속에 들어간 전구나 형광등도 근거리의 조도를 계산하는 경우에는 면 광원으로 취급한다. 면 광원에 의한 직사조도의 계산은 복잡하므로 간단하게 완전확산면으로 보고 계산하는 것이 보통이다.

휘도가 $L\,[\mathrm{cd/m^2}]$, 면적이 $dS\,[\mathrm{m^2}]$인 완전확산면의 법선방향의 광도는 $LdS\,[\mathrm{cd}]$이며, 법선과 θ의 각을 이루는 방향의 광도는 $dI = LdS\cos\theta$로 표시된다. 광속발산도 $M\,[\mathrm{lm/m^2}]$이 주어질 경우에는 $L = \dfrac{M}{\pi}\,[\mathrm{cd/m^2}]$로부터 산출할 수 있다.

2 완전확산 면 광원에 의한 직사조도

그림 5-6에서 완전확산 면 광원 S의 미소부분 dS의 휘도가 $L\,[\mathrm{cd/m^2}]$이면 법선과 θ의 각을 이루는 방향의 광도 $dI_\theta = LdS\cos\theta$이며, 이 방향과 조도를 구하는 면과의 교점 P에서 법선 PN과 a의 각을 이루고 있다면 P점에서의 조도 $dE = dI_\theta \cos a / r^2$이다. 여기서 $r\,[\mathrm{m}]$은 dS와 P와의 거리이다. 광원 S 전체에 의한 P점의 조도는 다음 식으로 표시된다.

$$E = \int_S dE = \int_S \frac{LdS\cos\theta\cos a}{r^2}\,[\mathrm{lx}] \tag{5-12}$$

휘도 L이 일정하고 광원의 모양이 간단한 경우에는 앞의 식으로 계산할 수 있으나 위의 식으로부터 유도되는 입체각투사법(立體角投射法) 및 추면적분법(錐面積分法)에 의하여 계산하는 것이 편리한 경우가 많다.

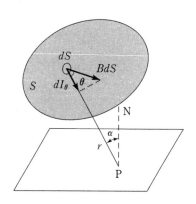

그림 5-6 완전확산 면 광원

③ 원판 광원

그림 5-7에서 반지름 $a\,[\mathrm{m}]$, 휘도 $L\,[\mathrm{cd/m^2}]$인 원판 광원으로부터 축 위의 한 점 P에서의 조도를 **추면적분법**에 의하여 구해 본다.

원판 주변의 미소부분 $\overline{\mathrm{AB}}=dS$가 점 P에서 이루는 각은 $\overline{\mathrm{AP}}=h\,[\mathrm{m}]$라 놓으면

$$dβ = \frac{dS}{h}$$

로 된다.

$\triangle \mathrm{PAB}$의 법선 PN′와 P면의 법선 CP와 이루는 각 $δ$는 $\angle \mathrm{CPA}=θ$의 여각이므로 $\cos δ = \sin θ = a/h$로 되며, 이것은 dS의 위치에 관계없이 일정하므로 다음 식을 얻는다.

$$E = \frac{L}{2}\int dβ \cdot \cos δ = \frac{La}{2h}\int dβ = \frac{La}{2h}\int \frac{dS}{h}$$

$$= \frac{La}{2h^2}2πa = πL\,\frac{a^2}{h^2}\ \ [\mathrm{lx}] \tag{5-13}$$

즉, 원판 광원에 의한 축 위의 점의 조도는 그 점으로부터 원판의 주변까지의 거리 h의 제곱에 반비례한다. 원판지름이 점 P에서 이루는 평면각을 $θ$로 놓으면 $\sin θ = a/h$이므로, 식 (5-13)은 다음과 같이 된다.

$$E = πL\sin^2 θ\ \ [\mathrm{lx}] \tag{5-14}$$

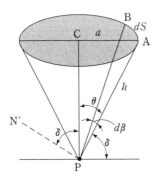

그림 5-7 원판 광원

5-4 상호반사에 의한 조도

실내조명에서는 광원에서 발산되는 직사광 이외에 천장, 벽, 바닥, 가구 등으로부터의 반사광이 있으므로 실내의 어떤 점의 조도는 광원으로부터의 직사조도 이외에 반사에 의한 확산조도가 추가된다. 이와 같이 천장, 벽, 바닥, 가구 등의 면 사이에 반사가 반복되는 것을 상호반사라 한다.

1️⃣ 평행 평면의 상호반사

그림 5-8에서 천장 C와 바닥 F가 평행하며, 또한 무한히 넓다고 가정하고, 바닥에 직사조도 E [lx]를 줄 경우 상호반사에 의하여 바닥 및 천장의 조도가 어떻게 되는가를 계산한다.

바닥의 반사율을 ρ_f, 천장의 반사율을 ρ_c라 하면 직사조도 E [lx]에 의하여 바닥의 광속발산도는 $E\rho_f$ [lm/m²]로 된다.

바닥도 천장도 무한히 넓으므로 바닥으로부터 반사된 광속은 전부 천장에 부딪친다. 따라서 천장의 조도는 바닥의 광속발산도와 같은 값이며 $E\rho_f$ [lx]로 된다. 이것이 천장의 광속발산도 $E\rho_f\rho_c$ [lm/m²]를 일으키고 바닥에 조도 $E\rho_f\rho_c$ [lx]가 생긴다.

이와 같이 반사가 반복되어 천장 및 바닥에 순차적으로 생기는 조도는 그림 5-8과 같이 되며, 최종적인 조도는 이들의 총계로 다음 식과 같이 표시된다.

바닥의 조도

$$
\begin{aligned}
E_f &= E + E\rho_f\rho_c + E(\rho_f\rho_c)^2 + \cdots \\
&= E\{1 + \rho_f\rho_c + (\rho_f\rho_c)^2 + \cdots\} \\
&= \frac{E}{1 - \rho_f\rho_c} \quad [\text{lx}]
\end{aligned}
\tag{5-15}
$$

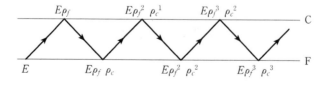

그림 5-8 평행평면의 상호반사

천장의 조도

$$E_c = E\rho_f + E{\rho_f}^2\rho_c + E{\rho_f}^3{\rho_c}^2 + \cdots$$

$$= \frac{E\rho_f}{1 - \rho_f\rho_c} \ [\text{lx}] \tag{5-16}$$

반사율 ρ_f, ρ_c는 1에 가까운 경우에는 직사조도 E에 비하여 E_f가 심하게 증대한다. 이와 같은 결과를 **에너지보존의 법칙**으로부터 구할 수 있다.

천장 및 바닥의 면적을 $S\,[\text{m}^2]$라 놓으면 바닥에 입사한 광속은 $F_1 = ES\,[\text{lm}]$이다. 바닥의 최종조도를 $E_f\,[\text{lx}]$라 하면, 그의 광속발산도는 $E_f\rho_c\,[\text{lm/m}^2]$이며, 이것에 의하여 천장에 생기는 조도를 E_c라 하면

$$E_c = E_f\rho_c \ [\text{lx}] \tag{5-17}$$

로 된다. 바닥에서 흡수된 광속은 $E_f(1-\rho_f)\cdot S\,[\text{lm}]$, 천장에서 흡수된 광속은 $E_c(1-\rho_c)$ $\cdot S\,[\text{lm}]$이며, 에너지보존의 법칙에 의하여 그 합계는 $F_1 = ES\,[\text{lm}]$과 같아야 하므로 다음 식을 얻을 수 있다.

$$E = E_c(1-\rho_c) + E_f(1-\rho_f) \ [\text{lx}] \tag{5-18}$$

식 (5-17)을 식 (5-18)에 대입하면

$$E = E_f\rho_f(1-\rho_c) + E_f(1-\rho_f) = E_f(1-\rho_f\rho_c) \ [\text{lx}] \tag{5-19}$$

가 되고, 식 (5-16)과 같은 결과를 얻을 수 있다.

② 구(球)내의 상호반사

그림 5-9에 표시한 반지름 $r\,[\text{m}]$인 구 내부의 반사율을 ρ, 구의 표면적을 $S\,[\text{m}^2]$라 하고 광속 $F\,[\text{lm}]$에 의하여 구(球)내에 직사조도 $E_0\,[\text{lx}]$의 분포가 생겼다고 하면

$$F = \int E_0\,dS \ [\text{lm}] \tag{5-20}$$

가 성립한다.

직사조도 E_0는 구면의 각 부에서 같지 않으나 구의 내면은 $L = \dfrac{\rho}{\pi}E_0\,[\text{cd/m}^2]$인 휘도의 2차광원으로 되며, 구면 위에 생긴 직사조도 E_1은 구면의 각 부분에서 같게 된다.

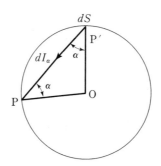

그림 5-9 구 내부의 상호반사

그림 5-9에서 구면 위의 임의의 P'에서 미소면적 dS에 의해 점 P에 생기는 직사조도는

$$dE_1 = \frac{dI_\alpha}{l^2} \cos\alpha \left(\frac{\rho}{\pi} E_0 \, dS \cos\alpha \right) \frac{\cos\alpha}{(2r\cos\alpha)^2} = \frac{\rho E_0}{S} \, dS \quad [\text{lx}]$$

가 되고, 이것을 구면 전체에 대하여 적분하면

$$E_1 = \int dE_1 = \frac{\rho}{S} E_0 \int E_0 \, dS = \frac{\rho F}{S} \quad [\text{lx}] \tag{5-21}$$

로 되고, 반사된 전광속을 구면 위에 균일하게 분배한 값으로 되며, 점 P의 위치에 무관함을 알 수 있다.

이 E_1인 조도에서 전구면이 $E_1 S = \rho F\,[\text{lm}]$만큼의 광속을 받아서 $\rho^2 F\,[\text{lm}]$의 광속을 반사하므로 직사조도는 위와 같이 균일하며,

$$E_2 = \frac{\rho^2 F}{S} \quad [\text{lx}] \tag{5-22}$$

로 된다. 상호반사를 반복한 결과, 조도는

$$E = E_0 + \frac{\rho F}{S} + \frac{\rho^2 F}{S} + \frac{\rho^3 F}{S} + \cdots\cdots$$

$$= E_0 + \frac{\rho}{1-\rho} \frac{F}{S} \quad [\text{lx}] \tag{5-23}$$

가 된다. 우변의 제1항은 직사조도이고, 제2항은 상호반사에 의한 조도의 증가분이다.

연습문제

1. 그림 5-10과 같이 지표상 6[m]의 높이에 백열전등을 장치하여 가로 조명을 하는 경우에 전등 바로 아래로부터 8[m] 떨어진 P점의 수평면 조도 [lx]는? (단, 전등의 P점을 향하는 방향의 광도는 50[cd]이다)

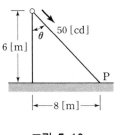

그림 5-10

2. 그림 5-11과 같이 바닥 BC에서 높이 3[m], 벽 AB에서 거리 4[m]인 곳에 광원 L에 의하여 구석의 B바닥 위에 생기는 조도를 20[lx]라 하면, B를 향한 방향의 광도는 얼마인가? 또 B점의 벽면의 조도는 얼마인가?

3. 그림 5-12와 같이 수평면상 2[m]의 높이에서 3[m] 떨어져서 2광원이 있다. 그 광도는 어느 것이나 모든 방향에 같고 각각 100[cd], 200[cd]이다. 수평면상 A′B′의 중앙점 M에서의 수평면조도를 구하여라.

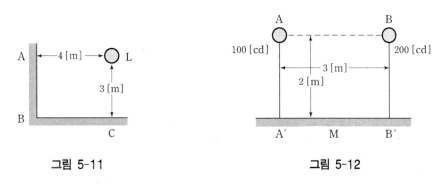

그림 5-11   그림 5-12

4. 100[W] 전구를 우유색 구형 글로브에 넣었을 경우, 우유색 유리의 반사율을 30[%], 투과율을 50[%]라고 할 때, 글로브의 효율[%]은 얼마인가?

5. 그림 5-13과 같이 모든 방향으로 860 [cd]의 광도를 갖는 전등을 지름 4 [m]인 원형
탁자의 중심으로 수직으로 3 [m] 위에 점등하였다. 이 원형탁자의 평균조도 [lx]는
얼마인가?

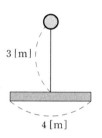

3 [m]

4 [m]

그림 5-13

6. 한 변이 50 [m]인 정사각형 완전확산성 평판광원이 있다. 총광속이 157 [lm]이라면
중심점에서의 수직방향 최대광도 [cd]의 값은?

7. 그림 5-14와 같은 반구형 천장이 있다. 그 반지름은 r, 휘도는 B이고 균일하다. 이
때 h의 거리에 있는 바닥의 중앙점 조도 [lx]는 얼마나 되는가?

8. 그림 5-15와 같이 반구형(半球形) 천장이 있다. 반지름 r가 30 [cm], 반구내의 휘도
B는 4,487 [cd/m²]로 균일하다. 이 때 $a = 2.5$ [m] 거리에 있는 바닥의 P점 조도
는 몇 [lx]인가?

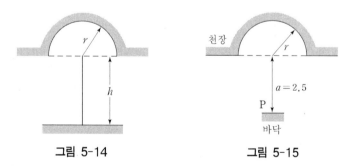

그림 5-14   **그림 5-15**

6장

조명설계

6-1   이상적인 조명

조명의 주목적은 물체를 눈으로 쉽게 식별할 수 있게 하기 위한 것이지만, 그렇지 않은 경우도 있다. 즉, 사무실·학교·차도(車道) 등과 같이 명시(明視)를 중요시 하는 명시조명(明視照明)과 공장·탄광·광산 등과 같이 작업의 능률을 향상시키기 위한 생산조명(生産照明) 및 백화점·상점·음식점·극장 등과 같이 매상을 증진시키기 위한 상업조명(商業照明) 등이 있다.

이상적인 조명을 위해서는 물체를 보고 있는 동안 조도·휘도·눈부심·그림자 및 분광분포를 사용목적에 가장 알맞게 조절하여 눈의 피로뿐만 아니라 정신적, 육체적 피로를 직게 하고 미적(美的)인 견지에서도 충분히 고려되어야 한다. 조명설계에서 실제적으로 고려할 사항은 다음과 같다.

① 적당한 조도

밝을수록 잘 보이고 시력이 올라가지만, 사람의 생리와 심리적인 여건에 적합하여야 하고 경제적인 설계가 되어야 한다. 이상적인 밝기는 구름이 없는 맑은 날의 나무그늘(약 10,000[lx] 정

도)의 밝기라고 한다. 실제에 있어서 전기적(電氣的)인 조명에 의하여 이러한 조도를 얻기는
어렵다. 일반적으로 보통의 독서에는 500 [lx] 이상, 정밀한 시작업은 1,000~2,000 [lx] 이
상이 적당하다고 한다. 조명의 목적에 따른 적당한 표준조도 및 조도범위는 표 6-1과 같다. 인
공조명의 세부적인 조도기준은 한국산업규격(KS A 3011)에서 규정하고 있으며, 부록에 첨부
하여 두었다.

표 6-1 조도 분류와 일반 활동 유형에 따른 조도값

활동유형	조도 분류	조도 범위 [lx]	참고(작업면 조명 방법)
·어두운 분위기 중의 시식별 작업장	A	3-4-6	공간의 전반 조명
·어두운 분위기의 이용이 빈번하지 않는 장소	B	6-10-15	
·어두운 분위기의 공공 장소	C	15-20-30	
·잠시 동안의 단순 작업장	D	30-40-60	
·시작업이 빈번하지 않은 작업장	E	60-100-150	
·고휘도 대비 혹은 큰 물체 대상의 시작업 수행	F	150-200-300	작업면 조명
·일반 휘도 대비 혹은 작은 물체 대상의 시작업 수행	G	300-400-600	
·저휘도 대비 혹은 매우 작은 물체 대상의 시작업 수행	H	600-1,000-1,500	
·비교적 장시간 동안 저휘도 대비 혹은 매우 작은 물체 대상의 시작업 수행	I	1,500-2,000-3,000	전반 조명과 국부 조명을 병행한 작업면 조명
·장시간 동안 힘드는 시작업 수행	J	3,000-4,000-6,000	
·휘도 대비가 거의 안 되며 작은 물체의 매우 특별한 시작업 수행	K	6,000-10,000-15,000	

【주】 조도 범위에서 왼쪽은 최저, 밑줄친 중간은 표준, 오른쪽은 최고 조도이다.

표 6-2 기준 조도

작업등급 \ 기준조도	최저허용조도 [lx]	표준기준조도 [lx]	최고허용조도 [lx]
초 정 밀	1,500	2,000	3,000
정 밀	600	1,000	1,500
보 통	300	400	600
단 순	150	200	300
거 친	60	100	150

❷ 균일한 조도 분포

눈의 이동에 따라 밝기가 다른 곳에 눈이 순응하여야 하므로 눈의 피로를 초래하게 된다. 따라서 시야 내에 조도 분포가 고르지 않으면 사물을 보는 것이 힘이 들뿐만 아니라 분위기도 좋지 않게 된다. 이것은 광원을 직접 보는 경우뿐만 아니라 보는 사물과 그 주위와의 휘도의 분포가 불균일 하여도 이런 현상이 발생한다. 균일한 조도는 눈부심(glare)과 명시에 관계가 있으므로, 좋은 조명을 하기 위한 중요한 요소이다.

균일한 조도를 얻으려면 다음 사항에 유의하여야 한다.

① 조명방식 및 기구의 선정과 취부위치를 검토한다.
  · 전반조명으로 설계하고 기구배치를 잘 하도록 한다.
  · 전반조명과 국부조명의 조도차를 가급적 작게 한다(전반조명의 조도는 국부조명에 의한 조도의 1/10 이상이 되게 한다).
  · 수평면의 조도와 연직면의 조도는 그 차가 일어나지 않게 한다.
② 천장이나 벽을 밝게 한다.
③ 실내의 색채조절을 잘 한다.

❸ 눈부심이 없을 것

높은 조도를 얻기 위해서 휘도가 높은 광원을 사용하면 눈부심(glare)을 일으키게 되므로 오히려 조명효과를 저하시키게 된다. 눈부심을 일으키는 원인에는 다음과 같이 3가지로 분류할 수 있다.

① 직접 현휘 : 밝은 광원이 시야 내에 있을 때
② 대비 현휘 : 야간의 자동차 헤드라이트가 주간의 자동차 헤드라이트보다 눈부심이 심하게 느껴지는 것
③ 반사 현휘 : 빛을 잘 반사하는 면으로부터 반사된 빛이 눈에 직접 들어오는 것

이러한 눈부심(glare)을 방지하는 방법에는 다음과 같은 방법이 있다.

① 휘도가 낮은 광원(형광 램프)을 사용하든가 또는 플라스틱 커버가 되어 있는 조명기구를 선정한다.
② 시선을 중심으로 해서 30° 범위내의 글레어 존(glare zone)에는 광원을 설치하지 않는다.
③ 광원의 주위를 밝게 한다.

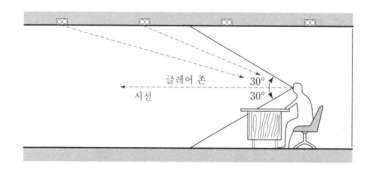

그림 6-1 글레어 존

④ 적당한 그림자

그림자는 사물을 보는 데 있어서 필요한 경우와 필요치 않은 경우가 있다. 수술실·정밀시작업 등에 있어서는 그림자가 필요하지 않지만, 대체로 물체 표면의 요철부에 생기는 그림자는 입체감을 주는 관계로 오히려 필요하다. 일반적으로 명암의 대비가 3 : 1일 때 가장 입체적으로 보인다. 작업에 지장을 주는 그림자를 방지하려면 다음과 같이 하면 된다.

① 광원의 위치를 바꾼다.
② 광원의 수를 늘린다.
③ 형광램프와 같은 넓은 발광면적을 가지는 광원을 사용한다.

⑤ 적당한 분광분포

물체의 보임을 좌우하는 요소 중의 하나로 광색(光色)을 들 수 있다. 일반적으로 백열전구에서 나오는 빛 중에는 적색광이 많은 관계로 낮은 조도에서 쾌적감을 느낄 수 있는 반면에 형광등에서는 청색광이 많으므로 높은 조도에서 쾌적감을 느낀다. 그림 6-2와 같이 빛의 색온도가 높을수록 밝고 쾌적한 조명이 얻어진다.

사람의 눈은 태양으로부터의 자연광에 순응되어 왔으므로 인공조명의 광색을 가급적 자연광에 가깝게 시설하면 보기 쉽고 쾌적감을 준다.

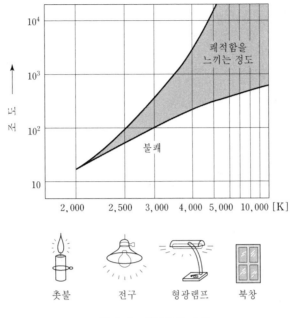

그림 6-2 색온도와 조도

⑥ 기분이 좋을 것

실내의 천장·벽·바닥 등의 각 부분의 색과 밝기에 대하여 광원의 종류와 그 조명 방식에 따라서 실내의 분위기는 달라진다. 일반작업에 대한 조명의 경우에는 천장·벽의 윗부분이 밝고, 벽의 아랫부분·바닥의 순서로 어둡게 보이는 것이 맑은 날의 옥외환경과 유사하여 좋다고 한다.

⑦ 조명기구의 의장과 배치가 좋을 것

조명기구의 의장(design)은 건축물의 양식과 조화를 이룰 수 있어야 하며, 조명기구의 모양은 단순하면서도 미적 효과를 얻을 수 있도록 불필요한 장식은 없는 것이 좋으며, 그 배치는 기하학적으로 간단한 모양이 좋다.

⑧ 경제적이고 보수가 용이할 것

조명기구 및 램프는 효율이 높고, 유지관리 및 보수가 쉬우며, 경제적인 것을 선택하여야 한다. 생산조명에서는 증산의 가능성·사고의 감소 등을 고려하고, 상업조명에서는 매상의 증가와 상품의 명료화가 되어야 한다.

이러한 경제적 조명의 실시에서 조명설계자가 특히 고려할 사항은 조명기구의 효율은 75[%] 이상으로 하여 빛이 이용을 높이고, 실내면 및 가구의 반사율을 높이는 것이다.

6-2 조명방식

조명방식에는 조명기구의 의장(意匠), 배광(配光) 및 가설위치와 배치 등에 따라서 효과가 다르며, 일반적으로 배광에 의한 분류와 배치에 의한 분류로 나누어진다. 그림 6-3은 배광을 상향광속과 하향광속의 비로 분류한 방법이고, 배광의 국제분류로서 알려져 있다.

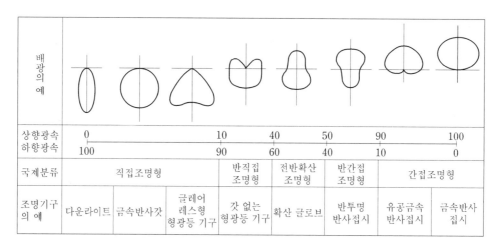

배광의 예								
상향광속	0			10	40	50	90	100
하향광속	100			90	60	40	10	0
국제분류	직접조명형			반직접 조명형	전반확산 조명형	반간접 조명형	간접조명형	
조명기구 의 예	다운라이트	금속반사갓	글레어 레스형 형광등 기구	갓 없는 형광등 기구	확산 글로브	반투명 반사접시	유공금속 반사접시	금속반사 접시

그림 6-3 배광의 국제분류

1 기구의 배광에 의한 분류

(1) 직접조명

작업면을 비추는 조도 중 직사조도가 확산조도보다 높은 경우를 말하며, 등기구에서 발산되는 광속의 90[%] 이상을 직접 작업면에 투사하는 조명방식이다. 이 방식은 공장의 일반적 조명방식으로 널리 사용되고 있으며, 작업면에서 높은 조도를 얻을 수 있으나 주위와의 심한 휘도의 차, 짙은 그림자와 반사눈부심 등으로 작업자를 괴롭히는 것이 흠이다. 그러므로 기구를 설치할 때는 고휘도 광원이나 광원과 배경과의 심한 휘도 차 등에 의한 눈부심이 작업자의 눈에 들어오지 않도록 적극 피하여야 하며 직사광이 직접 눈에 들어오는 것을 막기 위하여 15~25도 정도의 차광각이 필요하다.

직접조명기구는 보통 두 가지로 구분되며 빛을 집중시키는 것과 분배시키는 것이 있다. 빛을 집중시키는 것은 설치높이가 높고 작업면에 집광시키는 것이며 빛을 분배시키는 것은 설치높이가 낮은 곳에 사용된다.

직접조명의 장점은 다음과 같다.

① 조명률이 크므로 소비전력은 간접조명의 1/2~1/3이다.
② 설비비가 저렴하며 설계가 단순하다.
③ 그늘이 생기므로 물체의 식별이 입체적이다.
④ 조명기구의 점검, 보수가 용이하다.

(2) 반직접조명

이 방식은 기구로부터의 발산광속은 60~90[%]의 빛이 아랫방향으로 향하여 작업면에 직사된다. 그리고 윗방향으로 10~40[%]의 빛이 천장이나 윗벽 부분에서 반사되고 이 반사광이 작업면의 조도를 증가시킨다.

일반적으로 이러한 종류의 기구는 밑바닥이 개방되어 있으며 갓이 유백색 유리나 플라스틱으로 되어 있다.

이 기구는 주로 일반 사무실이나 주택의 조명용으로 사용된다.

(3) 전반확산조명

수평작업면 위의 조도는 기구로부터 직접 쬐고, 몇 부분의 윗방향으로 향한 빛이 천장이나 윗벽 부분에서 반사광을 이룬다.

이러한 종류의 조명기구는 대부분은 유백색 유리나 플라스틱 및 아크릴의 외구형이다. 고급 사무실, 상점, 주택, 공장 등의 전반조명용으로 상용되고 있다.

이와 같이 유백색 외구형은 발광면을 크게 하여 광원의 휘도를 감소시켜 눈부심을 느끼지 않도록 하기 위한 것이다.

외구 내의 온도상승을 어느 한도로 억제하기 위하여 외구의 크기를 조절한다.

(4) 반간접조명

이 방식은 발산광속의 60~90[%]가 위 방향으로 향하여 천장, 윗벽부분으로 발산되고, 나머지 부분이 아래 방향으로 향한다.

그러므로 천장을 주광원으로 이용하므로 천장의 색과 유지율에 대하여 고려하여야 한다. 이 기구는 간접 방식보다 약간 많은 광속과 질이 좋은 빛을 발산한다. 이 방식은 세밀한 일을 오랫동안하게 되는 작업에 적당하며 교실이나 사무실에 사용되는 최하의 방식이다. 이 기구의 휘도는 $0.5\,[\text{cd/cm}^2]$을 초과하면 안된다.

(5) 간접조명

작업면을 비추는 조도 중 확산조도가 직사조도보다 높은 경우를 말하며, 등기구에서 발산되는 광속의 $90\,[\%]$ 이상을 천장이나 벽에 투사시켜 이로부터 반사 확산된 광속을 이용하는 방식이다. 그러므로 매우 넓은 면적이 광원으로서의 역할을 하기 때문에 거의 직사눈부심은 일어나지 않는다. 그러나 천장과 윗벽부분이 광원의 역할을 하므로 이 부분은 밝은 색이어야 하며 빛이 잘 확산되도록 광택이 없는 마감이 되어야 한다.

이와 같은 간접조명방식은 우수한 확산성과 낮은 휘도로 인해 위생적인 시각조건을 갖추고 있으나 설비비와 경상비가 많이 드는 것이 흠이다. 이 방식은 대합실, 입원실, 회의실 등에 사용되고 있다.

간접조명의 장점은 다음과 같다.

① 눈부심이 적고 피조면의 조도가 균일한다.
② 그림자가 부드럽다.
③ 등기구의 사용을 최소화하여 조명효과를 얻을 수 있다.

② 기구의 의장에 의한 분류

기구의 의장은 장식적이고 분위기적인 것에 따라 단등방식과 다등방식으로 분류하고, 명시적이고 실리적인 것에 따라 연속열방식과 평면방식으로 분류한다.

표 6-3 기구의 의장에 의한 분류

조 명 방 식	특 징	용 도
단 등 방 식	광원이 점에 가까운 모양으로 보이는 기구	장식적 조명
다 등 방 식	몇 개의 점 광원을 모은 기구	
연 속 열 방 식	광원이 보이는 모양이 선 또는 선형에 가까운 모양으로 보이는 기구	실리적 조명
평 면 방 식	발광면이 평면으로 보이는 기구	

표 6-4 기구의 배광에 의한 분류

	기구의 형태	응용방법(예)	배 광[%]
직 접 조 명	반사갓 (금속)	다운라이트 광천장	↑ 10~0 ↓ 90~100
반 직 접 조 명		루버기구	↑ 40~10 ↓ 60~90
전 반 확 산 조 명	노출 글로브	샹들리에 밸런스조명	↑ 60~40 ↓ 40~60
반 간 접 조 명	반사접시 (유리)		↑ 90~60 ↓ 10~40
간 접 조 명	반사접시 (금속)	코브조명	↑ 100~90 ↓ 0~10

③ 기구의 배치에 의한 분류

기구의 배치에 따라 전반조명, 국부조명, 전반·국부 병용조명 등으로 분류한다. 작업위치에 가깝게 전등을 놓는 형태로부터 출발한 것이 국부조명(local lighting)이다. 이에 대하여 같은 종류의 작업이 연속되어 있는 장소에서는 작업 개별로 기구를 설치하는 것보다는 전반적으로 조명하는 쪽이 고용량의 광원을 사용할 수 있으며 모든 점에서 편리하다. 이것이 전반조명(general lighting)이다.

(1) 전반조명 (general lighting)

조명기구를 일정한 높이 및 일정한 간격으로 배치하여 방 전체를 균일하게 조명하는 방식으로 학교·공장·사무실 등에서 주로 채용한다.

전반조명의 특징은 다음과 같다.

① 시작업의 위치가 변동하여도 등기구(燈器具)의 배치를 변경시킬 필요가 없다.
② 조도의 불균일이 작다.
③ 그림자가 부드럽다.
④ 체제가 비교적 좋다.

(2) 국부조명 (local lighting)

작업상 필요한 국부적인 장소만 고조도로 조명하는 방식으로, 희망하는 곳에 희망하는 방향으로 충분한 조도를 줄 수 있으며, 불필요한 곳은 소등할 수 있어 편리하다.

(3) 전반·국부병용조명

일반적으로 정밀작업을 하는 장소에서 전반조명에 의하여 시환경을 좋게 하고, 국부조명을 병용하여 필요한 장소에 높은 조도를 경제적으로 얻을 수 있는 방식이다. 정밀공장·타이프라이트실 등에서 채용한다. 전반·국부병용조명에서 전반조명의 조도는 국부조명에 의한 조도의 1/10 이상이 되는 것이 바람직하다.

4️⃣ 기구의 설치에 의한 분류

전반조명에서는 천장 등이 주가 되므로 여기에는 매달기(pendant), 바로 붙이기(ceiling light), 매입하기 등이 있으며, 특수한 조명으로서는 건축화 조명이 있다.

국부조명에서는 이동형 스탠드, 브래킷등, 천장으로부터 매달린 등, 지향성이 강한 기구를 천장에 직접 붙이거나 매입하는 방식 등이 있다. 또한 실내의 생활이나 작업능률을 향상시키고 건축물의 특성, 천장의 구조 등을 고려하여 점조명, 선조명, 면조명 그리고 이들을 혼합시킨 혼합조명방식 등으로 분류할 수 있다.

5️⃣ 건축화 조명

건축화 조명은 건축 구조나 표면 마감이 조명 기구의 일부로서 중요한 역할을 할 수 있도록 하여 건축물과의 조화를 도모하기 위한 조명방식이다. 현대 건축물에서 매우 중요한 방식으로 매입방법에 따라 천장면을 광원으로 하는 것, 천장에 매입하는 것, 벽면을 광원으로 하는 것은 크게 분류할 수 있으며, 표 6-5와 같은 종류가 있다.

표 6-5 건축화 조명의 종류

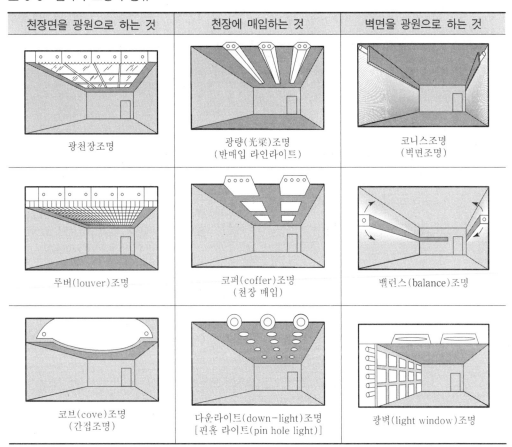

천장면을 광원으로 하는 것	천장에 매입하는 것	벽면을 광원으로 하는 것
광천장조명	광량(光梁)조명 (반매입 라인라이트)	코니스조명 (벽면조명)
루버(louver)조명	코퍼(coffer)조명 (천장 매입)	밸런스(balance)조명
코브(cove)조명 (간접조명)	다운라이트(down-light)조명 [핀홀 라이트(pin hole light)]	광벽(light window)조명

(1) 천장을 광원으로 하는 것

① 광천장 조명

천장면에 확산 투과재인 메탈 아크릴 수지판을 붙이고 천장 내부에 광원을 배치하여 조명하는 방식이며, 천장면이 낮은 휘도의 광천장이 되므로 부드럽고 깨끗한 조명이 된다. 보수가 비교적 용이하므로 많이 채용되고 있다. 천장면 광원 중에서는 가장 조명률이 높으므로 고조도가 필요한 장소인 1층 홀, 쇼룸 등에 적용하고 있다.

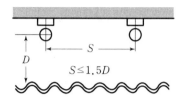

그림 6-4 광천장에서의 램프에서 발산면까지의 거리

발광면의 휘도차에 의하여 밝기가 고르지 못하면 보기 싫어지므로 램프의 배열을 고려하여 설계하여야 한다. 따라서 램프의 간격 S, 램프로부터 발산면까지의 거리 D의 관계는 그림 6-4에서와 같이

$$S \leq 1.5\,D$$

정도가 적당하나 특히 파형 플라스틱판을 사용할 경우에는 다음과 같이 설계하면 휘도의 얼룩이 지지 않는다.

$$S \leq D$$

또한 작은 보 등으로 건축상 피할 수 없는 경우에는 그림 6-5와 같이 보조 조명이 필요하다.

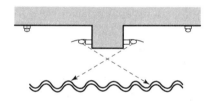

그림 6-5 보가 있는 경우의 보조조명 설치

② 루버(louver)조명

천장면에 루버(louver)판을 부착하고 천장 내부에 광원을 배치하여 시야 범위 내에 광원이 노출되지 않도록 조명하는 방식이며, 직사현휘가 없고 낮은 휘도의 밝은 직사광을 얻고 싶은 경우에 훌륭한 조명효과가 나타난다. 루버면에 휘도의 얼룩짐이 일어나지 않도록 하고 직접 램프가 시야에 들어오지 않도록 보호각과 램프로부터 루버면까지 거리를 검토하여 설계하여야 한다. 또한 루버면은 반사율이 너무 높지 않은 것으로 하여 반사면에 의한 눈부심이 없도록 하여야 한다. 그림 6-6에 표시한 것과 같이 보호각이 30° 전후의 경우에는 $S \leq 1.5\,D$로 설계하고 보호각이 45°의 경우에는 $S \leq D$ 정도로 설계하는 것이 좋다.

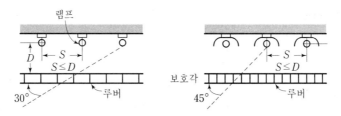

그림 6-6 루버 천장의 보호각

③ 코브(cove)조명

천장면에 플라스틱, 목재 등을 이용하여 활 모양으로 굽힌 곳에 램프를 감추고 간접조명을 이용하여 그 반사광으로 채광하는 조명방식이며, 천장과 벽이 2차 광원이 되므로 반사율과 확산성이 높아야 한다. 효율면에서는 가장 뒤떨어지나 방 전체가 부드럽고 차분한 분위기가 된다. 코브의 치수는 방의 크기 및 천장높이에 따라 결정된다.

천장면을 균일하게 조명하기 위해서는 코브가 한쪽에만 있을 경우에는 기구 발광면을 천장의 마주 보이는 구석을 향하게 하고, 코브가 양쪽에 있을 경우에는 기구 발광면을 천장 중앙면을 향하게 한다. 또한 램프가 노출되지 않도록 하고 방구석에서도 보이지 않도록 설계한다. 코브가 천장에 너무 근접하면 천장 중심 부근이 컴컴해지며 양측 벽에 밝은 선이 생긴다. 장식용으로는 특수한 휘도의 얼룩짐이 필요하나 보통은 천장 전면 및 벽면에 얼룩이 없고 균일한 휘도를 만드는 것에 이용되는 조명방식이다.

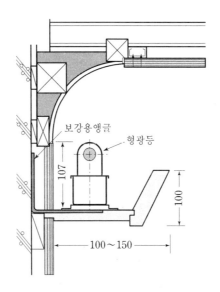

그림 6-7 코브 조명의 설치

(2) 천장에 매입하는 것

① 광량 조명

광량(光梁)조명은 일종의 라인 라이트(line light) 조명이고, 연속열 등기구를 천장에 매입하거나 들보에 설치하는 조명방식으로서 건축화 조명의 간단한 방법이다. 반매입면은 확산 플라스틱을 사용하여 천장도 밝게 할 수 있어 전반조명으로 추장되고 있다.

② 코퍼(coffer) 조명

천장면을 여러 형태의 사각, 동그라미 등으로 오려내고 다양한 형태의 매입기구를 취부하여 실내의 단조로움을 피하는 조명방식으로 천장면에 매입된 등기구 하부에는 주로 플라스틱판을 부착하고, 천장 중앙에 반간접형 기구를 매다는 조명방식이 일반적이다. 적용 장소는 높은 천장의 은행 영업실, 대형홀, 백화점 1층 등이다.

③ 다운라이트(down light) 조명

천장면에 작은 구멍을 많이 뚫어 그 속에 여러 형태의 하면 개방형, 하면 루버형, 하면 확산형, 반사형 전구 등의 등기구를 매입하는 조명방식이며, 구멍 지름의 대소와 재료마감 및 의장, 전체 구멍수, 배치 등에 따라 분위기를 변화시킬 수 있다.

조도를 계산하여 등수를 결정한 후에는 일반적인 등간격 배치보다는 랜덤(random)한 배치가 필요하다. 다운라이트 조명은 천장면을 볼 때 눈에 거슬리지는 않으나 천장면이 어두워진다.

(3) 벽면을 광원으로 하는 것

① 코니스(cornice) 조명

코너(corner) 조명[1]과 같이 벽면 상방 모서리에 건축적으로 둘레 턱을 만들어 내부에 등기구를 배치하여 조명하는 방식이며, 아래 방향의 벽면을 조명하는 방식으로 형광등의 건축화 조명에 적합하다.

---

1) 코너 조명 : 천장과 벽면의 경계 구석에 등기구를 배치하여 조명하는 방식이며, 천장과 벽면을 동시에 투사하는 실내 조명방식이다. 지하도용에 이용된다.

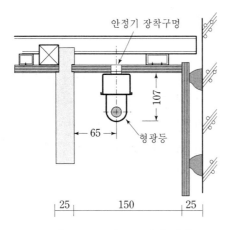

그림 6-8 코니스 조명의 설치

② 밸런스(balance) 조명

벽면을 밝은 광원으로 조명하는 방식으로 숨겨진 램프의 직접광이 하향광속은 아래쪽벽의 커튼을, 상향광속은 천장면을 조명하므로 분위기 조성에 효과적인 조명방식이며, 특히 실내면은 황색으로 마감하고, 밸런스판으로는 목재, 금속판 등 투과율이 낮은 재료를 사용하고 램프로는 형광등이 적당하다.

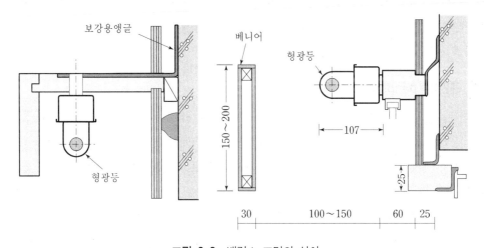

그림 6-9 밸런스 조명의 설치

③ 광벽(light window) 조명

지하실 또는 자연광이 들어오지 않는 실내에 조명하는 방식이며, 이용해서 주간에 창으로부터 채광하는 것과 같은 느낌을 준다.

6-3 조명기구

과거의 조명기구는 빛을 효율적으로 이용하기 위하여 사용하였으나, 과학기술이 발전하고 소비자의 계층이 다양해지면서 빛의 질적인 이용뿐만 아니라 조명기구의 외관 디자인에도 많은 관심을 갖게 되었다. 이는 어둠을 밝힌다는 기능 외에 건축공간을 구성하는 일부분으로서 건축요소로 쓰여지고 실내건축에서는 인테리어 분위기와 어울리는 액세서리의 성격으로도 이용되고 있기 때문이다.

1 조명기구의 종류

(1) 샹들리에 (chandelier)

샹들리에(chandelier)는 18세기 이전에도 쓰여지고 있었다. 광원으로는 기름이나 양초를 이용하다 백열전구가 발명되면서 샹들리에의 광원이 백열전구로 교체되고 지금도 고전적인 크리스탈 샹들리에는 형태의 변화가 없이 쓰여지고 있다.

대형 샹들리에는 많은 하중을 요하므로 천장 내에 별도의 보강이 필요하며 에너지 절약을 위해 조광기 설치나 몇 회로의 분리가 필요하다. 샹들리에의 유행은 시대의 흐름에 따라 변화되어 새로운 모델이 제작되고 있으나, 중요한 것은 실내디자인을 더욱 돋보이게 하기 위한 액세서리의 기능을 갖고 있다는 것이다.

(2) 펜던트 (pendant)

펜던트(pendant)는 용어적인 의미로 본다면 매달려 있는 조명기구는 모두 펜던트라고 할 수 있다. 형태적인 분류에서 보면 체인(chain)이나 코드선(cord), 파이프(pipe) 등으로 매달려 있으므로 샹들리에와 같지만, 여러 개의 등이 조합되어 있는 샹들리에와는 달리 펜던트는 등수가 단지 한 개뿐이고 조명기구가 단순(simple)하다는 것이 차이점이다. 펜던트는 건축의 다양한 공간에 형태와 크기, 예측되는 배광의 형태를 고려하여 설정해야 한다.

식탁등으로 사용할 때는 높낮이 조절기능이 있는 것이 편리하며 식탁에 앉아 램프의 눈부심이 없고 식탁 전체를 고루 조사할 수 있는 높이가 적당하다. 상업공간에서 쓰여질 때는 특정 부분의 국부조명으로 낮게 배열하는 경우도 있지만 대부분은 상향광속이 없으므로 전반조명과 병용해 사용해야 한다.

특히 펜던트는 장식적인 의미로 많이 쓰여지는 기구로 너무 늘어뜨리거나 사람의 통행로에 설치해서는 안된다.

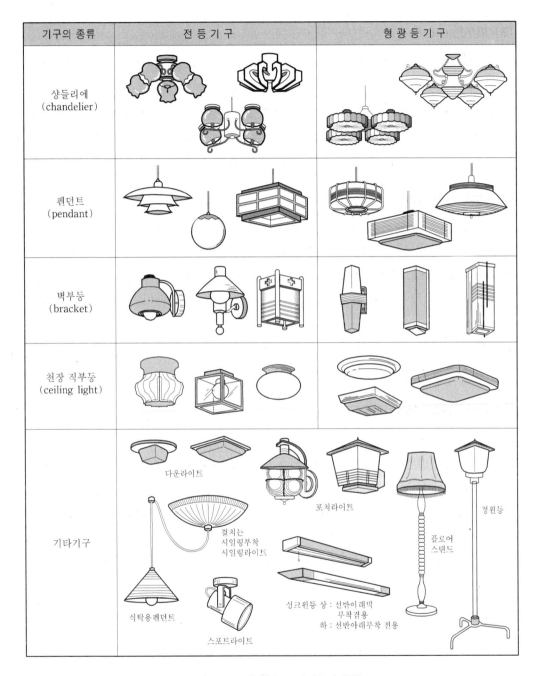

기구의 종류	전 등 기 구	형 광 등 기 구
샹들리에 (chandelier)		
펜던트 (pendant)		
벽부등 (bracket)		
천장 직부등 (ceiling light)		
기타기구		

그림 6-10 주택용 조명기구의 종류

(3) 벽부등 (bracket)

벽부등(bracket)은 건축의 벽면이나 기둥에 부착되는 조명기구로, 장식적인 성격이 강하므로 부착면의 마감재나 인테리어의 디자인과 조화가 잘 되도록 형태, 크기, 색, 소재 등을 신중히 검토한 후에 선택해야 한다. 벽부등은 대부분 반간접형의 배광을 가지고 있으나 특별한 효과를 위해서는 상향 또는 하향의 배광을 갖는 벽부등을 사용하기도 한다. 이때에는 강한 대비를 줄이기 위하여 반드시 전반조명과 병용해서 사용해야 한다.

(4) 스탠드 (stand)

스탠드(stand)는 책상이나 바닥에 위치하므로 이동 가능한 구조이며 인테리어의 소품으로 많이 쓰인다. 스탠드의 기본형은 원추형 갓으로 램프의 광도를 상하로 직접 방사하고 전면은 눈부심 없이 부드러운 빛을 분산하는 형태이다. 그러나 실내장식의 유행이 바뀌고 다양한 기구 디자인이 나타나면서 완전 간접형의 상향 스탠드나 전반 확산형의 무드램프와 같은 형태의 변화를 가져왔다.

최근에는 오래 쓴다는 개념보다 주변의 장식이나 유행에 따라 언제든지 교체할 수 있는 장식품 개념으로 되고 있다.

(5) 다운라이트 (down light)

다운라이트(down light)는 대부분 천장매입형으로 기구의 노출이 거의 없이 천장면이 잘 정돈되어 보이는 것이 장점이며, 필요한 공간 연출계획에 따라 알맞은 기능의 기구선택과 배광 예측이 필수이며, 특수기능의 조명기구는 제조사(製造社)에서 제시한 배광 데이터(data)에 의해 거리, 간격 등을 꼭 지켜야 효과를 얻을 수 있다. 만약에 선택이 잘못되거나 위치를 이동해야 한다면 이미 천장은 손상되어 있어 수정하기가 쉽지 않으므로 다운라이트의 선택은 신중해야 한다. 다운라이트는 기능과 용도에 따라 전반조명용, 월워셔용(wall washer), 다운스포트(down spot) 등으로 구분할 수 있다.

① 전반조명용 다운라이트

일반적인 다운라이트의 차광각(遮光角)은 45°로 만들어지며 천장의 높이에 따라 적절한 차광각의 것을 사용하여 광원에 의한 눈부심도 줄이고 광속을 효율적으로 이용한다. 장소에 따라 차광각도를 구분하여 설계하는 것이 바람직하다.

② 월워셔(wall washer) 다운라이트

월워셔(wall washer) 다운라이트는 벽면을 고르게 조명하는 다운라이트로서 기능에 따라

바닥과 벽면을 동시에 조명하는 싱글(single) 월워셔, 더블(double) 월워셔, 코너(corner) 월워셔가 있다. 공간의 용도와 디자이너의 의도에 따라 배치되며 바닥과 벽면의 밝기 대비가 심하지 않아 공간이 부드럽고 편안하게 느껴지며 공간이 확장되어 보이는 효과가 있다.

때에 따라서는 벽장식, 그림의 조명을 위해 별도의 강조조명 없이 월워셔 다운라이트로 처리하는 것이 더 효과적이다. 또 월워셔 다운라이트는 렌즈의 장착에 의해 고천장에서 벽면의 조명만을 위해 사용되는 다운라이트로 사용할 수 있다.

③ 다운 스포트(down spot)

다운 스포트(down spot)의 기본은 다운라이트와 같은 방식이다. 다만 특수램프를 사용하거나 별도의 반사경을 갖는 기구에 넣어 제작되며, 360도 회전과 전후 45도 정도의 조절이 가능하므로 방향성이 있는 조명에 유리하나, 피사면의 거리와 면적에 따라 광속과 빔(beam)각을 선정해야 한다. 주로 상점 조명용으로 쓰이며 주택이나 화랑 등 기타의 장소에서는 악센트(accent) 라이트로 사용되고 있다.

(6) 트랙 라이트 (track light)

트랙 라이트(track light)의 트랙 시스템은 어느 한쪽에서 전원이 공급되고 전선의 역할과 조명기구를 부착하는 기능을 갖추고 있는 것으로 볼 수 있다. 기구의 활용에 많은 장점을 가지고 있으나 장식적인 측면이 고려되어야 설치가 가능하며, 트랙 자체의 몸통을 조명기구로 발전시켜 쓰는가 하면 별개의 스포트를 장착해서 쓰는 두 가지의 쓰임이 있다. 실제로 설계에 반영하려고 할 때는 한 회사의 제품으로 일체화해야만 한다. 대개의 경우 타사제품과 호환이 되지 않아 쓰지 못하는 경우가 발생되므로 사전에 시스템의 구성과 규격을 검토한 후 반영한다.

① 트랙형 조명기구

직접, 간접, 직간접 등이 있으며 때로는 스포트와 복합적으로 사용하는 다기능을 가지고 있다. 부착방법은 천장부착방법과 펜던트로 늘어뜨리는 방법이 있으며 램프커버의 교환으로 여러 가지의 배광을 갖는 기구로 변환 가능한 시스템도 있다.

② 스포트 라이트(spot light)

스포트 라이트(spot light)는 조사각이 좁은 방향성의 조명기구를 의미한다. 그러나 통상적으로 기구의 독립개체로 천장에 부착되거나 트랙에 부착해서 사용하는 것을 스포트 라이트라고 부르고 있다. 스포트 라이트는 외형 디자인이 중요한 기구이며 연출하고자 하는 용도에 따라 램프의 광도나 빔각 또는 반사경의 빔각을 고려하여 선택하여야 한다.

다양한 연출이 요구되는 무대조명의 경우는 렌즈에 의한 자유로운 각도의 조절 또는 칼라 필터에 의한 문자나 패턴의 칼라변화로 빛의 환상적인 표현을 할 수 있다.

(7) 매입형 조명기구 (recessed luminaries)

매입형 조명기구(recessed luminaries)는 천장이나 벽, 바닥에 기구의 전면을 제외하고 모두 매입하는 방식으로 설치된다. 일반적으로 대부분의 다운라이트는 매입형 조명기구에 속한다. 벽 매입마다 바닥 매입은 건축설계시 설계도면에 위치 및 규격이 표기되어야 한다. 건축공정에 따라 배관 및 위치 확보 등이 되어야 하므로 사전에 조명디자인이 결정되어야 하며, 시공시에 방수 및 누전에 대한 치밀한 점검시공이 요구된다. 그리고 오피스 빌딩의 주광원으로 쓰이는 형광등기구가 대부분 매입형태로 사용되므로, 항상 천장재 설치계획에 맞는 구조와 모듈의 계획이 이루어져야 하고 기타 공조 설비, 급배수 설비, 방송 설비, 위생 설비 등과의 위치 관계를 염두에 두고 설계해야 한다.

(8) 투광기 (flood light)

투광기(flood light)는 주로 옥외 조명기구로 사용되며, 실내에서는 체육관 등 넓은 장소에서 일부 사용된다. 일반적으로 옥외의 환경, 즉 눈, 비, 강풍, 직사일광 또는 먼지, 가스, 수분에 내구성을 발휘하는 구조와 재질로 제작되어야 한다.

투광기는 빛을 멀리 보내거나 넓게 조사하기 위해 특수목적의 빔각을 필요로 할 때 사용되므로 고용량의 램프를 사용한다. 투광기는 어떤 장소에서 쓰일지 예측이 불가능하므로 커버 유리재료의 내열성 가공이나 기구 몸체의 내열구조로 램프의 수명을 연장시키고 반사판에 의해 빛의 흐름을 제어하고 있다. 설계시 피사면의 크기, 주변 여건에 따른 요구조도산정과 반사율 등을 고려하여 빛의 손실이 적은 알맞은 조명기구를 선정하는 것이 중요하다.

(9) 등주 조명기구

등주 조명기구는 공원의 가로등이나 도로의 조명이 이에 속하며, 정원에 사용하는 정원등도 폴등(poll light)으로 분류된다. 도로 조명의 경우 광원부는 방향성을 갖는 반사판을 이용해 도로면에 효율적인 배광으로 만들어지지만, 공원이나 정원등은 특별한 반사판의 기능보다는 빛의 흐름과 주변 분위기에 어울리는 빛의 느낌을 중요시하며, 공원의 기타 구조물 또는 조경 디자인에 어울리는 형태를 선정해야 한다. 또한 실외에 설치되는 조명기구로 재료의 내구성이나 마감도료의 내구성이 확보되어야 한다.

(10) 기타 조명기구

① 방폭 조명기구

폭발성 가스는 조명기구를 점멸할 때 일어나는 팽창과 수축에 의해 작은 틈새로 침투할 수 있으므로 기구를 밀폐해도 방폭의 효과를 얻기 힘들다. 그래서 만들어진 것이 내압 방폭등과 안전증 방폭등이다.

내압 방폭등은 기구내부에 폭발성 가스가 침입해서 폭발을 일으켜도 주위에 인화되지 않게 공기나 불활성가스를 유입시킨 것으로 외부 충격에도 견딜 수 있는 구조로 기름저장고나 가스 저장고에서 사용된다.

안전증 방폭등은 외부의 이물질 침입방지와 램프의 보호를 위하여 제작되어지기 때문에 자체 폭발에 의한 안전은 보장할 수 없어 규격에 적합한 요건에 사용해야 한다. 또한 기구 표면 온도상승과 대상 가스와의 발화점 관계를 염두에 두고 선정해야 한다.

② 수중 조명기구

수중 조명기구는 기구의 전체 또는 일부가 물속에 잠겨 사용되는 기구로, 기구의 설치 방법과 사용방법의 규정을 잘 지켜서 설치하여야 효과를 거둘 수 있다. 수영장용은 벽면 설치의 조명기구가 대부분이며 수면 위의 효과를 위해서는 15 [cm] 정도의 수심에 잠겨지는 것이 효과적이지만 수심이 깊은 곳의 바닥면 조도 확보를 위해 사용될 때는 기구제작사에서 제시되는 수압규정에 의해 설치 위치를 결정해야 한다.

그리고 수영장 조명은 만약의 사고를 대비하여 저전압(12 [V])의 램프를 사용하여야 한다. 분수용 조명기구는 대부분이 이동식이며 항상 수심 15 [cm] 위치에 잠겨 있는 것이 효과적이다. 수심저하 또는 물이 없는 경우에 점등시키면 손상되므로 수중센서 부착 기구를 사용하면 안전하다.

③ 공조겸용 조명기구

조명기구 몸체에 공조기능을 결합시킨 구조로 주로 매입형의 형광등용 조명기구이다. 장점으로는 실내 천장의 시설정리가 쉬워지고 기구의 내열 상승을 막을 수 있으며, 공조에 의해 천장쪽의 더운 공기를 외부로 배기할 수 있어 냉방효율을 높일 수 있다.

2 조명기구의 사용목적에 의한 종류

광원으로부터 나오는 빛 그대로는 조명의 목적에 적당하지 않은 경우가 많으므로 조명기구

(lighting fixture)를 사용한다. 이러한 조명기구의 사용목적은 다음과 같다.

① 광원에서 방사되는 광속을 가급적으로 피조면에 집중시켜 광속의 손실을 감소시킨다.

② 광원의 고유휘도를 부드럽게 하여 눈부심을 방지한다.

③ 광원에서 나오는 빛을 받아 이것을 소요되는 방향으로 집중시켜 유효적절한 배광으로 변형시킨다.

④ 시감(時感)을 좋게 하고 예술적인 면에서 외관의 미(美)를 좋게 한다.

조명기구의 종류에는 여러 가지가 있으나 대표적인 것들은 다음과 같은 것이 있다.

(1) 반사갓 (reflector)

직접조명용 기구로서 주로 공장조명에 사용된다. 알루미늄 또는 전해연마 알루미늄으로 만든 것이다.

(2) 갓 (shade)

반직접조명용 기구로서 주택이나 기타의 옥내조명에 사용된다. 유백색 유리와 같은 반투명 재료로 되어 있으며 광원의 빛의 일부는 윗쪽으로 나간다.

(3) 글로브 (globe)

광원의 전부 또는 대부분을 포위하는 것으로, 일반적으로 확산성 유백색 유리로 되어 있으며, 눈부심을 적게 하고, 그 형상에 따라 배광이 다르다.

(4) 반사접시 (bowl)

금속제의 것은 간접조명용이지만, 유리에 금속으로 무늬를 붙인 것은 아래로도 빛이 다소 나오므로 반간접조명용의 기구로 된다.

(5) 루버 (louver)

직접조명용의 기구로서 날개판이 광원을 차단하여 눈부심을 방지하고, 아래로 빛을 확산 반사시킨다. 글로브와 같이 광원을 완전히 포위하지 않으므로 빛의 흡수가 적고 효율이 높다.

(6) 투광기 (projector)

좁은 범위로 빛을 투사하는 것이다. 금속 또는 유리에 알루미늄을 증착한 포물선 거울·볼록렌즈 또는 프리즘 등을 조합하여 사용한다.

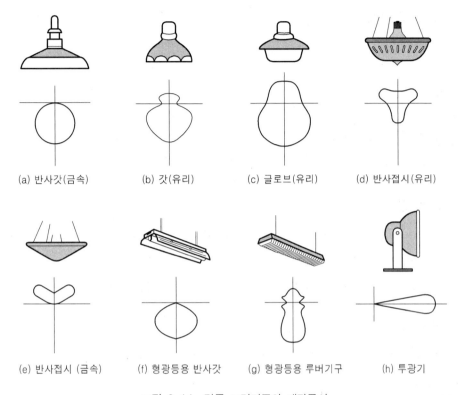

(a) 반사갓(금속)   (b) 갓(유리)   (c) 글로브(유리)   (d) 반사접시(유리)

(e) 반사접시 (금속)   (f) 형광등용 반사갓   (g) 형광등용 루버기구   (h) 투광기

그림 6-11 각종 조명기구와 배광곡선

③ 실내조명설계

실내조명에서는 광원으로부터의 직사조도 이외에 실내면 및 가구로부터의 확산조도를 고려하여야 하므로 에너지 보존의 법칙을 응용한 **광속법**[2](lumen method)을 이용하여 조명설계를 하는 것이 보통이다.

광속법에 의한 설계의 순서는 다음과 같다.

① 조도의 결정
② 광원의 선정
③ 조명방식의 선정

---

2) 광속법 : 방의 크기, 광원의 광속, 조명률 및 감광보상률 등을 고려하여 기준조도에 따라 사용등수를 결정하는 방법으로 전반조명에 주로 사용한다.

축점법 : 피조면의 임의의 점에서 거리 역제곱의 법칙에 따라 조도를 계산하고 각 점의 조도를 비교하면서 설계하는 방법으로 국부조명에 주로 사용한다.

④ 조명기구의 선정

⑤ 실지수의 결정

⑥ 조명률의 결정

⑦ 감광보상률(또는 유지율)의 결정

⑧ 광속의 결정

⑨ 광원의 수 및 크기의 결정

⑩ 조명기구의 배치

(1) 조도의 결정

방의 크기, 용도 및 경제적인 사정 등을 감안하여 작업장의 목적에 적합하도록 충분한 조도를 주어야 하며, 일반적인 조도의 크기는 표 6-1을 참고로 하여 임의로 결정한다.

세부적인 조도기준은 부록에 첨부한 한국산업규격 KSA 3011에 따른다.

(2) 광원의 선정

연색성과 눈부심을 고려한 광색, 광질과 밝음 그리고 유지관리 및 보수를 감안한 수명, 경제면에서의 효율 등이 조명하려는 목적에 적합하도록 광원을 선정한다.

양품점, 양복점, 식료품점 및 염색실 등의 색채를 위주로 하는 곳의 조명은 무엇보다도 연색성을 주로 고려하여야 하므로 광색에 중점을 두어야 하고, 높은 천장, 도로 및 투광조명에는 유지관리 및 보수와 경제면을 우선하여야 하므로 효율과 수명에 중점을 두어 광원을 선정하여야 할 것이다.

옥내조명용 광원으로는 보통 백열전구, 형광등, 수은등을 주로 사용하고, 옥외용으로는 나트륨등, 수은등, 메탈 할라이드등 등이 널리 사용된다.

(3) 조명방식의 선정

조명방식을 기구의 배광에 의하여 분류하면, 직사조도가 확산조도보다 높은 직접조명(直接照明)과 직사조도가 거의 없고 확산조도가 높은 간접조명(間接照明)이 있으며, 기구의 배치에 의하여 분류하면, 조명기구를 일정한 높이·일정한 간격으로 배치하여 방 전체를 균일하게 조명하는 전반조명(全般照明)과 작업상 필요한 장소에만 국부적으로 조명하는 국부조명(局部照明) 및 전반조명과 국부조명을 병용하여 조명하는 전반·국부 병용조명 등이 있다. 이들 조명방식에 따라 각각 나타내는 효과가 다르므로 충분히 검토하여 적합한 방식을 선정하여야 한다.

(4) 조명기구의 선정

방의 크기·용도 등에 의하여 적당한 조도와 광원 및 조명방식이 결정되면 조명기구를 선정해야 된다. 이때 조명기구를 선정함에 있어서 고려하여야 할 사항은 다음과 같다.

① 작업장의 특색
② 재료의 특징
③ 직사눈부심이 일어나지 않을 것
④ 반사눈부심이 적을 것
⑤ 설비의 효율
⑥ 수직면과 사면 위의 조도
⑦ 진한 그림자가 일어나지 않을 것
⑧ 유지관리가 용이할 것

(5) 실지수의 결정

방의 형태에 따라 흡수율이 상이하게 되므로 광속의 이용률이 달라지게 된다. 즉, 천장, 벽및 바닥 상호간의 거리에 따라 동일한 광원을 사용하는 경우에도 조도가 달라지게 된다. 그러므로 **실지수**(room index)는 광속의 이용에 대한 방의 크기의 치수로 나타낸다.

$$실지수 = \frac{XY}{H(X+Y)}$$

단, X : 방의 가로길이 [m]
Y : 방의 세로길이 [m]
H : 광원의 높이 [m]

위의 식에서 광원의 높이는 대체로 그림 6-12와 같으며, 광원의 높이가 너무 높으면 조명률이 나빠지고, 너무 낮으면 조도의 분포가 불균일하게 되므로 천장 높이에 따라 적합한 높이를 결정하여야 한다.

직접조명의 경우 그림 6-12(a)와 같이 작업면에서 광원까지의 높이를 광원의 높이 H라고 하며, 간접조명의 경우에는 광원의 위치에 관계없이 천장에서 반사되어 내려오는 빛을 이용하므로 그림 6-12(b)와 같이 작업면에서 천장까지의 높이를 광원의 높이 H로 계산한다.

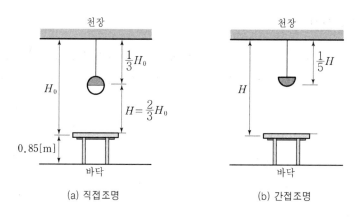

그림 6-12 조명방식에 따른 광원의 높이

위의 식으로부터 구한 실지수는 표 6-6에 적용하여 실지수 기호를 결정한다.

표 6-6 실지수와 분류기호표

실지수	5	4	3	2.5	2	1.5	1.25	1	0.8	0.6
기 호	A	B	C	D	E	F	G	H	I	J

또한 X/H, Y/H의 값을 계산하여 그림 6-13의 실지수도표에 적용함으로써 실지수를 구할 수도 있다. 예를 들면 $X/H = 6$이고, $Y/H = 4$이면 실지수는 D로 된다.

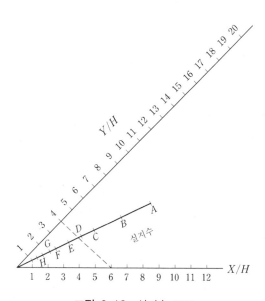

그림 6-13 실지수 도표

(6) 조명률의 결정

조명률(coefficient of utilization)이란 사용광원의 전광속과 작업면에 입사하는 광속과의 비를 말한다. 즉,

$$조명률 = \frac{작업면의\ 광속}{광원의\ 전광속}$$

이 값은 조명기구의 종류, 실지수(방의 크기) 및 실내(천장, 벽)의 반사율 등에 의해서 표 6-8로부터 결정한다.

표 6-7 실내반사면의 반사율

재 료	반사율 [%]	재 료	반사율 [%]
타일(백색)	60~80	오크나무	15~40
텍스(백색)	50~70	베니어판	30~40
슬레이트	30~40	유리(투명)	68
콘크리트	15~40	에나멜(백색)	65~75
화강암	20~30	멜라민(백색)	80~85
적벽돌	10~30	회벽	80
흙	20	흡수지(백색)	70~80

표 6-8 조명률, 감광보상률 및 등의 가설간격

배 광 / 가설간격	등기의 예	감광보상률 [D] 보수상태			반사율	천장	0.75			0.50			0.30	
		상	중	하	실지수	벽	0.5	0.3	0.1	0.5	0.3	0.1	0.3	0.1
									조 명 률 U[%]					
간접 0.80↑/0↓ S≦1.2H	1	전구			J		16	13	11	12	10	08	06	05
		1.5	1.8	2.0	I		20	16	15	15	13	11	08	07
					H		23	20	17	17	14	13	10	08
		형광등			G		28	23	20	20	17	15	11	10
					F		29	26	22	22	19	17	12	11
					E		32	29	26	25	21	19	13	12
					D		36	32	30	26	24	22	15	14
					C		38	35	32	28	25	24	16	15
		1.9	2.0	2.4	B		42	39	36	30	29	27	18	17
					A		44	41	39	33	30	29	19	18
반간접 0.70↑/0.10↓ S≦1.2H	2	전구			J		18	14	12	14	11	09	08	07
		1.4	1.5	1.8	I		22	19	17	17	15	13	10	09
					H		26	22	19	20	17	15	12	10
		형광등			G		29	25	22	22	19	17	14	13
					F		32	28	25	24	21	19	15	14
					E		35	32	29	27	24	21	17	15
					D		39	35	32	29	26	24	19	18
					C		42	38	35	31	28	27	20	19
					B		46	42	39	34	31	29	22	21
		1.9	1.8	2.0	A		48	44	42	36	33	31	23	22

표 6-8 (계속)

배 광 / 가설간격	등기의 예	감광보상률 [D] 보수상태 상·중·하	반사율(실지수)	천장 0.75 벽 0.5	0.3	0.1	천장 0.50 벽 0.5	0.3	0.1	천장 0.30 벽 0.3	0.1
전반확산 0.40/0.40 S≤1.2H	3	전구 1.4 1.5 1.7 형광등 1.4 1.5 1.7	J	24	19	16	22	18	15	16	14
			I	27	25	22	27	23	20	21	19
			H	33	28	26	30	26	24	24	21
			G	37	32	26	33	29	26	26	24
			F	40	36	31	36	32	29	29	26
			E	45	40	36	40	36	33	32	29
			D	48	43	39	43	39	36	34	33
			C	51	46	42	41	38	38	37	34
			B	55	50	47	49	42	42	40	33
			A	57	53	49	51	47	44	41	40
반직접 0.25/0.55 S≤H	4	전구 1.5 1.6 1.7 형광등 1.3 1.5 1.8	J	26	22	19	24	21	18	19	17
			I	33	28	26	30	27	24	25	23
			H	36	32	20	33	30	28	28	26
			G	40	36	33	36	33	30	30	29
			F	43	39	35	39	35	33	33	31
			E	47	44	40	43	40	36	36	34
			D	51	47	43	46	42	40	39	37
			C	54	49	45	48	44	42	42	38
			B	57	53	50	51	47	45	43	41
			A	59	55	52	53	49	47	47	43
직접 0/0.75 S≤1.3H	5	전구 1.3 1.5 1.7 형광등 1.5 1.7 2.0	J	34	29	26	34	29	26	29	26
			I	43	38	35	42	37	35	37	34
			H	47	43	40	46	43	40	42	40
			G	50	47	44	49	46	43	45	43
			F	52	50	47	51	49	46	48	46
			E	58	55	52	57	54	51	53	51
			D	62	58	56	60	59	56	57	56
			C	64	61	58	62	60	58	59	58
			B	67	64	62	65	63	61	62	60
			A	68	66	64	66	64	63	63	63
직접 0/0.60 S≤0.9H	6	전구 1.4 1.5 1.7 형광등 1.4 1.6 1.8	J	32	29	27	32	29	27	29	27
			I	39	37	35	39	36	35	36	34
			H	42	40	39	41	40	38	40	38
			G	45	44	42	44	43	41	42	41
			F	48	46	44	46	44	43	44	43
			E	50	49	47	49	48	46	47	46
			D	54	51	50	52	51	49	50	49
			C	55	53	51	54	52	51	51	50
			B	56	54	54	55	53	52	52	52
			A	58	55	54	56	54	53	54	52

조명률 U[%]

(7) 감광보상률의 결정

조명기구를 사용함에 따라 작업면의 조도는 점차적으로 감소되어 가는데 그 원인은 다음과 같다.

① 점등 중 광원의 노화로 인한 광속의 감소

② 조명기구에 붙은 먼지, 오물, 반사면의 화학적 변질에 의한 광속의 흡수율 증가

③ 실내반사면(천정, 벽, 바닥)에 붙은 먼지, 오물, 반사면의 화학적 변질에 의한 광속의 흡수율 증가

이상의 원인으로 인해 광속의 감소가 발생하므로 조명설계를 할 때, 이러한 감소를 예상하여 소요광속에 여유를 두는데 그 정도를 **감광보상률**(depreciation factor)이라 한다. 감광보상률(D)의 역수를 **유지율**(M)이라 한다. 직접조명인 경우 감광보상률은 일반장소에서는 1.3 그리고 먼지나 오물 등이 많은 장소에서는 1.5~2.0 정도이다.

(8) 광속의 결정

광속법에 따라 다음 식에 의하여 소요되는 총광속을 구한다.

$$NF = \frac{AED}{U} = \frac{AE}{UM} \ [\text{lm}]$$

단, F : 광원의 광속 [lm]

　　N : 광원의 수

　　U : 조명률

　　A : 방의 면적 [m^2]

　　E : 작업면상의 평균조도 [lx]

　　D : 감광보상률

　　M : 유지율

(9) 광원의 수 및 광원의 크기 결정

소요광속이 결정되면 건축의 구조·용도·조도의 분포·글레어·경제성 등을 고려하여 광원의 수를 몇 개로 할 것인가를 결정하고, 광원 한 개가 발산하는 광속이 정해지면 이 광속을 내는 전구 또는 형광등의 크기를 표 3-12(KSC 7601) 규격에 따라 결정한다.

(10) 조명기구의 배치

광속이 많은 광원을 이용하여 간격을 넓게 배치하면 등수가 감소되어 배선비, 기구비 등이 절감되어 경제적이지만 균일한 조도를 얻을 수 없다. 따라서 전반조명을 하기 위해서는 조명기구 상호간 및 기구와 벽 사이의 간격을 적절히 조정하여야 한다.

광원상호간의 간격 L은 다음과 같다.

$$L \leq 1.5H$$

그리고 벽과 광원 사이의 간격 L_0는 다음과 같다.

$$L_0 \leq H/2 \quad \text{(벽측을 사용하지 않을 경우)}$$

$$L_0 \leq H/3 \quad \text{(벽측을 사용할 경우)}$$

조명기구는 대부분이 천장에 취부되는 관계로 천장의 구조나 마무리 공사와는 밀접한 관계를 갖는다. 따라서 취부할 때 일어날 수 있는 문제점들을 설계과정에서 충분히 검토하여 기구를 제작하면, 취부할 때 부딪치는 문제점들을 회피할 수 있다.

① 2중 천장

매입형 기구에 대해서는 천장 속의 공기조화 설비용 덕트나 급배수용 배관 등과 접촉하지 않는가, 보의 상태는 어떠한가, 2중 천장내의 높이와 그 속에 시설되는 다른 시설물과의 거리 등은 어떠한가 등을 충분히 검토한 후 지장이 없도록 기구의 크기, 매입에 필요한 깊이를 정한다. 다른 시설물과 부딪칠 가능성이 있으면 매입부의 일부를 변형한 특수 기기를 제작하게 한다.

2중 천장내의 재료가 가벼운 형각인지 목재 또는 기타 특수 재료인지에 따라 기구 취부 방법이 달라진다. 따라서 건축업자와 협의하여 기구 취부 방법을 사전에 검토할 필요가 있다. 천장에 대한 마무리 재료의 종류, 크기, 형상 등을 잘 검토하여 기구 취부에 필요한 개구부분의 크기를 결정한다.

출입구용 문비 가까이에 시설한 매입 기구는 그 노출 부분(플라스틱 커버 기구의 모서리)이 문비의 개폐시 닿지 않는가를 조사한다.

천장면에 취부되는 공기조화설비의 취출구, 스프링쿨러 헤드, 스피커, 점검구 등의 위치가 조명기구의 위치와 반복되고 있지 않는가를 검토한다.

② 벽

벽면에 취부한 조명기구는 사람의 통행에 지장을 주지 않는가 또는 문비의 개폐에 지장을 주지 않는가를 검토하여야 한다.

③ 주택의 공용부

주택의 현관, 복도, 계단, 화장실 등에 시설하는 조명기구는 스위치를 넣는 순간에 점등하는 백열등 기구로 하는 것이 바람직하다. 최근에는 적외선 센서 등의 감지기를 이용하여 자동적으로 점멸하는 방식도 많이 사용되고 있다. 설계자는 사용목적에 따라 또는 사용주와 협의하여 적정한 방식을 적용하도록 하여야 한다.

④ 욕실, 조리실

욕실, 조리실 등에 시설하는 조명기구는 방습형 기구로 한다.

 예제 1

폭 12[m], 길이 18[m], 천장의 높이 3.8[m]이고, 천장은 백색 텍스이고 벽은 담색 페인트 칠이 되어 있는 일반 사무실이 있다. 여기에 형광등 40[W] 4등용에 의한 직접조명을 할 때 가장 적당하다고 생각되는 설계를 시행하여라(단, 6[m]마다 기둥이 있고, 그 사이에 30[cm]의 보가 있으며 6[m]×6[m]의 소구간으로 나누어져 있다).

풀이 1. 방의 특징

　　·크기 : $X=12\,[\text{m}]$,　$Y=18\,[\text{m}]$

　　·면적 : $A=12\,[\text{m}]\times18\,[\text{m}]=216\,[\text{m}^2]$

　　·천장의 높이 : $Z=3.8\,[\text{m}]$

　　·반사율 : 천장 75[%], 벽 50[%]

2. 조도의 결정

　　·부록(한국산업규격 KSA 3011)과 표 6-1 및 표 6-2에서 보통 상태에서의 표준 기준 조도는 400[lx]이므로 표준조도에 의한 값으로 하기로 한다. 따라서,

$$E=400\,[\text{lx}]$$

3. 광원의 선정

　　·문제에서 형광등 40[W] 4등용에 의한다고 명시되어 있다. 따라서,

　　·광원 : 형광등 40[W] 4등용

4. 조명방식의 선정

　　·문제에서 직접조명으로 실시한다고 명시되어 있다.

　　·조명방식 : 직접조명

5. 조명기구의 선정

　　·조명방식이 직접조명 방식이므로 조명기구는 하향광속이 100[%]인 반사갓으로 선정한다.

　　·조명기구 : 반사갓

6. 실지수의 결정

　　·광원의 높이 $H=3.8-0.85=2.95\,[\text{m}] \fallingdotseq 3$

　　·실지수 $=\dfrac{X\cdot Y}{H(X+Y)}=\dfrac{12\times18}{3\times(12+18)}=2.4$

　　·실지수의 값이 2.4이므로 표 6-6에서 실지수 기호는 D가 된다.

7. 조명률의 결정

　　·직접조명이고 실지수는 D, 반사율이 천장 75[%], 벽 50[%]이므로 표 6-8로부터 조명률 U는 0.62가 된다.

　　·조명률 $U=0.62$

8. 감광보상률의 결정

　　·사무실이므로 보수상태가 상으로 볼 때 표 6-8로부터 감광보상률 D는 1.5이다.

　　·감광보상률 $D=1.5$

9. 광속의 결정

　　·$NF=\dfrac{AED}{U}=\dfrac{12\times18\times400\times1.5}{0.62}=209,032\,[\text{lm}]$

10. 광원의 수 및 크기의 결정

· 광원의 크기는 문제에서 형광등 40[W] 4등용에 의한다고 명시되어 있으므로 표 3 -13(KSC 7601)에 의하여 FL-40W의 광속이 2,300[lm]임을 알 수 있다.

· 따라서 등기구의 수는

$$\text{등기구의 수} \quad n = \frac{209,032}{4 \times 2,300} = 22.7$$

위의 결과로부터 형광등 40[W] 4등용 등기구를 24개로 하여, 소구간(6[m]× 6[m])한 개당 등기구 4개씩 설치하면 된다.

11. 조명기구의 배치

· 광원 상호간의 간격 L은 표 6-8의 직접조명에서

$$L \leq 1.3H = 1.3 \times 3 = 3.9[\text{lm}]$$

· 벽의 광원 사이의 간격 L_0는

$$L_0 \leq \frac{1}{2}H = \frac{1}{2} \times 3 = 1.5[\text{lm}] \quad (\text{벽면을 이용하지 않을 때})$$

$$L_0 \leq \frac{1}{3}H = \frac{1}{3} \times 3 = 1[\text{lm}] \quad (\text{벽면을 이용할 때})$$

12. 배치도 작성

· 형광등 40[W] 4등용 등기구의 길이 1.2[m], 폭 0.6[m]이고, 2중 천장에 사용 되는 텍스 한 장은 길이 0.6[m], 폭 0.3[m]이다. 그리고 형광등의 배광곡선은 등기구의 축을 중심으로 하여 좌우에 둥근 원을 그린다는 것과 창 밖에서 실내를 바라보았을 때 형광등의 가로축이 보이지 않도록 하여야 한다는 것을 주의하여 배 치하면 된다.

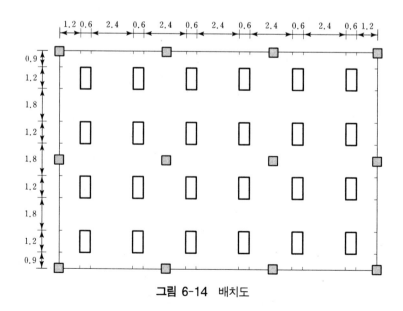

그림 6-14 배치도

6-4 실외 조명설계

① 도로조명의 설계

도로조명의 목적은 야간의 자동차 운전자나 보행자 등 도로이용자의 시각환경을 개선하여, 안전하고 원활하며 쾌적하게 통행할 수 있도록 하는데 있다. 또한 시가지의 상업지역에서는 사람들이 모이기 쉬운 환경을 조성하고 도시의 아름다운 야경(夜景)을 만드는 목적도 있다.

특히 차량의 운전자에게 있어서는 도로의 형태, 진행방향 및 주위가 잘 보이고, 어떠한 장애물도 필요한 때 확실히 식별할 수 있으며, 더구나 전방의 진행방향을 용이하게 예측할 수 있도록 함에 있다. 따라서 도로의 조명 설계에 있어서는 이상의 사항을 염두에 두고, 다음과 같은 점에 유의하여 설계를 하는 것이 바람직하다.

① 충분한 노면휘도가 있을 것
② 노면휘도를 균일하게 유지할 것
③ 흠 먼지가 작을 것
④ 유도성이 좋을 것

이처럼 도로조명의 기준은 주로 노면의 휘도와 균일도에 의하여 정해지는 것이지만 종래의 관습과 휘도측정 및 계산의 번잡함 때문에 간단히 평가할 수 없으며, 이 때문에 현장에서는 휘도를 조도로 환산하여 설계하는 것이 일반적이다.

(1) 조 도

도로조명시설 설치기준에 있어서는 연속조명에서의 자동차 도로의 기준조도(조명시설 설치의 기준이 되는 평균노면의 최저치)는 다음과 같다.

표 6-9 자동차 도로의 기준조도표

도로의 중요성	조도 [lx]
I (평균교통량 15,000대/일 이상)	15
II (평균교통량 7,000 ~ 15,000대/일)	10
III (평균교통량 7,000대/일 이하)	7

【주】 단, 극히 중요도가 높은 도로에 대해서는 위의 표에 관계없이 기준도로를 30 [lx]까지 증대할 수 있다.

표 6-10 보행자에 대한 도로 조명의 기준   (KSA 3701)

| 야간의 보행자 교통량 | 지 역 | 조 도 [lx] | |
		수평면 조도	연직면 조도
교통량이 많은 도로	주택 지역	5	1
	상업 지역	20	4
교통량이 적은 도로	주택 지역	3	0.5
	상업 지역	10	2

【주】 (1) 수평면 조도는 보도의 노면상 평균 조도
     (2) 연직면 조도는 보도의 중심선 상에서 노면으로부터 1.5[m] 높이의 도로축과 직각인 연
         직면상의 최소 조도

(2) 광원 및 조명기구

도로, 터널, 광장 등의 조명에 사용하는 광원은 광원의 효율, 광속, 수명, 광색, 배광제어의
난이도, 유지보수 및 관리의 용이성, 사용환경의 조건 등에 대하여 종합적으로 검토하여 선택
하여야 한다. 도로 조명용으로 일반적으로 사용되고 있는 광원은 표 6-11과 같다.

표 6-11 도로조명에 사용되는 광원

사 용 장 소	광 원
도로조명	고압 나트륨등
	메탈 할라이드등
	저압 나트륨등
터널조명	저압 나트륨등
	고압 나트륨등
	메탈 할라이드등
	형광등
광장조명	메탈 할라이드등
	고압 나트륨등
	제논등
	형광 수은등

표 6-12 도로조명에 사용되는 대표적인 광원의 특성

특 성＼램 프	고압 나트륨등	형광 수은등	메탈 할라이드등	저압 나트륨등
와트 [W]	400	400	400	35
전광속 [lm]	40,000	21,000	30,000	4,600
종합효율 [lm/W]	92~130	37~65	65~100	130~175
광색	등백색	백색	백색	등황색
색온도 [K]	2,200	4,100	4,800	1,740
연색지수 [Ra]	30	43	78	28
기동시간(분) 이하	8	8	8	20
재기동시간(분) 이하	3	10	15	순시기동
평균수명 [h]	12,000	12,000	9,000	9,000

도로조명에 사용되는 대표적인 광원의 특성은 표 6-12와 같다.

도로에 사용하는 조명기구의 주요목적은 배광을 제어하고 광원을 보호하는 것이다. 도로에 사용하는 조명기구의 배광은 사용장소의 명암이나 노면 휘도의 균제도 및 눈부심(glare) 등을 검토하여 결정하며, 조명기구의 배광특성에 따라 4가지로 분류되며 그 특성은 다음과 같다.

① 컷 오프형 : 눈부심을 엄격하게 제한한 등기구로 눈부심을 적게 할 필요가 있는 중요한 도로에 적합하다.

② 세미 컷 오프 A형 : 눈부심을 어느정도 제한한 등기구로 일반적인 도로로, 특히 도로의 주위가 밝은 도로(예를 들면 시가지의 도로)에 적합하다.

③ 세미 컷 오프 B형 : 눈부심을 적게 한 등기구로 위의 2종을 사용할 필요가 없는 도로에 적합하다.

④ 논 컷 오프형 : 눈부심을 제한하지 않은 등기구(즉, 측방에로의 빛의 퍼짐이 넓은 것)로 특수한 장소에 사용한다.

표 6-13 도로조명기구의 형식과 배광규제

기구의 형식	광 도 [cd/1,000lm]	
	수직각 90°	수직각 60°
컷 오프	10 이하	30 이하
세미컷 오프	30 이하	120 이하

표 6-14 휘도와 조도와의 관계

등 구 배 관	1[cd/m²]를 얻기 위한 평균조도[lx]	
	밝은 노면	어두운 노면
컷 오프	12	24
세미 컷 오프	9	18
논 컷 오프	7	15

표 6-15 도로조명기구의 배광분류와 사용구분

도로의 종류			등구의 배관분류	
고속자동차 국도		지 방 부	컷 오프형	세미 컷 오프 A형
		시 가 부	세미 컷 오프	세미 컷 오프 A형
일 반 국 도		지 방 부	컷 오프형	
	시 가 부	간 선	세미 컷 오프	세미 컷 오프 A형
		기 타	세미 컷 오프	

【주】 상황에 따라 논 컷 오프형을 사용할 수 있다.

(3) 조명기구의 배치

① 직선도로

도로의 직선부에 있는 등기구의 배열은 그림 6-15와 같이 한쪽배열, 지그재그(jig-jag)배열, 마주보기 배열, 중앙배열 등의 4종류가 있고, 도로폭, 등기구의 설치높이 등을 고려하여 적정한 것을 선정한다.

① 한쪽배열 : 도로(차도)의 폭이 등주의 높이와 같거나 좁을 경우
② 지그재그 배열 : 도로(차도)의 폭이 등주의 높이에 비해 1~1.5배의 경우
③ 마주보기 배열 : 도로(차도)의 폭이 등주의 높이 보다 1.5배 이상일 경우
④ 중앙 배열 : 이 경우는 각각의 도로에 한쪽 배열된 것으로 본다.

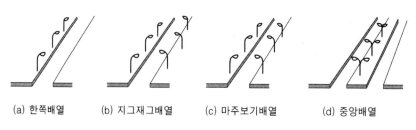

(a) 한쪽배열   (b) 지그재그배열   (c) 마주보기배열   (d) 중앙배열

그림 6-15 직선도로의 조명기구의 배치

② 곡선도로

곡선도로에서는 원거리에서도 커브(curve) 모양을 알 수 있도록 양측배치의 경우 대칭식으로 하고, 비대칭일 경우 곡선의 외측만 배치한다. 또한 곡률반경이 작을수록 조명기구의 배치 간격을 짧게 해야 한다.

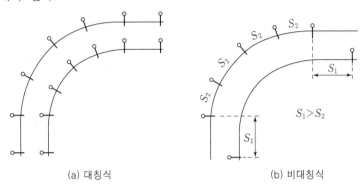

(a) 대칭식　　　　　　　　(b) 비대칭식

그림 6-16 곡선도로의 조명기구의 배치

③ 교차로

교차로는 사고가 일어나기 쉬운 장소이므로 교차로를 구성하는 각각의 조도를 합계한 것보다 많은 조도를 필요로 하며, 또한 횡단보행자를 확인할 필요가 있으므로 십자로에서는 십자로가 끝난 왼쪽에 배치한다. 3방향 교차로에서는 맞부딪치는 일이 있음을 명시하기 위하여 맞부딪치는 곳에 1등을 배치한다.

④ 도로조명의 계산

도로조명의 계산은 광속법에 의하여 다음 식으로 계산한다.

$$F = \frac{BSED}{NU}$$

단, F : 광원 1개당의 광속 [lm],　　　　S : 기구의 간격 [m]

　　E : 도로의 평균조도 [lx],　　　　　N : 광원의 열수

　　D : 감광보상률,　　　　　　　　　　U : 조명률

　　B : 도로의 폭 [m]

위의 식에서 조도 E가 정해지면 오른쪽 항의 B, D, U, N은 정수이며, 결정되지 않는 것은 광원의 크기(F)와 기구의 가설간격 (S)이다. 광원을 크게 하면 S도 커져서 기구의 수는 감소되고 건설비는 저렴해 진다.

표 6-16 옥외 조명기구의 조명률

사용장소	공장용	주택가	공 원	광 장	상점가	자동차도로
조명기구	반사갓	글로브	주두식 글로브	주두식 글로브 및 갓	현수식 글로브 및 갓	프리즘식 글로브
배광 B/H	0 0.3	0.3 0.5	0.4 0.4	0.2 0.45	0.25 0.5	0 0.7
0.5	0.09	0.05	0.04	0.07	0.19	0.18
1.0	0.20	0.11	0.07	0.13	0.31	0.31
1.5	0.25	0.15	0.10	0.17	0.36	0.38
2.0	0.30	0.20	0.12	0.19	0.39	0.43
2.5	0.31	0.20	0.13	0.20	0.41	0.47
3.0	0.35	0.25	0.14	0.24	0.42	0.48
4.0	0.35	0.25	0.16	0.25	0.43	0.51
5.0	0.35	0.25	0.16	0.30	0.45	0.52
10.0	0.39	0.27	0.18	0.32	0.46	0.53
20.0	0.39	0.27	0.19	0.34	0.46	0.53

그러나 조도의 **균제도**[3]가 나빠진다. 반대로 광원을 적게 하면 조도의 균제도는 커지나 기구 수가 증가하여 건설비가 높아진다. 일반적으로 가설높이는 5.5~7[m], 설치간격은 40[m] 전후로 하는 것이 보통이다.

S는 기구의 배광특성으로부터 너무 크게 할 수 없으므로 S를 가정하고 앞의 식에 따라 광원의 종류와 크기를 정한다. 정해진 S로 조명하려는 도로의 전길이를 나누면 기구수가 정해진다. 도로에서 조도의 균제도를 표 6-17에 표시한다.

표 6-17 도로에서 조도의 균제도

	최소조도/평균조도	최소조도/최대조도
고속도로	$\frac{1}{5}$ 이상	$\frac{1}{10}$ 이상
교통량이 많은 도로	$\frac{1}{7}$ 이상	$\frac{1}{14}$ 이상
교통량이 적은 도로	$\frac{1}{10}$ 이상	$\frac{1}{20}$ 이상

3) 균제도(均齊度) : 일반적으로 조명설계에서 취급되는 것은 바닥 위 85[cm]의 수평면상에서의 조도 분포이며, 다음의 어느 하나가 쓰인다.

$$균제도(U_1) = \frac{수평면상의 \ 최소조도}{평균 \ 수평면조도}, \qquad 균제도(U_2) = \frac{수평면상의 \ 최소조도}{수평면상의 \ 최대조도}$$

❷ 터널조명

터널의 조명은 터널 내에 설치하는 조명과 터널 전후의 접속도로에 설치하는 조명으로 구성한다. 터널 내에 설치하는 조명은 그 기능에 따라 기본조명, 입구조명 및 출구조명으로 구성한다.

길이 25 [m] 이하의 터널은 보통 조명을 필요로 하지 않으며, 25~50 [m]의 터널은 야간에만 조명을 한다. 길이 50 [m] 이상의 터널에서는 하루 종일 점등을 실시한다. 야간에는 터널 밖의 도로의 수 10 [m]에서부터 조명을 하여 서서히 어둡게 한다.

(1) 기본 조명

주야간에 터널 바깥으로부터 주행진입한 자동차의 운전자의 시각 인지성을 확보하기 위하여 터널 전체 길이에 걸쳐서 거의 균일한 휘도를 확보하는 조명을 기본 조명이라 하며, 터널이 일방교통인 경우에는 입구조명의 끝과 출구조명의 시작(출구조명이 없을 때는 터널 출구까지의 구간)의 조명을, 또 터널이 대면교통인 경우에는 2개 입구조명 끝 사이의 조명을 말한다.

(2) 입구조명

주간에 터널 입구부근에서의 시각적 문제를 해결하기 위하여 기본조명에 부가하여 설치하는 조명을 말한다. 입구조명은 그림 6-17에서와 같이 경계부, 이행부, 완화부로 구성된다.

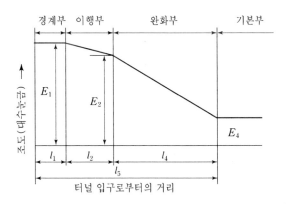

그림 6-17 긴 터널의 입구조명곡선의 모양

(3) 출구조명

주간에 터널출구를 통해 보이는 야외의 높은 휘도의 눈부심에 의하여 일어나는 시각적 문제를 해결하기 위하여 필요에 따라 기본조명에 부가하여 설치하는 조명을 말한다. 출구부 밖의 휘도가 대단히 높은 경우 앞서가는 차의 실루엣이 개구부의 일부를 차폐할 경우 또는 그에 뒤따르고 있는 그보다 작은 차나 낙하물 등은 식별하기 곤란한 경우가 있다. 이와 같은 것을 방지하기 위하여 차의 배면에 적당한 조명을 필요로 한다.

(4) 입구부 접속도로 조명

야간에 터널 입구 부근의 상황, 터널 내에서 도로 폭의 변화 등을 자동차 운전자가 인지할 수 있도록 터널 입구부의 접속도로에 설치하는 조명을 말한다.

(5) 출구부 접속도로 조명

야간에 터널 출구에 접근하고 있는 자동차 운전자가 밝은 터널의 내부에서 터널에 접속하는 어두운 도로의 선형변화 등을 충분히 전방에서 인지할 수 있도록 출구부의 접속도로에 설치하는 조명을 말한다.

표 6-18 터널입구조명의 조도와 조명구간

설계속도 [km/h]	터널길이 [m]	소요조도 [lx]					조명구간 [m]					
		E_1	E_2	E_3	E_4	E_5	l_1	l_2	l_3	l_4	l_5	l_6
100	300~	1,250	600	350	–	–	55	150	45	–	250	
	400 이상	1,250	600	–	120	30	55	150	–	135	340	180
80	300~	1,100	600	150	–		40	100	100	–	240	
	400 이상	1,100	600	–	60	15	40	100	–	155	295	130
60	200~	750	450	150	–		25	65	55	–	145	
	300 이상	750	450	–	30	15	25	65	–	135	225	95
40	200~	400	250	25	–		15	30	80	–	125	
	250 이상	400	250	–	20	7	15	30	–	85	130	60

【주】 E_5 : 출구부조도, l_6 : 출구부의 길이

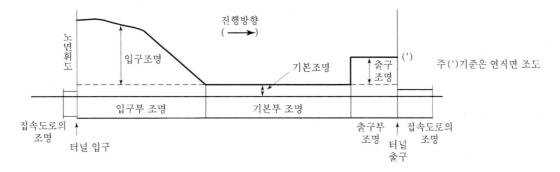

그림 6-18 터널 조명의 구성(일방 교통인 경우)

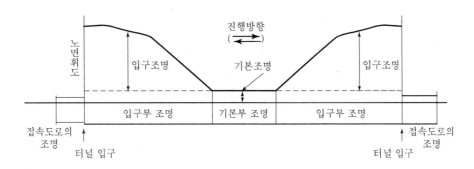

그림 6-19 터널 조명의 구성(양방 교통인 경우)

연습문제

1. 직접조명기구의 하향광속 비율 [%]은?

2. 실내조명에서 눈부심을 방지하기 위한 방법 세 가지를 열거하여라.

3. 직접조명의 장점을 열거하여라.

4. 간접조명의 장점을 열거하여라.

5. 전반조명의 특징에 대하여 열거하여라.

6. 방의 가로가 6[m], 세로가 9[m], 광원의 높이가 3[m]인 방의 실지수는?

7. 1,000[cm²]의 방에 1,000[lm]의 광속을 발산하는 전등 10개의 점등하였다. 조명률은 0.5이고 감광보상률이 1.5라면 그 방의 평균 조도[lx]는 얼마인가?

8. 바닥면적 200[m²]의 교실에 전광속 2,500[lm]의 40[W] 형광등을 시설하여 평균조도를

150 [lx]로 하자면 설치할 전등수는 얼마인가?(단, 조명률 50 [%], 감광보상률 1.25로 한다)

9. 방의 가로가 10 [m], 세로가 20 [m]일 때, 조명률은 0.5라 한다. 방의 평균 수평면조도를 200 [lx]로 하기 위해서는 형광등(40 [W] 2등용)을 몇 등 사용하여야 하는가? (단, 40 [W] 형광등 한 등당 전광속은 3,000 [lm], 감광보상률은 1.8로 한다)

10. 폭 15 [m]의 무한히 긴 가로의 양측에 간격 20 [m]를 두고 무수한 가로등이 점등되고 있다. 1등당 전광속은 3,000 [lm]이고, 이것의 45 [%]가 가로전면에 투사한다고 하면 가로면의 평균조도 [lx]는 얼마인가?

11. 폭 16 [m]인 도로의 중앙에 8 [m] 높이에 간격 24 [m]마다 200 [W] 전구를 가설할 때, 조명률 0.25, 감광보상률 1.3이라 하면, 도로면의 평균조도 [lx]는 약 얼마인가?(단, 200 [W] 전구의 전광속은 3,450 [lm]이다)

12. 폭 24 [m]인 가로의 양쪽에 20 [m] 간격으로 지그재그식으로 등주를 배치하여 가로상의 평균조도를 5 [lx]로 하려고 한다. 각 등주상에 몇 [lm]의 전구가 필요한가?(단, 가로면에서의 광속이용률은 25 [%]이다)

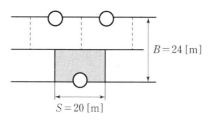

그림 6-20 가로조명

13. 폭 20 [m]인 도로 중앙에 6 [m]의 높이로 간격 24 [m]마다 400 [W]의 수은 전구를 가설할 때 조명률 0.25, 감광보상률을 1.3이라 하면 도로면의 평균 조도 [lx]는 얼마인가? (단, 400 [W] 수은 전구의 전광속은 23,000 [lm]이다)

2편
전열공학

전열의 기초

1-1 전열의 특징

전기가 발견, 발명되고 나서 실용화된 것은 조명, 전신, 동력, 계측 및 제어 등 사용하는 전력이 모두 저전력이었으나, 발전장치의 대형화로 인하여 대전력이 공급되기 시작하면서부터 전기를 열로서 사용하는 것이 가능하게 되었다. 이와 같이 물체를 전기적으로 가열하는 전기가열(電氣加熱)을 간략하게 전열(電熱)이라고 하며, 전열이 사용되는 이유는 시대에 따라 경제적 배경이나 전력공급사정 등에 따라 다르나 열원과 비교하여 다음과 같은 특징을 들 수 있다.

(1) 열효율이 매우 좋다.

연료에 의한 가열에서는 연소가스 및 과잉공기로 인하여 빠져 나가는 열과 불완전 연소가스의 함유열량이 많아 열효율이 20~40[%]이지만, 전기가열에서는 가스발생이 없고 밀폐보온이 잘 되므로 열효율이 50~70[%]로서 열효율이 매우 좋다.

(2) 매우 높은 온도를 얻을 수 있다.

석탄, 석유, 가스(gas) 등의 일반적인 연료에 의해서 얻어지는 온도는 공업적으로 약

표 1-1 가열 최고온도

가열방법		온도[°C]
연료	석 탄·코 크 스	1,500
	석 탄 가 스	1,800
	일 산 화 탄 소	1,700(2,600)
	수 소	1,900(2,800)
	아 세 틸 렌	2,500(3,800)
	알 코 올	1,700
전기	아 크	5,000~6,000
	유 도 가 열	2,000
	저 항 로	1,500
	직 접 통 전	3,000

1,500[°C] 정도가 한도이다. 그러나 아크에 의한 가열이나 피열물 자체에 직접 전류를 통하여 가열하는 경우에는 2,000[°C] 이상의 온도를 쉽게 얻을 수 있을 뿐만 아니라 플라즈마[1] (plasma)가열의 경우에는 수만~수십만[°C] 이상의 높은 온도를 얻을 수 있다.

(3) 내부가열이 가능하다.

연료의 연소에 의한 경우에는 물체의 표면에서만 가열되므로 피가열물의 내부를 균일하게 가열하는 것이 곤란하다. 그리고 열원과 물체 사이의 열저항에 의한 온도차가 생겨 희망하는 가열온도보다 높은 열원이 필요하기 때문에 열효율도 나쁘게 되지만, 전기가열에서는 전자기 (電磁氣)에 의한 유도가열이나 전계(電界)에 의한 분극작용을 이용한 유전가열을 통하여 피 가열물의 내부에 열을 발생시킬 수 있으므로, 피가열물 자신이 발열체가 되므로 열전달의 매 체가 필요없다. 따라서 열효율이 높고 내화물(耐火物)의 한계온도 이상의 가열을 할 수 있으 며 급속가열이 가능하고 피가열물 전체에 고루 가열할 수 있다는 등의 장점이 있다.

(4) 노기제어가 용이하다.

연료를 사용하는 노(爐)에서는 연소에 의하여 생긴 가스나 연료 중의 불순물이 피열물에 나

---

1) 플라즈마(plasma) : 기체가 충분히 고열로 되면, 기체원자는 원자핵과 전자로 나뉘어져 전자와 양전
기를 가진 이온이 혼돈상태로 섞여 있는 것이 플라즈마이다.
고체를 가열하면 액체, 더 가열하면 기체, 기체를 더 가열하면 플라즈마가 되는 것이다.

쁜 영향을 주지만, 전기가열에서는 발생가스가 없으므로 충분히 밀폐시키면 진공으로 할 수 있으며, 불활성 가스(아르곤, 질소 등) 또는 진공 등과 같이 임의의 노기(爐氣) 성분을 일정하게 유지시킬 수 있을 뿐만 아니라 높은 기압으로도 할 수 있다.

(5) 온도제어 및 조작이 간단하다.

연료를 사용하는 노에서는 노내의 온도를 균일하게 유지하는 것은 곤란하다. 또한 온도조절 역시 연료유입량 및 공기량 등 연소조건을 조절하여야 할 요소가 많고 간단하지 않으나 전기가열에서는 노내의 온도를 균일하게 유지시키려면, 발열체의 배치를 적당히 선택함으로써 이루어지며 비교적 용이하다. 또 온도조절은 온도계의 지시에 따라 전력을 조정하면 되므로, 일반적인 연료에 비하여 매우 간단하다.

(6) 방사열의 투사방향을 임의로 변경할 수 있다.

연료를 사용하는 노(爐)에서는 방사열을 아래쪽으로 집중하기 어려우나, 전기가열에서는 방사열을 임의의 방향으로 향하게 하는 것은 매우 쉬운 일이다.

(7) 제품의 품질이 균일하게 된다.

연료를 사용하는 경우에는 노(爐) 내에서 발생하는 가스, 먼지 등에 의하여 제품이 오손, 변질되어 품질이 저하된다. 그러나 전기가열에서는 온도분포가 좋고 온도제어가 용이하므로 제품의 품질이 균일화되어 불량품이 적고 원료의 손실이 적다.

(8) 작업 환경이 좋다.

연료를 사용하는 노에서는 산소결핍, 폭발, 냄새, 먼지, 연기, 고온 등 분위기가 나쁘고 집진장치나 환기장치 등을 필요로 하지만 전기가열은 위생적이다.

1-2 전열계산

1 열량의 단위

열량의 단위 중에서 가장 많이 사용되는 것은 킬로칼로리(kcal)이다. 이것은 물을 기초로 하여 정한 것이며, 물 1[kg]을 1[℃] 높이는데 필요한 열에너지의 양, 즉 열량이다. 이 양은 물의 온도에 따라서 변화하므로 정확히 표시하려면 온도를 지정할 필요가 있다. 계산법에 의하면 온도를 지정하지 않은 경우에는

$$1\,[\text{kcal}] = 4186.05\,[\text{J}]$$

$$1\,[\text{J}] = 0.2389 \times 10^{-3}\,[\text{kcal}] = 0.2389\,[\text{cal}]$$

로 정하고 있으며, 이 값은

$$1\,[\text{kWh}] = 1{,}000\,[\text{W}] \times 3{,}600\,[\text{s}] = 3.6 \times 10^{6}\,[\text{J}]$$

$$\fallingdotseq \frac{1}{4{,}186} \times 3.6 \times 10^{6}\,[\text{kcal}] \fallingdotseq 860\,[\text{kcal}]$$

로서 정해진 값이다. M.K.S 단위계에서는 열량의 단위는 **주울**(Joule : J)이며, 1[J]의 일에 해당하는 열량이다.

 예제 1

200[W]는 약 몇 [cal/s]인가?

풀이   1[J]=0.2389[cal], 1[W]=1[J/s]=0.2389[cal/s]

∴ 200[W]=200×0.2389=47.78[cal/s]

 예제 2

인가전압 100[V]인 회로에서 매초 0.12[kcal]를 발열하는 전열기가 있다. 이 전열기의 용량은 몇 [W]이며, 이 전열기가 사용되고 있을 때의 저항은 얼마인가?

풀이   매초 0.12[kcal]의 발열은 매시 0.12×60×60 = 432[kcal]인 발열량이며, 860[kcal] ≒1[kWh]이므로 전열기의 용량 P는

$$P = \frac{432}{860} = 0.5023\,[\text{kW}] = 502.3\,[\text{W}]$$

전열기 저항 R은

$$R = \frac{V^2}{P} = \frac{100^2}{502.3} = 19.9\,[\Omega]$$

② 열효율

물체를 가열시키는 경우, 공급 총열량은 피가열물에 유효하게 흡수되는 열량, 즉 유효열량

과 가열체에 축적되는 축열량, 그리고 외부로 방산되는 열손실의 합으로 된다. 따라서 **열효율**은 다음과 같이 정의된다.

$$열효율 = \frac{유효열량 + 축열량}{공급한\ 총열량}$$

$$= 1 - \frac{열손실}{공급한\ 총열량}$$

여기서 축열량은 열손실에 포함시켜 생각할 수도 있으며, 오랜 시간 연속운전의 경우에는 고려하지 않아도 된다.

물체의 가열, 용해 및 증발 등의 경우에 **유효열량**은

$$유효열량 = (피열물의\ 중량) \times [(비열) \times (온도상승) + (용해열,\ 증발열\ 등)]$$

에 의하여 계산된다.

❸ 열의 이동

물체의 온도가 주위 온도보다 높아지면 주위에 열을 발산하게 된다. 이와 같이 열이 이동하는 데는 전도, 대류 및 방사의 세 가지 방식이 있다. **전도**(conduction)는 고체내에서 열의 전달방식이며, **대류**(convection)는 액체나 기체 중에서 분자가 열의 운반자로 되는 방식이다. 이에 반하여 **방사**(radiation)는 중간매체의 전달에 의존하지 않고 고온의 물체로부터 저온의 물체로 전자파로써 열을 전달하는 방식이다.

따라서 전도나 대류에서는 매체물을 가열시키는 데서 오는 열손실과 열전달의 늦음이 수반되는 데 비하여 방사에서는 열의 전달이 직접적이고 즉시 효과가 나타나는 특징이 있다.

❹ 열에 의한 상태변화

물질에 열을 가하게 되면 어느 물체이든 상태의 변화가 일어난다. 고체를 가열하면 용융되어 액체로 된다. 이것을 **융해**(fusion)라 하며, 융해하기 시작하는 온도를 **융해점**(fusing point 또는 melting point)이라 한다. 융해하기 시작해서 융해가 끝날 때까지 소요하는 열량을 **융해열**이라 하며, 이 사이에 온도상승은 없다.

반대로 액체를 냉각시키면 고체로 된다. 이것을 **응고**라 하며 전부 고체로 되기까지에는 온도의 변화는 없다. 이 온도를 **응고점**이라 하며, 융해열과 같은 양의 응고열을 방출한다. 또 액체로부터 기체로 변하는 것을 **기화**라 하고, 온도에 관계없이 기화하는 현상을 특히 **증발**이라 한

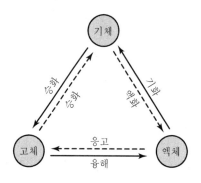

그림 1-1 물질의 상태변화

다. 물에 열을 가하면 1기압 하에서는 $100\,[\,^{\circ}\mathrm{C}]$에서 비등하지만, 기압이 달라지면 비등점도 변한다. 일반적으로 액체 $1\,[\mathrm{g}]$을 증기로 변화시키는 데 필요한 열량을 그 물질의 **증발열**이라 하며, 물의 증발열은 1기압 하에서는 $539\,[\mathrm{cal}]$이다. 그리고 기압을 압축시키든가 혹은 냉각시키면 액체로 되며, 그때 증발열과 동등한 열을 방출한다.

⑤ 전기와 열의 유사성

전기의 전도와 열의 전도는 서로 근사하며 표 1-2와 같이 온도를 전압, 열류를 전류와 같이 생각하여 열전도의 계산에 전기회로의 계산을 응용할 수 있다. 방사, 대류의 경우도 온도차가 적을 경우에는 이 계산이 적용된다.

표 1-2 열계와 전기계의 양에 대한 대조

열계의 양			전기계의 양 [M.K.S]		
열 량	Q	[J]	전기량	Q	[C]
온도차	θ	[deg]	전압, 전위차	E	[V]
열저항	R	[deg/W]	저 항	R	[$\Omega \cdot$ V/A]
열 류	I	[W]	전 류	I	[A]
열전도율	κ	[W/m $\cdot$ deg]	도전율	σ	[℧/m]
열저항률	ρ	[m $\cdot$ deg/W]	저항률	ρ	[$\Omega \cdot$ m]
열용량	C	[J/deg]	정전용량	C	[F $\cdot$ C/V]
열시정수	$\tau = RC$	[s]	시정수	$\tau = RC$	[s]

(1) 옴의 법칙

열은 온도가 높은 곳으로부터 낮은 곳으로 흐른다. 지금 단면적이 균일한 막대의 한쪽 온도가 다른 쪽보다 높은 경우에 막대의 축방향으로만 열이 흐른다고 하면, 이 막대에 단위시간동안 흐르는 열량, 즉 열류는 막대의 양단의 온도차가 클수록, 또한 막대의 단면적이 클수록 커지고 막대가 길수록 작아진다. 또한 막대의 재질에 따라서 달라진다. 즉,

$$I = k \cdot \frac{S}{l} \theta \ \ [\text{W}] \tag{1-1}$$

단, I : 열류 [W], θ : 온도차 [deg], S : 단면적 [m^2], l : 길이 [m], k : 비례정수

열류의 단위는 [J/s] = [W]이다. 비례정수 k는 재질에 따라 정해지는 정수이며, **열전도율**이라 하고 단위는 [W/m·deg]로 표시된다. 전기흐름의 경우, I를 전류 [A], θ를 전위차 [V], k를 도전율 [℧/m]이라 하면 식 (1-1)과 같은 모양이 된다.

도전율의 역수가 저항률인 것과 같이 열전도율의 역수를 **열저항률**이라고 한다. 열저항률 [m·deg/W]을 ρ로 표시하면 식 (1-1)은 다음과 같이 된다.

$$\theta = I\left(\rho \cdot \frac{l}{S}\right) = IR \ \ [\text{deg}] \tag{1-2}$$

위의 식에서 괄호 안은 전기에서의 저항에 상당하는 것으로서 이것을 열에서의 **열저항** (thermal resistance)이라 한다. 단위는 [deg/W]로 표시된다. 식 (1-2)가 정상상태에서의 열의 흐름을 표시하는 식으로서 열에 대한 옴의 법칙이다.

표 1-3 여러 가지 물질의 열전도율[W/m · deg]

물 질	k	물 질	k
은	429	물 (27 [℃])	0.609
구 리	401	에 틸 알 코 올	0.184
알 루 미 늄	237	수 소	0.176
아 연	113	벤 젠	0.166
니 켈 (99.9 [%])	93	참 나 무	0.15
철	80.4	벽 돌	0.4~0.9
강 철	46	콘 크 리 트	0.9~1.3
수 정	14	공 기(27 [℃])	0.026
대 리 석	2.8	벤 젠 증 기	0.0089
얼 음	2.21	클로로포름증기	0.0066
유 리	0.7~0.9		

(2) 표면의 방열, 수열

방사 및 대류에 의하여 물체의 표면으로부터 방열되는 경우 또는 표면에 수열되는 경우, 표면의 단위면적당 열류는 표면의 상태 및 온도차에 따라 다르다.

이 값은 방사의 경우는 표면의 열발산율 및 표면과 주위의 각각의 절대온도의 4승의 차이에 따라 다르며, 대류의 경우에는 온도차의 여러 가지 함수 및 표면상태에 따라 다르다. 어떠한 경우이거나 온도차가 적을 경우에는 표면과 외계와의 온도차에 비례한다고 생각하여 표면의 열류는 다음식으로 표시된다.

$$I = kS\theta \tag{1-3}$$

단, I: 열류 [W], S: 표면적 [m^2], θ: 온도차 [deg], k: 비례정수

이 비례정수 k를 **열전달 계수**(heat transfer coefficient) 또는 **열전달률**(heat transfer rate)이라고 부르며, [W/m^2 · deg]로 표시된다.

식 (1-3)을 고쳐 쓰면

$$\frac{\theta}{I} = \frac{1}{kS} \quad [\text{deg}/\text{W}] \tag{1-4}$$

는 열저항이다. 즉, 물체표면에서의 방열 또는 수열의 경우의 온도차와 열류 사이의 열저항이며, 이것은 전기의 경우 접촉저항에 해당한다.

(3) 물체의 가열과 냉각

① 비열과 열용량

비열은 물체 1 [kg]을 1° 온도상승시키는 데 필요한 열량 [J]이며, 단위는 [J/kg · deg]로 표시된다. 지금 m [kg]의 물체가 있으며, 이것을 θ°만큼 온도상승할 경우, 이에 요하는 열량 Q [J]는 물체의 비열을 c 라고 하면 다음과 같이 된다.

$$Q = m c \theta \quad [\text{J}] \tag{1-5}$$

mc 는 물체를 1° 온도상승시키기 위한 열량이므로 물체의 **열용량**(thermal capacity)이라 하며, 단위는 [J/deg]로 나타낸다.

이것은 정전용량이 물체를 1 [V] 전위상승시키기 위한 전기량인 것과 흡사하다. 물체의 열용량을 계산하는 경우, 비열로부터 계산하려면 물체의 중량을 알아야 한다. 그러나 열저항과 조합하여 계산할 경우에는 치수에 따라 계산하는 것이 편리하다. 물체의 밀도를 d [kg/m^3], 체적을 V [m^3]라 하면, 물체의 중량 W [kg]은

$$m = d V \ \ [\text{kg}]$$

로 되며, 물체의 열용량 $C[\text{J}/\text{deg}]$는

$$C = mc = cdV \ \ [\text{J}/\text{deg}]$$

그러므로 식 (1-5)는 다음 식과 같이 된다.

$$Q = cdV\theta = C\theta \ \ [\text{J}] \tag{1-6}$$

cd는 비열 $c[\text{J/kg} \cdot \text{deg}]$에 밀도 $d[\text{kg/m}^3]$를 곱한 것으로서 단위체적당의 열용량이다. 이러한 단위체적당의 열용량을 **체적비열**이라고 하며, 이 값을 알게 되면 물체의 치수로부터 열용량이 계산된다.

예제 3

10[t]의 철재를 50[℃]에서 800[℃]까지 2시간 사이에 상승시키려면 몇 [kW]의 전기로가 필요한가? 단, 철재의 비열은 0.16[kcal/kg℃], 효율은 20[%]로 본다.

풀이　$Q = mc(T_2 - T_1) = 860\,Pt\eta$에서

$$\therefore \ P = \frac{mc(T_2 - T_1)}{860\,t\eta} = \frac{10 \times 10^3 \times 0.16\,(800 - 50)}{860 \times 2 \times 0.2} = 3488.3 \ \ [\text{kW}]$$

② 물체의 가열

식 (1-6)을 고쳐 쓰면

$$\theta = \frac{Q}{C} = \frac{열량}{열용량} \ \ [\text{deg}] \tag{1-7}$$

즉, 물체의 온도상승은 가해진 열량에 비례하고 열용량에 반비례한다. 이것은 콘덴서를 충전하는 경우와 같으며, 전위상승은 가해진 전기량에 비례하고 정전용량에 반비례한다. 지금 열용량을 $C[\text{J}/\text{deg}]$, 열류를 $I[\text{W}]$라 하면, 온도상승 $\theta[\text{deg}]$는 다음식과 같이 된다.

$$\theta = \frac{1}{C} \int I\,dt \ \ [\text{deg}] \tag{1-8}$$

이것은 그림 1-2와 같이 정전용량 C인 콘덴서를 전류 I로 충전하는 경우의 전위상승과 거의 같다.

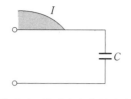

그림 1-2 물체가열의 등가회로
(열누설이 없는 경우)

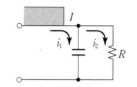

그림 1-3 물체가열의 등가회로
(열누설이 있는 경우)

이상은 물체가 완전히 열용량만이며 외부에 대한 열의 누설이 없다고 가정한 경우이나 실제로는 누설이 있으며 온도상승이 클수록 누설열량도 커진다. 따라서, 온도상승은 가해진 열량에 반드시 비례하지 않는다.

전기의 경우에도 같으며 콘덴서에 누설이 있을 경우에는 그림 1-3에서 표시하는 바와 같이 정전용량 C에 병렬로 누설저항 R가 있다. 이 R을 열저항이라고 생각한다면, 그대로 열의 경우에도 적용된다.

지금 일정한 열류 I로 가열하는 경우의 온도상승은 그림 1-3으로부터

$$\left. \begin{aligned} I &= i_1 + i_2 \\ \theta &= \frac{1}{C} \int i_1 dt = R\, i_2 \end{aligned} \right\} \tag{1-9}$$

$$\theta = R \cdot I \left(1 - \varepsilon^{-\frac{t}{RC}} \right) \ [\text{deg}] \tag{1-10}$$

이것이 일정한 열류로 가열하는 경우의 온도상승을 표시하는 기본식이다. 그림으로 표시하면 그림 1-4와 같이 된다.

가해진 열류 I 중에서 i_1은 열용량에 흡수되는 열류이며, 온도상승이 커짐에 따라 외부에

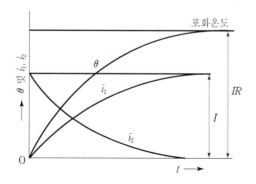

그림 1-4 일정한 열류로 가열하는 경우의 온도상승

대한 누설열류 i_2는 점차 커지며 i_1은 적어지게 된다. 온도상승이 커지면 가해진 열류의 전부가 외부로 누설되어 온도상승은 정지된다. 즉 이 온도가 최종온도이며 **포화열온도**라고 한다. 식 (1-10)에서 $t = \infty$의 경우 포화온도 $\theta = I \cdot R$로 된다.

③ 물체의 냉각

다음에 일정한 온도로 가열된 물체의 냉각을 생각해 본다. 물체의 열용량을 $C\,[\mathrm{J/deg}]$, 축적되어 있는 열량을 $Q\,[\mathrm{J}]$라 하면, 물체의 온도 θ_0는 식 (1-7)로부터

$$\theta_0 = \frac{Q}{C} \quad [\mathrm{deg}] \tag{1-11}$$

만약 물체의 열절연이 완전하면 누설이 없으므로 물체는 항상 이 온도를 유지하고 있다. 그러나 실제로는 반드시 열손실이 있으며 온도는 점차로 저하된다. 이 모양은 그림 1-5에서 표시하는 바와 같이 정전용량 C에서 축적되어 있는 전기량이 저항 R를 통하여 방전하는 경우, 전위가 저하되는 경우와 같다. 이때의 전위강하, 즉 열의 경우의 온도강하는 다음식과 같이 계산된다.

$$\theta = \theta_0\, \varepsilon^{-\frac{t}{RC}} \tag{1-12}$$

식 (1-12)를 그림으로 표시하면 그림 1-6과 같이 된다. 이것은 온도상승의 경우의 그림을 거꾸로 한 형체와 비슷하다.

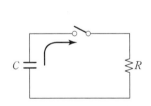

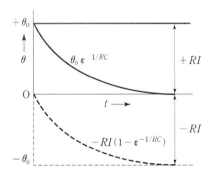

그림 1-5 물체의 냉각의 등가회로   **그림 1-6** 물체의 냉각의 온도변화

1-3 온도측정

일반적으로 온도계의 구성은 온도를 감지하는 측온부(온도 검출단), 측온부에서 감지한 온도를 직접 또는 간접으로 표시하는 표시부(수신계기) 및 측온부와 표시부를 연결시켜 주는 도선 또는 배관으로 구성된다. 그러나 액체 온도계와 같이 측온부와 표시부가 일체형으로 된 것도 있다.

온도의 검출에는 측온부(온도 검출단)를 측정 대상 물체의 내부 또는 표면에 붙여서 검출단의 온도가 측정 대상으로 되는 물체의 온도와 동일하게 하는 **접촉식**과 이와는 달리 검출단을 측정대상에 직접 접촉시키지 않고 측정대상의 물체로부터 나오는 방사에너지로써 온도를 알아내는 **비접촉식**(방사식)이 있다. 표 1-4에 각종 온도계와 측정 범위를 표시하였다.

표 1-4 각종 온도계의 종류 및 사용범위

온도계의 종류		사용가능온도[1][°C]		상용온도[2][°C]	
		하 한	상 한[3]	하 한	상 한[3]
접 촉 식	[액체봉입 유리 온도계]				
	수은 온도계[4]	-55	650	-35	350
	유기액체 온도계	-100	200	-100	100
	바이메탈 온도계	-50	500	-20	300
	[압력 온도계]				
	액체팽창식 압력 온도계	-40	500	-40	400
	증기압식 압력 온도계	-20	200	40	180
	[저항 온도계]				
	백금저항 온도계	-200	500	-180	500
	니켈저항 온도계	-50	150	-50	120
	동저항 온도계	0	120	0	120
	더어미스터 온도계	-50	300	-50	200
	[열전 온도계]				
	PR 열전 온도계	0	1,600	200	1,400
	CA 열전 온도계	-200	1,200	0	1,000
	IC 열전 온도계	-200	800	0	600
	CC 열전 온도계	-200	350	-180	300
비접촉식	광 고온계	700	2,000	900	2,000
	방사 고온계	50	2,000	100	2,000

【주】 (1) 사용가능온도라는 것은 온도계에 보통눈금으로 매겨져 있는 온도를 말한다.
　　　(2) 상용온도라는 것은 보통 사용하고 있는 온도를 말한다. 이 온도범위로는 표의 정도로 장시간에 걸쳐 사용할 수 있다.
　　　(3) 검출부를 손상할 것 같은 분위기, 액체 등의 온도를 측정하는 경우는 이것에만 국한되지 않는다.
　　　(4) 감온액이 아말감인 것을 포함한다.

1 저항 온도계 (resistance thermometer)

도체의 전기저항은 온도의 변화에 따라 비례하여 변화한다. 이러한 특성을 이용하여 단위온도 변화에 대한 저항의 변동율을 안다면 변동되는 저항값만으로 해당온도를 측정할 수 있게 된다. 여기서 단위온도에 대한 저항 변동율은 **온도계수**라고 하며, 온도 증가시 저항값이 증가하면 정(正)의 온도계수, 저항값이 감소하면 부(負)의 온도계수라고 한다.

주로 온도측성에 사용하는 금속 재질은 정(正)의 온도계수를 갖고 있으며 이중에서도 사용되는 재질은 백금, 니켈, 동 등이며, 재질이 순수한 것일수록 온도계수는 커지고 그 값도 일정해진다. 저항 온도계의 원리를 설명하면 $0\,[°C]$에서 저항을 R_0, $t\,[°C]$에서 저항을 R_t, $T\,[°C]$ $(t < T)$에서 저항을 R_T라 하고, 저항의 온도계수를 α라 하면

$$R_t = R_0(1 + \alpha t)$$
$$R_T = R_0(1 + \alpha T)$$

이므로

$$R_t / R_T = (1 + \alpha t)/(1 + \alpha T)$$
$$\therefore\ T = \frac{R_T}{R_t} \cdot \left(\frac{1}{\alpha} + t \right) - \frac{1}{\alpha}$$
$$\fallingdotseq \frac{R_T}{R_t}\,(234 + t) - 234$$

로 되며, 주위 온도 t에서 저항 R_t를 알고 온도상승 후의 저항 R_T를 측정하면, 그때의 온도 T는 위의 식에 의하여 구하여진다.

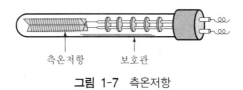

측온저항   보호관

그림 1-7 측온저항

2 열전 온도계 (thermo electric pyrometer)

그림 1-8에서와 같이 서로 다른 두 종류의 금속선의 한 끝을 용접하여 개(開) 회로를 만들고 그 접합부의 접속단을 측온접점(열접점), 도선 또는 계기와의 접속단을 기준접점(냉접점)이라 하며, 용접부분에 열(熱)을 가하면 열기전력이 발생한다. 이것을 **제백효과**(seebeck effect)라고 하며, 기준접점의 온도를 일정하게 유지하면 이 기전력에 의해 측온접점의 온도를 알 수가 있으며 이때의 금속선을 **열전대**(thermocouple)라고 한다. 그리고 이 열기전력으로부터 피측온점의 온도를 알 수 있도록 한 온도계가 열전 온도계이다.

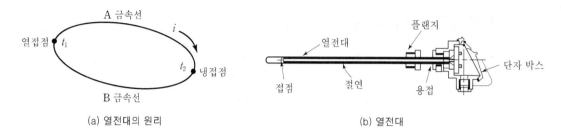

(a) 열전대의 원리   (b) 열전대

그림 1-8 열전대

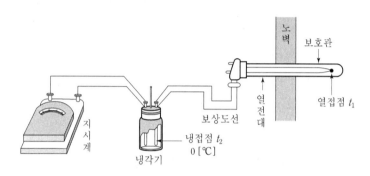

그림 1-9 열전 온도계의 구성

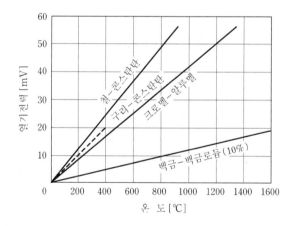

그림 1-10 열전대의 온도·열기전력 특성

열전 온도계의 특징은 다음과 같다.

① 응답이 빠르고 시간지연(times lag)에 의한 오차가 비교적 적다.

② 적절한 열전대를 선정하면 $0 \sim 2,500\,[℃]$ 온도 범위의 측정이 가능하다.

③ 특정한 위치나 좁은 장소의 온도측정이 가능하다.

표 1-5 열전대의 구성과 사용 온도

종류	구 성		열기전력 [mV] 기준접점 0 [°C], 측온접점 400 [°C]	감 도 (400 [°C]) [mV/deg]	사용한도 [°C]	
	+각	-각			연 속	과 열
PR	백금로듐 [Pt 87 [%], Rh 13 [%]]	백금 (Pt)	3.4	0.01	1,400	1,600
CA	크로멜 [Ni, Cr을 주로 한 합금]	알루멜 [Ni, Al, Mn을 주로 한 합금]	16.4	0.04	1,000	1,200
IC	철 (Fe)	콘스탄탄 [Cu, Ni을 주로 한 합금]	22.0	0.06	500	750
CC	구리 (Cu)	콘스탄탄 [Cu, Ni을 주로 한 합금]	20.9	0.06	350	600

④ 온도가 열기전력으로써 검출되므로 측정, 조절, 증폭, 변환 등의 정보처리가 용이하다.
⑤ 가공이 용이하여 장시간 사용하여도 거의 변하지 않고 가격이 저렴하다.

③ 방사 고온계 (radiation pyrometer)

일반적으로 물체는 발광하는 온도(약 600 [°C])보다 훨씬 낮은 온도에서도 방사를 하고 있다. 따라서 피측온 물체의 표면에서 나오는 전방사에너지를 형석제(螢石製)인 렌즈 또는 오목거울로 백금판(白金板) 등의 수열판에 모으고, 흡수한 수열판의 온도를 열전대열(thermopile)[2]에 흡수시키고 상승되는 값을 측정하여 피측온 물체의 온도를 구하는 방법이며, 열전온도계에 의한 측온법을 간접적으로 이용한 것이다. 방사 고온게의 원리를 그림 1-11에 표시하였다.

방사 고온계에서는 열전대열의 냉접점이 고온게 속에 삽입되어 있으므로 냉각수를 흐르게 하여 냉각점을 냉각시키는 것이 보통이다. 냉각점이 온도상승되면 측정오차가 크게 되기 때문에 냉각장치 등이 필요하게 되어 장치가 크게 되는 것이 결점이다.

---

2) 열전대열 : 한 쌍의 열전대가 아니고 수많은 열전대를 직렬로 접속하여 각 열전대의 미소한 열기전력을 누적시킨 것을 말한다.

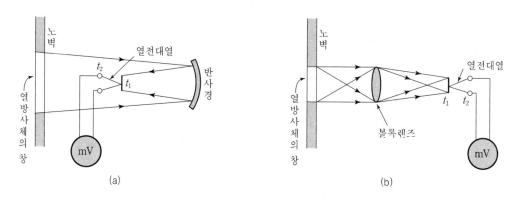

그림 1-11 방사 고온계의 원리도

4 광 고온계 (optical pyrometer)

방사 고온계는 전방사선을 측정하는 데 반하여 광 고온계는 가시부분의 단색광만을 이용하는 온도계이다. 저온에서는 느낄 수 없을 정도로 가시광이 방출되지 않으므로 광 고온계는 대개 700 [°C] 이상의 온도측정에 이용된다.

가시광의 전파장 영역의 방사를 이용하는 것도 있으나 일반적으로 적색 단색광(파장 약 650 [nm])을 이용한다. 그 구조는 그림 1-12에 표시한 것과 같이 피측온체의 휘도와 고온계 속에 있는 전구의 휘도가 일치하였을 때, 필라멘트에 흐르는 전류의 값을 측정하여 피측온체의 온도를 구한다.

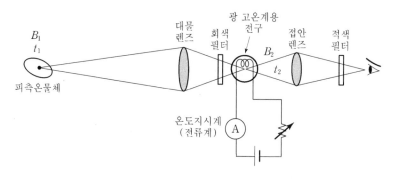

그림 1-12 광 고온계

5 적외선 고온계

보통의 고온계에서는 측온 물체로부터 방사되는 650 [nm]의 적색 단색광과 표준전구의 필라멘트로부터 나오는 것과 휘도를 맞춰서 측온하는 것이며, 적열온도, 즉 약 600 [°C] 이상의 것이 아니면 측온할 수 없다. 그러나 300[℃] 부근에서 750[℃] 정도까지의 온도를 측정해야 할 기회가 대단히 많으며, 이 경우에는 저항온도계 또는 열전온도계를 측온 물체에 접촉시켜서 측정하든가, 방사 고온계를 사용하든가 어느 한 방법을 채택해야 한다. 그러나 측온 물체의 열용량이 적든지 형상이 적으면 이들의 측정방법으로는 오차가 크게 된다.

1-4 전열재료

전열에 사용되는 재료로는 고온도에서 열을 발생시키는데 사용되는 재료(발열체), 열을 전도시키는데 사용하는 재료 및 열을 절연시키는데 사용하는 재료(보온재, 열절연물)로 분류되고 있으며, 한편 고온도에서 전기를 전달하는 재료(발열체, 전극재료) 및 전기를 절연하는 재료(고온용 전기절연물)로도 간단하게 나누고 있으며, 이외에 고온도에서 이와 같은 것들을 지지 및 구축하는 재료(내화물, 내화금속, 즉 내열재료) 등을 열거할 수 있다. 이들 재료는 어느 것이든 소정의 고온도에서 안정해야 하는 것이 제일 중요한 조건이다.

1 발열체

간접식 저항가열에는 발열체가 필요하다. 발열체의 온도는 반드시 피열물의 온도보다 높다. 따라서 발열체의 최고사용온도는 피열물 온도(가열온도)보다 높아야 하므로 고온도에서 안정성이 커야 한다는 조건이 필요하다. 따라서 발열체의 구비조건은 다음과 같다.

① 내열성이 클 것(즉, 용융, 연화하는 온도가 높을 것)
② 내식성이 클 것(즉, 화학적으로 안정할 것)
③ 적당한 저항값을 가질 것(즉, 저항률이 비교적 크고 온도계수가 작을 것)
④ 가공이 용이할 것
⑤ 가격이 저렴할 것

그러나 주위환경과 목적에 따라서 이들의 일부가 생략될 수도 있다. 예를 들면 적당한 보호가스 중에서는 ①, ②의 조건이 매우 완화되어진다.

발열체는 **금속 발열체**(합금 발열체, 순금속 발열체 등)와 **비금속 발열체**(탄화규소 발열체, 탄소질 발열체 등)로 크게 나누어지며, 이들의 중간에 속하는 것(규소화 몰리브덴 발열체)도 있다.

(1) 금속 발열체

가장 일반적으로 사용되고 있는 발열체로는 합금 발열체의 대표적인 니켈, 크롬계 합금(니크롬선)과 값비싼 니켈 대신 철과 알루미늄을 사용한 철크롬계 합금(철크롬선)발열체가 있다. 합금 발열체의 성분 및 사용온도를 표 1-6에서 표시한다.

표 1-6 합금발열체의 성분 및 사용온도

품 종	Ni [%]	Cr [%]	Al [%]	Mn [%]	C [%]	기타 [%]	Fe [%]	최고사용 온도[°C]
니크롬 제1종	77~81	17~21	–	2.0이하	0.15이하	2.0이하	1.5이하	1,100
니크롬 제2종	63~67	15~18	–	2.5이하	0.20이하	2.0이하	나머지	900
철크롬 제1종	–	23~25	4~6	1.0이하	0.10이하	3.0이하	나머지	1,200
철크롬 제2종	–	18~20	2~4	1.0이하	0.10이하	3.0이하	나머지	1,100

① 니크롬 제1종

고온도에서 연화되지 않고 강도가 크며 냉간가공이 쉽다. 또한 고온가열 후에도 강도가 변화되지 않고 황화성가스를 제외한 어떤 가스에 대해서도 거의 침식받지 않으며 고온용 발열체로 널리 쓰이고 있다.

② 니크롬 제2종

니크롬 제1종에 비해 내산화성과 고온에서의 강도가 떨어지며 950[°C] 이하의 발열체나 고온용 저항으로 적합하고 가공이 쉽다.

③ 철크롬 제1종

특히 고온사용을 목적으로 한 것이며, 내산성은 크지만 니크롬에 비하여 고온에서 연화된다. 가공이 약간 곤란하고 복잡한 가공을 할 때는 열간가공을 필요로 하는 경우가 있다. 그리고 고온사용 후의 재가공은 곤란하므로 공업용 고온전기로의 발열체에 적합하다.

④ 철크롬 제2종

제1종보다 냉간가공이 좀더 쉬우며 고온사용 후의 가공에는 부적당하다. 고온에서 연화하기 쉬우므로 주의할 필요가 있다. 전열기, 전기로의 발열체 및 저항체로서 적합하다.

순금속 발열체에는 대개 용융온도가 높은 백금 몰리브덴, 텅스텐, 탄탈 등이 사용된다. 백금 이외의 것은 적당한 보호가스(불활성가스) 또는 진공 중에서 사용하는 것이 요망된다.

표 1-7에 순금속 발열체의 특성을 나타내었다.

표 1-7 순금속 발열체

종 류	용융온도 [°C]	저항률 [$\mu\Omega \cdot cm$]	보호가스나 진공과 사용온도
백 금	1,768	10.6 (20 [°C])	대기 중에서 용융온도 근처까지 안정
몰리브덴	2,610	5.0 (0 [°C])	H₂, 아르곤, 헬륨 중에서 용융온도 근처까지 안정. 진공 중 1,700 [°C]까지 안정
텅 스 텐	3,380	5.5 (0 [°C])	H₂, 아르곤, 헬륨 중에서 용융온도 근처까지 안정. 진공 중 2,000 [°C]까지 인정
탄 탈	2,886	12.5 (20 [°C])	아르곤, 헬륨 중에서 용융온도 근처까지 인정

(2) 비금속 발열체

① 탄화규소 발열체

비금속 발열체로서는 탄화규소질인 탄화규소 발열체가 주로 사용되고 있으며, 이는 탄화규소[3](SiC)를 주성분으로 한 발열체이다. 보통 0.1~0.25 [$\Omega \cdot cm$]의 저항률을 가지고 있으며, 그 배합에 따라 적당한 저항률을 가진 것을 만들 수가 있다. 산화가 어렵고 1,400~1,600 [°C] 정도의 고온에 견디며, 전열선에 비하여 소형으로 될 수 있는 장점이 있으나 그 반면에 단자를 붙일 수 없고 사용개시 때에 온도계수가 부(-)로 되는 단점이 있다.

② 탄소질 발열체

이것은 탄소입자(kryptol)를 사용하는 것과 인조흑연을 가공하여 사용하는 것이 있다. 탄소입자는 노에서 구운 탄소나 인조흑연의 입자로서 지름이 2~8 [mm] 정도이다. 전기저항은 주로 접촉저항에 의하여 결정되며 온도, 접촉압, 가스압 등에 따라 변화하지만 대략 0.5~6 [$\Omega \cdot cm$]의 범위이다.

③ 산화물 발열체

금속산화물이며 내열성이 높고 고온에서 비교적 도전성이 좋은 것은 발열체로서 이용할 수 있다. 현재 2산화 지르코늄(ZrO_2)를 주성분으로 하고 산화 칼슘(CaO), 산화 마그네슘(MgO), 산화 이트륨(Y_2O_3)를 첨가한 것이 발열체로서 실용되고 있다. 결점은 저항의 온도계수가 크고 부특성이며 또한 상온에서 저항이 크고 통전이 곤란한 점이다.

---

3) 탄화규소(SiC)의 상품명은 카보런덤(carborundum)이라 한다.

④ 염욕 발열체

염류는 비교적 낮은 온도에서 용융하고 또한 높은 도전율을 갖고 있으므로 이것을 액체발열체로서 이용할 수 있다. 이 발열체를 사용하는 노(爐)에는 열의 대류에 의한 자동 교반이 행하여지며 노내의 온도를 균일하게 할 수 있다. 그러므로 금속의 열처리 등 균일하게, 그리고 급속하게 가열할 필요가 있을 때 사용된다. 염류가 피열물이나 용기(노벽)를 침식하지 않도록 해야 한다.

이 발열체는 저항의 온도계수가 부특성이므로 전류를 흘릴 경우 미리 염류를 용융하여 직렬로 리액터를 사용하고서 통전시킨다.

(3) 규화 몰리브덴 발열체

규화 몰리브덴($MoSi_2$)을 주성분으로 한 발열체로서 탄화규소 발열체보다 고온도의 대기중 약 1,700 [℃]에서 사용할 수 있다. 규화 몰리브덴($MoSi_2$) 또는 몰리브덴(Mo)과 규소(Si)의 분말을 불활성기체 중에서 소결하여 만든다. 장점은 내식성이 큰 것이다. 결점으로는 상온에서 부서지기 쉽고 충격에 약하며 고온에서 연화되기 쉽다.

❷ 고온용 절연재료

(1) 열 절연체

열의 사용효율을 높이기 위해서는 가능한 한 열절연(熱絶緣)을 잘 하지 않으면 안된다. 동시에 열용량도 적당한 크기의 값을 가져야 한다. 예를 들면 급열, 급랭을 하는 경우에는 열용량이 적은 경우가 좋으나, 일정온도를 장시간 유지하는 경우에는 열용량이 큰 것이 바람직하다.

열의 절연에 사용하는 재료를 열절연체, 단열재 또는 보온재라고 부른다. 일반적으로 절연체의 절연저항은 온도의 상승과 더불어 감소하는 경향을 가진다. 그러나 좋은 열절연체일수록 열을 축적하여 온도상승을 계속 일으키고 있으므로 절연저항은 많이 감소하게 된다. 그러므로 전열에 이용되는 전기절연체의 종류는 한정되어 있는 편이다.

(2) 내화 단열재

가열장치에는 열원과 열절연체 이외에 발열체의 지지, 피열물의 지지, 용기 노체의 구축 및 노에서 발생한 에너지를 노체의 외부로 달아나지 못하게 하기 위하여 내화단열재(耐火斷熱材)를 사용한다. 내화 단열재의 구비조건은 다음과 같다.

① 열전도율, 체적비열이 작을 것
② 사용온도에 견딜 것
③ 열간하중에 견딜 것
④ 내식성(耐蝕性)이 클 것
⑤ 급열, 급랭에 견딜 것
⑥ 가격이 염가일 것

(3) 내열 금속

전기로 등에 사용되는 내열금속은 고온에서 기계적 강도가 크고, 공기 등의 산화성 분위기나 각종 가스 중에서 산화, 부식 및 질화 등에 대한 저항이 강한 것이 요구된다.

(4) 서멧 (cermet)

금속과 비금속을 혼합하여 만든 내열재료로서, 세라믹(ceramic)과 금속(metal)의 복합체(약 8 : 2)이다. 세라믹으로서는 금속산화물, 탄화물, 규소화물, 붕화물, 질화물 등의 분말에 금속으로서 코발트, 니켈, 철 등의 분말을 넣어 혼합하여 수소, 진공, 기타 적당한 보호가스 중에서 소결한 것이다. 특징은 세라믹의 내열성 및 내식성과 금속의 가소성, 기계적 강도를 함께 가지고 있는 것이며, 초고온 내열재료로 제트 엔진의 터빈 날개, 노즐(nozzle), 절단공구, 내열 절삭 공구 등에 사용되며, 특히 900 [°C]이상 고온에서는 내열성이 우수하다.

3 전극재료

전기로가 고온으로 된 경우 전류를 공급하는 데는 내열성이 좋은 전극이 필요하다. 전기로용의 전극에는 일반적으로 탄소질인 것이 사용된다. 제강용 아크로와 같이 전류를 조절하기 위해 속도가 빠른 가동전극을 사용하는 것에는 기계적 강도가 크고, 도전성이 좋은 인조 흑연 전극이 사용된다.

전극이 구비해야 할 요건을 열거하면 다음과 같다.

① 불순물이 적고 산화 및 소모가 적을 것
② 고온에서도 기계적 강도가 크고 열팽창률이 작을 것
③ 열전도율이 적고 전기 전도율이 클 것
④ 피열물과 화학작용이 일어나지 않고 침식되지 않을 것
⑤ 가공이 용이하고 가격이 염가일 것

표 1-8 흑연과 탄소의 고유저항

	고유저항 [Ω · cm]	고유열저항 [열 Ω · cm]
흑 연	0.813×10^{-3}	$0.71 \sim 0.82$
탄 소	3.15×10^{-3}	$2.7 \sim 1.9$

전극재료로서는 열손실을 적게 하기 위하여 열저항은 크고 전기저항은 적은 것이 좋으나 양쪽 모두 만족한다는 것은 거의 드물다. 보통 전기재료는 흑연 쪽이 널리 쓰인다.

1-5 전열 방식

전기적으로 가열하는 전열(電熱)의 방식을 크게 분류하면 다음과 같다.

① 저항가열(resistance heating)

② 아크가열(arc heating)

③ 유도가열(induction heating)

④ 유전가열(dielectric heating)

이들 4종류의 가열방식은 전열산업분야에서 널리 사용되고 있는 방식들이다. 이외에 적외선 가열, 전자 빔(beam) 가열, 레이저(laser) 가열, 초음파 가열 등이 있으며, 전자 빔 가열을 제외한 적외선 가열, 레이저 가열, 초음파 가열 등은 전열산업분야에서 뿐만 아니라 의료용으로서도 많은 각광을 받고 있는 방식들이다.

표 1-9 전열방식의 분류

분 류	원 리	용 도
저항 가열	• 주울 열 직접 가열물에 전류를 흘리는 직접통전식과 발열체로부터의 열전도에 의해 가열하는 간접식이 있다.	간접식 : 저항로, 염욕(塩浴)로 직접식 : 흑연화로, 저항용접
아크 가열	• 아크 열 전극사이의 공간에 전류가 흐를 때에 발생하는 고열에 의한 가열	아크로, 아크용접기
유도 가열	• 와전류손 교번자계 중에서 도전성의 물체 중에 생기는 와류에 의한 주울 열	용해, 용접, 담금질, 가열, 열처리
유전 가열	• 유전손 전기적 절연물에 교번전계(交番電界)를 가했을 때 물질 내부의 전기 쌍극자(双極子)의 회전에 의한 발열	비금속의 건조, 용접
적외선 가열	• 빛 적외선 램프가 발생하는 적외선에 의해 에너지를 전달	도료의 건조
전자빔 가열	• 전자의 충돌에 의한 가열 전계안에 전자를 놓으면 가속되는 것을 이용해서 가속된 전자를 가열물에 충돌시켜서 에너지를 전달한다	용해, 절단, 용접, 열처리
레이저 가열	• 단일파장의 빛 유도방사에 의해 얻어지는 단일파장의 빛을 렌즈에 의해 아주 작은 면적에 접합시킨 것	절단, 담금질

1 저항가열 (resistance heating)

저항가열은 물체에 전류를 흘릴 경우 물체가 가지고 있는 저항에 의해 발생하는 주울 열을 이용하는 방식이며, 그림 1-13과 같이 직접식 저항가열과 간접식 저항가열이 있다. **직접식 저항가열**은 도전성의 피가열물에 직접 전류를 흐르게 하여 그 내부에 주울 열을 발생시켜서 가열하는 방식이며, **간접식 저항가열**은 니크롬선과 같은 발열체를 이용하여 그 발열체에 주울 열을

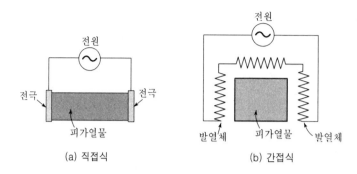

전원

전극   전극

피가열물

(a) 직접식

전원

발열체   피가열물   발열체

(b) 간접식

그림 1-13 저항 가열

발생시켜 이것으로 피가열물을 가열하는 방식이다. 가정에서 사용하고 있는 전기밥솥, 전기다리미, 커피포트 등의 전열기구는 모두 저항가열을 이용한 것이다.

직접식 저항가열방식은 다음과 같은 경우에 이점이 있다.

① 외부로부터 가열하면 내외의 온도차로 인하여 고장을 일으킬 우려가 있어 특히 내부가열이 필요한 경우
② 경금속의 저항용접처럼 특히 온도상승 속도가 빠른 것이 요구되는 경우
③ 특히 고온도가 필요한 경우
④ 피가열물에 전류가 흐름에 따라 가열과 동시에 전기화학작용을 동반하는 경우

한편 간접식 저항가열의 특징을 열거하면 다음과 같다.

① 피가열물의 종류에 제한되지 않고 가장 간편하기 때문에 전기가열 중 가장 사용 범위가 넓다.
② 밀폐형 및 유기형(流氣形)인 구조를 쉽게 만들 수 있으며, 진공가열식은 노기제어 등이 용이하게 행하여진다.
③ 다른 열원에 비하여 온도 분포가 양호하다.
④ 연료를 사용하는 경우처럼 가스나 과잉공기가 가지고 나가는 열손이 없고, 노를 밀폐할 수 있으므로 열효율이 대단히 좋다.

❷ 아크가열 (arc heating)

아크가열은 두 전극 사이에서 발생하는 고온의 아크열을 이용하여 피가열물을 가열하는 방식으로 그림 1-14와 같이 직접 아크가열과 간접 아크가열이 있다. **직접 아크가열**은 그림 1-

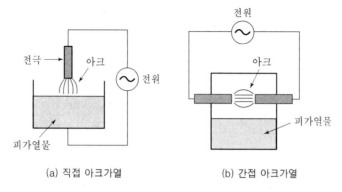

(a) 직접 아크가열　　　　　(b) 간접 아크가열

그림 1-14 아크가열

14(a)와 같이 전극의 한 쪽이 피가열물이고 다른 쪽이 노(爐)용 전극으로 되어 있다. 피가열물 자체에도 전류는 흐르지만 가열은 주로 아크에 의한다.

　간접 아크가열은 그림 1-14(b)와 같이 아크용 전극 두 개가 전용으로 설치되어 있고, 여기서 발생하는 아크의 열을 이용하여 피가열물을 가열하는 방식이다.

❸ 유도가열 (induction heating)

　유도가열은 산업현장의 여러 분야에서 활용되고 있다. 즉 전기로에 의한 금속의 열처리, 용융 등은 물론이며, 금속변형을 위한 가열과 고강도 기계부품의 가공, 특수 포장분야, 칼라 인쇄 공업, 섬유공업 등에서 널리 이용되고 있다.

(1) 유도가열의 원리

　그림 1-15(a)와 같이 유도자(inductor)라고 하는 유도코일에 도전성 피가열물을 넣고 코일에 교류전압을 가하면 코일에 흐르는 전류에 의해서 도체 내에 교번자계(交番磁界)가 생기고, 그 자속의 변화에 따라 도체내에 와류(eddy current)가 생긴다. 따라서 도체는 와류에 의한 주울 열 때문에 가열되고, 전력손실을 가져오는데 이것을 와류손(eddy current loss)이라고 한다. 즉, 변압기의 원리에 의하여 피가열물 자체를 변압기의 2차권선 대신 사용하여 직접 유도전류를 흘려서 직접 저항가열과 같이 주울 열을 발생시키는 것이다. 이와 같은 가열방법을 **유도가열**(induction heating)이라 한다.

　유도가열은 코일에 수 [kHz]부터 수 [MHz]의 고주파전압을 가하는 경우가 많다. 보통 이와 같이 상용주파수보다 대단히 높은 주파수의 전압을 가하는 유도가열을 **고주파 유도가열**이라 하고, 이것에 대해서 상용주파수(60 [Hz])의 전압을 그대로 가하는 경우를 **저주파 유도가열**이라 한다.

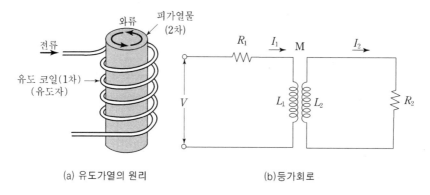

(a) 유도가열의 원리　　　　　　(b)등가회로

그림 1-15 유도가열의 원리와 등가회로

유도가열의 특징은 다음과 같다.

① 피가열물내에서 직접 열을 발생시킬 수 있으며, 다른 가열방식에서처럼 열원(熱源)을 이용하지 않는다(전극이 필요없다).

② 대단히 큰 에너지를 짧은 시간에 줄 수 있으므로 급속가열이 가능하다.

③ 주파수, 전력밀도 및 시간을 적당히 선택함에 따라 표면층만의 가열이 가능하다.

④ 가열의 제어가 전기적으로 행하여지므로 정확하고 용이하게 제어할 수 있다.

⑤ 가열을 피가열물의 필요 부분에만 한정시킬 수 있다.

⑥ 주위 온도가 높지 않고 작업이 쉬우며 청결하다.

(2) 전류의 침투깊이

유도가열에 의해 피가열물내에 생기는 전류는 그림 1-16(b)처럼 분포하는데 피가열물의 표면이 최대전류가 되며, 이것을 $i_0\,[\mathrm{A/m^2}]$이라 하면 표면으로부터 거리 $x\,[\mathrm{m}]$에서의 전류 $i\,[\mathrm{A/m^2}]$는

$$i = i_0 \times e^{-(x/\delta)}$$

로 표현되며, 이것은 그림 1-17과 같이 표면에서 중심으로 갈수록 유도전류가 작아지는 것을 나타내고 있다. 이와 같이 표면에 유도전류가 집중하여 흐르는 것을 **표피 효과**(skin effect)라고 부르고 $x = \delta$, 즉 $x/\delta = 1$이 되는 위치의 전류는

$$i = i_0 \times e^{-1} = 0.367\,i_0$$

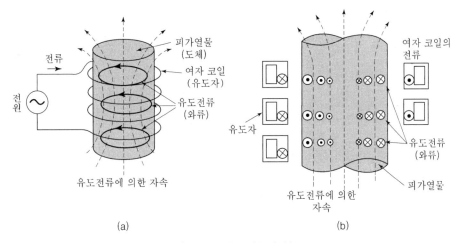

(a)   (b)

그림 1-16 유도전류의 분포

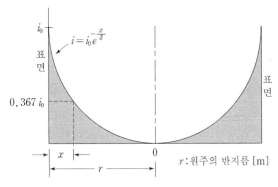

그림 1-17 피가열물 내의 전류 분포

으로 표면전류 값의 36.7[%]로 감소한 것을 나타내고 있으며, 전체 발열량의 87[%]에 해당되는 전류가 침투 깊이 δ내에 분포한다는 가정하에서 나타낸 그림이다.

그리고 표피효과의 정도를 알기 위하여 표면전류밀도의 $1/e(36.7[\%])$배가 되는 전류로 줄어드는 점까지의 깊이를 전류침투의 깊이라고 하며, 표피효과의 척도를 나타낸다. 이것은 전류의 주파수 $f[\text{Hz}]$, 피가열물의 저항율 $\rho[\Omega\cdot\text{cm}]$, 피가열물의 투자율 μ로 결정되는 값이며, 다음 식으로 나타낸다.

$$\delta = \sqrt{\frac{1}{4\pi^2 \times 10^{-7}}} \cdot \sqrt{\frac{\rho}{\mu_r \cdot f}} \quad [\text{cm}]$$

주파수 f와 비투자율 μ_r가 클수록 전류의 침투 깊이가 작아져 전류가 표면에 집중하는 것을 나타내고 있다.

(3) 주파수의 선정

가열코일의 효율이란 가열코일에서 얼마만큼 피가열물에 에너지를 전달할 수 있는지를 나타내는 값으로 이것은 전류의 침투 깊이에 관계가 있으므로 다음의 값으로 되는 것이 바람직하다.

$$\frac{\text{가열재의 직경}}{\text{전류의 침투 깊이}} = \frac{d}{\delta} \geqq 2.5$$

δ는 주파수에 의해 결정되므로 피가열물이 결정되면 주파수도 결정된다. 즉,

$$f \fallingdotseq 160 \times 10^6 \times \frac{\rho}{\mu d^2}$$

가 목표의 주파수가 된다.

더 중요한 것은 가열의 용도에 따라 주파수를 선정하는 일인데 표면담금질에는 주파수를 높게 해서 표면만을 가열하고, 또 금속을 용해하는 경우와 같이 피가열물 전체를 고루 가열하기 위해서는 주파수를 낮게 하여 준다.

(4) 고주파 유도가열용 코일

고주파 유도가열에 쓰이는 유도코일은 모양과 크기가 일정하지 않고 각양각색으로 되어 있다. 그것은 발진 주파수, 가열물의 재질과 용도 그리고 침투깊이의 설정에 따라 달라지기 때문이다. 따라서 고주파 응용에서 용도에 따른 유도코일의 선택은 매우 중요하다.

그림 1-18은 여러 형태의 코일을 나타낸 것이다.

(a) 원형 코일　　　　(b) 사각형 코일　　　　(c) 원형(소형) 코일

(d) 팬케이크 코일　　　　(e) 나선형 코일　　　　(f) 내권 코일

그림 1-18　유도 코일의 종류

그림 1-18(a)인 원형 코일은 가열 코일의 기본형이며, 그림 1-18(b)인 사각형 코일은 긴 막대와 같은 가열물을 부분적으로 가열을 할 때 쓰이며, 그림 1-18(c)인 원형(소형) 코일은 여러 가지 모양의 작은 부품을 한꺼번에 처리할 때 편리하다. 그리고 그림 1-18(d)인 팬케이크 (pancake) 코일은 스트립 형태의 금속판이나 밑면이 넓은 부품, 특히 가열 조건의 여러 변화가 요구될 때 유용하게 쓰이는 가열 코일이며 주방기구의 조리기(cooker) 등에 응용되고 있다. 그림 1-18(e)인 나선형 코일 형태는 웜기어(worm gear)와 같은 형태의 열처리에 적합하고, 그림 1-18(f)인 내권 코일 형태는 실린더와 같이 둥글게 기계 가공한 내면의 열처리에 쓰이는 코일이다.

(5) 유도가열의 용도

① 금속의 표면 담금질

회전기계의 축 부분이나 기어 등에서와 같이 내마모성과 충격에 대하여 인성(靭性)을 강하게 요구하는 기계부품에서는 보통 강재표면 근방의 박층만을 800 [℃] 정도로 온도상승시킨 후에 이것을 급랭시켜서 박층부의 경도를 증가시키는 소위 **표면 담금질**을 한다.

표면 담금질 경화층 깊이는 주파수, 전력밀도(가열 표면적 $1 [cm^2]$당 고주파 전력 [kW]) 및 가열시간의 3가지에 의해서 변화된다. 담금질에서는 통상 10 [kHz]에서 3 [MHz] 사이가 많이 사용되어지고 있고 그 중에서도 50 [kHz] ~ 400 [kHz] 전후의 주파수가 많이 사용되고 있다.

② 고주파 납땜(brazing)

기계부품을 금속적으로 접합하려고 하는 경우에 응용된다(예 : 기차 레일 접속).

③ 전봉관 용접

고주파 유도가열장치에 의한 파이프의 용접에 매우 효율적이다(그림 2-11 참조).

④ 금속의 단조

유도가열을 금속의 단조(鍛造)4)에 응용하는 것은 가열속도가 매우 빠르기 때문에 열효율이 좋고 스케일의 생성이 적으며, 온도의 조절이 쉽고 자동화가 가능하며, 작업이 위생적으로 될

---

4) 단조 : 금속재료를 적당한 온도로 가열하면 탄성(elasticity)을 잃고 연성(ductility)과 전성 (malleability)이 증가한다. 즉 소성(plasticity)이 있는 상태로 된다. 단조라는 것은 이 상태에서 해머나 프레스로 큰 압력을 가하여 소성변형을 시켜서 소요의 모양으로 만드는 방법을 말한다.

수 있는 점 등 여러 가지의 특징을 가지고 있다.

⑤ 기어의 열간 전조

종래의 기어제작은 거의 대부분이 절삭가공에 의존하였으나 최근 방전가공 혹은 열간 전조에 의한 제작이 개발되고 있다. 기어의 열간 전조는 재료를 적당한 온도로 가열하여 가소성을 가지게 한 후 그림 1-19의 예와 같이 모형으로 되는 기어로 눌러가면서 회전시켜서 재료의 소성변형을 일으켜 기어를 제작하는 방법이다.

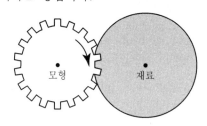

그림 1-19 기어의 열간전조의 예

⑥ 기타

각종 유리병의 표면 열처리를 통하여 병마개를 밀봉시키는 공정외에 동, 철, 비철금속의 풀림 등에 응용되고 있다.

4 유전가열 (dielectric heating)

(1) 유전가열의 원리

피가열물이 고무나 목재와 같은 유전체일 때, 이것을 그림 1-20(a)와 같이 두 장의 전극 사이에 끼우고 고주파 전압을 가하면 그 내부에 유전체손[5]이 생긴다. 즉, 절연물을 구성하는 분자 또는 결합체는 전기적으로 ＋와 ─로 분극(分極)되기 쉬운 쌍극자(雙極子)로 구성되어 있는데, 교번전계(交番電界) 안에서 이 유전체 자체에 존재하는 전기쌍극자는 교번전계에 의해 회전운동을 일으키기 때문에 분자간의 마찰로 유전체(절연물)내에서 발열작용이 일어나며 이 열을 피가열물의 가열에 사용하는 것이 **유전가열**이다.

---

5) 유전체손 : 유전체가 고주파전계 중에 삽입되면, 유전체 속에 있는 쌍극자가 전기력을 받아 전계의 변화에 따라 회전하고, 이때 생기는 마찰력에 의하여 열이 발생한다. 이러한 손실을 유전체손이라 한다.

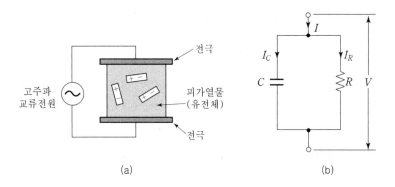

그림 1-20 유전가열의 원리와 등가회로

유전가열의 장점은 다음과 같다.

① 열이 유전체손에 의하여 피가열물 자체내에서 발생하기 때문에 가열이 균일하게 행하여 지며, 열전도의 대소나 피가열물의 두께 등에 아무 관계가 없다.

② 온도상승이 신속하며, 온도상승의 속도제어도 쉽고 선택가열도 가능하다.

③ 전원을 제거하면 즉시 가열은 정지되며, 주위의 물체에 축적되었던 열에 의하여 과열될 염려는 없다.

④ 외부가열방식에서는 내부를 요구하는 온도로 가열하려면 표면이 과열될 염려가 있었으나 내부발열인 이 방식에서는 그러한 염려는 없다.

(2) 유전체의 특성과 발열량

유전체의 전기적 성질을 나타내는 비유전율(比誘電率) ε_S와 유전체손실각(誘電體損失角) $\tan \delta$는 물질, 온도, 주파수 등에 따라 변화하며, ε_s, $\tan \delta$, 주파수 f에 의해 발열량이 결정된다. 유전체의 단위체적(부피) 중에 발생하는 전력은

$$P = k f \varepsilon_S \tan \delta \, E^2 \quad [\mathrm{W/cm^3}]$$

단, k : 상수, E : 전계의 세기 $[\mathrm{V/cm}]$

쌍극자의 마찰은 쌍극자가 이동하는 횟수, 즉 주파수에 비례하기 때문에 주파수는 $5 \sim 3,000 \, [\mathrm{MHz}]$가 사용된다.

(3) 유전가열의 용도

① 목재의 고주파 가공

유전가열의 내부가열과 선택가열 작용을 이용하여 건조, 접착, 방부처리 등을 할 수 있다. 사

용 주파수는 5~13[MHz], 출력은 적은 것에는 3[kW], 큰 것에는 5~30[kW]가 사용된다.

② 합성수지의 열처리

열변화성 플라스틱의 성형가공에 유전가열을 이용한다. 염화비닐의 봉합·접착 등이 있다.

③ 식품가공

2,450[MHz]의 마이크로파를 마그네트론으로 발진시켜 이것을 공동공진기를 형성하는 금속함내에 도입하고 그 속에 있는 식품을 가열한다. 대표적인 것이 전자레인지(1,000~3,000[MHz])이다.

④ 기타

기타 유전가열이 때때로 이용되는 것으로는 고무의 가황, 주물의 사형소성, 페니실린 등의 약품, 농수산물의 건조가공, 전동기·변압기 등의 절연물의 건조처리 등이 있다. 표 1-10에 고주파 유전가열의 응용분야를 나타낸다.

표 1-10 유전가열의 용도

분　야	용　도
섬유공업	합성섬유의 건조, 직물의 꼬는 가공
식품공업	탈수, 건조, 소독, 포장, 냉동식품의 용해, 고주파 조정
주물공업	주형건조
유리공업	적층유리의 제조, 금속용기의 유리에 의한 밀봉
의약품공업	비금속물질의 살균소독
플라스틱공업	플라스틱 파우더의 예열, 가공예열, 플라스틱 필름의 건조, 플라스틱의 접착
고무공업	유화, 고무가공
목재공업	목재건조, 베니어판의 접착, 휨가공

5 적외선 가열

(1) 적외선 가열의 특성

적외선이란 전자파의 일종이며 파장이 0.75[μm]에서 1[mm]범위의 광선을 말한다. 4[μm] 이하의 것은 근(近) 적외선, 4~25[μm]의 것을 단순히 적외선이라 하며, 25[μm] 이상의 것을 원(遠) 적외선으로 구별할 때도 있으며, 적외선도 에너지 전달의 유력한 수단이다.

표 1-11 페인트 색의 방사 흡수율

종 류	방사 흡수율	종 류	방사 흡수율
흑색 페인트	0.87	적색 페인트	0.64
카 본 블 랙	0.78	황색 페인트	0.50
회색 페인트	0.75	백색 페인트	0.46
녹색 페인트	0.73		

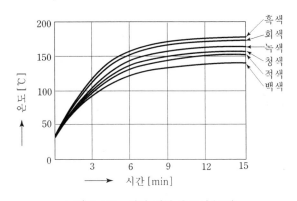

그림 1-21 색에 의한 온도상승(예)

　간접저항가열은 발열체에서 발생한 열을 대류와 방사에 의해 가열물에 전달하는 방식이나 적외선 가열은 방사(radiation)만으로 에너지를 가열물에 전달하는 방식이다.

　흡수되는 에너지의 양은 가열물의 재질(材質)이나 색(色)에 따라 다르다. 헝겊, 종이, 페인트, 가죽 등과 같은 비금속의 방사 흡수율은 $0.5 \sim 0.9$이나 금속은 0.6 이하이므로 적외선 가열은 비금속의 가열에 적합하다.

(2) 적외선의 발생

　적외선을 발생하는 기기는 적외선 전구와 니크롬히터가 있다. 이 중 적외선 전구는 텅스텐 필라멘트를 $2,500[\text{℃}]$로 통전 가열하여 적외선을 방사하는데 $1.1[\mu\text{m}]$ 부근이 최대 방사 에너지가 된다. 수명은 $5,000 \sim 10,000$ 시간 정도이고 1개당의 전기용량은 $100 \sim 1,000[\text{W}]$정도이며 피열물(被熱物)의 표면에 적외선을 집중하기 위해 전구의 유리안면에 금도금 또는 알루미증착을 해서 반사면을 만들고 있다.

　니크롬 히터는 중공(中空)금속도체의 내부에 절연된 니크롬선을 넣은 원형단면의 긴 막대 모양의 발열체를 홈통형 반사경의 초점(焦點)에 놓은 것으로 금속체는 $500 \sim 700[\text{℃}]$로 가열되면서 적외선을 방출하는데 용량은 1개가 $500 \sim 2,000[\text{W}]$이다.

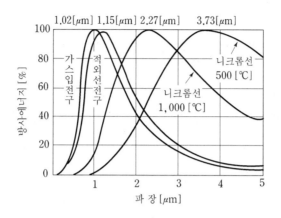

그림 1-22 적외선 발생 열원의 분광 에너지 분포

(3) 적외선 가열의 용도

적외선 가열은 비교적 두께가 엷은 것의 가열 건조나 수지(樹脂)가공 등에 이용된다.

① 도료의 건조와 소부(燒付)

객차, 화차, 자동차, 오토바이 등의 보디나 부품, 전기기계기구(조명기구, 라디오, 전기세탁기, 선풍기, 냉장고 등), 가구, 완구, 베니아판

② 섬유의 건조와 수지(樹脂) 가공

직물, 면포, 제사(製糸), 합성섬유, 탈지면, 고무원포(原布)의 건조, 모직물, 면직물, 어망 등의 수지가공

③ 종이류의 건조

펄프의 건조, 인쇄용지의 건조 피인쇄지(被印刷紙) 잉크의 건조

④ 식료품의 건조

전분(澱粉)의 건조, 비스킷의 건조, 야채나 생선류의 탈수, 김의 건조, 버섯의 건조

⑤ 기타

가죽류, 고무신발, 염화비닐의 수지가공, 베크라이트, 석면, 담배의 건조, 앰프의 가열멸균

⑥ 초음파 가열

(1) 초음파 가열의 특성

초음파는 우리가 귀로 들을 수 있는 가청음파($20 \sim 20,000$ [Hz])와 같이 매질 중의 탄성파이다. 따라서 가청음파의 성질인 반사, 굴절, 투과 및 흡수 등 여러 법칙이 그대로 적용된다. 그러므로 일반음파와 본질적으로 아무런 변화는 없다. 다만 매질, 주파수 및 강도에서 현저한 차이를 나타내며, 음파에서는 상상할 수 없는 현상이 나타난다. 초음파 특성은 다음과 같다.

① 주파수가 높다. 따라서 파장이 짧다.

가청주파수를 초월한 어떤 주파수도 사용할 수 있으나 공업적으로는 1 [kHz] ~ 200 [MHz] 정도가 많이 사용되며 동력적 응용분야에는 수 [MHz] 정도까지 사용하고 있다.

$c = f \cdot \lambda$ 의 관계로부터 파장 λ는 주파수 f와 반비례하므로 초음파의 파장은 매우 짧다. 따라서 방향성이 있는 음속이 얻어지기 쉽다. 또한 초음파 전파에서는 기하광학적으로 취급할 수 있게 되며, 초음파가 통과하는 곳에 반사판, 렌즈 및 프리즘 등을 놓아 빛에서와 같이 반사, 굴절, 집속, 발산시킬 수도 있다.

② 매질은 공기 중에서만이 아니다.

가청음파의 대부분은 공기 중의 전파인 것에 대하여 초음파는 기체, 액체, 고체 등의 매질 중에서도 사용되며, 특히 액체, 고체에 이용되는 것이 많다. 이 때문에 응용범위도 대단히 넓다. 상온, 상압의 공기 중을 음파는 약 340 [m/s]의 속도로 전파되지만, 매질이 변하면 그 음속도 변한다.

③ 강도가 세다.

공기 중의 음속에는 10^{-16} [W/cm^2]을 기준으로 하여 0 [dB] (10^{-16} [W/cm^2])에서 120 [dB] (10^{-4} [W/cm^2]) 정도까지의 소리를 들을 수 있으며 그 이상 강하게 되면 귀에 장애를 줄 수 있다. 이에 대하여 초음파의 응용에서는 1 [W/cm^2] 이상의 것이 보통으로 사용되고 있어서 여러 가지 특이한 현상이 일어난다.

(2) 캐비테이션 (cavitation)

액체 중의 초음파는 보통 음파와 같은 양상으로 소밀파(疏密波)이며 따라서 압력의 변동이 전하여 간다. 액체 중의 어느 한 점에 대하여 관찰하여 보면 이 점에서의 압력은 그림 1-23에

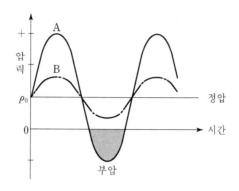

그림 1-23 캐비테이션

서 표시한 A 곡선과 같이 정압 ρ_0를 중심으로 하여 압력의 증강이 일어난다. 초음파의 세기를 점차로 크게 하여 정압 이상의 압력진폭으로 하면 곡선 B와 같이 감압쪽에서 부압(負壓)이 일어난다.

부압은 실제로 존재하지 않으므로 액체를 분열하는 힘이 작용하여 진공상태의 공동(空洞)현상이 발생될 수 있다. 이러한 공동은 진공 또는 이에 가까운 저압에서 다음의 압축위상으로 될 때 재차 무너지며, 이때 액체 상호간에 큰 충격적 압력이 발생하고 강력한 기계적 교란이 일어난다. 이것을 **캐비테이션**(cavitation) **현상**이라 하며, 강력한 초음파의 특이현상을 나타내는 한 가지 예이다.

이 캐비테이션 작용을 작용별로 크게 나누면 물리학적 작용과 화학적 작용, 생물학적 및 야금적 작용이 있다. **물리학적 작용**의 예로 초음파는 캐비테이션에 의하여 액체내에 녹아 있는 기체를 거품으로 만들어 제거한다. 또한 충격파에 의해서 액체내에 놓인 고체를 침식하거나 고체표면의 더러움을 제거하며 서로 혼합되지 않는 액체를 유화(emulsification) 분산시키는 작용이 있다.

화학적 작용으로 초음파는 충격파의 발생, 온도상승, 이온화 등에 의하여 반응속도를 빨리 하거나 산화나 분해를 촉진시키며 고분자를 파괴한다. 또한 전기분해나 전기도금의 경우 전극에 초음파를 가하면 분극전위를 변화시키거나 도금의 효율이나 질을 향상시키는 작용이 있다.

생물학적 작용으로는 캐비테이션에 의한 충격파나 물의 이온화를 비롯한 화학작용이 세균이나 생물의 세포를 파괴하거나 미세한 생물을 살상시키는 작용이 있다. 특수한 작용에 속하는 **야금적 작용**은 초음파를 용융된 금속에 조사하면 응고가 빨라지고 결정이 미세화하므로 혼합이 어려운 금속을 합금할 수가 있다.

(3) 초음파 플라스틱 용접

　초음파 플라스틱 용접기의 그림 1-24에 표시하는 것과 같이 공구호온의 선단을 수[kg]~수십[kg] 정도의 정압력으로 시료를 눌러 두고 초음파진동을 시킨다. 공구호온의 선단에서 플라스틱 시료 중에 전달되는 초음파 진동에너지는 초음파 진동에 의하여 접합면에 의하여 접합면에 용융해리의 상호충돌로 인한 마찰발열효과 및 접합면에 인가되는 교번정현응력에 의한 발열효과 등의 작용으로 시료 경계면에서 대부분이 열에너지로 변하며 이 부분이 선택적으로 가열되어 접합 경계면이 순간적으로 용접된다.

　현재 쓰이고 있는 플라스틱 용접기는 초음파출력이 $30\,[\mathrm{W}]\sim3\,[\mathrm{kW}]$, 주파수 $15\sim40\,[\mathrm{kHz}]$ 정도가 많다.

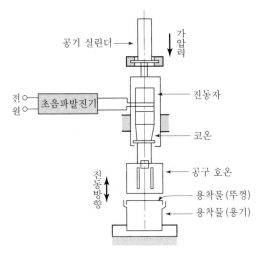

그림 1-24 초음파 플라스틱 용접

7　전자빔 가열

(1) 전자빔 가열의 특성

　전계(電界)에 의하여 전자(electron)에 에너지를 가하면 전자의 이동속도가 빨라지고, 이동속도가 큰 전자는 보다 큰 에너지를 보유하게 되며, 이러한 큰 에너지를 가진 전자를 가열물에 충돌시킴으로써 전자가 가지고 있던 에너지를 가열물에 방출시킨다. 이와 같이 방향성이 좋은 전자를 집중시킨 것을 **전자빔**(electron beam)이라 하며, 전자빔을 이용한 가열을 **전자빔 가열**이라 한다. 진공도가 $10^{-4}\sim10^{-5}\,[\mathrm{mmHg}]$ 정도의 진공 중에서 밀도가 큰 전자빔을 시료에 조사하여 세라믹의 가공, 용접, 용해 및 증착 등 정밀가공을 하는 것이다. 전자빔 중의 각 전자의 운

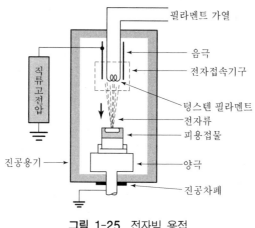

그림 1-25 전자빔 용접

동에너지는 $(1/2)\,mv^2$, 매초 흐르는 전자수를 n으로 하면, 1초간에 전자빔이 옮기는 에너지 W는 다음과 같다.

$$W = (1/2)\,mv^2 n = eV_a\,n = V_a\,I_b \quad [\text{W}]$$

단, I_b : 전자빔 전류 = en[A]

전자빔 가공은 진공 중에서 가공해야 하는 난점이 있으나 지름이 $10[\mu]$ 이하의 대단히 작은 구멍을 뚫을 수가 있으며, 시계나 계기용 보석베어링가공, 전자부품의 가공, 원자로용 연료 피복의 용접, 텅스텐 및 몰리브덴 등의 진공용해나 진공증발 등에 이용되고 있다. 전자빔 가열의 특징은 다음과 같다.

① 전자빔을 국부적으로 모아서 전력밀도를 높게 할 수 있기 때문에 대단히 적은 부분의 가공이나 구멍을 뚫는 작업이 쉽다.
② 가열범위를 극히 국한된 부분에 집중시킬 수 있으므로 열에 의하여 변질이 될 부분을 적게 할 수 있다.
③ 고융점재료 및 금속박재료의 용접이 쉽다.
④ 전력밀도가 높은 예민한 빔을 주사하여 임의의 형태의 구멍을 만들 수 있다.
⑤ 에너지밀도나 분포를 쉽게 조절할 수 있다.
⑥ 진공 중에서의 가열이 가능하다.

(2) 전자빔 가열의 용도

진공 중에서 전계에 의하여 고속으로 가속된 전자빔을 피열물에 충돌시켜 그 운동에너지를 피열물에 전달함으로써 피열물을 강력하게 가열할 수 있다. 따라서 이를 이용하여 금속이나

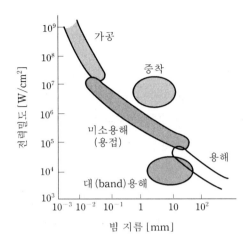

그림 1-26   전자빔 가열의 용도와 전력밀도

세라믹의 가공, 용해, 증착, 용접 등 정밀 가공에 이용할 수 있다. 그림 1-26은 전자빔의 지름을 제어전극으로 조정함에 따라 전력밀도가 변화하는 것을 나타낸 것이다.

① 정밀가공

금속, 반도체, 보석의 홈파기, 구멍뚫기 등을 하는데 전력밀도는 10^9 [W/cm²], 전자빔의 지름 10 [μm]로 한다. 예를 들어 전자현미경용 백금조리개, 인조루비, 방사(紡絲)용 노즐 등의 천공, 집적회로용 실리콘 웨퍼의 절삭, 마이크로모듈용 알루미나세라믹스에 크롬을 진공증착한 것을 절삭하는 등이다.

② 용 접

진공중에서 하기 때문에 활성금속(지르코늄, 지르카로이, 티탄, 몰리브덴 등)이나 벨리륨, 우란과 같이 유해가스를 방출하는 금속의 용접이 가능하고 또 열영향부분이 보통의 용접에 비해 아주 작아 품질을 향상시킬 수 있다.

③ 용 해(溶解)

원자력발전이나 미사일용에 쓰이는 탄탈, 지르코늄, 티탄, 네오브 등의 고융점(高融點) 활성금속재료의 필요에서 개발되었으며 순도의 향상, 용해능력이 우수하다. 150 [kW]정도의 것까지 사용되고 있다.

8 레이저 가열

레이저는 단일 파장의 적외선을 말한다. 적외선가열에 있어서 선원(線源)은 적외선램프이고 에너지분포는 파장이 $0.5{\sim}5\,[\mu m]$였으나 이것에 비해 레이저는 단일파장의 적외선이다. 레이저는 여러 파장을 가진 빛을 어떤 물질(활성물질이라 한다)에 쏘이면, 그 물질에서 단일 파장의 빛이 발생하므로서 얻어지는데 활성물질로서 루비 등의 고체, 헬륨·탄산가스 등의 기체가 쓰인다.

단일파장이기 때문에 레이저를 렌즈로 집속(集束)하면 $10^{12}\,[\mathrm{W/cm^2}]$란 큰 전력밀도를 얻게 된다. 집속직경은 $2{\sim}3\,[\mu m]$로 전자빔의 $10\,[\mu m]$에 비해 아주 작다.

(1) 구 성

그림 1-27은 루비 레이저의 한 예인데 전원에 의해 방전관(제논 섬광램프 등)이 점등하면 그 빛을 받은 루비롯드가 단일파장의 적외선을 발생하고 루비롯드의 왼쪽끝으로 향한 빛은 반사해서 오른쪽 끝에서 밖으로 나간다(루비레이저의 단일파장은 $0.69\,[\mu m]$이다).

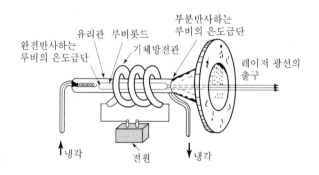

그림 1-27 루비 레이저의 원리

(2) 용 도

열원으로서 사용하는 분야는 기계가공과 의료분야이다. 기계가공에서는 절삭, 용접, 용단, 표면처리에 쓰이고 $5\,[\mathrm{kW}]$ 출력의 장치로 $1.2\,[\mathrm{cm}]$의 스테인리스 강판을 매분 $1.5\,[\mathrm{m}]$, 같은 두께의 탄소 강판을 매분 $4\,[\mathrm{m}]$의 속도로 절단할 수 있다. 의료용으로는 전기메스로서 수술에 응용하기 시작하였고 열원 이외로서 통신, 계측 분야의 응용이 추진되고 있다.

연습문제

1. 1[BTU]는 약 몇 [cal]인가?

2. 200[W]는 약 몇 [cal/s]인가?

3. 지름 30[cm], 길이가 1.5[m]인 탄소전극의 열저항값 [열Ω]은 약 얼마인가? (단, 전극의 고유저항은 2.5[열Ω·m]이다)

4. 어떤 전열기에서 5분 동안에 900,000[J]의 일을 했다고 한다. 이 전열기에서 소비한 전력은 몇 [W]인가?

5. 10[°C]의 물 10[l]를 20분간에 96[°C]로 올리자면 전열기의 용량 [kW]은? (단, 전열기의 효율은 70[%]이다)

6. 5[l]의 물을 10[°C]로부터 20[°C]로 높이는 데 필요한 열량은 몇 [kcal]인가?

7. 니크롬선에서 크롬의 함유율 [%]은?

8. 순금속발열체 중 용융온도가 가장 높은 것은?

9. 효율 80[%]의 전열기로 1[kWh]의 전기량을 소비하였을 때, 10[l]의 물을 몇 [°C] 올릴 수 있는가?

10. 용량 600[W]인 전열기의 전열선 길이 5[%] 짧게 되면 소비전력은 몇 [W]로 되는가?

11. 전기가열의 종류와 원리에 대하여 논하여라.

12. 전기가열의 특징을 열거하여라.

13. 유도가열과 유전가열의 차이를 설명하여라.

14. 유도가열과 유전가열의 공통점은 무엇인가?

15. 전기건조의 종류를 들고 그 특징을 비교 설명하여라.

16. 발열체의 구비조건을 열거하여라.

17. 아크의 전압·전류 특성은 무슨 특성인가?

18. 비닐막 등의 접착에 주로 사용하는 가열방식은 무엇인가?

19. 내부가열에 적당한 전기건조방식은 무엇인가?

전기용접

2-1 전기용접의 종류

용접(welding)이란 분리되어 있는 금속편의 일부를 가열 혹은 가압하든가 또는 이들 조작을 동시에 행하여서 금속류를 단단하게 접속시키는 공작법이다.

용접을 접합수단에 의하여 분류하면 융접(fusion welding), 압접(pressure welding), 납땜(brazing)으로 분류된다. **융접**[1](용융용접)은 용접부위를 녹여서 금속류를 융화시켜 결합하는 방법이고, **압접**[2](가압용접)은 대부분의 경우 용접부위를 적당한 온도로 가열하고 압력 또는 타격을 가해 국부를 밀착시켜 결합시키는 방법이며, **납땜**[3](brazing)은 용접부위에 적합되

---

1) 융접(fusion welding) : 용융상태에 있는 금속에 기계적 압력 또는 타격을 가하여 용접하는 방법. 이 용접에는 아크용접, 가스용접, 테르밋용접, 전자빔용접, 플라즈마용접, 레이저용접 등이 있다.
2) 압접(pressure welding) : 가열한 접합부에 기계적 압력을 가하여 용접하는 방법. 이용접에는 단접, 냉간 압접, 저항용접, 초음파용접 등이 있다.
3) 납땜에는 경납땜과 연납땜이 있으며, 일반적으로 말하는 납땜은 연납땜을 말한다.
 · 경납 : 450 [℃] 이상의 용융점을 가진 용가재(안티몬을 4~8 [%] 함유한 납합금)
 · 연납 : 450 [℃] 미만의 용융점을 가진 용가재(납과 주석의 합금)

는 재료보다도 녹기 쉬운 금속을 흘려보내서 이것을 중계로 하여 결합하는 방법이다. 이들을 다시 세분하면 40여 종이나 된다.

전기용접이란 전기적으로 접합부를 가열하는 방식을 말하는데 가열 방식에 따라 저항용접, 유도용접, 아크용접의 세 가지로 나눌 수 있다. 아크용접은 접합부를 완전히 용해해서 접합하므로 융접에 속하고, 저항용접과 유도용접은 압력을 가하여 용접하므로 압접에 속한다.

2-2 저항용접 (resistance welding)

도체에 전류가 흐르면 저항에 의해 도체내에 열이 발생한다. 이 열을 저항열 또는 주울 열 (Joule heat)이라고 한다. 2개의 도체가 접속되어 있으면 양도체가 접촉하는 부분의 전기 저항, 즉 접촉 저항은 각 도체의 고유 저항보다 일반적으로 크다. 그러므로 같은 크기의 전류에 의해서 단위시간에 발생하는 주울 열에 대한 단위체적당 열량은 도체의 내부보다 접촉부가 더 크다. 그러므로 통전에 따른 양도체간 접촉부의 온도는 현저히 높게 되며, 결국 접촉부의 금속이 용융하게 된다. 이때 전류를 끊고, 외부에서 압력을 가해 양도체는 잘 밀착하여 합체가 되고 냉각하면 양도체는 견고하게 결합된다. 따라서, 전기저항에 의한 발열을 이용하여 접촉 부분을 용융시키고 여기에 압력을 병용하여 결합하는 방법을 **저항용접**이라 한다.

저항용접의 종류에는 모재[4]를 겹쳐서 용접하는 **겹치기 용접**과 전극을 맞보게 해서 용접하는 **맞대기 용접**(butt welding)으로 나눌 수 있으며 이들은 또 다음과 같이 분류된다.

(1) 겹치기 용접 (lap welding)

① 점 용접(spot welding)
② 심 용접(seam welding)
③ 프로젝션 용접(projection welding)

(2) 맞대기 용접 (butt welding)

① 업셋 용접(upset butt welding)
② 불꽃 용접(flash butt welding)

저항용접은 아크용접과 비교해서 다음과 같은 특징을 갖고 있다.

---

[4] 모재(base metal) : 용접 또는 절단되는 금속

① 용접봉 플럭스[5](flux)가 필요없다.

② 온도가 낮기 때문에 모재(母材)에 대한 열영향이 적다.

③ 용접 후의 변형이 적다.

④ 양호한 금속조직을 얻을 수 있다.

⑤ 대전류가 필요하기 때문에 전기용량이 크다.

⑥ 전용기(專用機)로서 대량 생산에 알맞다.

⑦ 용접물의 재질, 모양, 치수에 따라 전류값, 통전시간, 가압력, 전극 등을 선정해야 하므로 제어회로가 복잡해진다.

1 점 용접 (spot welding)

점 용접은 그림 2-1(a)와 같이 두 전극간에 2매의 금속판을 겹쳐서 넣고 가압하면서 통전하여 발생하는 저항열에 의한 융접(融接)이며, 이 융합부를 너깃[6](nugget)이라 한다. 1[mm] 두께의 연강판에 대하여 75~225[kg], 전류 5,600~8,800[A], 통전시간 0.17~0.6[sec] 이다. 전극은 통전 역할뿐만 아니라 압력을 가하고, 냉각 효과를 주어야 하므로 전기 및 열전도성이 양호하며, 경도가 큰 특수 동합금을 이용한다. 극이 클 때에는 그림 2-1(b)와 같이 수냉을 행한다. 용접점 간의 거리인 피치(pitch)가 너무 작으면 전류가 흘러 용접이 불량하며, 연강에서는 두께 1[mm]에 대하여 최소 피치가 18[mm] 정도이다. 두꺼운 재료에 대해서는 판의 두께

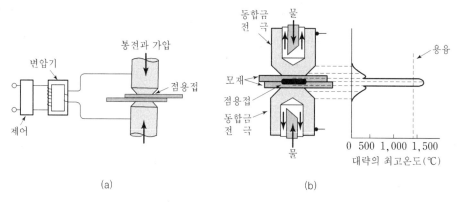

(a)   (b)

그림 2-1 점 용접의 원리

---

5) 플럭스(flux) : 용접을 할 때 산화물이나 기타 유해물을 용융금속에서 분리하여 제거시키기 위하여 쓰이는 것, 용제(溶劑)라고도 함.

6) 너깃(nugget) : 저항용접에 있어서 접합부에 나타나는 용융, 응고된 금속부분

(a) 점 용접기   (b) 점 용접기의 전극

그림 2-2 점 용접기

에 비례하여 피치를 크게 한다.

전구의 필라멘트의 용접, 열전대의 접점의 용접 등 가는 선 또는 작은 금속 조각의 용접에 널리 사용된다.

② 심 용접 (seam welding)

그림 2-4(a)와 같이 원판 전극을 사용하여 용접전류를 공급하면서 가압 회전시켜 점(spot) 용접을 연속적으로 행하면 심(seam) 용접이 되며, 액체의 누설(漏泄)을 막고, 기체의 기밀

그림 2-3 심 (seam) 용접기

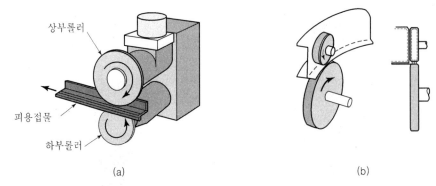

상부롤러

피용접물

하부롤러

(a)   (b)

그림 2-4 심플 랩 심 용접 (simple lap seam welding)

(氣密)을 요하는 용기 및 관 등의 용접에 이용된다. 심(seam) 용접에 공급되는 전류의 일부
는 이미 용접된 인접 용접부로 흘러 손실되고, 일부는 원판 전극 사이에 흐르므로 대전류를 요
한다. 그러나 대전류를 연속적으로 공급하면 열량이 과대하여 용접부 전체를 용융시키므로 통
전법(通電法)에는 단속통전법(斷續通電法), 연속통전법, 맥동통전법(脈動通電法)이 있으
나, 단속적인 통전을 하는 경우가 많다. 강(鋼)의 경우에는 (통전시간) : (휴지시간)＝1 : 1,
경합금(輕合金)의 경우에는 (통전시간) : (휴지시간)＝1 : 3 정도이다. 심(seam) 용접의 전
류는 점용접의 1.5~2배 정도이며, 가압력은 1.2~1.6배 정도이다.

전극의 내부 또는 외부를 수냉하여 전극이 과열되는 상태를 피한다.

심(seam) 용접에는 그림 2-4와 같은 심플 랩 심 용접(simple lap seam welding), 그림
2-5와 같이 판두께의 1/2 정도를 포개고 가압하면 맞대기용접한 것과 같이 되는 매시 심 용접
(mash seam welding), 그림 2-6과 같이 판의 끝을 맞대고 가압하는 맞대기 심 용접(butt
seam welding) 등이 있다. 그림 2-7에서와 같이 단속기간을 크게 하여 너깃(nugget)의 간격
이 벌어질 때의 용접을 롤 스폿 용접(roll spot welding)이라 한다.

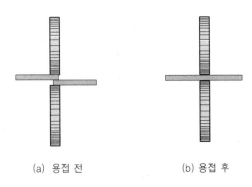

(a) 용접 전   (b) 용접 후

그림 2-5 매시 심 용접 (mash seam welding)

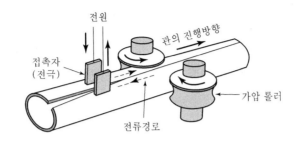

그림 2-6 파이프의 맞대기 심 용접 (butt seam welding)

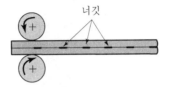

그림 2-7 롤 스폿 용접

③ 프로젝션 용접 (projection welding)

금속판의 한쪽 또는 양쪽에 돌기부를 만들고 가압하면서 통전하면 돌기부에 전류가 집중되어 용접온도에 달할 때 가압력을 증가시키면 일시에 다점(多點) 용접을 할 수 있는 용접이다. 두꺼운 판과 얇은 판을 겹쳐 용접할 때에는 두꺼운 판에 돌기(projection)를 가공한다. 돌기 높이는 대체로 판두께의 1/3 정도이며, 용접전류는 1[mm] 두께의 연강판에 대하여 8,000[A], 가압력은 250[kg], 용접시간은 1/3[sec] 정도이다.

프로젝션 용접의 특징은 다음과 같다.

① 판재의 두께가 다른 것도 용접할 수 있다(두꺼운 판에 프로젝션을 가공).
② 열전도율이 다른 금속의 용접이 가능하다(열전도율이 큰 판에 프로젝션을 가공).
③ 피치(pitch)가 작은 용접이 가능하다.
④ 전류와 가압력이 각 점에 균일하므로 용접의 신뢰도가 높다.
⑤ 작업속도가 빠르다.

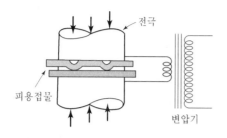

(a) 프로젝션 용접의 원리

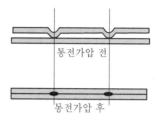

(b) 프로젝션 용접 전후의 상태

(c) 프로젝션 용접기

그림 2-8 프로젝션 용접

4 업셋 용접(upset butt welding)

단순히 맞대기 용접(butt welding)이라고도 하며, 금속봉·선·판 등의 단면(端面)을 맞
대고 접합하는 방법이다. 피용접재에 압력을 가하여 서로 맞대고, 여기에 대전류를 흐르게 하
여 접촉부분의 접촉저항에 의한 주울 열을 이용하여 가열시켜 적당한 용접온도에 도달하였을
때 축 방향으로 다시 가압하여 융합시키는 용접으로서 고상압접(固相壓接)에 속한다. 이때
용접부분은 고온으로 되고 열소성 상태로 되어 있으므로 가압하면 접촉부는 그림 2-9와 같이
볼록하게 부풀어 모재의 길이가 짧아진다.

압력은 소형기계에서는 수동식으로 가하며 스프링 가압식이 많이 쓰이고 있으며, 대형기계
에서는 공기압, 유압, 수압 등이 사용되고 있다. 전극은 전기 전도도가 좋은 순 구리 또는 구

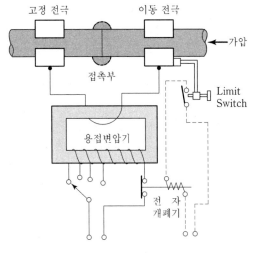

그림 2-9 업셋 용접의 원리

리 합금의 주물로서 만들어지고 있다. 변압기는 대부분 단권변압기이므로 1차 권선수를 변화시켜 2차 전류를 조정한다. 업셋 용접법은 불꽃 용접법에 비하여 가열 속도가 늦고 용접 시간이 길다.

5 불꽃 용접 (flash butt welding)

불꽃 용접은 업셋 용접과 거의 비슷한 용접으로 플래시(flash) 용접이라고도 부른다. 용접할 재료를 서로 접촉시키기 전에 적당한 거리에 놓고 전원을 연결하여 서서히 접근시킨다. 용접 재료가 서로 접촉하면 돌출된 부분에 전류가 집중되어 불꽃(flash)이 발생되어 접촉부가 과열된다. 용접물이 더욱 접근됨에 따라 다른 접촉부에서도 같은 방식으로 불꽃(flash)이 생겨 모재가 가열됨으로써 용융 상태가 된다. 적당한 고온에 도달하였을 때 강한 압력을 가하여 압접한다.

업셋 용접과 비교하여 불꽃 용접의 특징은 다음과 같다.

① 가열 범위가 좁고 열 영향부가 작다.
② 용접면에 산화물이 생기지 않는다.
③ 신뢰도가 좋고 이음강도가 크다.
④ 동일한 전기용량에 큰 물건의 용접이 가능하다.
⑤ 용접 시간이 짧고 소비전력이 적다.
⑥ 종류가 다른 이질재료(異質材料)의 용접이 가능하다.

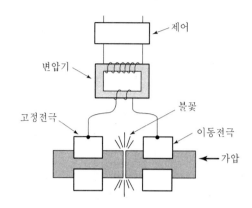

그림 2-10 불꽃 용접의 원리

2-3 유도 용접

유도용접은 공구, 기계부품, 전기기구 부품 등의 납땜작업에 널리 사용되고 있다. 특히 고주파유도가열장치가 국부가열에 적합한 기능을 가지고 있으므로 그림 2-6과 같이 파이프 용접(pipe welding)에 매우 효율적이다.

이 방식은 그림 2-11과 같이 직접 접촉자(contact)를 V형 개구부의 에지(edge)에 접촉하여 주울 열에 의하여 용접하는 고주파 저항용접법에 의한 전봉관용접과 비슷하나, 유도코일을 사용하여 피가열물에 발생하는 와류에 의한 주울 열로 용접한다는 것이 서로 다른 점이다.

고주파 유도가열장치에 의한 파이프 용접은 고주파전류를 흐르게 한 유도코일, 즉 작업코일(work coil) 속에 롤(roll)로 형성한 파이프 모양의 스트립(strip)을 통과시키면서 가열하여

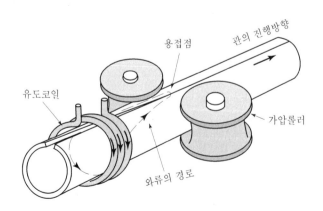

그림 2-11 고주파 유도가열에 의한 전봉관 용접

가압 롤러(squeeze roller)로 가압단접(加壓段接)하여 파이프를 만드는 형식이다. 이때 고주파 전류는 표피효과로 인하여 에지(edge)에 집중되므로 필요한 접합부(용접부)만을 가열할 수 있다.

유도가열 방식은 파이프의 전송능률 때문에 효율은 저항가열 방식보다 떨어지지만, 콘텍트 팁의 소모교환의 문제가 없고 콘텍트를 사용하지 않으므로 장치가 극히 안정된다는 점에서 고주파 유도가열 방식의 설비를 많이 채용하고 있다. 파이프를 공급하는 속도는 장치의 출력에 비례하고 파이프 두께(t)가 두꺼울수록 용접속도가 늦어지고, 파이프 직경에도 출력의 영향은 크게 받는다.

2-4 아크용접 (arc welding)

아크용접(arc welding)이란 용접용 전극(용접봉)과 금속 모재(母材)의 표면사이에 발생하는 전기적 아크와 열을 이용하여 금속을 가열하여 두 금속을 접합(coalescence)시키는 방법이다.

아크(arc)란 용접봉과 모재 사이에 전압을 걸고 용접봉 끝부분을 모재에 살짝 접촉시켰다가 떼는 순간에 불꽃 방전에 의해 원호모양의 청백색의 강한 빛을 내는 부분을 말한다. 아크의 중심부에 있는 지름이 작고 백색에 가까운 아주 밝은 부분을 아크중심이라 하며 이 부분의 길이를 아크길이(arc length)라 하고, 이 중심부위를 둘러싼 담홍색 부분을 아크기둥(arc column)이라 하며 그 외부를 둘러싼 불꽃을 아크불꽃이라 한다.

이 아크를 통하여 강한 전류(약 10~500 [A])가 흐르며, 이 강한 전류가 금속증기나 그 주위의 각종 기체분자를 양이온과 전자(電子)로 해리(解離)하여, 양이온은 음극으로 전자는 양극으로 끌려가게 된다. 이 아크의 전류는 강한 열($5,000$ [℃])을 발생시키고 이 열에 의해 용접봉은 녹아서 금속증기 또는 용적(熔滴, globule)이 되며, 동시에 모재도 녹아서 용융지(熔融池, molten weld pool)를 형성한다. 용접봉의 금속증기 또는 용적이 용융지에 흡착되어 모재의 일부와 융합하여 용접금속(熔接金屬, welding metal)을 형성한다.

따라서 아크용접에서는 모재와 용접봉이 각기 전극의 역할을 하게 되는데 모재와 용접봉중 어느 것이 각각 양극 또는 음극이 되는가와 모재와 용접봉의 성질에 따라 용접의 성능이 달라지게 된다. 아크용접에 있어서 직류전원을 사용한 경우를 직류용접(DC arc welding)이라 하고 교류전원을 사용한 경우를 교류용접(AC arc welding)이라 한다.

아크를 발생시키는 전원은 직류와 교류를 다 사용할 수 있다. 직류인 경우 양극(+)에 발생하는 열량이 음극(−)에 발생하는 열량보다 훨씬 많다. 그 이유는 전자가 음극에서 양극으로 흐르기 때문에 전자의 충격을 받는 양극에서 발열량이 많다. 따라서 용접봉을 연결할 때 전원을 고려하여야 한다. 그러나 교류인 경우 양극과 음극이 주파수에 의해 바뀌므로 발생하는 열량은 각 극에서 거의 비슷하다.

직류(DC) 전원을 사용하는 경우, 용접봉을 음극에 모재를 양극에 연결한 경우를 **정극**(正極, straight polarity)이라 하는데 이 경우는 용접봉의 용융이 늦고 모재의 용입[7](penetration)이 깊어진다. 반대로 용접봉을 양극에 모재를 음극에 연결한 경우를 **역극**(逆極, reverse polarity)이라 하는데, 이때는 용접봉이 전자의 충격이 더 세므로 용접봉의 용융속도가 빠르고 모재의 용입이 얕아지게 된다. 따라서 극성이 유해물질 발생에 영향을 미치는 한 인자가 된다.

이 아크용접은 전극, 플럭스(flux), 피복가스, 기타 장비에 의해 여러 가지 종류로 구분된다. 전극은 비피복선(非被覆線, bare wire)을 사용하거나 플럭스(flux) 물질로 약하게 또는 강하게 피복되어진 것을 사용한다. 비피복 전극(bare wire electrodes)은 가격이 싸나 용접이 잘되지 않고 유지하기가 힘들므로 잘 사용하지 않는다. 때로는 사용전 산화를 방지하기 위해 플럭스(flux) 대신 용가재(filler material)에 구리를 코팅시키기도 한다.

피복재는 플럭스(flux)를 칠한 것으로 용접전극이 산화하는 것을 방지하는 것보다도 용접시에 다음과 같은 중요한 역할을 한다.

① 증발이나 연소에 의해서 다량의 가스를 발생해서 용접부분을 덮어 용접면의 산화를 방지한다.
② 아크를 안정하게 하는 분위기를 만든다.
③ 피복재가 용접봉의 심선보다도 뒤에 무너지므로 아크에 지향성을 준다.
④ 용접금속 중의 산소나 질소 등의 가스를 제거하고 동시에 유동성의 슬랙[8]을 만들어 용접면을 보호한다. 또 일부 성분이 금속 중에 용입되어 용착금속의 성질을 개선한다.

1 탄소 아크용접 (carbon arc welding)

그림 2-12에 나타낸 탄소 아크용접은 오늘날 널리 사용되는 아크용접의 근원이다.
탄소 아크용접의 특징은 다음과 같다.

① 전원은 직류를 사용한다(교류는 아크가 불안정하여 사용하지 않는다).

---

7) 용입(weld penetration) : 모재가 녹은 깊이
8) 슬랙(slag) : 용착부에 나타난 비금속 물질

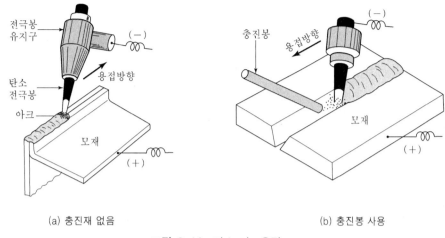

(a) 충진재 없음   (b) 충진봉 사용

그림 2-12 탄소 아크용접

② 탄소봉을 음극으로 하고 모재를 양극으로 한 정극[9](straight polarity)을 사용한다. 탄소봉의 선단에서 방출한 전자가 안정된 아크를 만들어서 좋은 용접이 된다. 탄소 전극봉의 소모가 적다.

③ 탄소봉을 양극으로 한 역극(reverse polarity)에서는 탄소의 소립자가 양이온을 띠고 음의 모재에 붙는다. 이 현상은 많은 경우 유해하고, 탄소 전극봉의 소모가 많다.

④ 가스용접에 비교하면 용접이 빨리 되고 경제적이다(강한 열을 국부적으로 집중할 수 있다).

⑤ 탄소 아크용접에서 모재나 탄소봉의 표면에 빠른 속도로 플럭스(flux)의 연소가스로 아크를 보호하든가 혹은 불활성가스로 보호하면 용접 금속의 성질은 좋게 된다.

⑥ 심(芯)이 들은 탄소봉을 사용하면 교류로도 사용될 수 있다.

② 원자 수소용접 (atomic hydrogen welding)

이것은 직접 아크열에 의하여 용접부를 가열하는 것이 아니고 수소원자의 결합열을 이용한 용접법이다. 즉 두 개의 텅스텐 전극 사이에 아크를 발생시켜 놓고 이곳에 수소가스를 불어대면 $6,000[℃]$ 정도의 고온 때문에 수소는 에너지를 흡수하여 분자상태의 H_2로부터 원자상태의 H로 해리된다. 이 해리상태의 H를 용접부에 불어대면 그 표면에서 H는 냉각하여 또 다시 H_2

---

9) 정극(正極) : 직류 아크용접을 할 때의 접속방법이며, 피용접물을 전원의 양극에 용접봉을 음극에 접속하였을 때를 말한다.

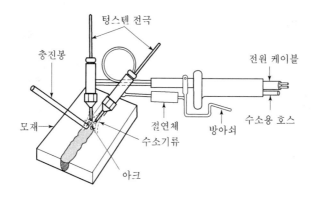

그림 2-13   원자 수소 용접

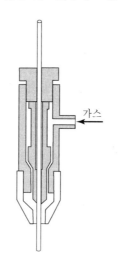

그림 2-14   토치의 구조

로 돌아오고 냉각결합할 때의 큰 에너지를 열로서 방출한다. 이 열로 용접이 이루어지며 전극과 용접개소와의 거리에 따라서 임의의 온도가 얻어지고 또한 수소기류에 의하여 전극이 냉각되며 동시에 전극 및 용접부가 공기로부터 차단되어 산화가 방지되는 효과가 있으므로 경금속이나 동 및 동합금, 스테인리스강 등의 용접에 이용된다.

③ 나금속 아크용접 (metalic arc welding with bare electrode)

용접해야 할 모재의 재질과 같거나 혹은 비슷한 재질의 철사봉을 한 쪽의 전극으로 하고, 모재를 다른 쪽 전극으로 하면 양전극 사이에 아크가 일어나고, 이 아크의 열에 의하여 모재를 가열 용융함과 동시에 철사봉에서 방출하는 용융금속 미립자를 모재의 용융부에 침전시켜 필요한 만큼 용접금속을 만든다.

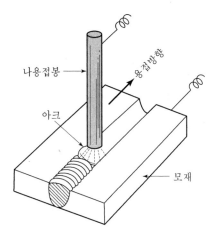

그림 2-15 나금속 아크용접

④ 피복금속 아크용접 (shielded metal arc welding)

나금속 아크용접의 결점인 아크의 불안정을 해소하며, 대기의 오손을 방지하고 건전한 용접 금속을 만들어 양호한 용접을 하기 위하여 용접봉에 피복제가 덮여 있으므로 **피복금속 아크용접** 이라고 부른다. 그림 2-16은 이 용접법의 원리를 나타내었다.

그림에서 보는 것처럼 용접봉과 모재사이에 아크가 형성되고 이 아크에서 발생되는 열에 의 해서 용접봉과 모재가 녹아 들어가면서 용접이 이루어진다. 용접이 이루어진 부위는 피복제에 서 발생한 두꺼운 층이 있는데 이것을 슬랙(slag)이라고 한다. 이 슬랙은 여러 가지 역할을 하

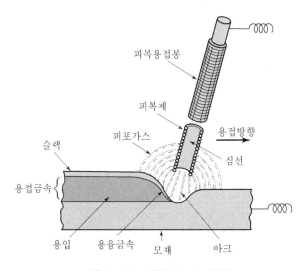

그림 2-16 피복금속 아크용접

는데 특히 공기 중의 산소와 질소가 용접부위에 못 들어가게 하여 용접성을 좋게 하는 역할을 하게 된다. 나중에 이 부분을 작은 망치 같은 것으로 두드려 제거한다.

⑤ 불활성가스 아크용접 (inert gas arc welding)

결점없는 용접을 하기 위하여 피포(被包)가스로서 불활성가스가 이용되며, 원자수소 용접에서와 같이 용접토치의 속을 통하여 토치 출구의 부근에서 아크와 모재용접지를 덮어 버려 대기의 침해를 막는다. 불활성가스로 알려져 있는 것은 헬륨(He), 네온(Ne), 아르곤(Ar)[10], 크리프톤(Kr), 제논(Xe) 및 라돈(Rn)이 있으나 용접에 사용되는 것은 주로 네온(Ne)과 아르곤(Ar)이 널리 이용되고 있다.

이 용접의 가장 큰 특징은 텅스텐과 모재가 전극역할을 하게 되는데 텅스텐은 소모되지 않는 전극이므로 용접부위에 녹아 들어가는 용접봉을 따로 공급해 주어야 한다는 것이다. 피복재가 없으므로 슬랙이 없다.

TIG 용접(tungsten inert gas welding)이란 텅스텐(또는 텅스텐 합금)이 전극으로 이용되는 불활성가스용접을 말하며, 피포가스로서 헬륨을 사용한 TIG 용접을 **헬리 아크용접**(heliweld welding) 또는 **헬리웰드**(heliweld)라 하며, 아르곤을 사용한 TIG 용접을 **아르곤 아크용접**(argon arc welding)이라 한다. 그림 2-17은 TIG 용접의 개요를 나타내었다.

용가재로 사용되는 전극와이어를 연속적으로 공급하여 아크를 발생시키는 불활성가스용접을 **MIG용접**(metal inert gas welding) 또는 **시그마용접**(sigma ; shielded inert gas metal arc welding)이라 하며, 아크부위를 보호하기 위하여 불활성가스인 아르곤(아르곤＋헬륨)을 사용한다.

---

10) 아르곤 가스가 헬륨보다 널리 이용되는 것은 다음과 같은 이점을 가지고 있기 때문이다.

　　① 전리전압이 낮으므로 아크의 발생과 유지가 쉽다.
　　② 용접전류 및 아크 간격이 각각 정하여질 때 아크 전압이 낮다.
　　③ 피포작용이 강하여 기류가 견고하다.
　　④ 가격이 싸고 구하기 쉽다.
　　⑤ 가스 필요량이 적다.

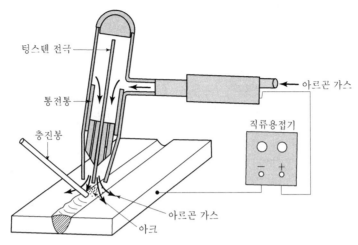

텅스텐 전극

통전통

충진봉

아르곤 가스

직류용접기

아르곤 가스

아크

그림 2-17 TIG용접용 토치

⑥ 아크 용접기

아크용접에서는 용접전류가 수 10 [A]로부터 수 100 [A]까지의 넓은 범위에 걸치며, 용접봉을 손으로 조작하는 수동용점에서는 400 [A] 이하로 한정되고 있다.

일반적으로 아크전압은 아크전류가 증가함에 따라 일시 저하하지만, 그 후에 서서히 상승한다. 그러나 전류에 따라서는 큰 변화가 없고, 주로 아크길이에 의하여 결정된다. 따라서 직류, 교류를 막론하고 아크용접에 쓰이는 전원의 전압은 수하특성(dropping characteristics)을 갖고 있지 않으면, 아크를 안정하게 지속할 수 없다.

보통 적당한 아크길이로 용접작업을 할 때의 아크 전압은 20~35 [V]이나 2차측 무부하전압은 직류에서는 50~70 [V], 교류에서는 70~80 [V] 정도로 되어 있다.

(1) 교류 아크 용접기

교류 아크 용접기에서는 리액턴스에 의하여 수하특성을 갖게 할 수 있으므로 정전압변압기에 직렬로 리액터를 접속하는 방법과 누설리액턴스가 큰 특수변압기를 사용하는 방법이 있다. 그림 2-18은 용접용 변압기의 예를 나타낸 것이며, 그림 2-18(a)는 가동철심형, 그림 2-18(b)는 가동코일형을 표시한다.

교류 아크 용접기는 전원의 무부하전압이 재점호전압보다 클 경우에 아크가 안정되며, 보통1차측은 200 [V]의 동력선에 접속하고 2차측 무부하전압은 70~80 [V] 정도로 하며, 전류의 조정은 가동철심형은 가동철심을 이동하여 누설 리액턴스를 변화시키고, 가동코일형은 고정된 2차코일과 가동되는 1차코일의 거리를 조정하여 누설 리액턴스의 값을 변화시킴에 따라 조정한다.

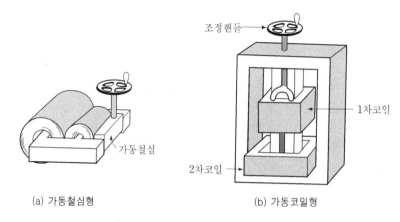

(a) 가동철심형   (b) 가동코일형

그림 2-18 아크 용접용 변압기

(2) 직류 아크 용접기

직류의 경우에는 수하특성을 갖게 하기 위하여 직류전압($50{\sim}70\,[\mathrm{V}]$) 전원에 적당한 직렬 저항을 접속하면 되지만, 저항 중의 주울 열에 의한 손실이 크므로 일반적으로 발전기형 직류 아크 용접기 또는 정류기형 직류 아크 용접기를 사용하고 있다.

연습문제

1. 전기용접의 종류를 가열방식에 따라 분류하고 그 원리를 간략하게 설명하여라.

2. 아크용접을 할 때 용접봉을 전원의 양극에 접속하고 피용접물을 음극에 접속하는 방식에 속하는 용접은 무슨 용접인가?

3. 탄소 아크용접에 사용하는 탄소봉과 모재에는 전원의 무슨 극을 접속하는가?

4. 탄소 아크용접에서 탄소봉과 모재에는 전원의 무슨 극을 접속하는가?

5. 결점이 없는 용접을 하기 위하여 네온 또는 아르곤가스를 이용하는 용접은 무슨 용접인가?

6. 저항용접의 종류에는 어떤 방식들이 있는가?

7. 직류 전원을 사용하는 경우, 정극(straight polarity)이란 용접봉과 모재의 접속을 무슨 극에 연결하였을 때를 말하는가?

3장

전기로

3-1 전기로의 분류

 전력을 공급하여 물체를 가열하는 노(爐)를 총칭하여 **전기로**라 한다. 전기로는 연료를 사용하는 연소로와 비교하면 노에 있어서는 설비비나 전력료가 비싼 경우도 있으나 일반적으로 높은 온도를 얻을 수 있고, 제품에 불순물의 혼입을 제거시킬 수 있으며, 온도의 조절이 정확하고 정밀하게 되며, 효율이 좋은 특징 등이 있다. 또 전기로가 아니면 제품이 되지 않는 경우도 있다.

 이러한 이유로 화학공업, 기계공업 및 금속공업 등을 위시하여 공업분야에 널리 이용되고 있으며, 실험실에 있어서도 갖추어야 할 장치에 속한다. 이와 같이 전기로는 넓은 범위에 걸쳐 이용되고 있어서 그 종류 및 형식 또한 대단히 많다. 전기로의 분류는 가열방식, 전원, 구조, 가열온도 및 용도에 따라 나누어질 수 있으므로 명확히 분류하는 것은 어렵기 때문에 일반적으로 가열방식으로 크게 나누고 있다.

 전기로를 가열방식에 따라 크게 나누면 저항가열(직접식, 간접식)에 의한 저항로, 아크가열(직접식, 간접식)에 의한 아크로, 유도가열(저주파식, 고주파식)에 의한 유도로 등이 있다. 표 3-1은 실제 개개의 전기로를 가열방식에 따라 분류한 것이다.

표 3-1   전기로의 가열방식과 종류

가열방식	종 별	온도 [℃]	비 고
직접식 저항로	흑연화로	2,500	단상 2,000~4,000 [kVA], 전압 100~200 [V] 역률 65~85 [%]
	카보런덤로	2,000	단상 1,500~2,000 [kVA], 전압 130~290 [V] 역률 90~95 [%]
	카바이드로	2,200	3상 3,000~20,000 [kVA], 전압 100~200 [V] 역률 75~90 [%]
	합금철로	1,500~ 2,000	3상 1,000~7,000 [kVA], 전압 80~90 [V] 역률 80~90 [%]
	전기제선로	1,600	3상 1,000~5,000 [kVA], 전압 40~90 [V] 역률 80~90 [%]
	유리용해로	1,400	3상 70 [kVA], 전압 220 [V]
	알루미늄전해로	1,000	직류 전기분해병용
	특수내화물제조로	2,000 이상	3상 300~600 [kVA], 전압 40~90 [V] 역률 80~90 [%]
	인비제조로	1,500 이상	3상 600~12,000 [kVA], 전압 80~250 [V] 역률 75~90 [%]
간접식 저항로	니크롬선발열체로	~1,000	
	철크롬선발열체로	~1,000	
	탄화규소발열체로	~1,400	1,000~1,400 [℃]의 범위의 가열에 적합
	탄소립전기로	~2,000	실험실용 고온로
	흑연저항로탐만로	~2,500	잘 녹지 않는 금속용해용
	진공전기로	~3,000	실험실특별고온용(산화방지)
	염욕로	~1,400	금속처리에 사용, 균열, 급열, 급냉을 특징으로 한다.
	유조로	~200	
	수소로	~1,500	열처리 및 결합금의 제조
아크로	전기제강로	1,600 이상	3상 600~1,500 [kVA], 전압 80~250 [V] 역률 85~95 [%]
	로킹아크로	3,000 이상 아크 온도	간접 아크, 동알루미늄 합금용해용 단상 100~460 [kVA], 80~140 [V]
	쉔헤르로		공중질소고정용, 노용량 100~1,000 [kg]
유도로	저주파유도로	~1,600	동합금, 아연, 경합금, 주철, 용해용
	고주파유도로	~1,800	특수강, 합금의 제조 및 용해, 귀금속용해, 진공용해

3-2 저항로

저항로(抵抗爐)는 통전하면 발열하는 발열체와 발열체에 의해 발생한 열을 내부에 축적하기 위한 단열벽돌로 둘러싸인 노체(爐體), 이 노체 안에 가열물을 출입시키는 반송장치(搬送裝置)로 구성되어 있다.

1 직접식 저항로

직접식 저항로는 피가열물(charge) 자체에 직접 전류를 흘려서 가열하는 방식이며, 흑연화로, 카보런덤(carborundum)로와 같이 횡형의 노와 지로(girod)식 전기로와 같이 종형의 노(爐)가 있다.

(1) 흑연화로 (graphitizing furnace)

직접식 저항로의 대표적인 것에 흑연화로가 있다. 이것은 전기제강 등의 전극을 소성하는 전기로이며, 그림 3-1에서와 같이 전기로 속에 소성전극(비흑연질 탄소로 구성된 코크스, 열활성화에 의해 흑연으로 됨)을 나란히 놓아서 틈 사이에 코크스[1] 분말을 넣고 양단의 전극으로부터 단상의 교류를 통하여 직접식 저항가열에 의하여 2,500 [℃] 정도로 가열한다.

이렇게 함으로써 무정형 탄소전극(흑연화의 진행에 따라 저항값이 감소한다)이 흑연화[2] 되므로 **흑연화로**라고 한다. 일반적으로 직접식 저항로는 저저항이고, 저전압 대전류의 전원을 요하고 있다. 이 흑연화로의 용량은 1,000~6,000 [kVA], 2차 전압은 조업의 편의상 비교적 낮아 100 [V] 이하이며, 전류는 수 10,000 [A]에 도달한다. 따라서 상용주파수라 하더라도

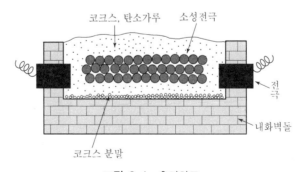

그림 3-1 흑연화로

---

1) 코크스 : 석탄을 1,000 [℃] 내외에서 건류하여 만든 회백색의 단단한 탄소를 말한다.

2) 흑연화(黑鉛化) : 열역학적으로 불안정한 비흑연질 탄소재(역청탄)를 열활성화에 의해 고체상태의 흑연으로 전환시키는 것을 흑연화라 한다. 흑연은 직접 통전로나 아크로의 전극으로 쓰인다.

자기인덕턴스에 의한 전압강하가 크고 역률이 70[%] 정도이며, 때로는 30~40[%]까지 저하하므로 역률개선용 콘덴서를 사용한다. 또한 흑연화로의 1회 조업시간은 60~70시간, 소요 전력량은 20,000~30,000[kWh/t]이다.

(2) 카보런덤로 (carborundum furnace)

카보런덤은 모래와 코크스를 혼합하고 여기에 전류를 흘려서 2,000[℃] 이상 가열하여 카보런덤(탄화규소)을 만든다.

$$\underset{\text{(모래)}}{Si_2O} \ + \ \underset{\text{(코크스)}}{3C} \ \rightarrow \ \underset{\text{(카보런덤)}}{SiC+2CO}$$

이 노는 그림 3-2에 나타낸 것과 같이 중앙에 탄소립자의 저항심(抵抗芯)을 넣어서 이것을 주발열체하여 처음은 축심의 탄소에 전류가 흐르도록 하고 온도상승 후에는 원료에 전류가 흐르도록 하여 반응이 진행된다. 이 노의 전기용량은 3,000~4,000[kW]이고, 2차 전류는 20,000~30,000[A]이다. 1회의 작업에 30~40시간 소요되며, 소요전력은 7,500~15,000[kWh/t] 정도이다.

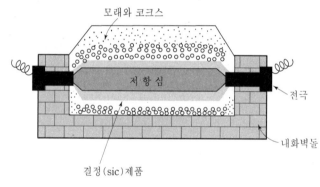

모래와 코크스

저 항 심

전극

내화벽돌

결정(sic)제품

그림 3-2 카보런덤로

(3) 지로식 전기로 (girod furnace)

지로식 전기로는 노바닥에 하나의 극을 이루는 형인 단상 직접가열식 저항로이다. 그림 3-3에서 B는 내화벽돌, C는 노바닥 전극으로 탄소덩어리로 되어 있다. 장진물 S는 점차로 용융정련되어 M에 모이게 되고, 출구 T로부터 빼낸다. 이러한 형의 노는 소용량의 경우에 이용되는 경우가 많다. 이 노는 500[kW] 이상이고, 선철, 페로알로이(ferroalloy), 카바이드[3] 등의 제조에 사용된다.

---

3) 카바이드의 용도 : 고온에서 질소와 반응시켜서 석회질소로 하여 질소비료의 원료로 한다. 또 물과 반응시켜서 아세틸렌(C_2H_2)을 만들어 여러 가지 유기화합물의 원료가 되며 플라스틱도 그 중의 하나이다.

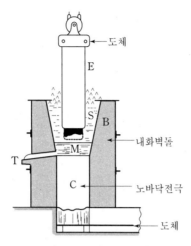

그림 3-3 지로식 전기로

(4) 카바이드로

이것은 3개의 전극을 노의 상부로부터 삽입하고 용융 피가열물간에 전극끝을 담구어 50 ~ 60 [Hz]의 3상교류를 피가열물에 통하여 주울 열에 의하여 가열하는 방식이며, 3상식 직접저항로로 용량이 큰 것에 채택되고 있다.

카바이드로 등은 예전에는 아크조업을 실시하였으나 과열로 인하여 원료의 증발 및 열손실이 커서 직접통전 가열로로 바뀌게 되었다. 카바이드(carbide)는 생석회(CaO)와 석탄(C)을 혼합하여 2,200 [°C] 정도까지 가열시키면 다음과 같은 반응으로 제조된다.

$$CaO + 3C = CaC_2 + CO$$

생석회　코크스　　카바이드
　　　　(석탄)

이 반응은 고온 흡열반응이며, 그림 3-4에서와 같이 전극은 석탄과 생석회를 혼합한 원료층에 삽입하여 저항식으로 가열한다. 생성된 카바이드는 노바닥에 모이게 하여 일정한 시간마다

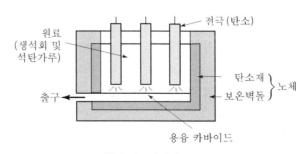

그림 3-4 카바이드로

출구로부터 끄집어내며 CO 가스는 공기 중의 산소와 화합되어 노천장으로 가는 도중에 연소되어 CO_2 가스로 되며, 그때의 연소열은 원료를 가열하는데 기여한다.

이 노의 전기용량은 20,000 [kW]이고, 노에 걸리는 2차 전압은 100~200 [V]이지만 소비전력은 수 1,000 [kW] 정도이며, 2차 전류는 10,000 [A]로 매우 크다. 노의 전력조절은 주로 전극의 승강으로 노내저항을 바꾸지만, 노용 변압기의 2차측을 5 [V] 정도의 탭변환으로 하여 큰 폭으로 전력을 바꿀 수 있다.

② 간접식 저항로

노벽에 저항발열체를 설치하고 주로 열의 방사에 의하여 피열물을 가열하는 발열체로와 탄소입자(kryptol)를 발열매체로 해서 열의 전도와 방사를 이용한 크리프톨로, 용융염을 매체로 한 염욕로(salt bath furnace) 등이 있다.

(1) 발열체로

발열체로는 발열체에 전류를 통하여 발생한 열을 전도, 대류, 방사에 의해서 피가열물에 전

(a) 상자형로

(b) 도가니형로

(c) 머플형로

(d) 관상형로

그림 3-5 발열체로

달하여 가열하는 것을 말한다. 일반공업용 전기가열로로서 공장 및 실험실 등에서 가장 많이 실용되고 있으며 금속의 열처리, 용해 및 건조 등에 사용된다.

이 노에는 금속 발열체나 비금속 발열체 어느 것을 사용해도 되지만, 노의 목적이나 용도에 따라 적절한 발열체를 선택해야 한다. 1,000 [℃] 이하일 경우에는 니크롬선이나 철크롬선을, 그리고 1,000~1,500 [℃]일 때는 백금이 쓰이고 있다.

비금속 발열체로서는 탄화규소질을 주성분으로 한 재료를 막대모양이나 나선모양으로 한 발열체를 노벽에 설치하였으며, 1,300~1,700 [℃] 정도까지의 노에 사용한다. 용량은 수 [kW]에서부터 수 100 [kW]까지 여러 가지가 있다. 발열체로에서는 피가열물로부터 발생하는 가스에 의하여 발열체가 침식되지 않도록 특히 주의해야 한다.

(2) 크리프톨로

실험실용의 고온로에는 흔히 그림 3-6과 같이 탄소와 점토를 혼합한 입자, 즉 크리프톨을 전로(電路)의 일부분으로 하고 입자간의 접촉저항을 이용하여 고온도를 얻는 크리프톨로 (criptol furnace)가 사용된다. 탄소입자에 묻어 있는 전극으로부터 전류를 흐르게 하고 탄소입자에서 발생한 열을 전도나 방사에 의하여 시료를 가열하는 것으로, 1,000~2,000 [℃] 범위의 온도를 쉽게 얻을 수 있다.

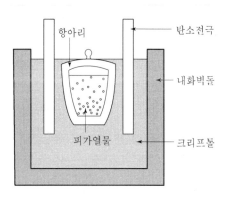

그림 3-6 크리프톨로

(3) 염욕로 (salt bath furnace)

염욕로는 용융로에 통전하여 용융염을 저항발열체로 하고 피가열물을 용융염 속에 잠기게 하여 가열하는 방식의 노이며, 그림 3-7에서와 같다. 용융염으로는 NaCl, KCl 등이 쓰이고 있다. 전압은 단상 20~40 [V], 역률은 70~80 [%]이며, 전력조정은 변압기 탭을 변환하든가 전극간 거리의 조절 등의 방법으로 한다.

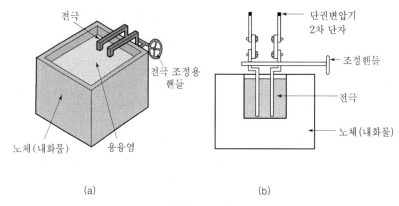

(a)   (b)

그림 3-7 염욕로

표 3-2 용융염의 전기저항과 사용온도

용융점	온도 [°C]	저항률 [$\Omega \cdot cm$]	용융점	온도 [°C]	저항률 [$\Omega \cdot cm$]
$NaNO_3$	318	0.98	KCl	850	0.37
KNO_3	343	1.55	KF	860	0.24
$CaCl_2$	800	0.53	Na_2CO_3	850	0.42
NaCl	850	0.29			

이 노의 특징은 용융염 중의 가열이므로 온도가 균일하며 급속가열을 할 수 있고, 가열 중에는 공기에 접촉하지 않으므로 산화되지 않는 것 등이며 강(鋼)이나 경합금의 담금질(quenching), 뜨임(tempering) 등 가열, 항온, 급열, 급냉 등에 쓰이고 있다.

3-3 노기제어 (atmosphere gas control)

전기로는 연료의 연소에 의한 노와는 달리 가열에는 공기를 필요로 하지 않는다. 그러므로 목적에 따라 노내의 분위기 가스를 공기 이외의 어떠한 것이든 자유로이 선택할 수 있다. 이와 같이 노내가스를 조업에 따라서 자유로이 제어하는 것을 **노기제어**라고 한다. 이것은 전기로만이 갖는 큰 특징이다.

노기제어에는 크게 나누면 다음의 세 가지 목적이 있다.

① 노내의 피열물의 산화방지

② 발열체의 산화방지

③ 환원반응의 촉진

3-4   아크로

아크로는 전극 사이에서 발생하는 아크열을 이용한 일종의 전기로이다. 아크가열 방식에는 저압아크를 사용한 것과 고압아크를 사용한 것이 있으며, 가열방식에 따라 직접식 아크로와 간접식 아크로로 분류된다. 저압아크를 사용하는 것은 직접식, 간접식 또는 단상식, 3상식 등 으로 구별된다. 직접식 아크로는 아크전극의 한쪽을 피가열체로 하는 것이 특징이다. 따라서 피가열물에도 직접 통전하므로 저항가열이 있기는 하지만, 전극과 피가열물과 사이의 아크에 의한 방사가열을 하는 것이 직접식 아크로의 본질이다.

간접식 아크로는 2개의 아크용 전극 사이에 아크를 발생시키고, 그의 방사열을 이용하여 피 가열물을 가열시키는 것이다.

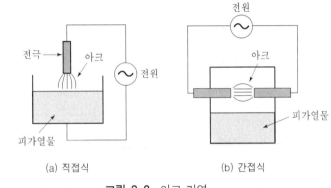

(a) 직접식   (b) 간접식

그림 3-8   아크 가열

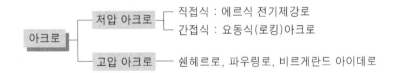

1 에르식 제강로 (Héroult furnace)

에르식 제강로는 3상 직접식 아크로의 대표적인 것으로, 1899년 프랑스의 에르(Poal Héroult)가 발명한 것이어서 일명 **에르로**(Héroult furnace)라고도 하며, 스크랩(古鐵)을 용 해하여 철근 등을 생산하기 위해 사용된다.

이는 그림 3-9에서 보는 것과 같이 3상 변압기의 2차단자를 도체로부터 노의 뚜껑을 관통해 서 노내에 장입된 3개의 전극에 접속하고, 3상 교류전력을 이에 공급하여 전극에서 피가열물을 향하여 아크가 발생되어 발열하는 방식이며, 재료의 용해 및 정련에 쓰이고 있다. 용도는 주로

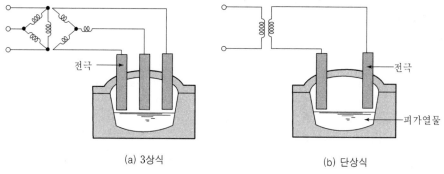

(a) 3상식 　　　　　　　　 (b) 단상식

그림 3-9 에르식 제강로의 종류

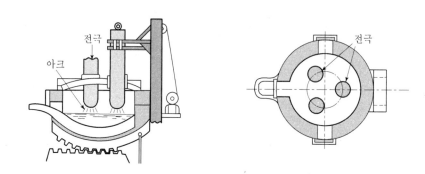

그림 3-10 에르식 제강로의 구조

특수강, 주강 또는 고급주철의 용제에 사용되고 있지만, 최근에는 대용량의 노가 제작되어 보통 강이나 특수강의 제조에도 이용하게 되었다. 원료의 장입은 노체 측벽의 장입창으로부터 투입하는 사이드 차지(side charge)방식과 노의 뚜껑을 전극과 더불어 끌어올려 노의 윗부분으로부터 장입하는 톱 차지(top charge)방식 등이 있다. 톱 차지방식은 장입시간이 짧으므로 장입 시의 열손실이 적은 것이 장점이다.

현재 아크로 용량은 100 [t], 아크로용 변압기 용량은 60 [MVA]의 것까지 쓰이고 있다.

② 간접식 아크로

(1) 요동식 아크로(rocking arc furnace)

노실(爐室)이 거의 수평원통모양으로 되어 있으며, 그 중심에 전극을 서로 마주보게 하여 전극간에 발생하는 아크열에 의하여 간접적으로 피가열물을 가열 용해한다. 축을 중심으로 하여 노체를 흔들어 줌으로써 융해물의 교반이 용이하게 되는 이점이 있다.

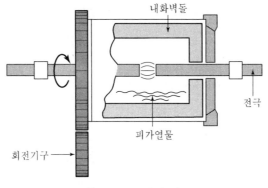

그림 3-11 요동식 아크로

이 노는 비교적 소형이며, 백동, 황동, 청동, 알루미늄 및 알루미늄합금 등의 비철금속의 용해에 이용된다.

(2) 고압 아크로

고압 아크로는 공중질소를 고정하여 초산을 제조하기 위하여 고안된 것으로 산소와 질소와의 혼합기체를 매우 고온으로 가열하면

$$N_2 + O_2 = 2NO - 43,000 \text{ [cal]}$$

로 되며, 주위로부터 대량의 열을 흡수하여 NO를 생성한다.

이 NO는 산화하여 NO_2가 되므로 이것을 다시 물에 흡수시켜 초산을 만든다. 따라서 고압아크로의 아크는 될 수 있는 대로 공기와의 접촉을 왕성하게 하기 위하여 아크전압을 고압으로 하여 아크를 늘어나게 한 후 조업한다.

고압 아크로에는 쇤헤르로(Schönherr furnace), 파우링로(Pauling furnace)와 비르게란드-아이데로(Birkeland-Eyde furnace) 등이 있다.

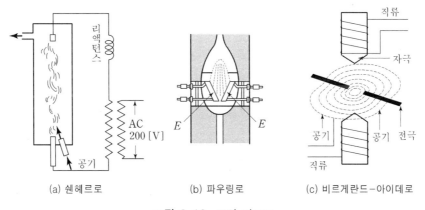

(a) 쇤헤르로   (b) 파우링로   (c) 비르게란드-아이데로

그림 3-12 고압 아크로

① **쉔헤르로**는 공기 중의 질소를 고정시켜서 초산(硝酸)을 제조하기 위해 쓴다. 산소와 질소의 혼합기체를 고온으로 가열하면 NO를 얻을 수 있으며 산화한 NO, 즉 NO_2를 물에 흡수시켜서 초산을 만드는데 나선모양으로 불어 올려 공기 중을 $10\,[m]$ 가까운 길이의 아크가 튄다. 용량은 $1,000\,[kVA]$ 정도의 것이 많다.

② **파우링로**는 전극간극이 겨우 $2{\sim}3\,[mm]$이며, 이 간극에 생기는 아크가 밑으로부터 불어 올리는 공기에 의하여 전극에 따라서 부채형으로 불어올라가서 꺼진다. 이것은 반사이클마다 반복되며 전압은 $4,000{\sim}5,000\,[V]$, 용량은 $400{\sim}600\,[kVA]$ 정도이다.

③ **비르게란드-아이데로**는 전압 $5,000\,[V]$, 용량 $3,000{\sim}5,000\,[kVA]$ 정도로 아크와 직각 방향으로 강력한 자계가 가해지므로 아크는 반사이클마다 좌우로 밀려서 넓어지므로 마치 한 장의 원판형으로 된다.

이들의 전극간극은 $8{\sim}20\,[mm]$이고, 아크로의 역률은 모두 $70{\sim}80\,[\%]$정도이다.

3-5 유도로

전자유도작용에 의하여 도전성의 피가열물에 와류(eddy current)가 발생되어 피가열물 자체의 주울 열에 의해 가열하는 방식이다. 유도로에는 $50{\sim}60\,[Hz]$의 저주파 유도로와 $1\,[kHz]$ 이상의 주파수에 사용하는 고주파 유도로가 있다.

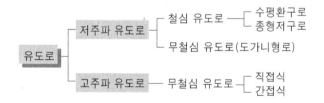

1 저주파 유도로

저주파 유도로는 상용주파수인 $50{\sim}60\,[Hz]$에 의한 유도로이다. 일반적인 유도가열에서는 고주파, 저주파를 막론하고 코일내의 피열물 중의 자로(磁路)는 폐회로를 만들지 않고, 피열물의 내부에 와류를 생기게 함으로써, 주울 열에 의한 가열이 이루어진다. 그러나 저주파 유도로에서는 1차 코일 속의 철심으로 폐회로를 만들고, 철심 중의 철선은 극히 적으므로 자로에 관계되지 않고, 철심에 한 번 감긴 2차 코일, 즉 피열물 자체의 전기회로의 단락에 의하여 가열이 이루어진다. 즉, 변압기의 2차측 단락과 같은 현상이다.

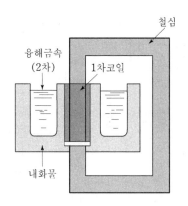

그림 3-13 저주파 유도로의 원리도

(1) 철심 유도로 (구형로)

철심 유도로의 원리는 변압기와 같이 2차 회로가 환상의 피용해 금속으로 구성되어 있다. 변압기에서는 2차측이 단락된 것과 같은 상태가 되므로 2차측에 대전류가 흐르게 되어 도체에 발생하는 열을 이용하여 금속을 용해한다. 그림 3-14는 수평한 환상의 슬롯을 가진 유도로이며, 일반적으로 **수평 환구로**(水平 環溝爐)라고 한다.

이 수평 환구로는 효율이 나쁘고, 전류가 도중에 끊어지는 일이 있으며, 1차와 2차측의 자기 결합이 나쁘므로 누설자속이 많아 저역률이 된다. 그러나 2차 슬롯의 청소를 하기 쉬운 것 등의 장점이 있으므로 알루미늄 및 경합금의 용해에는 이 노가 사용된다.

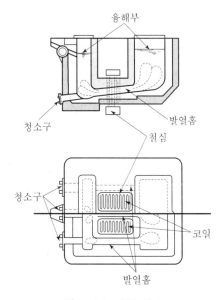

그림 3-14 수평 환구로

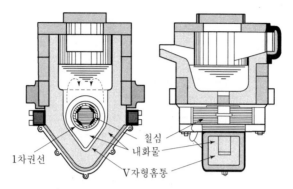

그림 3-15 종형 저구로(Ajax-wyatt furnace)

종형 저구로(ajax wyatt furnace)는 그림 3-15와 같이 2차 슬롯은 약 70° 각도의 종형의 V 자형이고, V의 양단은 상부가 원통의 도가니로 되어 있다. 가열은 2차 슬롯에서 이루어지고 내화물(耐火物)로 둘러싸여져 있으므로 열효율이 좋으며, 역률도 75~85[%] 정도로 비교적 높다. 용융금속은 항상 일정한 양을 남겨 두어야 연속작업을 할 수 있다.

전원은 200[V] 또는 400[V]이지만, 전압조정을 위하여 반드시 탭 변압기를 사용해야 하고 아연, 황동 등 동합금의 용해에 주로 사용된다.

(2) 무철심 유도로 (도가니형로)

무철심 유도로는 도가니형의 용해실 안에 피가열물 금속을 넣어 가열용해하는 것이다. 어젝스 노드럽 로(furnace ajax north rup)라고도 한다. 피가열물이 비도전성 재료일 때는 도가니 자신을 도전성의 흑연으로 만들지만, 일반적으로 도가니는 내화재료로 만들고 그 바깥측에 빙랭식(氷冷式) 코일을 가지고 에워싼다.

공업용 대형로에서는 1,000[Hz] 전후가 사용되고 있지만, 작은 물건을 용해하거나 실험실에서는 흔히 높은 주파수가 사용된다. 무철심 유도로에서는 역률을 개선하기 위하여 콘덴서를 병렬로 접속한다.

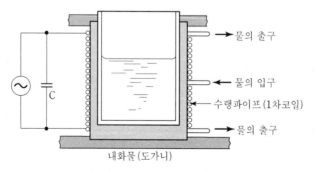

그림 3-16 무철심 유도로

② 고주파 유도로

고주파 유도로는 모두 도가니형(무철심 유도로)이다. 가열방식은 저주파 도가니형 유도로가 모두 직접유도법을 사용하는 데에 대하여 고주파 유도로는 직접유도법 외에 필요에 따라 간접 유도법도 사용한다. 주파수도 1~10[kHz]가 표준이지만, 소형로에서는 400[kHz]까지도 사용한다. 고주파 유도로를 사용하면 대전력을 국부적으로 집중할 수 있고, 매우 정밀한 제어를 할 수 있으므로 근래에는 Ge나 Si 등 반도체의 단결정증착이 가능하므로 제조에 널리 이용되고 있다.

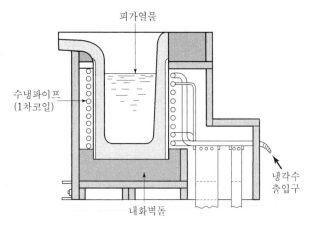

그림 3-17 고주파 유도로

연습문제

1. 흑연화 전기로의 가열방식은 무엇인가?

2. 흑연화 전기로에 쓰이는 전원은?

3. 제강용 아크로에서 많이 사용하는 전원은?

4. 유도로의 원리를 간략하게 설명하여라.

5. 카바이드의 제조방식에 적합한 가열방식은 무엇인가?

6. 노기제어의 목적은 무엇인가?

4장

전기건조

4-1 전기건조의 종류

건조(乾燥)라고 하면 물질 중에 함유된 수분을 제거하는 조작을 말하는 것으로서 여과하는 방법, 압력을 가하여 짜는 방법 그리고 원심분리기 등에 의하여 수분을 제거하는 방법이 있으나 일반적으로 이것은 탈수라고 한다.

여기서 전기건조(electric drying)라고 하는 것은 전력에 의하여 고체 중의 수분을 증발시켜서 건조하는 것을 말하며, 가열방식에 따라 다음과 같이 크게 세 가지로 분류된다.

① 전열 건조
② 적외선 건조
③ 고주파 건조

4-2 전열 건조

니크롬선 등의 발열체를 사용하는 건조기를 전열건조기라고 하며, 이 건조기에는 다음과 같이 세 가지 종류가 있다.

1 노내 가열건조

건조로내에 발열체가 설치되어 있고, 건조물로부터의 증기를 배출하는 배기구나 노내 공기 순환용 송풍기 또는 배기팬이 붙어 있으며, 일반 간접식 저항로와 같은 전기로로 건조하는 방법이다. 가장 손쉬운 건조법이며 소량의 건조 처리에 많이 이용되고 있다.

2 열풍 건조

공기가열기내에서 발열체로 가열된 공기(열풍)를 만들어 송풍기에 의해서 건조실에 보내어 건조하는 방법이다. 일반적으로는 가열실내에도 발열체를 놓고 노내가열건조와 열풍건조의 방법을 겸용하는 것이 많다.

이와 같은 건조기에서는 댐퍼(damper)의 적절한 조작으로 배기와 순환공기를 적절히 안배하는 것이 중요하다. 습기가 많은 공기는 배기해야 하지만, 건조에 충분한 역할을 할 수 있는 가열공기를 1, 2회 순환으로 배출하는 것은 열적으로나 동력상으로도 손실이며 건조기의 능률을 떨어뜨리게 되므로 잘 처리하고 조작하는 것이 건조장치의 조작상의 기술이라 볼 수 있다.

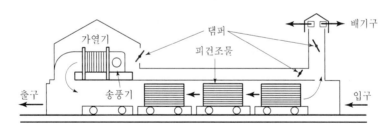

그림 4-1 열풍식 건조장치

3 가열면 건조

발열체로 된 열판 위에 피건조물을 나란히 놓아서 건조하는 방식이며, 위쪽에 적당한 바람을 보내어 건조를 신속히 하도록 되어 있다. 제과공장 및 제빵공장에서 많이 사용하는 방식이다.

4-3　적외선 건조

적외선 건조(infrared ray drying)는 열원으로 적외선 전구가 사용되며, 이 전구의 방사 에너지에 의하여 피건조물을 가열하고 건조하는 방법이다. 적외선 건조의 특징은 다음과 같다.

① 피가열물의 표면을 직접 가열하기 때문에 도장 등의 표면건조에 적당하다.
② 건조기의 구조가 간단하다.
③ 조작이 간단하고 기동, 정지를 즉시 할 수 있으므로 간헐조작에 의한 건조일 때에도 열손실이 적으며, 작업시간을 단축시킬 수 있다.
④ 설비비, 유지비가 싸고 설치장소를 절약할 수 있다.
⑤ 건조재료의 감시가 용이하고 청결하며 안전하다.

1️⃣ 적외선 전구

적외선 전구는 방사에너지를 피가열물에 집중시키기 위하여 유리구를 특수형으로 하고 전구의 배면에 알루미늄 진공증착을 하여 반사면으로 한 것이다. 백열전구에서는 발광효율을 높이기 위하여 필라멘트의 온도를 가능한 한 높게 $2,800 \sim 3,200\,[\mathrm{K}]$로 설계하고 있으나 적외선 전구에서는 필라멘트의 온도를 $2,200 \sim 2,500\,[\mathrm{K}]$로 하고 있다. 이것은 건조에 유효한 파장인 $1 \sim 4\,[\mu\mathrm{m}]$($4\,[\mu\mathrm{m}]$ 이상은 원(遠) 적외선이라고 하며 유리구에 의해서 흡수된다)를 효율 좋게 방사시키는 온도이다. 수명은 $5,000 \sim 10,000\,[\mathrm{h}]$ 정도로 되어 있다. 그림 4-2는 적외선 전구의 구조를 표시한 것이다.

스테판-볼츠만의 법칙에 따르면 방사체로부터 발산되는 방사에너지는 방사체의 온도의 4승에 비례하므로 온도가 높을수록 방사에너지는 급격히 증대하고, 최대에너지를 가진 파장의 윈(Wien)의 변위법칙에 따라 짧아진다. 그러나 파장이 길수록 열효과는 커지고, 방사에 의한

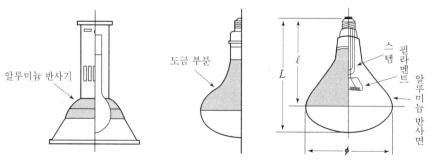

그림 4-2 적외선 전구

건조도 잘 되기 때문에 방사체의 온도는 적당하게 선정해야 한다.

그림 4-3은 적외선 전구 등 각종 열원의 분광에너지분포를 표시한 것이며, 적외선 전구의 분광 방사 발산도의 최대 파장은 1.15 [μm] 정도이다. 일반 가스입전구의 방사에서도 75 [%] 정도가 적외선이므로 적당한 반사경을 이용하면 조명용 백열전구라도 적외선 건조의 열원으로 쓸 수 있다.

적외선 전구는 250 [W]가 가장 많이 사용되고, 특수한 경우에는 125 [W], 375 [W], 500 [W], 1,000 [W] 등도 사용된다. 그리고 적외선 전구의 효율은 약 80 [%]이고, 전압특

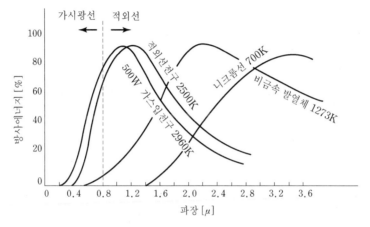

그림 4-3 각종 열원의 분광에너지 분포

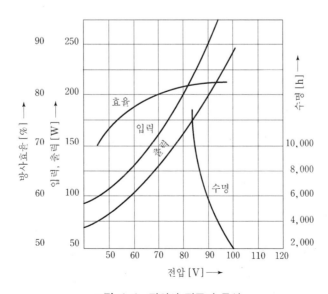

그림 4-4 적외선 전구의 특성

성은 전압 ±10[%] 변화에 대하여 방사량은 ±16[%], 수명은 ∓3.7배로 변화한다. 방사효율은 전압강화와 더불어 떨어지지만 전압이 60[%] 이하로 되면 급격히 떨어진다.

② 적외선 건조로

적외선 건조에 사용되는 전구를 유닛(unit)[1]이라고 하며, 적외선 건조 유닛은 이것을 단독으로 쓰는 경우도 있으나 몇 개의 유닛을 합쳐 한 개의 블록으로 사용하기도 한다. 이와 같은 건조로 또는 가열로의 면을 형성하는 것을 **뱅크**(bank)라고 한다. 뱅크는 그 사용법에 따라서 그림 4-5에 나타낸 것과 같이 4종이 있다. 적외선 전구를 나란히 설치하여 뱅크를 만드는 경우에 적외선 전구의 배열 방식에는 그림 4-6에 표시한 바와 같이 정사각형 배열과 지그재그형

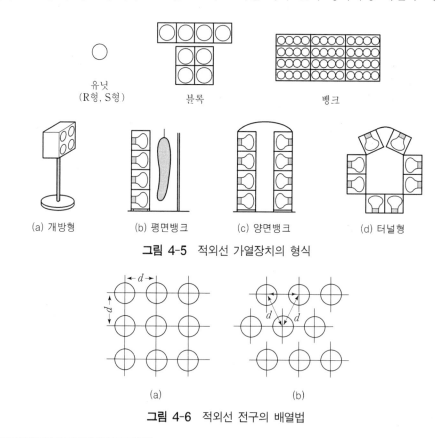

그림 4-5 적외선 가열장치의 형식

그림 4-6 적외선 전구의 배열법

---

1) 유닛(unit) : R형과 S형 이외에 석영관형전구 및 비금속발열체를 사용한 유닛도 있다. R형 유닛은 알루미늄 반사면을 내장한 반사전구이며 강조사(强照射)에 적합하다. S형 유닛은 PS형 전구를 금속반사경에 장착한 것이며 광조사(廣照射)에 적합하다. 전구의 크기는 125, 250, 375, 500[W] 등이 있다.

배열 두 가지가 있다. 전구 한 개로는 방사조도는 각도나 거리에 따라 심하게 영향을 받지만 전구를 다수 배열하면 이 영향은 적어진다.

대단히 많은 전구를 배열할 경우에는 상식적인 거리범위에서는 전구로부터의 거리에 평균방사는 다음 식으로 대략 계산할 수 있다.

$$4각형 배열에서는 \ E = \frac{\mu W}{d^2} \quad [\text{W/cm}^2]$$

$$지그재그형 배열에서는 \ E = \frac{\mu W}{0.87d^2} \quad [\text{W/cm}^2]$$

단, W : 전구의 와트수, μ : 전구의 반사효율, d : 중심간격 [cm]

즉, W, μ, d가 같다면 지그재그형 배열에서는 4각형 배열에 비하여 대략 15 [%] 증가된 방사조도를 얻을 수 있음을 알 수 있다.

③ 적외선 건조의 용도

적외선 건조는 두께가 얇은 재료에 적합하여 주로 섬유, 도장 관계에 사용되며 제지, 피혁, 약품, 식품 등의 건조에도 사용된다. 표 4-1은 적외선 건조의 사용례를 나타낸 것이다.

표 4-1 적외선 건조의 사용례

용 도	사용전구개수	건조시간
자동차의 차체(도장)	250 [W]×800	3분
대형 전동기 권선(절연바니시)	250 [W]×20	12시간
주형 표면	250 [W]×6~15	-
나염직물	500 [W]×144	매분 100 [m]
면사	375 [W]×40	매분 80 [m]
가구 바니시, 아교	250 [W]×24	20분
거울의 은막	250 [W]×232	15분
포스터	250 [W]×48	1분
도자기의 유약	250 [W]×60	7분
비프 스테이크	250 [W]×2	8분

4-4 고주파 건조

고주파 건조는 고주파 유전가열을 이용한 것으로 목재의 건조, 베니어판 등의 합판에서의 접착건조, 약품의 건조 등에 사용된다.

고주파 유전가열에는 건조 외에 고무의 가황(加黃)이나 비닐용품의 봉합·접착 등 많은 용도가 있으며, 전원에는 진공관발진기를 사용한다.

연습문제

1. 전기건조의 종류를 가열방식에 따라 분류하고 그 원리를 간략하게 설명하여라.

2. 적외선 건조의 특징을 열거하여라.

3. 적외선 전구는 주로 어떤 용도에 사용되며 주로 몇 [W] 정도의 크기로 사용되는가?

4. 적외선 전구의 분광 방사 발산도의 파장은 최대 몇 [μm] 정도 되는가?

열 펌 프

5-1 열펌프의 원리

낮은 곳에 있는 물을 높은 곳으로 올리는 데 사용되는 양수펌프와 같이 저온물체가 갖는 열에너지를 외부에서 기계적 일에너지를 공급하여 고온의 열에너지로 변환하는 장치를 **열펌프** (heat pump)라고 한다.

그림 5-1은 이 원리를 나타낸 것이다. 이러한 사이클에서 열의 운반을 이루는 매체, 즉 냉매로는 프레온(freon), 암모니아 등이 사용되며, 냉매의 증기는 압축기에서 단열압축을 받고 응

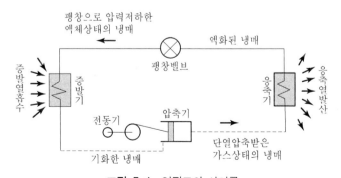

그림 5-1 열펌프의 사이클

축기에서 응축되어 액체로 되고, 팽창밸브를 지날 때에 압력이 저하하여 증발기에 들어가고 외부에서 증발열을 흡수하여 증발한 다음 다시 압축기로 되돌아가서 사이클이 끝난다.

증발기가 외부에서 열을 흡수하는 작용을 응용한 것이 **냉동기**이며, 응축기가 외부에 열을 발산하는 것을 이용하면 **난방기**가 되고, 이 두 가지 기능을 조합하여 사용하는 것이 열펌프, 즉 **공기조화장치**이다.

5-2 전기 냉동기

전기 냉동기는 액체가 증발할 때, 기화열을 흡수하는 것을 이용한 것이다. 그림 5-2는 전기 냉동기의 원리도이고, 다음 순서에 의하여 냉각 조작이 이루어진다.

① 먼저 프레온 등 냉매가스를 압축기에 의하여 압축한다.
② 압축된 가스는 다음 냉각관에서 냉각되어 액화된다.
③ 액화된 냉매를 냉동실로 이끌어 거기에 있는 밸브(팽창 밸브)를 통하여 증발실(냉동실에 있는 냉각 코일)에서 급팽창시켜 기화되어 증발열을 냉동실에서 빼앗는다.
④ 기화된 냉매를 다시 압축기에 의하여 압축한다.

이상과 같은 조작이 되풀이되면서 냉동실의 열은 냉매에 흡수되어 압축된 냉매를 냉각시키고 있는 수조에 방출하여 냉동실이 냉각된다.

이와 같은 열의 흐름을 양적으로 검토하여 보면, 냉동실에서 기화열로써 흡수한 열을 Q_1, 압축기가 행한 일을 W, 또 일의 열당량을 A라고 하면, 고온으로 방출한 열 Q_2는 다음과 같이 된다.

$$Q_2 = Q_1 + AW$$

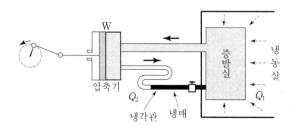

그림 5-2 전기 냉동기의 원리도

열펌프에서는 주어진 열량 Q_2가 클수록, 그리고 냉동기에서는 같은 일의 양 W에 대해서 흡수하는 열량 Q_1이 클수록 장치의 경제성이 높다고 말할 수 있다. 그래서

$$\eta_h = \frac{Q_2}{AW}, \quad \eta_r = \frac{Q_1}{AW}$$

를 각각 열펌프와 냉동기의 **동작계수**, 즉 **C.O.P**(Coefficient of Performance)라 한다.

저온측의 절대온도를 T_1, 고온측의 것을 T_2라 하면, 이 사이에 작용하는 냉동기에서 가장 동작계수가 큰 것은 역카르노 사이클을 하는 것이며, 이 경우의 동작계수 η는

$$\eta = \frac{Q_2}{Q_2 - Q_1} \leq \frac{T_2}{T_2 - T_1}$$

로 된다.

냉매는 다음의 조건을 구비하여야 한다.

① 저온에서 증발할 것
② 기화잠열이 클 것
③ 기체비열이 적을 것
④ 화학적으로 안정할 것
⑤ 구성재료로 되는 금속을 부식시키지 말 것

가정용 냉장고의 냉매는 프레온 가스를 사용하고, 공업용 냉장고의 냉매는 암모니아 가스를 주로 사용한다. 그리고 냉동기용 압축기, 송풍기, 냉각용 펌프 등에는 전동기가 필요하다. 압축기용 전동기는 기동 토크가 큰 것이 사용되며, 보통 소형냉동기에는 반발기동형 단상 유도전동기가 사용된다.

가정용 냉장고와 같이 소음이 문제가 되는 곳에는 소음이 적은 콘덴서 전동기가 사용되며, 중형 냉동기에는 보통 3상 농형 유도전동기가, 대형에는 3상 권선형 유도전동기 또는 동기전동기가 사용된다.

예제 1

전력 4[kW]를 사용하여 1시간에 2,000[kcal]의 가열을 할 때, 이 열펌프의 효율(C.O.P)은 얼마나 되는가?

풀이 열펌프의 효율 η는 고온측에 보내지는 열량과 열펌프에 가하는 열량과의 비를 C.O.P로 나타내면,

$$\eta = C.O.P = \frac{Q}{860P} = \frac{20,000}{860 \times 4} = 5.8$$

5-3 열펌프의 용도

① 냉동과 냉각 : 흡열작용만을 이용한 것으로 냉동기와 공기조화기(air conditioner)는 이에 속한다.
② 냉각에 가열을 동시에 행하는 것 : 흡열·가열을 다 같이 이용한 것으로 냉동과 욕탕, 실내 냉방과 가정용 온수기 등의 결합을 동시에 행하는 것이다.
③ 냉각과 가열의 어느 한쪽을 이용한 것 : 여름은 냉방용에, 겨울에는 난방용에 이용하는 방식이다.
④ 가열만을 이용하는 것 : 대지·물·공기 등에서 흡열하여 온도를 높여서 이용하는 것으로 인견공장에서 호수의 물을 흡열하여 작업용 탕에 사용하는 방식 등이다.
⑤ 열압축기 : 주로 수분증발과 건조용에 사용되는 것으로 해수에서의 제염, 설탕의 정제, 과일즙의 농축 등을 행한다.

5-4 전자냉동

서로 다른 금속 또는 반도체를 접합하여 열전대를 만들고, 기전력을 공급하여 전류를 흐르게 하면, 열전대의 한 접점은 열의 흡수가 일어나고, 다른 접점에서는 열의 발산이 일어난다. 이것을 **펠티어 효과**(Peltier effect)라고 부르는데, 반도체 재료의 개발에 따라 이 원리를 이용하여 냉동을 행하는 방법이 실용화되고 있다. 이것을 **전자냉동** 또는 **열전냉동**이라 부르고, 이것도 열펌프의 일종이라 할 수 있다.

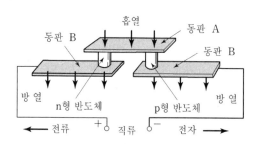

그림 5-3 전자냉동의 원리

연습문제

1. 열펌프란 무엇인가?

2. 냉매의 구비조건은 무엇인가?

3. 가정용 전기냉장고의 냉매는 무슨 가스가 사용되는가?

4. 펠티어 효과란 무엇인가?

5. 가정용 냉장고에 주로 사용되는 전동기는 무슨 전동기인가?

3편
전동기 응용

전동기 응용의 기초

1-1 전동기 응용

산업의 발전에 따라 생산공정의 자동화·고속화·고정도화(高精度化)·대용량화 등 규모와 종류가 모두 증대되어 왔으나 이러한 것은 전동력 장치의 역할에 의한 것이다. 즉, 전력전자공학을 바탕으로 하여 새로운 자동제어 기술에 의한 구동방식·생산방식에 잘 대응할 수 있었던 것이 전동기이다.

전동기가 제철·화학·섬유·제지·광산·시멘트·선박 등 모든 산업분야뿐만 아니라 전기철도에 있어서 가장 중요한 동력원인 것은 말할 나위도 없다. 또 크레인·권상기·컨베이어·팬 등의 하역기계나 공작기계의 거의 모두가 각종 전동기에 의해 구동되며, 그 보조장치나 계장(計裝)에는 서보 모터(servo motor)나 제어용 전동기로서 전동력이 활약하고 있는 것이 현실이다.

지금까지 전동기 자체의 진보는 거의 최정상에 도달한 것으로 보이지만, 각종 기계의 특성에 따라 보다 더 고성능·대용량·고속도의 것이 그때마다의 기술과 재료의 진보에 따라 제작되어 생산성의 향상에 기여하고 있다.

전동기의 응용분야에 있어서 최근의 현저한 진보는 운전제어의 자동제어화(自動制御化)와 집중제어화(集中制御化) 등에 의하여 비약적으로 고도화(高度化)되고 있다.

1-2 전동력 방식

1 전기방식

전동력에 사용하고 있는 전기방식에는 직류방식과 교류방식이 있다. 교류방식에서는 특별한 경우를 제외하면 전기사업자로부터 공급받는 60 [Hz]의 전력을 사용하지만, 직류방식에서는 직류전력이 필요하므로 교류를 직류로 변환시키는 장치로써 수은정류기 · 셀렌정류기 등이 사용되어 왔으나 최근에는 실리콘정류기나 사이리스터(thyristor)가 많이 사용되고 있다.

2 동력방식

동력방식이란 한 공장내의 동력의 채용방식, 즉 한 가지 기계의 각부의 동력의 채용방식과 배분을 어떻게 하는가를 말하며, 크게 분류하여 집단운전, 개별운전, 복식개별 운전이 있다.

(1) 집단운전 (group drive)

한 공장내에 있는 여러 개의 기계를 기어(gear)와 벨트(belt)장치 등에 의하여 한 대의 전동기로 운전하는 방식을 **집단운전**(group drive)이라 하는데, 이 방식은 큰 전동기로 주축을 운전하고, 벨트(belt)를 통해서 중간 축을 거쳐 각종 기계에 동력을 전달하기 때문에 베어링 등의 마찰에 의한 동력손실이 큰 결점이 있다. 또, 부하기계의 배치도 주축의 위치에 따라 결정되고, 경부하 때에도 전동기를 정지시킬 수가 없으므로 전동기의 효율이 매우 떨어지는 결점이 있다. 따라서 근래에 와서는 전공장을 한 단위로 하는 것은 적어졌고, 한 공장을 여러 개로 구분해서 집단운전하는 방식은 남아 있다.

(2) 개별운전 (individual drive)

한 대의 기계를 한 대의 전동기로 운전하는 방식을 **개별운전**(individual drive)이라고 한다. 집단운전방식과 비교하면 동력전달장치의 손실이 작고, 또 기계의 배치가 자유로우며, 각 전동기에 알맞는 속도제어와 자동제어로 전동기의 특징을 살릴 수 있는 장점을 가지고 있다. 단, 전동기의 댓수가 전체적으로 많아지고, 총설비용량도 집단운전의 경우보다 커지는 것이 결점이라고 볼 수 있다.

(3) 복식개별운전

한 대의 기계를 몇 개의 부분으로 나누어 각 부분마다 별개의 전동기로 운전하는 방식을 복식개별운전이라고 한다. 개별운전에서는 한 대의 전동기로부터 동력전달장치에 의해서 여러 개의 동작기구를 구동시키지만, 복식으로 하면 동력전달장치가 간소화되고, 자동적으로 제어하고자 할 때는 각 동작을 별개의 전동기에 의하여 제어할 수 있는 이점이 있다.

1-3 부하와 전동기의 운전

① 부하토크와 전동기토크

전동기로 부하기계를 운전하기 위하여 필요한 토크(torque)는 다음과 같다.

① 축(shaft)과 베어링(bearing) 사이의 미끄럼면에서의 마찰력
② 움직이는 부분의 질량(관성모멘트)
③ 움직이는 부분이 받는 공기의 저항력(속도의 2승에 비례한다)
④ 운전속도에 따라 축적하는 운동에너지
⑤ 부하기계의 작업력

이러한 것들은 일반적으로 속도에 대한 토크의 변화로 나타내며 부하의 **속도 - 토크 특성**이라고 한다. 이에 대해 전동기는 부하기계를 운전하기 위하여 부하 토크와 같은 토크를 발생하여야 하며, 각 전동기의 특성에 따라 회전을 하게 된다. 이 특성을 전동기의 속도 - 토크 특성이라고 하며, 전압이나 주파수 및 제어방식에 따라 여러 가지 곡선으로 표시된다.

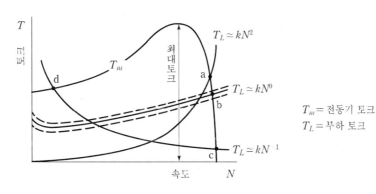

그림 1-1 부하와 전동기의 속도 - 토크특성

(1) 부하의 속도 - 토크 특성

부하기계는 마찰부하, 중력부하, 유체부하 및 기타 특수부하 등이 있다. 이들 부하들은 각각 고유한 속도-토크 특성을 가지고 있으며, 이들 특성에 따라 구동전동기나 제어방식을 선택하여야 한다. 대표적인 부하의 속도-토크 특성을 분류하면 다음과 같다.

① 정토크 부하

전동기의 회전 속도가 변하여도 토크가 거의 변하지 않는 부하를 말하며, 마찰부하나 중력부하가 여기에 속한다. 이 부하는 일정한 힘 F(또는 토크 T)에 대하여 속도 v 또는 가속도 ω로 일을 하며, 동력 P는 다음과 같다.

$$P = Fv = T\omega$$

즉, 전동기의 출력은 그림 1-2(a)와 같이 속도 v 또는 각속도 ω에 비례한다. 그러나 실제에 있어서는 토크가 저속시에는 축받이의 윤활상태의 불량, 고속시에는 풍손의 증가 및 마찰계수의 증대 등으로 그림과는 다소 다르다. 정토크 부하로서는 권상기, 기중기(crane), 압연기, 각종 롤러(roller), 압축기(compressor), 인쇄기, 목공기 등이 있다.

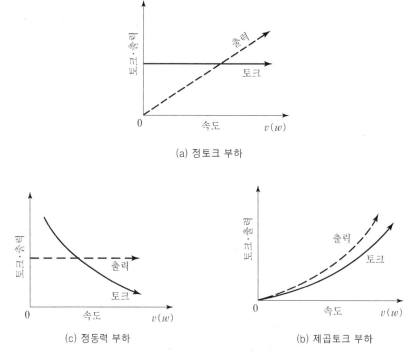

(a) 정토크 부하

(c) 정동력 부하

(b) 제곱토크 부하

그림 1-2 부하의 속도 - 토크특성

② 제곱토크 부하

토크가 속도의 제곱에 비례하여 변화하는 부하를 말하며, 유체부하가 여기에 속한다. 송풍기를 예로 들면 그림 1-2(b)와 같이 팬(fan)이 돌기 시작할 때는 큰 토크가 필요하지 않지만, 속도가 커질수록 필요한 토크는 급속하게 증가한다. 그러나 정지에 가까운 저속의 경우에는 축받이의 마찰저항으로 말미암아 토크가 다소 커지게 되는 것 등으로 그림과는 다소 다르게 된다. 그림 1-2(b)는 이 특성을 나타낸 것이며 펌프, 송풍기, 배의 스크루(screw) 등이 이에 속한다.

이들 유체기계의 동력은 압력 H와 유량 Q와의 곱에 비례한다. 또 압력은 회전속도 n의 제곱에 비례하고, 유량은 n에 비례하므로 비례상수를 각각 k_1, k_2, k_3라 하면 동력 P는

$$P = k_1 H Q = k_2 n^3$$
$$T = k_3 n^2$$

③ 정동력 부하

전동기의 회전 속도가 변하여도 출력이 거의 변하지 않는 부하특성을 말한다. 즉, 고속의 경우에는 토크가 작고, 저속의 경우에는 큰 토크의 부하이다. 따라서 토크는 속도에 반비례하는 관계를 갖는 부하로서 다음과 같은 경우들이 있다.

- 하역기계에서는 무거운 것은 저속으로, 가벼운 것은 고속으로 작업하여 고속이나 저속에서 다같이 동일한 동력이 요구되는 경우
- 선반으로 지름이 다른 공작물을 절삭가공할 때, 바이트(bite)의 절선방향의 힘이 같다고 하면 지름이 작은 것은 토크가 작으므로 고속으로 하고, 지름이 큰 것은 토크가 크므로 저속으로 운전하는 경우
- 권상기를 사용하여 같은 속도로 나오고 있는 물체를 동일한 장력으로 권상하는 경우, 처음에는 권동(reel)의 지름이 작으므로 토크가 작아서 고속으로, 그리고 권상이 진행됨에 따라 로프(rope)가 감기는 직경이 크게 되어 토크가 크게 되므로 저속으로 작업을 하는 경우
- 동일한 압연기를 가지고 작은 토크가 요구되는 소형물체를 압연시킬 때는 고속으로, 큰 토크가 요구되는 대형 물체를 압연시킬 때에는 저속으로 구동하는 경우

(2) 전동기의 속도 - 토크 특성

전동기의 특성상 부하 토크의 변화에 대하여 실용되는 범위에서 속도의 변화가 비교적 적은 정속도 특성과 속도의 변화가 많은 변속도 특성이 있다.

① 정속도 특성

정속도 특성은 그림 1-3(a)와 같이 부하 토크가 변화하여도 속도는 별로 변하지 않는 특성을 말하며 일명 **분권특성**이라고도 한다. 이에 속하는 전동기로서는 동기전동기, 유도전동기, 교류분권정류자전동기, 직류분권전동기, 직류차동복권전동기 등이 있다. 정속도 특성은 운전속도가 매우 안정적이므로 팬(fan), 송풍기, 펌프, 압축기(compressor)의 구동용으로 뿐만 아니라 제철, 제지, 방적, 공작기계 등의 생산기계용으로 널리 쓰이고 있다.

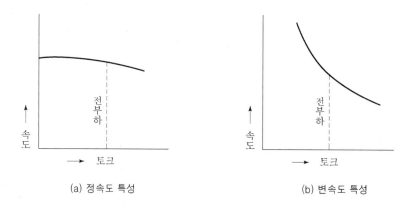

(a) 정속도 특성   (b) 변속도 특성

그림 1-3 전동기의 속도-토크 특성

② 변속도 특성

변속도 특성은 그림 1-3(b)와 같이 부하토크가 증가할 때 속도가 심하게 떨어지는 특성을 말하며 일명 **직권특성**이라고도 한다. 이에 속하는 전동기로는 2차 저항이 큰 유도전동기, 교류직권정류자전동기, 직류직권전동기, 직류가동복권전동기 등이 있다.

변속도 특성은 기동토크가 크며, 부하가 커지면 자연히 속도가 떨어지고, 부하가 가벼워지면 고속도로 되어 전원에 대하여 비교적 정출력을 요구하게 되므로 전차, 기중기(crane) 등의 하역기계에 많이 쓰인다.

❷ 기동과 가속

전동기로 부하기계를 운전하는 경우에 부하토크에 의하여 회전운동의 규제를 받게 된다. 지금 전동기 축에 환산한 관성모멘트를 $J[\text{kg} \cdot \text{m}^2]$, 마찰토크를 $T_\mu[\text{N} \cdot \text{m}]$, 풍압토크를 $T_w[\text{N} \cdot \text{m}]$, 작업토크를 $T_f[\text{N} \cdot \text{m}]$라 하고, 전동기축의 각 가속도를 $\alpha[\text{rad/s}^2]$라고 하면, 전동기토크 $T_m[\text{N} \cdot \text{m}]$은 다음과 같이 된다.

$$T_m = aJ + T_\mu + T_w + T_f \tag{1-1}$$

전동기로 부하에 필요한 속도를 주기 위해서는 전동기를 정지상태에서부터 속도를 점차적으로 상승시켜서 정상상태가 될 때까지 가속하여야 한다. 우선 전동기를 기동하기 위해서는 부하의 토크보다 전동기의 토크가 커야 하고, 특히 부하가 걸려 있을 경우에는 부하토크에 정지마찰이 작용하게 되므로 큰 기동토크가 필요하다. 이러한 조건들이 충족된 상태에서 전동기에 전압을 인가하면 시간이 지날수록 회전속도가 증가한다.

소형전동기의 기동에는 처음부터 정격전압을 인가하는 경우가 많으나 중·대형전동기에서는 기동전류가 매우 크므로 다른 곳에 영향을 미쳐 전원전압의 강하 등이 발생하므로 인가하는 전압을 저감하든가, 임피던스를 삽입하여 기동전류를 줄여서 기동한 다음에 전압을 상승시키면서 임피던스를 제거하는 방법 등을 사용한다.

또 부하의 변동에 따라 전동기의 속도가 변경될 경우에도 T_μ, T_w, T_f 외에 운동에너지의 과부족에 따른 토크가 필요하게 되며, 이것을 **가(감)속토크**라고 하며, 식 (1-1)의 aJ가 가(감)속토크이다.

전동기의 회전수가 N_1 [rpm]에서 N_2 [rpm]로 바뀌는 경우의 운동에너지의 변화량 $\triangle E$[J]는 다음과 같이 된다.

$$\triangle E = \frac{J}{2}(\omega_1{}^2 - \omega_2{}^2) = \frac{GD^2}{730}(N_1{}^2 - N_2{}^2) \tag{1-2}$$

단, GD^2 : 전동기축에 환산한 플라이 휠 효과[$\mathrm{kg \cdot m^2}$]

G : 회전부의 총질량[kg]

D : 회전부의 지름[m]

ω_1, ω_2 : N_1, N_2의 각 가속도[rad/s]

이 운동에너지의 축적 또는 방출을 위한 기동, 정지, 속도변경 등에 있어서는 시간의 지연이 생긴다. 또 관성모멘트가 크면 그만큼 큰 기동토크와 가(감)속토크가 필요하게 된다.

예제 1

$GD^2 = 150$ [$\mathrm{kg \cdot m^2}$]의 플라이 휠이 $1,200$ [rpm]으로 회전하고 있을 때 축적 에너지는 약 몇 [J]인가?

풀이

$$W = \frac{GD^2 \cdot N^2}{730} = \frac{150 \times 1,200^2}{730} = 195,890 \,[\mathrm{J}]$$

③ 부하변동과 최대토크

정상상태의 정속도 운전에서는 전동기와 부하의 속도-토크 특성곡선의 교차점이 안정동작점이면 정상운전으로 볼 수 있다. 부하의 종류에 따라 운전 중에 순간적으로 전부하토크보다 상당히 큰 과부하가 걸리며 전동기의 최대토크보다 크게 되어 불안정한 상태가 되는 수가 있다. 이와 같은 부하에서는 전동기의 최대토크에 대하여 충분하게 검토를 하여야 한다.

부하가 매우 격동하는 경우에는 플라이 휠(fly-wheel)을 이용하는 것도 한 가지 방법이 된다. 동기전동기에서는 인입토크 및 탈출토크를 고려하지 않으면 안 된다. 즉, 펌프, 송풍기와 같이 속도의 상승에 따라 부하토크가 증가하는 것에는 인입토크가 큰 것을 사용하여야 하며, 압연기와 같이 순간적으로 과부하가 걸리는 것에는 탈출토크가 큰 전동기를 사용하여야 한다.

④ 전동기의 안정운전 조건

전동기로 부하를 안정적으로 운전하기 위해서는 전동기와 부하의 속도-토크 특성이 그림 1-4(a)와 같은 특성을 갖는다고 하면, 전동기는 가속하는 토크를 발생하고 부하는 제동하는 토크로 작용하게 되므로, 이 양자의 차 $T_M - T_L = \triangle T$가 정(+)일 때에는 가속하게 되고, 부(-)일 때에는 감속하게 된다. 따라서 평형점의 속도 ω_1보다 낮은 속도에서는 가속되며, 빠른 속도에서는 감속되어 항상 ω_1으로 수렴되어 안정된 운전을 하게 된다. 이와 같은 상태가 되는 조건은 다음식을 만족하는 경우이다. 이 식을 **안정운전조건**이라 한다.

$$\frac{\partial T_M}{\partial \omega} < \frac{\partial T_L}{\partial \omega}$$

(1-3)

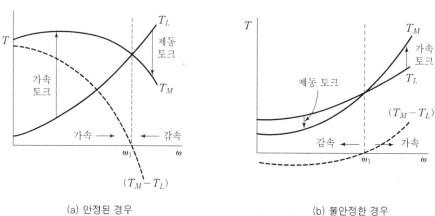

(a) 안정된 경우   (b) 불안정한 경우

그림 1-4 정상운전시의 안정운전 조건

한편 그림 1-4(b)에서와 같이 평형점 ω_1보다 낮은 속도범위에서 전동기 토크 T_M보다 부하 토크 T_L이 크고 ω_1보다 높은 속도범위에서는 부하 토크 T_L보다 전동기 토크 T_M이 크면, ω_1보다 낮은 범위에서는 부하 토크에 의한 제동작용으로 감속하여 정지하게 되고, ω_1보다 높은 범위에서는 가속되어 ω_1보다 점점 증가하여 안정된 운전을 할 수 없게 된다.

1-4 조작 및 제어방식

전동기의 조작 및 제어의 주요 목적은 다음과 같다.

① 전동기의 기동, 정지 및 정역운전을 하기 위한 것
② 기동시의 전류 및 토크를 제어하는 것
③ 정지시에 제동을 거는 것
④ 속도 및 토크를 제어하는 것
⑤ 전동기의 부하를 제한하는 것

즉, 전동기의 운전전반을 담당하는 것이며, 전동기의 고유 특성을 충분히 발휘하도록 하여 부하기계의 특성에 맞도록 하는 것이다.

전동기의 조작 및 제어방식에는 수동·반자동·자동의 방식이 있으며, 분류방법에 따라 단독·집중·총괄·원격제어 등이 있다.

1 수동조작

수동조작은 전동기의 기동, 정지 및 속도제어 등의 조작을 수동으로 하는 것으로, 기동 또는 정지는 수동개폐기(나이프 스위치, 푸시 버튼 스위치 등)로 하고 각종 제어기(기동저항기, 속도제어기 등)의 조작도 손으로 하는 것이다.

2 자동제어

전동기의 회전속도를 일정하게 유지할 경우에 속도발전기(tacho-generator) 등으로 회전속도를 검출하고 이것을 피드-백(feed back)해서 전원전압을 제어하여 자동적으로 속도를 일정하게 하는 것 등이 있다.

❸ 집중제어, 총괄제어

여러 대의 전동기의 제어를 한 개의 제어반에서 제어할 수 있도록 한 방법을 집중제어라고 하며, 이 경우 각 기계의 운전상태를 상호표시에 의하여 확인할 수 있도록 한 방법이 총괄제어 이다.

2장

전동기의 운전

2-1 전동기의 기동

　전동기의 운전에는 기동(starting)과 속도제어(speed control) 및 제동(braking)으로 분류할 수 있다.

　전동기의 기동에는 직류전동기와 유도전동기와 같이 전전압기동을 하였을 경우에 기동전류가 정격전류보다 대단히 큰 전류가 흘러 전동기의 권선에 손상을 주거나 전원에 큰 충격을 주게 되므로 기동시에 흐르는 과전류를 정격전류의 100~200[%]로 억제하기 위하여 전동기 1차 전압을 강압하거나 또는 기동전류를 제한하는 기동방법과 단상 유도전동기와 동기전동기와 같이 회전자에 기동토크(starting torque)가 발생하지 않으므로 기동토크를 발생시키기 위한 기동방법이 있다.

1 직류전동기의 기동방식

　직류전동기를 사용하는 목적은 대부분의 경우 속도제어에 있으며, 중부하(重負荷)이거나 기동이 빈번하거나 급속운전 등의 기동이 요구될 경우에는 교류전동기보다 직류전동기가 적당하다. 기동방식은 다음의 방법이 많이 쓰이고 있다.

(1) 전기자 직렬저항 기동

보통의 직류전동기의 기동 시정수(時定數)[1]는 약 $0.5 \sim 2$초이다. 일반적으로 직류전동기는 내부저항이 작으므로 전전압기동을 하면 전부하전류의 $10 \sim 30$배 정도의 큰 전류가 흘러서 전동기의 권선이 손상되고 전원에 악영향을 주게 된다. 따라서 외부저항을 전기자에 직렬로 접속하여 전류의 돌입을 제한한다. 전동기가 회전하기 시작하면 점차 역기전력이 상승하여 이에 따라 전류가 감소하므로 외부저항을 단계적으로 서서히 감소시킨다. 이와 같은 목적으로 사용하는 가감저항기를 **기동저항기**(starting rheostat) 또는 **기동기**(starter)라고 한다.

(2) 저감전압기동

전동기의 단자전압을 변화시켜서 기동전류를 억제하는 방법에는 전동기 2대 이상을 **직·병렬 접속**하는 방법과 가변전압을 갖는 전원을 채택하는 방법이 있다. 가변전압을 갖는 전원에는 전동발전기로서 대표적인 **워드 레오나드(Ward-Leonard) 방식**이 있으나 최근에는 반도체의 성능향상과 전력전자공학의 발전으로 사이리스터를 사용한 직류 초퍼(chopper)회로에 의한 전원장치로 대치되고 있다.

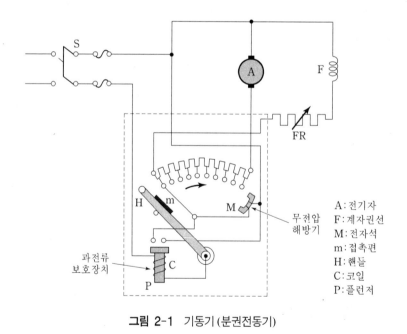

그림 2-1 기동기 (분권전동기)

---

1) 기동 시정수 : 전동기의 정격속도의 $90 \sim 95$ [%]의 속도에 도달할 때까지의 시간, 즉 기동에 필요한 시간을 말한다.

② 유도전동기의 기동방식

(1) 농형 유도전동기의 기동법

① 전전압 기동(직입기동)

전동기 단자에 직접 전전압을 인가하여 기동하는 방법이며 **직입기동**이라고도 부른다. 정격출력 3.7 [kW] 이하의 소용량의 전동기에 사용하는 방법이며, 특수농형 유도전동기인 경우에는 11 [kW] 미만에 사용할 수 있다. 최근에는 수 100 [kW] 이상의 특수농형 유도전동기에도 전전압 기동을 하는 것이 개발되고 있다.

② Y-⊿ 기동

고정자 권선이 ⊿ 결선의 전동기를 기동시에만 Y결선으로 하여 기동하고 운전상태까지 가속된 뒤에 권선을 ⊿ 결선으로 변환하는 방법이다. 이 때에 기동전류 및 기동토크는 모두 다 전전압기동일 때의 1/3이 된다.

이 방법은 저압전동기에서는 간단하고, 값싼 Y-⊿용 개폐기를 사용함으로써 기동전류를 제한할 수 있으므로 널리 사용되고있다. 일반적으로 5.5~15 [kW]의 전동기에 사용된다. 이 방법은 무부하 또는 경부하에서 기동할 수 있는 공작기계 등에 적합한 방법이다.

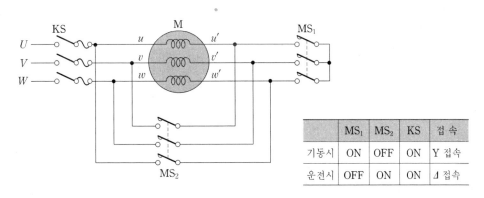

	MS$_1$	MS$_2$	KS	접속
기동시	ON	OFF	ON	Y 접속
운전시	OFF	ON	ON	⊿ 접속

그림 2-2 Y-⊿ 기동

③ 기동보상기에 의한 기동

기동보상기(starting compensator)라고 하는 3상단권변압기를 사용해서 이것을 Y결선으로 접속하여 전동기 단자에 걸리는 전압을 내려서 기동하는 방법이다.

기동보상기에 사용되는 탭 전압은 보통 50, 65, 80 [%]를 표준으로 하고 있다. 기동보상기의 1차전압과 2차전압의 비를 1/m이라고 하면, 기동전류 및 기동토크는 $1/m^2$가 된다. 이 방식은 15 [kW]를 초과하는 전동기에 주로 사용된다. 그러나 콘돌파 방식의 출현으로 최근에는 거의 사용하지 않는다.

기동보상기에 의한 기동에서는 가속 후 전전압으로 변환할 때에 큰 돌입전류가 생길 염려가 있으므로 이것을 억제하기 위하여 그림 2-3과 같은 **콘돌파 방식**(kondorfer system)이 사용된다. 이 방식은 기동전류를 정격전류의 25 [%]까지 감소시킬 수 있다. 대용량기에 폭넓게 사용하고 있다. 탭 전환으로 토크는 정격의 25~64 [%]까지 조정이 가능하다. 이 방식은 전동기가 회전하기 시작할 때에는 기동보상기에 의한 기동방식으로 기동하고 회전수가 상승함과 동시에 리액터 기동방식으로 바꾸는 방식이다.

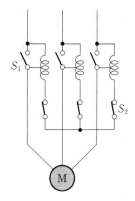
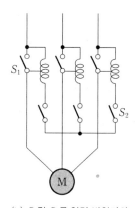
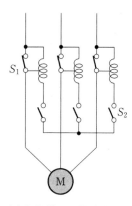

(a) S_1을 열고 단권변압기의 중성점 개폐기 S_2를 닫는다

(b) S_1및 S_2를 열면 변압기의 코일은 리액터로 작용한다

(c) S_1을 닫고 S_2를 열면 단권변압기의 코일은 단락되어 기동이 완료된다

그림 2-3 콘돌파 방식

④ 리액터 기동

기동보상기가 고가이며 조작이 복잡하므로 그림 2-4(a)와 같이 유도전동기의 1차 직렬권선과 전원 사이에 리액터(reactor)를 접속하여 기동전류를 억제해서 기동하고, 기동이 종료된 후 리액터를 개폐기로 단락하여 직접 전원에 접속하는 기동방법을 **리액터 기동** 또는 **1차 직렬 임피던스 기동**이라 한다. 리액터에 적당한 탭을 설치하여 원활한 기동이 되도록 한다.

이 방법은 Y-Δ 기동이 곤란한 장소나 기동시의 충격을 경감시키려고 하는 곳에 사용한다. 이 방법에서는 기동전류를 전전압 기동일 때의 $1/a$로 억제하면 기동토크는 전전압 기동일 때의 $1/a^2$이 되어 기동전류의 감소보다 기동토크의 감소가 심하다는 것이 결점이다.

표 2-1 농형 유도전동기 기동법의 비교

기동법	전전압(직입) 기동	감전압 기동			
		Y − ⊿ 기동	콘돌파 기동	리액터 기동	1차저항 기동
개 요	전동기에 최초부터 전전압을 인가하여 기동	⊿ 결선으로 운전하는 전동기를 기동시에만 Y로 결선하여 기동전류를 직입 기동시의 1/3로 줄인다.	V결선의 단권변압기를 사용하여 전동기의 인가전압을 낮추어서 기동	전동기의 1차측에 리액터를 넣어 기동시의 전동기의 전압을 리액터의 전압강하분만큼 낮추어서 기동	리액터기동의 리액터 대신 저항기를 넣어서 저항기의 전압강하분만큼 낮추어서 기동
특 징	전동기 본래의 큰 가속토크가 얻어져 기동시간이 짧다. 부하를 연결한 채로 기동이 가능하다. 값이 싸다.	최대기동전류에 의한 전압강하를 경감시킬 수 있다. 감압기동 가운데 가장 싸고 손쉽게 채용할 수 있다.	탭의 선택에 따라 최대기동전류, 최소기동토크의 조정이 가능하며, 전동기의 회전수가 커짐에 따라 가속토크의 증가가 심하다.	탭 절환에 따라 최대기동전류, 최소기동토크의 조정 가능. 전동기의 회전수가 높아짐에 따라 가속토크의 증가가 심하다.	리액터 기동과 거의 같음. 리액터 기동보다 가속토크의 증대가 크다.
결 점	기동전류가 크고 이상전압강하의 원인이 된다.	기동토크가 작으므로 부하를 연결한 채로 기동할 수 없다. 기동한 후 운전으로 전환될 때 전전압이 인가되어 전기적, 기계적 충격이 있다.	가격이 가장 비싸다. 가속토크가 Y-⊿ 기동과 같이 작다. 최대기동전류, 최소기동토크의 조정이 안된다.	콘돌파 기동보다 조금 싸고, 느린 기동이 가능하다.	최소기동토크의 감소가 크다. 적용 전동기의 용량은 7.5[kW] 이하
제 특 성 기동전류	500~1,000[%]	33.3[%]	25-42-64 [%] (탭 50-65-80 [%])	50-65-80 [%] (탭 50-65-80 [%])	50-65-80 [%] (탭 50-65-80 [%])
제 특 성 기동토크	100[%] 이상	33.3[%]	25-42-64 [%] (탭 50-65-80 [%])	50-65-80 [%] (탭 50-65-80 [%])	50-65-80 [%] (탭 50-65-80 [%])
제 특 성 가속성	기동토크 최대 기동시 부하에 가해지는 충격이 크다.	토크의 증가 적다. 정동토크 적다.	토크의 증가 약간 작다. 정동토크 약간 작다. 원활한 가속	토크의 증가가 매우 크다. 원활한 가속	토크의 증가가 매우 크다. 정동토크 크다. 원활한 가속
비 고	전원 용량이 허용되는 범위 내에서는 가장 일반적인 기동 방법이다.	5.5[kW] 이상의 전동기로 무부하 또는 경부하로 기동이 가능한 것. 감압기동에서는 가장 일반적인 기동법이다. 공작기계	최대기동전류를 특별히 억제할 수 있는 것. 대용량 전동기 펌프, 팬, 송풍기, 원심분리기	팬, 송풍기, 펌프, 방직관계CUSHION STARTER용 등의 부하에 적합	7.5[kW] 이하인 소용량 전동기에 한해서 리액터 기동용 부하와 동일 적용

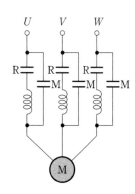

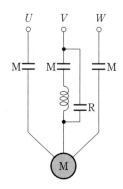

(c) 사이리스터를 사용한
변형쿠사결선

	R	M
기 동	ON	OFF
운 전	ON	ON

(a) 직렬임피던스 기동

	R	M
기 동	OFF	ON
운 전	ON	ON

(b) 쿠사결선

그림 2-4 리액터 기동

그림 2-4(b)와 같은 쿠사(Kusa)결선으로 하면, 기동전류의 억제효과는 적으나 원활한 기동 (soft start) 효과는 크고, 또 그림 2-4(c)와 같이 사이리스터를 사용하여 1상의 위상제어회로에 의한 쿠사결선법도 있다. 또 리액터 대신 저항을 쓰는 수도 있으며 이것을 **1차 저항기동**이라고 한다.

(2) 권선형 유도전동기의 기동법

① 2차 저항기동

2차 저항기동은 권선형 유도전동기의 비례추이 특성을 이용하여 기동하는 방법이다. 권선형 유도전동기의 슬립 링(slip ring)을 통하여 그림 2-5와 같이 2차회로에 접속한 저항을 증가하면 전류는 감소하지만, 최대토크에는 변함이 없고 다만 최대토크를 발생하는 점의 슬립(slip)만이 이동한다. 즉, 최대토크를 발생하는 슬립 s 는 다음과 같다.

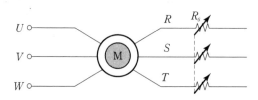

그림 2-5 2차 저항기동

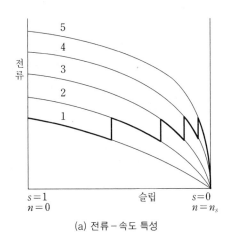

(a) 전류 - 속도 특성

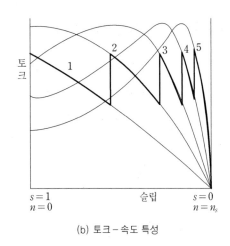

(b) 토크 - 속도 특성

그림 2-6　2차 저항변화에 따른 전류와 토크의 변화

$$s \doteqdot \frac{r_2}{x_2} \qquad\qquad (2\text{-}1)$$

단, r_2 : 2차 저항, x_2 : 2차 리액턴스

따라서 2차저항을 증가하면 최대토크가 되는 점은 슬립이 증가하여 속도가 감소하게 된다.

② 2차 임피던스 기동

그림 2-7과 같이 전동기의 2차회로에 고정저항 R_2와 리액터 L_2 또는 가포화 리액터(saturable reactor)를 병렬로 삽입하는 방법이다. 그러면 기동초기의 슬립이 큰 범위에서는 회전자 회로의 주파수가 높아서 리액턴스가 크므로 대부분의 2차 전류가 저항에 흘러 2차 저항 기동상태로 되므로 기동초기에는 저전류이면서 큰 토크로 기동하고, 속도가 상승하면 리액턴스가 작아지므로 리액터 쪽으로 전류가 많이 흐르고, 또 동기속도 근처에서는 2차가 거의 단락상태로 되어 비교적 양호한 기동이 된다.

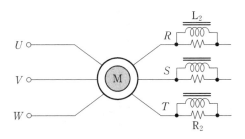

그림 2-7　2차 임피던스 기동

③ 단상 유도전동기의 기동

3상 유도전동기는 회전자장(rotating magnetic field)으로부터 유도되는 2차전류에 의하여 기동토크가 발생하지만, 단상 유도전동기는 교번자장(alternating magnetic field)이므로 기동장치를 설치하지 않으면 기동토크는 발생하지 않는다. 정지된 단상 유도전동기는 스스로 회전자계를 발생시킬 수가 없으므로 회전하지 못하나 어떠한 방법으로 외부에서 한쪽 방향으로 회전시키면 그 방향으로 토크가 생기고 전동기는 계속 회전하게 된다. 이러한 기동토크를 발생하여 단상 유도전동기를 자기동(自起動)하기 위해서는 다음과 같은 기동장치가 필요하다.

(1) 분상기동 (split phase start)

이 형의 1차권선은 그림 2-8(a)와 같이 고정자 철심에 감겨진 주권선 M과 보조권선 A를 전기각 $\pi/2$가 되도록 배치하고, 보조권선은 주권선보다 가는 코일을 사용하며, 권선수는 약 절반으로 하여 권선저항은 크고 인덕턴스는 적게 한다.

따라서 주권선 전류의 역률각보다 보조권선의 역률각이 작으므로 이들의 위상차 α(약 20∼

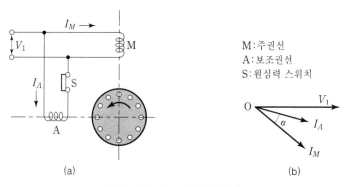

M:주권선
A:보조권선
S:원심력 스위치

(a)   (b)

그림 2-8 분상기동의 원리

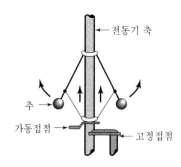

전동기 축

추
가동접점
고정접점

그림 2-9 원심력 스위치

30°)만큼 보조권선의 위상이 주권선보다 앞선다. 그러므로 보조권선에서 주권선쪽으로 이동자
계가 생겨 회전자에 토크가 발생하므로 기동하고, 기동한 뒤 동기속도의 75~80[%]에 도달
하면 원심력 스위치 S에 의하여 보조권선은 전원에서 개방된다. 그리고 기동특성을 좋게 하기
위하여 회전자 권선은 비뚤어진 홈(skewed slot)을 사용한다.

(2) 콘덴서기동 (capacitor start)

이 방식은 그림 2-10(a)와 같이 보조권선 A와 직렬로 콘덴서를 접속하여 분상(分相)하는
것이며, 분상기동방식과 비슷하나 큰 기동토크를 요구하는 단상 유도전동기에서 가장 널리 이
용된다.

보조권선은 권수를 주권선의 1~1.5배로 하고, 여기에 콘덴서를 직렬로 접속하여 기동시에
만 전류를 흘린다. 이때의 전류는 보조권선쪽이 주권선쪽보다 앞서므로 위상차가 발생하여 이
동자계가 생기며 분상기동형보다 큰 기동토크를 얻는다. 이때에도 동기속도의 75~80[%]에
서 원심력 스위치 S에 의하여 보조권선을 전원에서 개방한다.

콘덴서는 기동시에만 사용되며 전해 콘덴서가 많이 사용되고 있으며 20~700[μF]의 용량
을 가진 콘덴서를 사용하고 있다. 콘덴서 용량이 적은 것을 사용하면 콘덴서에 걸리는 전압이
증가하기 때문에 콘덴서는 조기 파괴를 일으키기 쉽다. 그리고 용량이 큰 것을 사용하면 전동
기의 기동토크는 반비례하여 영향을 받는다. 따라서 콘덴서 교체시에는 정격전압과 용량이 같
은 것으로 교체하여야 전동기에 이상이 없다.

기동시뿐만 아니라 운전 중에도 콘덴서를 보조권선에 접속한 전동기를 **콘덴서 전동기**(capacitor
motor)라고 한다. 콘덴서 전동기는 큰 기동토크가 요구되지 않는 선풍기, 전기냉장고, 전기세
탁기 등에 널리 사용되고 있으며, 콘덴서 전동기에 사용되는 운전용 콘덴서는 오일 콘덴서, 종
이 콘덴서 등이 사용된다.

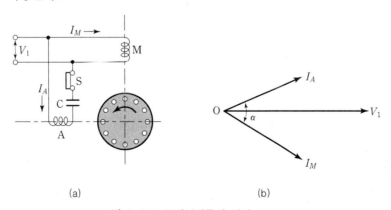

(a)　　　　　　　　(b)

그림 2-10 콘덴서기동의 원리

(3) 반발기동 (repulsion start)

반발기동형 단상 유도전동기는 단상직권정류자전동기의 한 종류인 반발전동기(repulsion motor)의 기동토크가 큰 특징을 이용하여 기동시에는 반발전동기로서 기동하고, 동기속도의 75~80[%]로 되면, 원심력 스위치에 의하여 정류자편을 단락하여 회전자를 농형과 같이 접속하여, 운전시에는 단상 농형유도전동기로 동작시키는 것이다.

반발기동형 단상 유도전동기의 회전자는 권선형이고 직류전동기의 전기자와 거의 같은 권선과 정류자를 갖고 있으므로 그림 2-11과 같이 회전자는 전기각 180°의 위상을 갖는 2개의 브러시가 굵은 도선으로 단락되어 있다. 회전방향을 반대로 하기 위해서는 그림 2-11(a)와 같이 고정자권선축에 대한 브러시의 위치를 B_1, B_2에서 B_1', B_2'의 위치로 이동시키면 된다. 또 그림 2-11(b)와 같이 브러시를 일정한 위치에 고정하고 고정자권선에 있는 4개의 단자접속을 바꾸어서 회전방향을 반대로 하는 것도 있다.

반발기동형은 다른 단상 유도전동기에 비하여 기동토크를 가장 크게 할 수 있기 때문에 우물펌프용, 공기압축기용으로 사용하였으나 값이 비싸고 정류자가 있어서 보수하는데 난점이 있으므로 최근에는 콘덴서기동형을 사용하는 경향이 있다. 기동토크는 전부하토크의 300~500[%] 정도, 기동전류는 전부하전류의 약 350[%]정도이다.

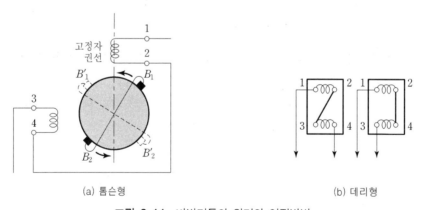

(a) 톰슨형 (b) 데리형

그림 2-11 반발기동의 원리와 역전방법

(4) 세이딩 코일형 기동 (shading coil type start)

그림 2-12와 같이 고정자의 각 자극의 한쪽 끝에 홈을 파서 돌출(salient)극을 만들고 이 돌출극에 세이딩 코일(shading coil)이라고 부르는 비교적 저항이 큰 동대(銅帶)로 만든 단락고리를 끼워놓은 것이다. 이 경우 세이딩 코일이 있는 부분의 자속변화가 이 코일이 없는 부분

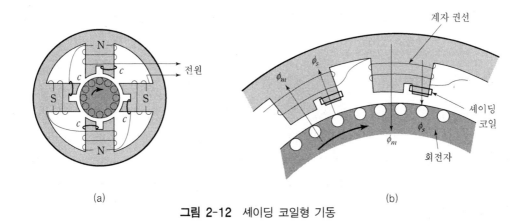

(a)   (b)

그림 2-12 셰이딩 코일형 기동

보다 시간적으로 늦으므로 셰이딩 코일이 없는 부분으로부터 있는 부분으로 이동자계(shifting magnetic field)가 발생하여 그 방향으로 토크를 발생하게 된다. 이 방법은 기동토크가 작고, 운전중에도 셰이딩 코일에 전류가 흘러 손실이 발생하므로 효율과 역률이 떨어지며, 회전방향을 바꿀 수 없는 큰 결점이 있다. 용도로서는 천장 선풍기(ceiling fan)와 같이 회전수가 적은 즉, 극수가 많은 전동기에 유리하다.

④ 동기전동기의 기동

동기전동기(synchronous motor)는 철극형(凸極型), 원통형(圓筒形), 고정자 회전기동형이 있으며, 일반적으로 철극형(凸極型)으로 되어 있고 기동 및 제동용으로 자극면에 제동권선을 설치하고 있다. 동기전동기는 회전자가 동기속도로 회전하고 있는 경우에 한하여 전동기로서 토크를 발생하는 것이므로 동기전동기 자체로서의 기동토크(starting torque)는 0이다. 그러므로 어떠한 방법으로든 동기속도에 가까이 가속하여 기동토크를 발생하도록 하여야 한다. 이와 같이 동기속도 가까이 가속하는 기동방법에는 자기동법과 기동전동기법이 있다.

(1) 자기동법 (self-starting method)

자기동법은 제동권선에 의하여 기동토크를 얻는 방법이다. 이 방법은 회전자장에 의하여 계자권선에 고압이 유도되어 절연을 파괴할 우려가 있으므로 계자회로를 열어놓고, 전기자권선에 기동용 변압기·기동보상기·직렬 리액터 또는 변압기의 탭 등으로 정격전압의 30~50[%] 정도의 낮은 전압을 가하면, 제동권선이 농형 유도전동기의 회전자권선의 역할을 하여 유도전동기로서 기동하게 된다.

이와 같이 기동하여 동기속도에 가까워졌을 때에 계자권선을 접속하여 여자(勵磁)하면 인입토크에 의하여 동기속도로 인입된다. 그 뒤에 전기자전압을 전전압으로 전환하여 운전상태로 한다. 자기동법에 의한 기동토크는 전부하토크의 40~60[%] 정도이므로 무부하 또는 경부하로 기동할 필요가 있다.

(2) 기동전동기법

기동전동기법은 기동용전동기(유도전동기, 직류전동기 등)를 동기전동기에 결합(copling)시켜 기동하는 방법이다. 가속후에 동기전동기를 여자(勵磁)시키면, 동기발전기가 되므로 여자전류와 속도를 조정하여 동기발전기의 병렬운전과 같은 방법으로 동기화(同期化)하여 전원에 접속한다. 이 방법은 주로 대용량의 동기전동기를 기동하는 데 이용된다. 기동전동기로 유도전동기를 사용하는 경우에는 주전동기의 극수보다 2극이 적은 것을 사용한다.

2-2 전동기의 속도제어

전동기의 속도를 변경하여 부하의 속도를 바꾸려고 할 경우에 전동기를 제어하여 그 속도-토크 특성을 변화시키는 것이 전동기의 속도제어(speed control)이다. 속도제어의 범위와 정확도는 부하의 종류 및 제어의 목적에 따라 다르며, 제어방식은 부하의 특성, 전동기의 용량, 작업의 난이도, 속도제어에 따른 문제점 및 경제성 등을 고려하여 제어방식을 선택하여야 한다.

1 직류전동기의 속도제어

직류전동기의 속도 n [rpm]은 다음 식과 같다.

$$n = k\frac{E}{\varPhi} = k\frac{V - I_a R_a}{\varPhi} \tag{2-2}$$

따라서 속도 n을 제어하는 데는 V, R_a, $\varPhi$중 어느 하나를 변화하면 되므로 속도제어법은 다음 세 가지로 구분된다.

(1) 계자제어 (field control)

이것은 계자의 자속 $\varPhi$를 변화하는 방법이며, $\varPhi$를 변화하는 데는 계자전류를 가감하면 되므로 분권전동기나 타여자전동기에서는 계자저항기를 조정하면 된다. 이 방법은 제어하는 전류가 작기 때문에 손실도 적고, 또한 전기자전류에 거의 관계없이 비교적 광범위하게 속도조정이 이루어지므로 정출력 특성에 적합하다. 계자제어는 일반적으로 속도를 상승시킬 때 쓰인다.

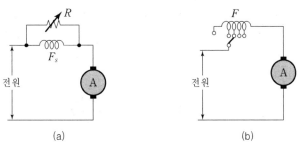

그림 2-13 계자제어

(2) 저항제어 (resistance control)

이것은 전기자회로에 직렬로 저항을 접속하고 이 저항을 가감하여 속도를 제어하는 방법이다. 이 방식은 주전류 I가 직렬저항 R에 흐르므로 전력손실 (I^2R)이 크게 되어 효율이 나쁘다.

직권전동기에서는 이 방법이 단독으로 또는 다른 방법과 조합하여 사용되며, 속도제어용의 저항을 가감하는 장치를 제어기(controller)라 하고 기동기(starter)에 겸용하는 것이 보통이다. 저항제어는 일반적으로 속도를 저하시킬 때 쓰인다.

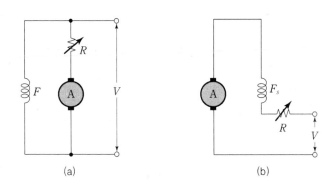

그림 2-14 저항제어

(3) 전압제어 (voltage control)

이것은 전기자에 가해지는 단자전압을 변화하여 속도제어하는 방법이며, 정토크 특성에 적합하다. 이 방법에는 두 대 이상의 전동기를 사용하여 제어하는 직병렬제어방식과 직류발전기를 사용하여 그 계자(界磁)를 제어하는 **워드 레오나드**(Ward-Leonard) **방식**, 수은 정류기 · 가포화 리액터와 실리콘 정류기의 조합, 사이리스터 등을 사용하여 그 제어부를 조절하는 것을 **정지 레오나드 방식**, 직류 전원과 전동기 사이에 승압기(booster)를 넣어서 제어하는 **승압기방식**, 사이리스터를 사용한 초퍼(chopper) 회로에 의하여 전압을 변환하는 **직류초퍼방식** 등이 있다.

　가변 직류 전원 및 전동기의 설계에 따라 0에서 최고속도까지 원활하게 제어할 수 있으며, 역전·제동 등 모든 제어에 적용할 수 있으므로 하역기계·압연기 등 매우 광범위하게 사용되고 있다.

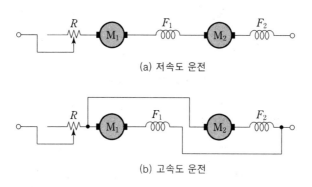

(a) 저속도 운전

(b) 고속도 운전

그림 2-15 직권전동기의 속도제어 (직병렬제어)

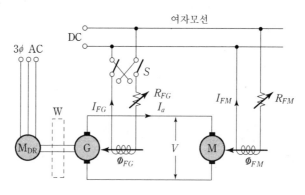

(a) 워드 레오나드 방식

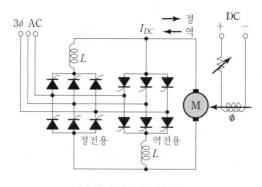

(b) 정지 레오나드 방식

그림 2-16 레오나드 방식

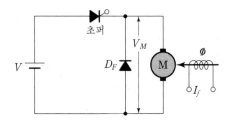

그림 2-17 직류초퍼방식

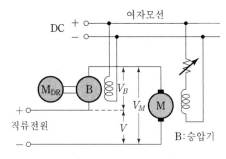

그림 2-18 승압기방식

② 유도전동기의 속도제어

유도전동기의 회전속도 n [rpm]은 슬립을 s, 동기속도를 n_s라 하면

$$n = (1-s)n_s = (1-s)\frac{120f}{p} \qquad (2-3)$$

이므로 유도전동기의 속도제어는 동기속도 n_s와 슬립 s의 변환에 의한 방법이 있다.

동기속도 n_s를 변환하기 위해서는 ① 극수 (p) 변환에 의한 방법, ② 전원주파수 (f)를 변환하는 방법이 있다. 또한 슬립을 변환하는 방법에는 ① 전원전압을 바꾸는 방법, ② 2차회로의 저항을 변환하는 방법, ③ 2차회로에 적절한 주파수의 전압을 삽입하는 2차여자제어 등이 있다.

(1) 극수변환

유도전동기의 극수를 변환시키면, 극수에 반비례하여 동기속도가 변하므로 회전속도를 바꿀 수가 있다. 이 경우 속도의 변화는 단계적일 뿐, 연속적인 속도제어는 할 수 없다. 또한 극수의 변환은 보통 4단까지로 그 이상은 구조가 복잡해지기 때문에 거의 사용되지 않는다.

농형 회전자의 경우에는 고정자 권선의 극수만을 바꾸면, 농형 회전자의 전류는 자연히 그 극수의 전류분포가 된다. 그러나 권선형 회전자의 경우에는 고정자 권선과 동시에 회전자 권선의 극수도 변환하여야만 하고, 변환의 1단마다 슬립링 3개를 필요로 한다. 따라서 이 방식에서 실용화되어 있는 것은 거의 대부분이 농형 유도전동기이다.

동일한 철심에 2개 이상의 극수가 다른 독립된 권선으로 극수변환을 행하는 것과 동일한 권선의 접속을 바꿈으로써 극수변환을 행하는 두 종류가 있다. 전자의 경우에는 임의의 극수의 조합에 대해서 사용되지만, 전동기로서는 가격이 비싸게 된다.

동일한 권선의 접속변경에 의한 극수의 변환에는 주로 2 : 1의 극수비의 것이 사용되고 있다. 그림 2-19는 그 일례이고 그림 2-19(a)는 권선을 전부 직렬로 해서 단자 a와 b를 사용하여 4극으로 한 경우이고, 또 그림 2-19(b)는 병렬접속으로서 단자 a와 c를 사용하여 8극이 되는 것을 나타내고 있다.

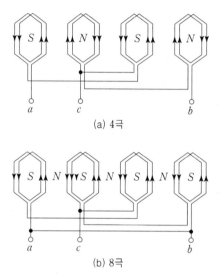

(a) 4극

(b) 8극

그림 2-19 극수변환의 예

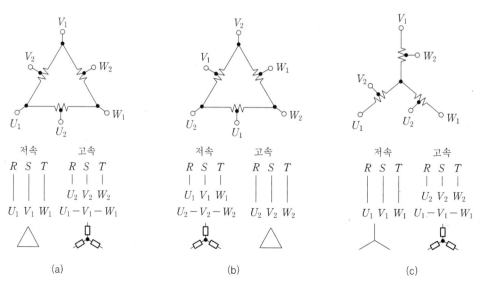

그림 2-20 극수변환형 전선의 접속법

이와 같이 극수변환을 하는 경우 개개의 극수에 대한 권선계수의 차이, 병렬회로수, Y와 △의 접속법의 변화를 이용하여 그림 2-20에 나타낸 것과 같이 결선의 방법에 따라 그림 2-20(a) 일정토크, 그림 2-20(b) 일정출력, 그림 2-20(c) 출력이 속도의 3승에 비례하는 등 세 가지 경우가 얻어진다.

(2) 주파수 제어

유도전동기의 동기속도는 주파수 f에 비례하므로 주파수를 변환함으로써 속도제어를 할 수 있다. 주파수제어법은 효율도 좋고, ±0.5[%] 정도의 정밀도가 높은 속도제어를 할 수 있는 이점이 있지만, 전용의 가변주파수 전원이 필요하기 때문에 가격이 비싼 것이 결점이었다. 그러나 최근에는 반도체기술의 눈부신 발전에 의해서 반도체소자의 성능 향상과 가격 저하로 인버터(inverter) 혹은 사이크로 컨버터(cycloconverter)를 가변 주파수 전원으로 하는 속도제어 방식을 폭 넓게 사용할 수 있게 되었으며, 또한 이에 수반하여 제어기술도 발전하고, 마이크로 프로세서(μ-processor)를 사용한 고도의 제어에 의해서 제어성능이나 정밀도의 면에 있어서 직류기와 동등한 제어가 가능한 방식도 개발됨에 따라 유도전동기의 속도제어방식으로서 주파수제어가 널리 사용되는 경향이 있다.

V/f 일정제어[2]에 대하여 간략하게 언급하기로 한다. 전압을 일정하게 하고 주파만을 변화시키면 속도 - 토크 특성은 그림 2-21(a)와 같이 최대토크가 거의 주파수에 반비례하여 증가한다. 이와 같은 상태에서도 부하토크 T_L과의 평형점이 a, b, c, d, e로 변화하여 속도를 제어할 수 있다. 그러나 자기회로의 자속은 주파수에 반비례하여 변화하므로 주파수를 낮추어 저속으로 하면 철심의 자속밀도가 매우 커져서 철손과 자화전류가 크게 증가하여 소손될 염려가 있다. 따라서 자속은 전압에 비례하므로 V/f을 일정하게 유지하면서 주파수를 제어하는 것이 좋다. 이와 같이 하여 제어하면 그림 2-21(b)와 같이 최대 토크가 거의 일정하고, 슬립 방향으로 평행이동하는 특성으로 되며, 또한 자속이 일정하게 유지되므로 자화전류가 거의 일정하게 되어 철손도 감소한다.

---

2) V/f 일정제어 : 이 방법은 주파수 제어에 의한 유도전동기의 속도제어법으로서는 가장 기본적인 것이다. 일반적으로 유도전동기의 고정자권선에 공극자속에 의해서 유도되는 전압 E_1은

$$E_1 = 2.22\, N_1 \varPhi f\ [\mathrm{V}]$$

로서 나타낼 수 있다. 여기서 N_1은 고정자권선 1상의 유효직렬도체수, $\varPhi$는 1극의 자속 [Wb]이다. 이 E_1에 고정자권선의 임피던스강하를 벡터적으로 가한 것이 전원전압 V와 평형이기 때문에 $V \fallingdotseq E_1$이다. 따라서 전압 V를 일정하게 하고 주파수 f를 변화시키면, 저주파시에 $\varPhi$가 크게 되어 철심이 포화하므로 보통은 $\varPhi$를 거의 일정값으로 하여 속도제어하기 때문에 V/f일정으로 하여 제어가 행하여진다.

이 제어법은 늘 동기속도 근처에서 부하토크와 평형하므로 안정도가 높아 부하변동에 대한 속도변동이 작고, 연속변화가 가능하므로 좋은 제어가 가능하다.

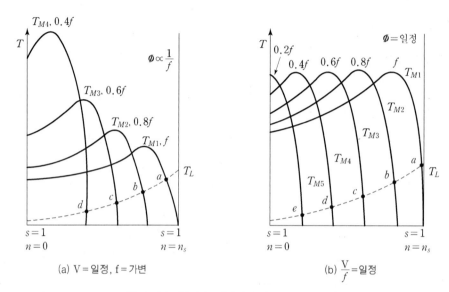

(a) V = 일정, f = 가변

(b) $\dfrac{V}{f}$ = 일정

그림 2-21 주파수 제어시의 속도 - 토크 특성

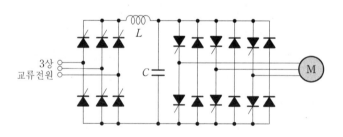

그림 2-22 전압형 인버터에 의한 주파수제어법의 주회로

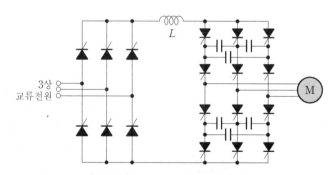

그림 2-23 전류형 인버터에 의한 주파수제어법의 주회로

① 사이크로 컨버터(cycloconverter)

사이리스터(thyrister)를 응용하여 교류입력으로부터 직접 주파수가 다른 주파수의 교류출력을 얻는 장치이며, 단상/단상 사이크로 컨버터와 3상 사이크로 컨버터가 있다.

여기서 단상/단상 사이크로 컨버터는 그림 2-24에서 표시한 것과 같이 2개의 전파정류회로를 극성을 반대로 하여 병렬접속한 것으로 T_{P1}과 T_{P2}를 점호(trigger)하면 플러스방향 정류파형의 출력을 얻고, T_{N1}과 T_{N2}를 점호하면 마이너스방향 정류파형의 출력을 얻는다.

점호 펄스(pulse)를 가하는 시기를 조절하여 각 반파의 도통시간을 적당히 조절하면 정현파형에 가까운 다른 주파수의 출력파형을 얻을 수 있다.

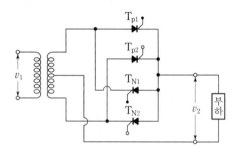

그림 2-24 단상/단상 사이크로 컨버터

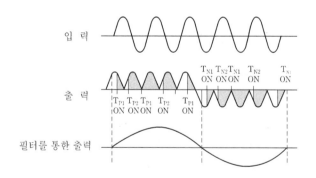

그림 2-25 단상/단상 사이크로 컨버터의 입·출력 파형

② 인버터(inverter)

인버터(inverter)는 직류로부터 교류로 변환하는 역변환장치이다. 직류전원으로부터 직접 임피던스를 통하여 교류전력을 얻는 방법이지만 교류전력의 주파수 변환 때문에 일단 정류하여 직류로 된 것을 또다시 주파수가 다른 교류전력으로 변환하기 위하여 응용되고 있다.

단상 구형파 인버터에는 그 동작방법이나 회로구성에 의하여 많은 종류가 있다.

전동기의 속도제어 전원으로서 주파수 (f)와 전압 (V)을 동시에 변화시킬 수 있는 단상 인버터의 한 예로서 단상 구형파 인버터의 원리적인 회로와 출력파형은 그림 2-26과 같다. 그림 2-26(a)에서 표시하는 회로로서 그림 2-26(b)와 같이 사이리스터의 도통각 α를 변화시킴으로써 출력전압의 파형의 폭을 변화시켜 실효전압을 제어하는 방법이다.

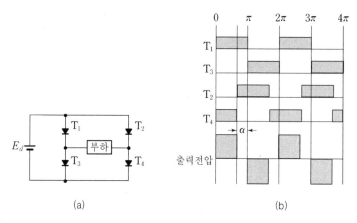

(a)   (b)

그림 2-26 단상 구형파 인버터의 동작원리

(3) 전압제어

유도전동기의 토크는 1차 전압의 2승에 비례하므로 단자전압을 조정하여 속도제어를 할 수 있다. 이 때의 속도-토크 특성은 그림 2-27과 같다. 부하토크가 그림의 점선과 같을 때, 전압을 V_1에서 V_2, V_3로 감소시키면 회전속도는 n_1에서 n_2, n_3로 떨어진다.

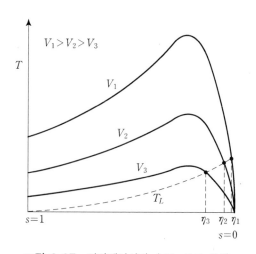

그림 2-27 전압제어시의 속도-토크 특성

이 방법에서는 속도변동률이 크고, 감속시의 손실도 크기 때문에 소형전동기의 속도제어를 싼 값으로 하고 싶을 경우에 사용된다. 전압의 조정에는 사이리스터 위상제어회로를 사용하는 수가 많다. 이 경우에도 속도검출과 폐(閉)루프제어에 의해서 속도변동률을 작게 할 수 있다.

(4) 2차 저항제어

2차저항제어법은 권선형 유도전동기에 한하여 이용하는 방법으로 2차측에 슬립링(slipring)을 부착하고 속도제어용 가변저항을 넣어서 **비례추이**(比例推移)에 의해 토크의 기울기를 조정하여 부하토크와의 교점을 변화시켜서 속도를 제어하는 방법이다.

가변저항기는 소용량의 경우에는 표면형 노치식 저항기, 중·대용량의 경우에는 금속이나 액체저항기가 쓰이고, 사이리스터 초퍼회로를 2차회로에 접속하기도 한다.

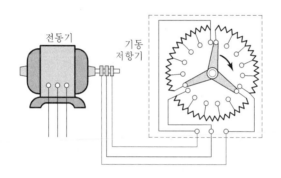

그림 2-28 2차 저항제어법

(5) 2차 여자제어

권선형 유도전동기의 2차 저항제어법에서 감속시의 효율저하의 원인인 2차저항기에 발생하는 손실을 회수하여 이용하는 방법으로서 고안된 것이 2차 여자제어(勵磁制御)이다.

이것은 2차저항기에 생기는 전압강하와 동일한 전압을 외부에서 가하여 주고, 그 전압을 조정함으로써 속도제이를 하는 방법이다. 2차여자법에는 감속시에 회수한 전력을 재차 기계적 동력으로 바꾸어 이용하는 **크래머**(Kramer) **방식**과 회수한 전력을 전원에 되돌려 보내는 **셀비어스**(Scherbious) **방식** 등이 있다.

2차 권선의 유도전압 주파수는 sf [Hz]이므로 외부에서 가하는 전압도 같은 주파수이어야 한다. 이 때문에 당초에는 회전변류기라든가 교류정류자기가 사용되었지만, 이러한 기기는 구조가 복잡하며, 가격이 높고 보수도 번잡하기 때문에 근래에는 2차 전압을 실리콘정류기로 정류해서 직류측의 전압을 조정하여 속도제어를 행하는 방법이 주로 사용되고 있다.

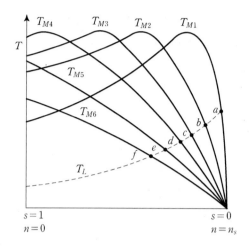

그림 2-29 2차 저항제어시의 속도 - 토크 특성

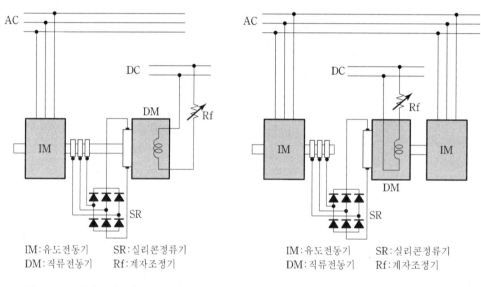

IM: 유도전동기 SR: 실리콘정류기
DM: 직류전동기 Rf: 계자조정기

IM: 유도전동기 SR: 실리콘정류기
DM: 직류전동기 Rf: 계자조정기

그림 2-30 실리콘정류기와 직류전동기를
사용한 크레머 방식

그림 2-31 실리콘정류기와 전동-발전기를
사용한 셀비어스 방식

셀비어스 방식에서 전동발전기 대신 사이리스터를 사용한 인버터로 바꾸어 놓으면, 그림 2-32와 같이 유도전동기 이외에는 모두 정지기가 되므로 **정지 셀비어스 방식**이라 불리고, 효율의 향상과 보수의 용이한 점 등이 유리하다. 이 경우에는 사이리스터의 게이트 제어위상을 조정함으로써 유도전동기의 속도를 제어할 수 있다.

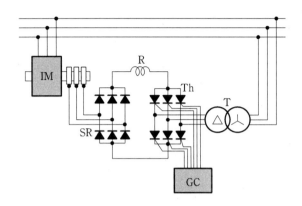

IM:유도전동기
SR:실리콘정류기
Th:사이리스터
GC:게이트 제어장치
T:변압기
R:리액터

그림 2-32 정지 셀비어스 방식

표 2-2 유도전동기 속도제어 방식의 비교

방 식		특 징	속도제어범위	제어정밀도	적 용 례
2차 저항제어법		정토크 특성 감속시 효율이 저하하고 속도변동률이 커진다 설비가 싸다	1 : 1.5	-	펌프 송풍기
2 차 여 자 법	셀비어스법	정토크 특성 효율이 좋다 설비가 고가	1 : 5	±1%	펌프 송풍기 컴프레서
	크래머법	정출력 성능 효율이 좋다 설비가 고가	1 : 2	±1%	압연기 준설용(浚渫用)펌프
1차 전압제어법		정토크 특성 효율이 낮다 설비가 싸다 대용량기에는 적용곤란	1 : 10	±2%	엘리베이터 컨베이어 권상기
극수변환법		연속적 속도제어는 불능 설비가 싸다	-	-	송풍기의 동력, 절약형 운전 등
주파수제어법		효율 제어 정밀도가 양 호 4상한 운전이 가능 설비가 고가	1 : 100	±0.5%	펌프, 송풍기 공작기계 원심분리기 압출기, 교반기

【주】 제어정밀도의 수치는 개략의 수치이고 이것 이상의 정밀도도 가능하다.

❸ 동기전동기의 속도제어

동기전동기는 본질적으로 정속도전동기이고, 그 회전 각속도는 유도전동기의 동기각속도와 동일하다.

따라서 동기전동기의 속도를 변화시키기 위해서는 극수 (p) 또는 주파수 (f)의 어느 쪽인가를 변화시키는 수밖에 없다. 동기전동기에는 직류계자권선을 가진 자극이 있고, 그 극수를 변경하는 것은 쉽지 않기 때문에 동기전동기의 속도제어법으로서는 주파수 제어가 유일한 제어 방법이다. 주파수제어법으로는 V/f 일정제어법과 벡터제어법이 있다.

V/f 일정제어법은 본질적으로 유도전동기의 주파수제어법과 같고, 보통 인버터 또는 사이클로 컨버터가 가변주파 전원으로 사용된다. 그러나 농형 유도전동기 쪽이 값이 싸고 보수도 쉽기 때문에 동기전동기를 이 방식으로 제어하는 일은 적지만, 대용량전동기의 속도제어에는 동기전동기가 사용된다.

유도전동기의 회전속도는 주파수가 일정하더라도 부하토크에 의한 슬립의 변화가 있기 때문에 속도제어의 정밀도를 올리기 위해서는 폐(閉)루프제어를 필요로 한다. 그러나 동기전동기의 회전속도는 주파수만으로 정해지기 때문에 주파수를 정밀도가 높게 제어하면 개(開)루프제어로 고정밀도의 속도제어가 가능하다. 이 특별한 장점을 활용해서 여러 대의 소형전동기를 모두 동일속도 또는 일정한 속도비를 유지하면서 그 속도를 제어하는 방적용 포트모터(pot motor)에 널리 사용되고 있다. 이 경우에는 슬립링을 가지지 않는 영구자석전동기나 반작용전동기가 사용되는 것이 보통이다. 또 영구자석전동기는, 전류형 인버터로 구동하여 벡터제어를 할 경우에는 속도응답성이 높은 속도제어가 가능하기 때문에 AC서보용으로 사용되고 있다.

(1) 무정류자 (brushless)전동기의 속도제어

무정류자 전동기는 구조적으로 동기전동기와 같지만, 직류기의 정류를 사이리스터를 사용하여 전기적으로 행함으로써 정류자와 브러시가 없는, 보수가 손쉬운 속도제어법을 실현하는 것을 목적으로 개발된 것이다.

전동기의 구동원리는 그림 2-33과 같다. 시각 $t = t_1$에서 t_2까지를 생각하면 이 사이에는 사이리스터 UP와 VN이 도통하고 U상과 V상의 전기자권선에 전류가 흘러 그림 2-34(a)와 같은 전류분포가 된다. 이 전류와 자속의 작용으로 자극에는 화살표 방향으로 토크가 작용하고, 자극은 그림 2-34(a)의 위치에서 그림 2-34(b)의 위치까지 움직인다. 그림 2-34(b)의 위치에 도달한 시각 t_2에서 도통하는 사이리스터를 VN에서 WN으로 전환하면 전류는 U상과 W상에 흐르기 때문에 그림 2-34(b)와 같은 전류분포가 되고, 자극에는 같은 방향에 토크가 작용하여

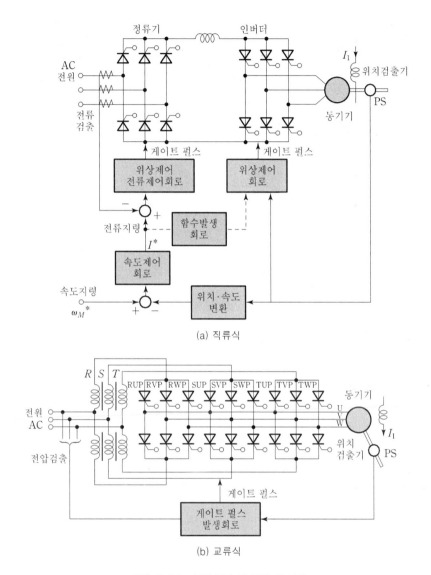

(a) 직류식

(b) 교류식

그림 2-33 무정류자 전동기 시스템

회전을 계속하고 $t = t_3$에서 그림 2-34(c)의 위치에 도달한다. 이때 도통 사이리스터를 UP에서 VP로 전환하면, V상과 W상에 전류가 흐르고 토크를 생기게 하여 회전을 계속한다.

이와 같이 무정류자 전동기를 구동하기 위해서는 자극의 위치를 검출하고, 순차적으로 도통하는 사이리스터를 변환하여 가는 것이 필요하다. 이 때문에 위치검출기 PS가 필요하고 그 신호에 의해서 사이리스터의 게이트를 제어하도록 되어 있다.

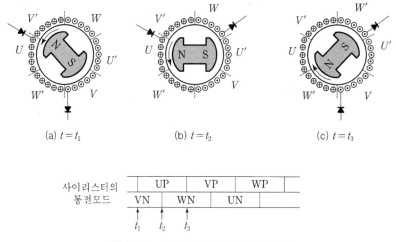

(a) $t = t_1$ (b) $t = t_2$ (c) $t = t_3$

사이리스터의	UP		VP		WP	
통전모드	VN		WN		UN	

그림 2-34 무정류자 전동기의 회전원리

2-3 전동기의 역전과 제동

1 전동기의 역전

(1) 직류전동기의 역전

직류전동기를 역전시키려면 계자 또는 전기자회로 중 어느 한쪽의 극성을 반대로 되게 접속하면 된다. 일반적으로 전기자 회로의 접속을 바꾸어서 단자전압의 방향을 반대로 하여 역전

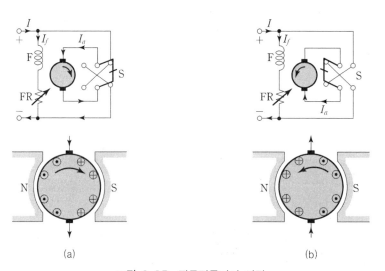

(a)   (b)

그림 2-35 직류전동기의 역전

시킨다. 보극이나 보상권선이 있는 전동기에서는 전기자 권선의 접속을 바꿀 때에는 보극, 보상권선의 접속도 함께 바꾸어야 한다.

(2) 유도전동기의 역전

3상 유도전동기의 경우, 3상의 3선 중에서 2선의 접속을 서로 바꾸어 접속하면 상순이 바뀌어 회전자장의 회전방향이 바뀌어 역전하게 된다. 한편 단상 유도전동기의 경우에는 보조권선의 양단을 서로 바꾸어 접속하면 주권선의 자극보다 앞서 있던 보조권선의 자극이 뒤떨어지게 되므로 역전한다. 한편 반발기동형 단상 유도전동기는 브러시의 위치를 전기각으로 180° 돌려주거나 고정자 권선의 단자 접속을 바꾸어주면 역전한다. 그러나 셰이딩코일형 단상 유도전동기는 역전이 불가능하다.

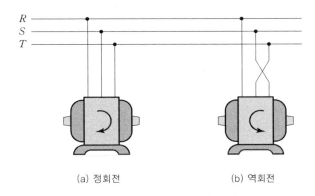

(a) 정회전　　　　　　(b) 역회전

그림 2-36 유도전동기의 역전

② 전동기의 제동

운전 중의 3상 유도전동기를 신속히 정지시킬 때나 제한속도 이상으로 상승하지 못하도록 하기 위해서 또는 역회전시키기 위해서는 제동(braking)이 필요하다. 제동에는 마찰에 의한 기계적 제동법과 전기적인 역할에 의한 전기적 제동법이 있다.

이 중 전기적 제동법에는 다음과 같은 종류가 있다.

(1) 직류전동기의 제동

① 발전제동 (dynamic braking)

운전중인 직류전동기를 전원으로부터 분리하고, 단자사이에 저항을 연결하여 전동기의 전기자에서 발생하는 전력을 주울 열(Joule heat)로 소비시킴에 따라서 전기적으로 제동하는것을 **발전제동**(發電制動)이라고 한다. 분권전동기에서는 회로 그대로의 상태에서 저항을 접속하면

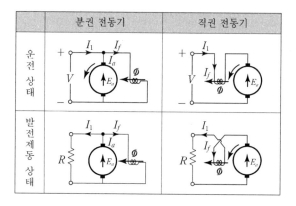

그림 2-37 직류전동기의 발전제동

되지만, 직권 및 복권전동기에서는 직권권선에 흐르는 전류의 방향이 바뀌므로 그림 2-37에서와 같이 직권권선의 접속을 반대로 접속하여야 한다. 이 발전제동은 전기자에 축적된 에너지를 저항에서 열로 소비시켜서 제동하므로 저항제동이라고도 부른다.

발전제동은 고속에서는 큰 제동력을 얻을 수 있으나 저속에서는 제동력이 떨어지므로 기계적 제동을 병용하여야 한다.

② 회생제동 (regenerative braking)

엘리베이터·권상기·기중기 등과 같이 물건을 높은 곳에서 아래로 내릴 경우 또는 전차가 언덕위에서 내려갈 경우에는 전동기가 부하의 중력 가속도에 의하여 회전하게 된다. 이와 같은 경우에 전동기의 유기기전력을 전원 전압보다 높게 하면 전동기는 발전기로서 동작하여 발생한 전력을 전원으로 반환하여 주고, 전동기가 과속도가 되는 것을 방지할 수 있게 된다. 이 것을 **회생제동**(回生制動)이라고 하며, 가장 경제적인 제동법이다.

정류기를 전원으로 하는 직류전동기, 정지 클레이머 방식, 정지 셀비어스 방식 등 정류기가 사용되는 회로에서는 역류가 저지되므로 정류기 접속 상태로서는 회생제동이 되지 않는다.

③ 역전제동 (plugging)

직류전동기를 급속히 정지시키는 방법으로 사용되며, 한 방향으로 운전하는 도중에 역방향으로 접속을 바꾸어서 급속히 감속시키고 역방향으로 회전하기 전에 전동기를 전원으로부터 분리하여 제동하는 방법을 **역전제동**(逆轉制動)이라고 한다.

(2) 유도전동기의 제동

① 발전제동 (dynamic breaking)

운전중인 유도전동기의 고정자측(1차측)에서 교류전원을 분리하고 직류전원을 접속하여 여자(勵磁)하면, 1차권선에 의하여 만들어진 회전자장(回轉磁場) 대신에 고정된 자극(磁極)이 되므로 전동기는 회전전기자형(回轉電氣子型) 교류발전기가 되어, 회전자(2차측)에는 회전자의 회전속도에 상당한 주파수의 교류가 발생하고 아울러 제동토크가 발생한다. 이것을 **발전제동**(發電制動)이라고 하며, **직류제동**이라고도 한다. 농형 유도전동기에서는 발생열이 모두 농형회로내에서 소비되므로 과열의 우려가 있으나, 권선형 유도전동기에서는 2차측에 외부저항을 접속하여 발생열의 대부분을 외부에서 소비시키므로 과열의 우려가 없다.

접속하는 저항기의 저항값에 의해서 제동토크와 속도의 관계가 변화하고, 또 속도가 낮은 곳에서는 제동토크도 감소한다.

② 회생제동 (regenerative braking)

케이블 카·권상기·기중기 등과 같이 물건을 높은 곳에서 아래로 내릴 경우에는, 부하의 위치에너지를 원동력으로 하여 유도전동기를 전원에 연결한 상태에서 유도발전기로 동작시켜서 발생한 전력을 전원으로 반환하면서 제동하는 방법이다. 이 방법은 기계적 제동과 같이 마모나 발열이 없고, 제동할 때의 손실이 가장 적고, 전력이 회수되므로 경제적인 제동법이다.

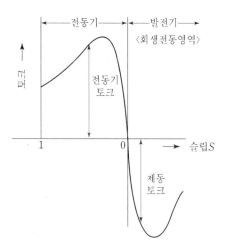

그림 2-38　권선형 유도전동기의 회생제동

③ 역상제동 (plugging)

운전중인 유도전동기의 3상 전원의 3선중에서 2선의 접속을 바꾸면 회전자장(回轉磁場)의 방향이 반대로 되어 급속한 제동이 이루어진다. 이것을 **역상제동**(逆相制動)이라고 한다.

전원의 접속을 바꿀 때 전원에서 흘러 들어가는 과대한 전류(정격전류의 5～10배)에 의하여 농형유도전동기에서는 2차회로가 과열될 우려가 많으며, 권선형 유도전동기에서는 2차회로에 큰 저항을 넣으면 비례추이의 원리에 의하여 큰 제동토크가 발생하여 정지시간이 단축된다.

3장

전동기의 선정 및 보수

3-1 전동기의 선정

1 전동기의 선정요건

전동기를 합리적으로 이용하기 위해서는 용도에 알맞은 전동기를 선정하여야 한다. 전동기 선정에 있어서 고려할 사항은 다음과 같다.

① 부하에 가장 적합한 속도 - 토크 특성이 있고 적정한 출력의 것을 선택할 것

② 온도상승 및 사용환경과 관련하여 적당한 정격 및 통풍 · 냉각 방식의 것을 선택할 것

③ 사용장소의 환경에 적합한 외피의 모양, 보호형식일 것

④ 사용장소의 상황에 알맞은 기계적 형식일 것

⑤ 신뢰성이 높고 호환성이 풍부하며 보수에 만전을 기할 수 있는 표준출력의 표준형 전동 기를 가급적 선택할 것

⑥ 보호장치나 제어방식은 전동기설비의 가격, 기타에 미치는 영향 등 그 중요도를 감안하 여 정한다.

⑦ 창설비뿐만 아니라 운전중의 비용도 고려하여 선택할 것

② 정 격

회전기의 **정격**(rating)이란 그 기기에 대해서 지정된 여러 가지 조건 밑에서 기기를 사용할 수 있는 한도를 표시하는 것이다. 보통 이 사용한도는 기기의 출력으로 표시하며, 이것을 정격출력이라고 한다. 또 지정조건이란 정격출력을 발생하기 위한 전압, 전류, 전압, 회전속도, 주파수 등으로 이것을 각각 정격전압, 정격전류, 정격속도, 정격주파수 등으로 표시한다. 일반적으로 KSC4002에 의하여 다음과 같이 세 가지로 분류하고 있다.

① **연속정격**(continuous rating) : 지정된 조건 밑에서 연속사용할 때의 규정으로 정해진 온도상승 및 기타의 제한을 넘지 않는 정격

② **단시간정격**(short-time rating) : 지정된 일정한 단시간의 사용조건으로 운전할 때의 규정으로 정해진 온도상승 및 기타의 제한을 넘지 않는 정격

③ **반복정격**(periodic rating) : 지정된 조건 밑에서 반복사용하는 경우의 규정으로 정해진 온도상승 및 기타의 제한을 넘지 않는 정격

③ 전동기의 사용

전동기를 사용하면 그 내부에 열이 발생하여 온도가 높아진다. 온도상승은 전동기의 수명을 지배하는 중요한 요건이다. 이러한 온도상승은 전동기의 정격이 단시간사용정격인가, 연속사용정격인가 등에 따라 그 영향이 다르다. 전동기의 **사용**(duty)의 종류는 그림 3-1과 같다.

① 연속사용

실질적으로 일정한 부하로 전동기의 온도상승이 일정치에 도달되는 시간 이상 계속 운전하는 사용

② 단시간사용

실질적으로 일정한 부하로 전동기의 온도상승이 최종의 일정치에 도달하지 않는 범위의 지정시간에 계속 운전한 후 일단 정지하고, 다시 기동할 때까지 전동기의 온도가 주위온도까지 강하하도록 하는 사용

③ 단시간 부하 연속사용

단시간사용과 같이 사용한 후 다음 부하시까지 전동기의 온도가 무부하시의 온도까지 강하하도록 하는 사용

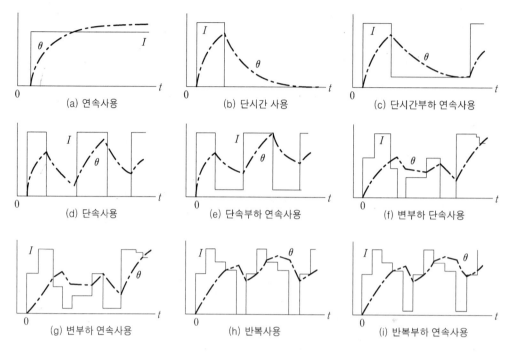

그림 3-1 사용의 종류 (단, I : 입력전류, θ : 온도상승)

④ 단속사용

실질적으로 일정한 부하로 온도상승이 일정치에 도달하지 않는 시간동안 계속 운전하다가 정지하고, 온도가 주위온도까지 강하하지 않은 사이에 다시 부하운전을 하여, 불규칙한 간격으로 부하운전과 정지를 반복하는 사용

⑤ 단속부하 연속사용

단속사용에 있어서 정지기간 대신 무부하 운전하여 연속적인 사용

⑥ 변부하 단속사용

변부하를 단속운전하여 사용

⑦ 변부하 연속사용

시간과 함께 변동하는 변부하를 운전하다가 무부하시에도 전동기가 정지하지 않고 연속적으로 운전하는 사용

⑧ 반복사용

부하기간과 정지기간으로 구성된 사이클이 열적 평형에 도달하는 기간보다 짧은 일정한 주기를 반복하는 사용

⑨ 반복부하 연속사용

부하와 무부하 운전기간으로 구성된 사이클이 열적 평형에 도달하는 기간보다 짧은 일정주기로 반복하여 사용

4 전동기의 절연종류와 온도상승

전기기계의 절연종류에는 Y종 · A종 · E종 · B종 · F종 · H종 · C종이 있으며, 저압전동기는 E종, 고압전동기는 B종을 채용하는 것이 보통이다. 이러한 절연의 종류에 대한 허용온도 상승한도, 절연물의 종류 및 용도는 표 3-1과 같다.

표 3-1 절연물의 종별과 허용온도 상승한도

종 별	허용온도 상승한도 [°C]	절연물 종류	용 도
Y종	90	면, 견, 종이 등	저전압기기
A종	105	Y종 재료를 바니시 또는 기름에 채운 것	보통의 회전기, 변압기
E종	120	에폭시 수지, 멜라민 수지, 우레탄 수지 등	대용량 및 보통의 기기
B종	130	운모, 석면, 유리섬유 등의 재료를 아스팔트의 접착제와 함께 사용한 것	고전압기기
F종	155	B종 재료를 알키드 수지 · 에폭시 수지 등의 내열성이 우수한 접착제와 함께 사용한 것	고전압기기
H종	180	B종 재료를 실리콘 수지 등의 특히 내열성이 우수한 접착제와 함께 사용한 것	건식변압기
C종	180 초과	운모, 석면, 유리 등을 단독 또는 시멘트 등의 무기 접착제와 함께 사용한 것	특수한 기기

5 사용장소에 따른 보호방식

① 무보호형

개방형에 속하며, 기체의 상반부분의 개구부분에 특별한 보호를 하지 않은 것

② 반보호형

개방형에 속하며, 기체의 상반부분의 개구부분에 보호형과 동일한 방법으로 보호를 한 구조

③ 보호형

개방형에 속하며, 회전부분 및 도체부분에 이물체(異物體)가 접촉할 수 없도록 모든 개구부분이 철망, 기타 이와 유사한 것으로 보호되어 있는 것

④ 방적형(防滴型)

개방형에 속하며, 연직면에서 15° 이내에 각도로 낙하하는 물방울이나 이물체가 직접 내부로 침입함이 없는 구조

⑤ 방진형(防塵型)

도전부, 축수부 등에 먼지가 침입하지 않도록 한 구조

⑥ 방수형(防水型)

기체(機體)로부터 3 [m] 떨어진 축방향으로부터 내경 25 [mm]이상의 관을 가지고, 수두(水頭) 10 [m]의 수압으로 1분 내지 3분간 주수(注水)하여도 기체 내부 및 축수에 물이 침입하지 않는 구조

⑦ 수중형(水中型)

수중에서 지정압력하에 지정시간 동안 연속사용하여도 지장이 없는 구조

⑧ 방식형(防蝕型)

지정된 부식성의 산, 알칼리 또는 유해가스가 있는 장소에서 실용상 지장없이 사용할 수 있는 구조

⑨ 방폭형(防爆型)

지정된 폭발성 가스 중에서의 사용에 적합한 구조

⑩ 개방옥외형

보호형에 속하며 비, 눈, 먼지 등이 도전부분까지 침입하는 것이 최소가 되도록 만든 구조로서, 옥외에 설치하고 항상 사용하는 데 견딜 수 있도록 되어 있는 구조

⑪ 전폐외선형

전폐형이고 회전축에 달린 날개에 의하여 외피표면이 냉각되도록 되어 있는 구조

⑫ 전폐옥외형

전폐형이며 옥외에 설치하여 사용하여도 견딜 수 있도록 되어 있는 구조

3-2 전동기의 보수

전동기를 포함한 제어장치 등에 고장이 생기면 작업이 정지되고, 제품의 품질이 떨어지며, 전원에 나쁜 영향을 줄 수 있고 또 전동기나 이들 장치의 수명이 단축되는 등 많은 손실을 가져온다. 따라서 전동기 및 제어장치 등은 제조 직후의 소정의 특성을 운전 중에도 항상 정상적인 상태가 유지되게 해 주어야 한다. 이것을 **보수**(maintenance)라 한다. 또 보수의 목적을 달성하려면 전동기 및 장치의 상대를 잘 파악하여야 하며, 그러기 위해서는 각 부에 대한 검사를 실시하여야 한다. 이것을 **점검**이라 한다.

그러나 충분한 보수를 하여도 생각지도 않았던 사고가 생길 수도 있다. 이런 경우, 운전정지 기간을 가급적 단축하여 사고의 파급효과를 줄이기 위해서는 사전에 그런 경우에 대비하여 충분한 대책을 세워 놓아야 한다. 따라서 보수와 사고대책을 포함하여 면밀한 관리를 바탕으로 모든 장치를 운영하도록 하여야 한다. 이 경우의 관리의 목적은 인건비, 전력요금을 포함하여 면밀한 관리를 바탕으로 모든 장치를 운영하도록 하여야 한다. 이 경우의 관리의 목적은 인건비, 전력요금을 포함하여 가장 능률적으로 모든 장치를 계속해서 운영하여야 한다.

점검은 고장발생의 예측과 고장의 조기발견을 목적으로 하는 것이므로 이 목적에 대해서는 전동기 및 제어장치의 전기적 및 기계적 모든 약점에 대하여 점검하고, 운전일지를 기록하여 비치하고, 또 모든 장치의 동작상태를 감시하여야 한다.

보수를 효과적으로 그리고 능률적으로 하기 위하여 점검, 보수, 신품으로의 교환 등의 작업을 체계적으로 하기 위하여 점검주기, 개소, 항목, 방법 및 처리방법 등에 관한 기준을 설정할 필요가 있다. 또 검사는 운전 중에 행하는 것과 정지기간에 행하는 것이 있다.

❶ 일상점검

1일 1회 이상 순회하는 정도의 것을 말한다. 주로 운전중에 감각기관을 통하여 실시한다. 점

검항목은 회전기의 권선온도, 진동, 소음, 통풍상태, 브러시와 정류자 주변 및 축받이의 온도, 진동, 소음, 윤활유 등이다.

② 정기검사

1~2주간에 1회 또는 1개월에 1회 정도로 외부에서 정기적으로 정밀검사를 실시하는 것이며, 원칙적으로 교대로 정지하는 경우에 정지 중의 검사가 주체로 된다. 예를 들면 개폐기, 접촉기, 계전기 등의 접촉부분이나 회전기 및 동작기구의 공극, 브러시의 마모와 압력, 정류자와 슬립링의 상태, 권선의 절연저항 등을 외부에서 보이는 부분의 오손 또는 이상 등을 점검한다.

③ 정기 내부정밀검사

6개월 또는 1년을 주기로 행하는 정밀검사로 수리, 부품교환, 조정의 교정 등이다. 예를 들면 윤활유 교체, 브러시의 압력측정 및 조정, 정류자 마모상태의 측정, 권선 및 접속부의 이상 유무 검사, 공극, 절연저항측정 등이다.

4장

전동기 응용의 실제

4-1 기중기 (crane)

기중기(crane)는 상하 및 수평(전후좌우) 운동에 의하여 화물을 운반하는 하역기계(荷役機械)로서 널리 사용되고 있으며, 구조적으로 천장 기중기 · 지브 기중기 · 갠트리 기중기로 분류된다.

1 기중기의 종류

(1) 천장 기중기

공장이나 발전소 등의 옥내에서 자재 및 제품의 운반, 기계의 설치 및 분해 등에 사용되는 기중기로 가장 많이 사용되고 있다. 그림 4-1과 같이 천장 밑의 양쪽면에 설치된 기중기용 보(beam) 위에 주행 레일(rail)을 부설하고, **거더**(girder)가 차륜으로 이 레일 위를 주행(走行)할 수 있게 되어 있다. 또 거더 위에도 레일을 부설하여 이 위를 **크래브**(crab) 또는 **트롤리**(trolley)라고 하는 권상기를 설비한 차(car)가 횡행(橫行)할 수 있게 하고, 이 차에는 권상기 및 횡행용전동기가 설치된다. 거더에는 주행용전동기가 설치되며, 거더의 한쪽 끝에 매달

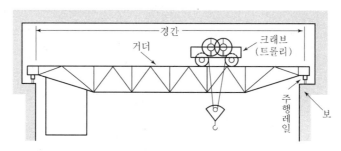

그림 4-1 천장 기중기

려 있는 운전실에서 기중기를 운전제어한다.

전원은 건물에 설치된 주행가선(trolley wire) 또는 트롤리 레일(trolley rail)에서 습동접촉자(slide contactor) 또는 회전접촉자(rotary contactor)를 사용해서 집전하고, 운전실에 일단 들어갔다가 다시 거더 위에 시설된 횡행가선을 통하여 크래브의 권상기 및 횡행전동기에 연결되어 있다. 권상속도는 1.0~1.5 [m/ min] 정도이다.

(2) 지브 기중기 (jib crane)

항만의 하역용 및 토목건축공사 기타에 사용되는 것이며, 선회부에서 지브(jib) 또는 붐(boom)이라고 하는 팔(arm)이 돌출되어 있다. 보통 360° 선회가 가능한 것의 총칭이 지브 기중기이다.

① 데리크 기중기(derrick crane)

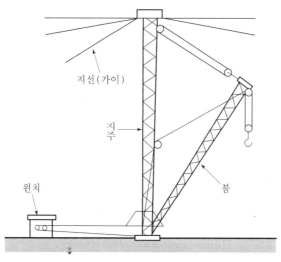

그림 4-2 데리크 기중기 (가이 데리크형)

어선(漁船) 등 선박에서 널리 사용되는 기중기로서 그림 4-2와 같이 수직지주의 밑에서 붐(boom)이라고 하는 팔(arm)이 비스듬히 돌출된 구조의 것이다. 지주의 지지방법에 따라 가이 데리크형(guy derrick type), 족부(足付)데리크형이 있다.

② 탑형 기중기(tower crane)

조선(造船)용으로 널리 사용되는 기중기로서 그림 4-3과 같이 고정 또는 주행이 가능한 탑에서 수평으로 회전하는 지브(jib)의 윗면 또는 아랫면에 크래브(crab) 또는 로프 트롤리(trolley)가 주행하는 것이다. 특히 고양정(高揚程)으로 대용량이며 큰 선회 반경(半徑)을 가지고 있으므로 광범위한 하역이 가능하다.

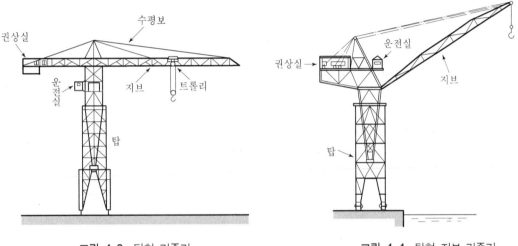

그림 4-3 탑형 기중기   **그림 4-4** 탑형 지브 기중기

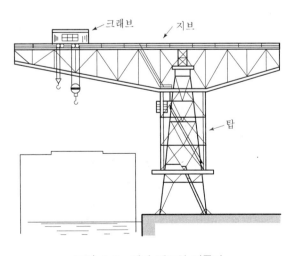

그림 4-5 헤머 헤드형 기중기

이 밖에 용도나 모양에 따라 탑형 지브 기중기, 해머 헤드형 기중기, 데리크 포스트형 지브 기중기 등이 있다.

(3) 갠트리 기중기 (gantry crane)

갠트리 기중기는 그림 4-6과 같이 옥외에 시설한 천장 기중기와 같은 모양이다. 다만, 옥외에는 기중기용 보(beam)가 없으므로 강철제의 교각을 만들어 지상에 시설한 레일 위를 주행하도록 되어 있다.

트롤리의 양식에 따라 크래브(crab)트롤리식, 로프(rope)트롤리식, 맨(man)트롤리식의 세 가지가 있다.

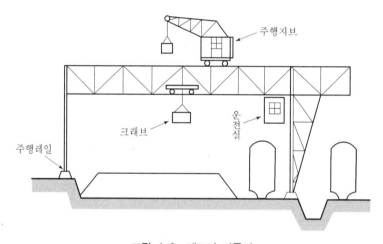

그림 4-6 갠트리 기중기

② 기중기용 전동기

(1) 교류 전동기

기중기용의 교류전동기로는 튼튼하고, 보수가 용이한 3상권선형 유도전동기가 많이 사용되고 있다. 기동·정지 및 역전을 자주 해야 하므로 진동과 충격에 견딜 수 있는 특성을 가진 것이 적당하다. 또 기중기용 전동기는 그 용도의 성질상 플라이 휠 효과(GD^2)는 작고 최대토크는 큰 것이어야 한다. 각 제조업체에서는 50 [kW] 정도까지의 기중기용 전동기는 표준화되고 있으며, 시간정격은 30분 또는 1시간 정격의 것이 사용된다.

(2) 직류 전동기

기중기용의 직류전동기로는 직권전동기만이 사용된다. 직류전원만 있다면 교류전동기보다 특성이 우수하므로 정전압방식의 천장 기중기의 전동기로 많이 사용된다. 갠트리, 지브 및 케이블 기중기[1]의 대형의 것은 신속하고 원활한 속도제어를 요하기 때문에 워드-레오나드방식(Ward-Leonard system)이 채용된다.

직류방식은 설비비가 비싸므로 유도전동기의 속도제어 방식의 개선에 따라 자취를 감춰가고 있으나 일부 제철소에서는 그 우수한 운전특성 때문에 아직 사용되고 있다.

③ 기중기용 전동기의 소요동력

기중기에 사용하는 권상, 횡행 및 주행용 전동기의 용량은 다음과 같이 상정한다.

(1) 권상용 동력

$$P_1 = 9.8 W_1 \times 1,000 \times \frac{V_1}{60} \times \frac{1}{\eta_1} \times 10^{-3} \,[\mathrm{kW}]$$
$$= \frac{W_1 V_1}{6.12 \, \eta_1} \tag{4-1}$$

단, W_1 : 권상하중 [t]

V_1 : 권상속도 [m/min]

η_1 : 기중기 효율 [%](보통 $60 \sim 80$)

(2) 횡행용 동력

$$P_2 = \frac{W_2 \, V_2 \, C_2}{6,120 \, \eta_2} \quad [\mathrm{kW}] \tag{4-2}$$

단, W_2 : $W_1 +$ 트롤리 중량 [t]

V_2 : 횡행속도 [m/min]

η_2 : 횡행장치의 기계효율 [%](보통 $70 \sim 80$)

C_2 : 횡행저항 [kg/t](보통 $25 \sim 35$)

(3) 주행용 동력

$$P_3 = \frac{W_3 \, V_3 \, C_3}{6,120 \, \eta_3} \quad [\mathrm{kW}] \tag{4-3}$$

단, W_3 : $W_2 +$ 빔 중량 [t]

---

1) 케이블 기중기 : 발전소·댐 등의 축조에 사용되는 것이며, 산골짜기 양측에 주탑과 부탑을 설치하고 이 사이에 케이블을 치고 이 케이블 위를 횡행 로프에 의해 횡행하는 트롤리를 비치하며 트롤리에서 케이지(cage)를 승강시켜 콘크리트 작업 등을 한다.

V_3 : 주행속도 [m/ min]

η_3 : 주행장치의 기계효율 [%] (보통 65~70)

C_3 : 주행저항 [kg/t] (보통 23~33)

예제 1

기중기로 150 [t]의 하중을 2 [m/ min]의 속도로 권상시킬 때, 필요한 전동기의 용량 [kW]을 구하면? (단, 기계효율은 70 [%]이다)

풀이
$$P = \frac{WV}{6.12\,\eta} = \frac{150 \times 2}{6.12 \times 0.7} = 70.02 \,[\text{kW}]$$

4-2 권상기

권상기(winder)는 기중기의 권상장치와 같이 와이어 로프(wire rope)를 사용하여 하물(荷物)을 권상(捲上)하는 장치를 말하며, 탄광·광산·토목·건축 등 넓은 용도에 사용되고 있다.

권상기의 종류에는 그림 4-7과 같이 권동(drum)에 로프를 감는 방식과 활차(pulley)에 감는 방식이 있다.

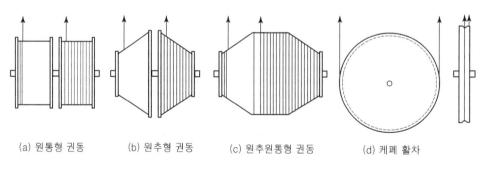

(a) 원통형 권동   (b) 원추형 권동   (c) 원추원통형 권동   (d) 케폐 활차

그림 4-7 권동의 종류

1 권상기의 종류

(1) 권상기의 권동에 의한 분류

① 원통형 권동 (cylinderical drum)

가장 간단한 구조로 와이어 로프를 여러 단으로 감을 수 있으므로 소형기에서부터 대형기에

까지 사용되며 깊은 갱도 등에 적합하다. 이는 감기 시작할 때와 끝날 때의 지름이 거의 일정
하므로 감기 시작할 때에는 가속이 필요하고 큰 토크가 요구된다.

② 원추형 권동 (conical drum)

감기 시작할 때에는 지름이 작고 감아갈수록 지름이 커지므로 권상에 요하는 토크가 그다지
크지 않아도 되고, 로프의 길이에 의한 불평형 하중을 권동의 지름의 증가에 따라 상쇄하여 운
전 중의 토크를 평형으로 할 수 있는 이점이 있다. 그러나 로프를 겹쳐 감을 수 없으므로 로프
의 길이를 길게 할 수는 없다.

③ 원추 원통형 권동 (cylindro-conical drum)

앞에서 말한 두 종류의 권동을 조합한 것으로 두 장점을 살릴 수 있는 이점은 있으나 제작비
가 비싸고 로프가 쉽게 상하며, 로프가 미끄러질 염려가 있다. **케페활차**(köpe pulley)는 V형
의 홈이 있는 직경이 큰 활차에 와이어 로프를 걸어 활차와 로프 사이의 마찰력을 이용하여 권
상하는 것이다.

(2) 권상기의 갱도의 종류에 의한 분류

① **입갱 권상기** (vertical shaft winder) : 갱도의 기울기가 수직으로 되어 있는 곳에 설
　치한 권상기를 말한다.
② **사갱 권상기** (inclined shaft winder) : 갱도의 기울기가 수직이 아닌 사선으로 되어
　있는 곳에 설치한 권상기를 말한다.

(3) 권상기의 권동 수에 의한 분류

① **단동** : 권동의 수가 한 개이므로 단선권상이 된다.
② **복동** : 단동 2개를 클러치(clutch)로 접속한 것이며, 한 개의 단동이 권상(捲上)에 사
　용될 동안에 다른 한 개는 권하(捲下)에 사용된다. 클러치를 떼어내고 단동권상기로서
　의 사용이 가능하다.

2 권상기용 전동기

(1) 교류 전동기

권선형 3상 유도전동기가 많이 사용되며, 속도제어는 주로 2차저항제어로 한다. 15[kW]

이하의 소형의 것은 농형 유도전동기가 사용되며, 대형기는 8~12극이 가장 많이 사용된다. 보통 감속기에 의해 권동과 직결된다. 외피구조는 개방형이 많으며 대용량기는 타력통풍방식 (他力通風方式)이 사용된다.

(2) 직류 전동기

입갱 권상기와 같이 고속이고 속도변동이 적은 정밀한 속도제어를 할 필요가 있을 경우에는 워드-레오나드 방식, 일그너 방식 또는 정지 레오나드 방식에 의한 타여자 전동기가 사용된다. 이러한 직류방식은 설비비가 비싸므로 실제사용이 억제되고 있다.

③ 권상기용 전동기의 소요동력

(1) 속도의 선택

권상거리와 권상 하물(荷物)에 따라 적정한 권상속도가 선정된다. 최근에는 깊은 갱(坑)이 많으므로 권상기가 고속화되고 있다. 입갱 권상기는 10~16[m/s], 사갱 권상기는 2~ 5[m/s] 정도가 많다.

(2) 동력의 선정

권상기용 전동기의 소요동력의 대략치는 다음 식에 의하여 계산하면 편리하다. 전동기의 소요동력 P[kW]는

$$P = k(W + W_t + W_r)(\sin\alpha + \mu\cos\alpha) \times 2\pi R n \frac{1}{\eta} \tag{4-4}$$

단, W : 하중 [kg]

W_t : 케이지의 중량 [kg]

W_r : 로프자신의 불평형중량 [kg]

R : 권동의 반경 [m]

n : 권동의 회전수 [rps]

μ : 마찰계수(보통 0.015~0.03)

α : 하중을 올리는 사면의 수평과의 각도

η : 권상기의 효율(보통 직렬의 경우 1.0, 1단 감속의 경우 0.9, 2단 감속의 경우 0.8)

k : 여유계수(보통 1.1~1.2)

예제 2

권상하중 10 [t], 권상속도 8 [m/min]인 천장 권상기의 권상용 전동기의 소요동력 [kW]은 얼마나 되겠는가?(단, 권상장치의 효율은 70[%]이다)

풀이

$$P = \frac{WV}{6.12\,\eta} = \frac{10.8}{6.12 \times 0.7} = 18.67 \,[\text{kW}]$$

4-3 엘리베이터

엘리베이터(elevator)는 종적인 교통기관으로써 소규모 빌딩에서 수십 층의 초고층 빌딩에 이르기까지 또 생산공장이나 창고 등에서는 에스컬레이터, 컨베이어와 함께 없어서는 안 되는 설비이다. 엘리베이터는 그 원리로 생각하면 일종의 케페식(köpe type)권상기로 그림 4-8과 같이 구동망차(traction sheave)에 승강실(cage)과 평형추를 와이어로프로 두레박식으로 걸고, 전동기로 구동망차를 구동하여 와이어 로프와 도르래(sheave) 사이의 마찰에 의해서 동력을 전달하도록 되어 있다.

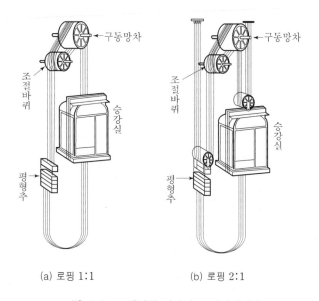

(a) 로핑 1:1   (b) 로핑 2:1

그림 4-8 트랙션식 기어리스 엘리베이터

1 엘리베이터의 분류

엘리베이터는 여러 가지 관점에서 분류할 수 있으나 건축설비상에는 다음 기호를 써서 분류하는 것이 유효하다. 또 이 기호는 엘리베이터의 기본 시방(종류)을 가리키는 경우에도 이용되고 있다.

$$\underline{P} \quad \underline{15} \quad - \quad \underline{CO} \quad - \quad \underline{105}$$

용도	적재량 [정원]	문개폐방식	속도 [m/min]

따라서 P15-CO-105는 승용 엘리베이터 정원 15명(적재량 1,000 [kg]), 두 개 양쪽으로 당기는 문, 속도 105 [m/ min]의 엘리베이터임을 나타내고 있는 것이 된다.

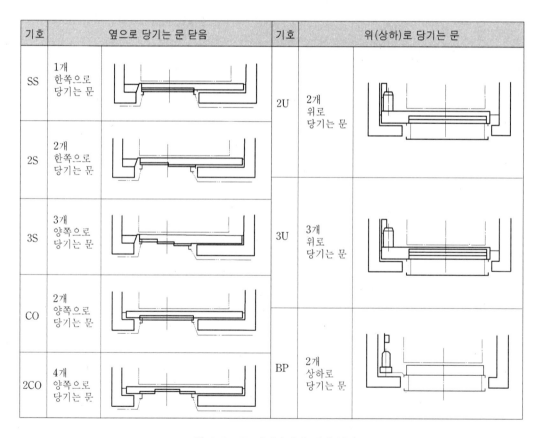

기호	옆으로 당기는 문 닫음	기호	위(상하)로 당기는 문
SS	1개 한쪽으로 당기는 문	2U	2개 위로 당기는 문
2S	2개 한쪽으로 당기는 문	3U	3개 위로 당기는 문
3S	3개 양쪽으로 당기는 문		
CO	2개 양쪽으로 당기는 문	BP	2개 상하로 당기는 문
2CO	4개 양쪽으로 당기는 문		

그림 4-9 문 개폐방식에 의한 분류

(1) 전원에 의한 분류

① 교류 엘리베이터

교류전원에 의해 구동용 전동기를 운전하는 것이며, 속도는 60 [m/min] 이하이다.

표 4-1 용도에 의한 분류

약 칭	한 글	영 문	설 명
P	승용 엘리베이터	Passenger elevator	사람을 이동
R	주택, 승용 엘리베이터	Residence, Passenger elevator	맨션아파트 등에서 사람을 이동
S	인하용 엘리베이터	Service elevator	사람과 화물을 같이 이동
F	화물용 엘리베이터	Freight elevator	화물을 이동
B	침대용 엘리베이터	Bed elevator	병원에서 침대나 환자운반차를 이동
C	자동차용 엘리베이터	Motor-car elevator	자동차를 이동

표 4·2 승강속도에 의한 분류

승 강 속 도 [m/min]	저 속 도 엘리베이터			중 속 도 엘리베이터			고 속 도 엘리베이터		
	15~20	30	45	60	90	105	120	150	180~600
대형 빌딩(승용)								○	○
대형 호텔(승용)					○	○	○	○	○
대형 병원(승용)				○	○	○			
대형 백화점(승용)							○	○	
중형 빌딩·백화점 슈퍼마켓			○	○	○	○			
대형 빌딩·대형 호텔(인하용)			○	○	○	○		○	
소형 호텔·소형 아파트(승용)			○	○	○				
병원 침대차용		○	○	○					
입체 주차 빌딩 (엘리베이터 슬라이드식)				○	○				
자동차용		○	○	○	○				
일반 소형 하물용	○	○	○	○	○				
일반 대형 하물용		○	○	○	○				
호텔·은행·사무실 빌딩의 저층계 승용				○	○				

② 직류 엘리베이터

엘리베이터 한 대마다 전동발전기를 설치하고 여기서 발생하는 직류전원에 의해 구동용 전동기를 운전하는 것이며, 속도는 75 [m/min] 이상의 것이 사용된다.

(2) 권상기의 구조에 의한 분류

① 기어(gear)식

전동기의 회전을 웜기어로 약 1/20~1/80로 감속하여 구동망차(traction sheave)에 전달해서 엘리베이터를 운전하는 구조이며, 저속 및 중속 엘리베이터에 사용된다.

② 기어리스(gear-less)식

직류가변전압의 고속 엘리베이터에 사용되며 구동용 전동기의 전기자축에 구동망차를 직결한 구조이다.

② 엘리베이터의 구조

엘리베이터는 구동방식에 따라 트랙션식, 드럼식, 유압식으로 나뉘어진다.

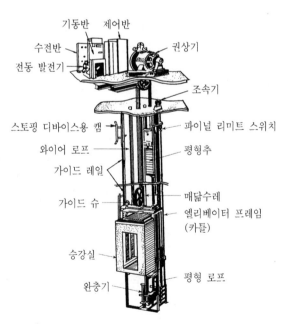

그림 4-10 로프식 승용 엘리베이터 구조도

표 4-3 승강거리별 승강속도

승강거리 [m]	승강속도 [m/min]
15	20~50
15~30	50~90
30~40	80~150

(1) 트랙션식

로프와 구동망차 사이의 마찰력에 의한 두레박식으로 매달린 승강실(cage)과 평형추를 가이드 레일(guide rail)을 따라 승강시키는 구조이며, 승강실과 제어기 사이는 제어 케이블로 전기적으로 접속되어 있다. 현재 사용되고 있는 엘리베이터의 대부분은 이 형태의 것이다.

(2) 드럼 (drum)식

케이지를 매달고 있는 로프를 로프 드럼에 감았다 풀었다 하여 승강실을 승강시키는 구조이며, 보통 평형추는 사용하지 않는다.

(3) 유압식

승강실 바로 밑에 설치한 유압 플런저(plunger)로 승강실을 승강시키는 구조이며, 승강행정이 짧은 저속도 엘리베이터에 사용된다. 유압 엘리베이터에는 직결식과 간접식이 있다.

❸ 엘리베이터용 전동기

엘리베이터용 전동기는 일반적으로 신뢰성이 높고, 기동토크가 크며, 전동기의 관성 모멘트(GD^2)가 작고, 부하의 대소에 관계없이 제어성(制御性)이 좋고 승객의 기분을 해치는 소음이나 진동이 없는 것 등의 성능을 가진 것이어야 한다.

(1) 교류 전동기

권선형 또는 특수농형 유도전동기가 사용된다. 저속권선으로 먼저 기동한 다음에 고속으로 전환하고, 정지할 때는 고속에서 저속으로 전환하여 회생제동을 걸어서 착상(着床)의 정확과 안전을 도모하고 있다. 전동기는 1/2시간 정격이다.

호텔, 백화점 및 대형건물의 고급 엘리베이터는 직류전동기에 의한 워드 레오나드 방식이 사용되어 왔으나 최근에는 농형유도전동기에 의한 VVVF(Variable Voltage Variable Frequency) 인버터방식으로 적용되고 있으며 소형 엘리베이터도 에너지 절약, 승차감 향상, 보수관리 등의 이점을 고려하여 VVVF 인버터 방식이 널리 사용되고 있는 추세이다.

(2) 직류 전동기

엘리베이터용 직류 전동기는 거의 모두 워드-레오나드방식으로 사용되는 타여자전동기이며 광범위한 부하변동에 대해 양호한 정류를 유지하기 위해 보극을 설치한다. 회전수는 기어식이 900[rpm], 기어리스식이 약 110~150[rpm]이다. 정격은 기어식이 1/2시간 정격, 기어리스식이 1시간 정격이 사용되며, 허용 기동빈도는 210~240[회/시] 정도이다.

4 엘리베이터용 전동기의 소요동력

엘리베이터용 전동기의 소요동력은 다음 식으로 계산된다.

$$P = \frac{kWV}{6.12\eta} \ [\text{kW}] \qquad\qquad (4\text{-}5)$$

단, W : 적재하중 [kg]

　　V : 승강속도 [m/min]

　　k : 평형추의 평형률(0.5~0.6)

　　η : 엘리베이터의 전효율(기어식 0.5~0.8, 기어리스식 0.8~0.85)

위의 식은 정속도 운전시의 전동기 용량을 표시하지만, 기동시에는 엘리베이터 전체의 관성 및 마찰 등에 대응하여 승강실을 가속하려면 큰 출력이 필요하게 되므로 보통 계산치 이상의 수치를 선정한다.

5 안전장치

엘리베이터는 끊임없이 사람들을 태우고 오르고 내리고, 정지하기를 반복하는 수송기관이므로 각 부분이 모두 절대적인 안전성을 갖고 있어야 한다. 엘리베이터의 안전을 우선으로 한 규칙으로 우리나라에서 적용되고 있는 건축기준법에 준하여 안전장치를 분류하면 표 4-4와 같다.

예제 3

12층 건물에 엘리베이터 적재 무게 800[kg], 승강속도 50[m/min]를 설치할 때, 전동기의 용량 [kW]은?(단, 엘리베이터의 효율은 80[%]이고, 여유계수는 1.1이다.

풀이　$P = \dfrac{kWV}{6.12\,\eta} = \dfrac{1.1 \times 0.8 \times 50}{6.12 \times 0.8} = 8.98\,[\text{kW}]$

표 4-4 안전장치의 분류

설치 장소	전기적인 것	기계적인 것
기계실	• 주접촉기(동력간선을 수전하는 것으로 수전반(상자)에 내장되어 있다) • 과부하계전기(권상기나 전동발전기 모터의 주회로에 비정상적인 대전류가 흐를 경우 모터를 보호한다) • 자동차단기(제어·조작 회로 등의 단락 방지를 행한다) • 전자 브레이크(엘리베이터의 속도가 규정 이상이 되었을 때, 작동하고 동력이 끊겼을 때, 또한 하강시에는 비상멈춤을 작동시키는 장치)	• 조속기(엘리베이터의 속도가 규정 이상이 되었을 때, 작동하고 동력이 끊겼을 때, 또한 하강시에는 비상 멈춤을 작동시키는 장치)
승강로	• 종점 스위치(끝 층에 접근했을 때, 감속을 시작하고 지나쳐 가지 않도록 정지시키는 장치) • 파이널 리미트 스위치(위, 아래 제일 끝층을 현저히 지나쳐 가지 않는 동안에 운전을 제지하는 스위치)	• 완충기(엘리베이터 몸체 및 균형추 바로 밑부분에 설치되어 충격을 완화시키는 장치) • 비상구(통과층이 있는 경우 10m를 넘지 않는 간격으로 승강로 벽에 설치하는 구출구)
승강장 문	• 문 스위치(문이 닫힘으로써 운행회로가 구성되는 스위치)	• 문의 잠금장치(승강장의 문이 닫히면 문이 열리지 않도록 잠그는 장치)
엘리베이터 몸체	• 게이트 스위치(엘리베이터 몸체에 문이 닫힘으로써 작동하는 안전 스위치) • 비상 정지 스위치(엘리베이터 안에 설치된 스위치로 이상이 있는 경우에 스위치를 넣으면 엘리베이터가 정지한다. 승용, 침대용, 인하용 엘리베이터에는 방법상 달지 않는다) • 문의 안전장치(문에 사람 또는 물건이 끼는 것을 방지하기 위한 자동문의 안전장치) • 비상 벨 및 전화(비상시 외부와 연락하는 장치) • 정전등(정전시에 점등하는 엘리베이터 안의 조명 장치) • 안전 스위치(엘리베이터 몸체 위에 설치되는 보통 유지보수용의 스위치)	• 비상 멈춤 장치(레일을 붙들고 엘리베이터 몸체의 강하를 정지시키는 장치) • 엘리베이터 몸체의 천장구출구(비상시의 구출구)

4-4 에스컬레이터

에스컬레이터(escalator)는 컨베이어의 일종으로 동력에 의해 구동되는 자동경사계단이며, 연속적으로 여러 사람의 승객을 운반하는 데 적합하다. 엘리베이터보다 수송능력이 몇 배 더 크므로 백화점, 슈퍼는 물론 지하철, 고가역, 공장, 은행, 호텔, 기타 일반사무실 빌딩에서 저층용 대량 수송기기로써 널리 사용되고 있다.

에스컬레이터는 여러 개의 발판을 2열로 엔드리스(end-less) 발판 체인(chain)에 연결하여 이것을 전동기에 직결된 웜 감속 구동기로 구동된다. 또 발판체인 기어와 같은 축의 다른 기어에 의해 동력이 난간 상단부의 이동손잡이에 전달되어 발판과 같은 속도, 같은 방향으로 이동하도록 되어 있다.

에스컬레이터의 경사각(傾斜角)은 보통 수평에 대해서 30°로 하고, 발판의 정격속도는 30 [m/min]이고, 양정(연직 높이)은 3~6 [m]인 것이 가장 많으나 20 [m] 정도의 것까지 제작되고 있다. 난간의 유효폭은 보통 800 [mm]과 1,200 [mm]의 두 종류이며, 이들의 수송능력은 각각 5,500 [인/시간] 및 9,000 [인/시간]이다.

구동용 전동기는 권선형 또는 고토크 농형유도전동기가 사용되고, 전동기의 소요동력은 다음 식과 같이 구하여진다.

$$P = \frac{H}{\eta} \left(\frac{270\sqrt{3}}{6,120 \times 2} \, SV \times P \right) \, [kW] \tag{4-6}$$

단, H : 양정 [m]

η : 구동기의 효율(0.7~0.8)

V : 발판 속도(25~30 [m/s])

S : 발판의 폭

　　(난간유효폭 1,200 [mm]의 것이 1.0 [m], 800 [mm]의 것이 0.6 [m])

P : 무부하 운전동력(양정 1 [m]에 대해 약 0.15 [kW])

에스컬레이터용 전동기는 보통 7.5 [kW]와 11 [kW]의 두 종류가 많이 사용되고 있다. 안전장치로는 구동체인이 절단되었을 때, 발판체인이 절단 또는 일정치 이상 늘어났을 경우, 과부하전류가 흘렀을 때 등의 고장이 발생하면, 즉시 전동기의 전원이 차단되어 전자브레이크가 동작해서 운전을 정지하는 등의 각종 안전 장치가 설치되어 있다. 또한 에스컬레이터는 다음과 같은 안전장치를 설치하여야 한다.

① 발판 쇠사슬이 끊어졌을 때, 동력이 끊어졌을 때 또는 승강구에 있어서의 바닥 개구부를 덮는 문이 닫히려고 할 때에 발판의 승강을 자동적으로 제지하는 장치
② 승강구에 있어서 발판의 승강을 정지시킬 수 있는 장치
③ 승강구에 가까운 위치에 있어서 사람 또는 물건이 발판 측면과 스커트 가드와의 사이에 세게 끼었을 때 발판의 승강을 자동적으로 제지하는 장치
④ 사람 또는 물건이 핸드 레일이 들어가는 구멍으로 들어갔을 때, 발판의 승강을 자동적으로 제지하는 장치

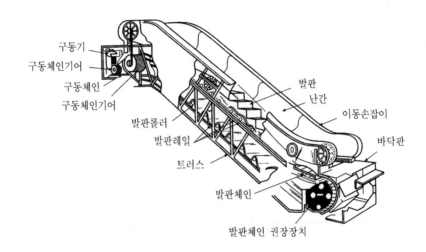

그림 4-11 에스컬레이터의 구조

4-5 컨베이어

1 컨베이어의 종류

컨베이어(conveyor)는 각종의 물품을 연속적으로 일정방향, 일정속도로 운반하는 것이며, 일반적으로 벨트 컨베이어가 가장 많이 사용되고 있으나 취급하는 하물의 종류와 설치조건에 따라 표 4-5와 같이 여러 가지 종류가 있다.

표 4-5 컨베이어의 종류와 동력

컨베이어의 종류		동 력
나사 컨베이어 (screw conveyor)		$P = C/Q$ [kW] Q : 운송량 [t/h] C : 0.003∼0.01
체인 컨베이어 (chain conveyor) (1) 버킷 컨베이어 (2) 에이프론 컨베이어 (팬 컨베이어) (3) 트롤리 컨베이어 (4) 플라이트 컨베이어 (트래프체인 컨베이어)	(1) (2) (3) (4)	일반적으로 $P = \dfrac{T \times v}{6,120 \times \eta}$ [kW] T : 체인장력 [kg] v : 체인속도 [m/min] η : 효율
벨트 컨베이어 (belt conveyor) (1) 텍스타일 벨트 (2) 스틸코오드 벨트 (3) 스틸 벨트 (4) 케이블 벨트	 (1) 직물 (2) 철망 (3) 강판 (4) 케이블	공전동력 $P_1 = 0.06 f W v \dfrac{l + l_0}{367}$ 수평동력 $P_2 = 0.06 f Q_t \dfrac{l + l_0}{367}$ ⎫ + 정미 동력 수직동력 $P_3 = \pm \dfrac{Q_t H}{367}$ ⎭ f : 마찰계수 0.012∼0.03 W : 운반물 이외의 운동부분의 중량 [kg/m] Q_t : 운반량 [t/h] v : 벨트 속도 [m/min] l : 컨베이어 길이, l_0 : 수정치, H : 양정 [m]
공기 컨베이어 (air conveyor)	시멘트나 가루 등을 바람으로 보낸다. 진공식과 압송식이 있다.	압축기, 송풍기
물 컨베이어	재·토사·석탄 등을 물과 함께 샌드펌프로 보낸다.	펌프

❷ 벨트 컨베이어

벨트 컨베이어(belt conveyor)는 그림 4-12와 같이 벨트의 전·후방에 있는 2개의 **헤드풀리**(head pulley)와 **테일풀리**(tail pulley) 사이에 루프(loop) 모양으로 걸리어 있다.

벨트의 동력을 전달하려면 풀리(pulley)와 벨트가 서로 미끄러지지 않아야 한다. 그러기 위하여 벨트의 접촉각을 크게 하기 위하여 **스냅풀리**(snap pulley)를 사용하고, 또 벨트의 장력을 높이기 위하여 추를 이용한 중추식 **테이크 업**(gravity take-up)**풀리**를 사용한다.

벨트의 위쪽에는 약 1 [m] 간격으로 아이들러(idler)라고 하는 캐리어 롤러(carrier roller)를 놓아 물체의 무게로 인한 벨트의 늘어짐을 방지하고, 아래쪽에는 3 [m]마다 귀환 롤러 캐리어(return roller carrier)를 놓아 벨트의 무게를 지지하도록 되어 있다. 1개의 벨트 길이는 수평인 경우 약 2,000 [m]까지 할 수 있다. 컨베이어의 구동방식에는 단독구동, 탠덤(tandem)구동, 다수구동이 있다.

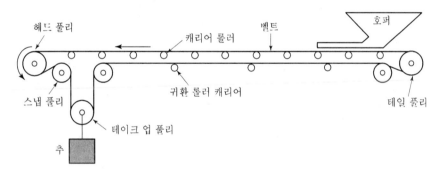

그림 4-12 벨트 컨베이어의 구성

(1) 단독구동

구동용전동기를 접속하는 풀리(pulley)에는 일반적으로 헤드풀리를 사용하지만, 경우에 따라서는 테일풀리를 사용하거나 별개의 구동풀리를 설치하는 경우도 있다. 구동풀리는 보통 주철제(鑄鐵製)는 래깅(lagging)이라고 하여 표면에 고무 또는 나무를 입혀서 마찰을 크게 한다. 또 접촉각을 크게 하기 위하여 스냅풀리(snap pulley)를 사용한다.

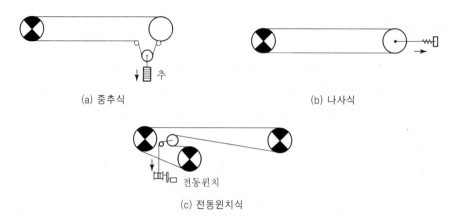

(a) 중추식　　　　　　　　　　　　　　(b) 나사식

(c) 전동원치식

그림 4-13 테이크업 장치

(2) 탠덤구동

대용량이 되면 벨트바퀴 1개로 토크를 전달하면 최대장력(張力)이 커지므로 비경제적이다. 그림 4-14와 같이 기계적 탠덤방식과 전기적 탠덤방식이 있다.

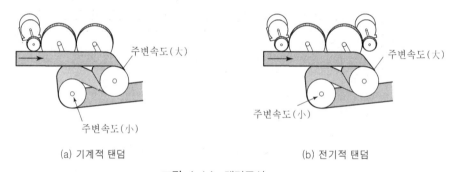

(a) 기계적 탠덤　　　　　　　　　　(b) 전기적 탠덤

그림 4-14 탠덤구성

(3) 다수구동

더욱 대형의 컨베이어에서는 여러 대의 전동기로 컨베이어 각 부를 분산구동함으로써 더욱 합리적인 구동이 된다.

③ 벨트 컨베이어용 전동기

벨트 컨베이어는 엘리베이터와 달리 연속운전이지만, 기동·정지의 빈도가 낮을 뿐만 아니라 속도제어의 필요도 없다. 그러나 상당히 큰 기동토크가 요구되며, 컨베이어의 설치장소는 광산과 같은 먼지가 많고 보수하기가 곤란한 경우가 많으므로 컨베이어 구동용전동기로서는 튼튼하고 보수에 편리하며, 기동토크가 큰 전폐형의 2중농형 유도전동기가 많이 사용된다. 50 [kW] 이상의 대형에서는 권선형이 사용된다.

４ 벨트 컨베이어용 전동기의 소요동력

(1) 수평 벨트 컨베이어

수평 벨트 컨베이어를 구동하는 데 요하는 동력 P_1 [kW] 은 다음과 같다.

$$P_1 = \frac{C_1 v_1 + C_2 Q}{102.7} \, l \ \ [\text{kW}] \tag{4-7}$$

단, C_1 : 무부하시의 컨베이어의 주행저항 [kg/m](표 4-6 참조)

$\quad$ C_2 : 부하시의 컨베이어의 주행저항(0.02)

$\quad$ v_1 : 벨트속도 [m/s]

$\quad$ Q : 수송량 [t/ h]

$\quad$ l : 벨트 컨베이어의 길이 [m]

표 4-6　C_1의 값 (원통베어링 캐리어의 경우)

벨트폭 [mm]	300	400	500	600	700	800	900	1,000	1,200	1,500
C_1 [kg/m]	0.95	1.54	2.48	2.94	3.38	4.11	5.21	6.80	6.97	9.38

(2) 경사 벨트 컨베이어

적재물을 올리기 위한 동력 P_2 [kW]는 다음과 같다.

$$P_2 = \frac{1{,}000 \, QH}{6{,}120 \times 60} = \frac{QH}{367} \ \ [\text{kW}] \tag{4-8}$$

단, H : 컨베이어 양단의 고저차(양정) [m]

따라서 경사 벨트 컨베이어의 전소요동력 P_0는

$$P_0 = P_1 + P_2 = \frac{C_1 v_1 + C_2 Q}{102.7} + \frac{QH}{367} \ \ [\text{kW}] \tag{4-9}$$

컨베이어의 기계적 효율을 η(2~3단의 감속기어 : 0.7~0.8)이라 하면 구동전동기의 용량

P[kW]는 다음과 같이 된다.

$$P = \frac{P_0}{\eta} = \left(\frac{kC_1 v_1 + C_2 Q}{102.7} l + \frac{QH}{367} \right) \frac{1}{\eta} \quad [\text{kW}] \tag{4-10}$$

단, k : C_1의 기장에 대한 보정계수

4-6 송풍기

송풍기(blower)는 일반적으로 기체에 압력을 가하여 유동시키는 것을 말하며, 기체에 가하는 압력에 따라 통풍기(fan), 송풍기(blower), 압축기(compressor)로 분류된다.

① 송풍기의 종류

(1) 배출압력에 의한 분류

일반적으로 송풍기는 표 4-7과 같이 배출압력에 따라 저압용 팬(fan)과 고압용 블로어(blower)로 구분한다.

표 4-7 송풍기의 배출압력에 의한 분류

송 풍 기		압 축 기
FAN	BLOWER	COMPRESSOR
1,000 [mmAq] 미만	1,000 ~ 10,000 [mmAq] 미만	1,000 [mmAq] 이상
(0.1 [kg/cm²] 미만)	(0.1 [kg/cm²] ~ 1.0 [kg/cm²] 미만)	(1 [kg/cm²] 이상)

(2) 날개(blade)의 형상에 따른 분류

기체의 수송 및 압축작용을 하는 회전날개(blade)의 형식에 따라 다음과 같이 분류한다.

※ [mmAq]는 풍압의 단위이며 Aq는 Aqua, 즉 희랍어로 물이란 뜻이다. 수은주(水銀柱)의 높이를 [mm]로 환산하면 다음과 같은 관계가 있다.

$$1[\text{mmAq}] = 1[\text{kg/m}^2], \quad 1[\text{mmHg}] = 13.6[\text{mmAq}] = 1[\text{Torr}]$$

$$1[\text{atm}] = 760[\text{mmHg}] = 1.03328[\text{kg/cm}^2]$$

		후곡형(後曲形)	터보 팬(turbo fan)
통풍기	원심형(遠心形)	익형(翼形)	에어포일 팬(air foil fan), 리밋 로드 팬(limit load fan)
		방사형(放射形)	플레이트 팬(plate fan), 레이디얼 팬(radial fan)
		다익형(多翼形) 또는 전곡형(前曲形)	시로코 팬(sirocco fan)
		관류형(管流形)	튜브라 팬(tubular fan)
	사류형(斜流形)		
	축류형(軸流形, axial fan)	프로펠러형 튜브형 베인형	프로펠러 팬(propeller fan) 튜브 액시얼 팬(tube axial fan) 가이드 베인(guide vane)
	횡류형(橫流形)		
송풍기	원심형(遠心形)		
	사류형(斜流形)		
	축류형(軸流形)		

① 후곡형 (turbo fan)

날개(blade)의 끝부분이 회전방향의 뒤쪽으로 굽은 후곡형(後曲形)으로 그림 4-15의 (a)와 같이 날개가 곡선으로 된 것과, 그림 4-15(b)와 같이 직선으로 된 것이 있다. 후곡형은 효율이 높고 고속에서도 비교적 정숙한 운전을 할 수 있는 것으로 터보형 송풍기(turbo fan)에 적용 된다(압력 범위 : 50~1,000 [mmAq]).

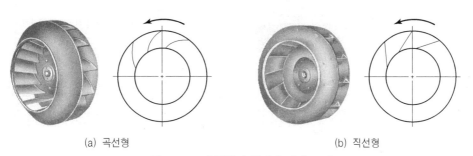

(a) 곡선형   (b) 직선형

그림 4-15 후곡형 송풍기의 날개 모양

② 익형 (air foil fan, limit load fan)

익형(翼形)은 후곡형(turbo fan)과 다익형(전곡형)(sirocco fan)을 개량한 것이다. 그림

4-16(a)는 익형 송풍기(air foil fan)로, 박판을 접어서 유선형의 날개를 형성하였으므로 고속 회전이 가능하며 소음이 적다. 그림 4-16(b)는 날개를 S자 모양으로 구부린 것으로 리밋 로드 팬(limit load fan)이라고 한다. 다익형(多翼形)은 풍량이 증가하면 축동력이 급격히 증가하여 오버로드(over load)가 되므로 이것을 보완한 것이 익형(air foil fan)과 리밋 로드 팬(limit load fan)이다(압력 범위 : 25~300 [mmAq]).

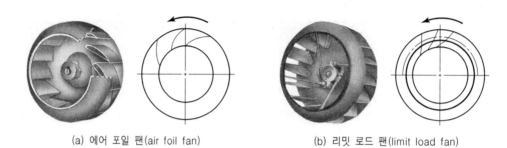

(a) 에어 포일 팬(air foil fan)   (b) 리밋 로드 팬(limit load fan)

그림 4-16 익형 송풍기의 날개 모양

③ 방사형 (plate fan, radial fan)

방사형(放射形)이란 날개가 방사형으로 배열된 것을 말하며, 날개수가 적다. 평판(平版)모양으로 되어 구조가 간단하고, 날개를 용이하게 보수할 수 있으므로 분진의 누적이 심하고 이로 인해 송풍기 날개의 손상이 우려되는 공장용 송풍기에 적합하다. 그러나, 효율이나 소음면에서는 다른 송풍기에 비해 좋지 못하다(압력 범위 : 50~500 [mmAq]).

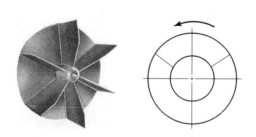

그림 4-17 방사형 송풍기의 날개 모양

④ 다익형 (sirocco fan)

다익형(多翼形)은 날개의 끝부분이 회전방향으로 굽은 전곡형(前曲形)이며, 동일 용량에 대해서 다른 형식에 비해 회전수가 상당히 적고, 송풍기의 크기도 적다. 특히 클린룸(clean

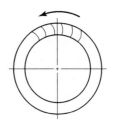

그림 4-18 다익형 송풍기의 날개 모양

room)의 팬필터 유닛(fan filter unit)에 적합하며, 저속 덕트용 송풍기로서 다익형송풍기 (sirocco fan)라 한다. 효율은 좋지 않으나 원심형 중에서는 구조가 간단하고 소형이며, 값이 싸므로 광산, 터널, 건물 등의 환기용이나 공기조화장치용 등에 사용되고 있다.

⑤ 관류형 (tubular fan)

관류형(管流形)의 회전날개는 후곡형(後曲形)이며, 원심력으로 빠져나간 기류는 그림 4-19처럼 축방향으로 안내되어 나간다. 관류송풍기(tubular fan)는 정압이 비교적 낮고, 송풍량도 적은 환기팬으로 옥상에 많이 설치된다. 이를 응용한 것으로 덕트인 라인 팬(duct in line fan)이 있다.

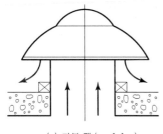
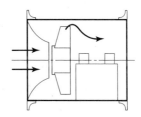

(a) 지붕 팬(roof fan)　　　　　　　　(b) 덕트인 라인 팬(duct in line fan)

그림 4-19 관류형 송풍기

⑥ 축류형 (axial fan)

축류형(軸流形)에는 그림 4-20과 같이 프로펠러형(propeller fan), 튜브형(tube axial fan), 베인형(guide vane)이 있으며, 그림 4-20(a)와 같이 날개(blade)가 기체를 축방향으로 송풍한다. 축류송풍기는 낮은 풍압에 많은 풍량을 송풍하는데 적합하다. 탁상용 선풍기, 환풍기 등이 이형에 속하는 것이며, 대형은 광산통풍용, 터널용, 보일러용 등이 있다.

덕트시스템이 없고, 공기 기류에 대한 저항이 적은 경우인 환기팬, 소형냉각탑에는 그림

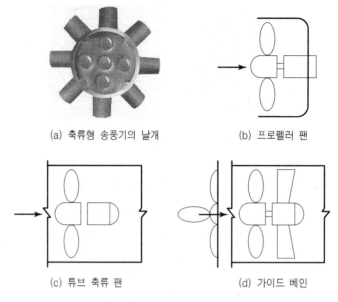

(a) 축류형 송풍기의 날개   (b) 프로펠러 팬

(c) 튜브 축류 팬   (d) 가이드 베인

그림 4-20 축류형 송풍기의 날개 모양

4-20(b)와 같은 프로펠러 팬(propeller fan)이 사용된다. 그림 4-20(c)는 튜브 축류팬(tube axial fan)으로 관모양의 하우징(housing)내에 송풍기가 들어 있으며, 이 형식의 송풍기는 덕트 도중에 설치하여 송풍압력을 높이거나 국소 통기 또는 대형 냉각탑에 사용된다.

그림 4-20(d)는 축류팬의 전후에 가이드 베인(guide vane)을 설치한 것으로, 기류를 정류하는 역할도 가지므로 국소통풍이나 터널의 환기에 사용된다.

2 송풍기용 전동기

차량용 및 선박용에는 직류전동기가 사용되고 있으며, 가정용 및 사무실용의 선풍기 또는 환풍기에 사용되는 단상 유도전동기(콘덴서기동형)을 제외하고는 대부분이 3상 유도전동기 또는 동기전동기가 사용된다.

3 송풍기용 전동기의 소요동력

송풍기용 전동기의 소요동력은 다음 식과 같다.

$$P = \frac{kQH}{6,120\,\eta} \quad [\text{kW}] \tag{4-11}$$

단, Q : 풍량 $[\mathrm{m^3/min}]$

　H : 풍압 $[\mathrm{mmAq}]$

　η : 송풍기 효율 $[\%]$

　k : 여유계수$(1.1\sim1.5)$

송풍기의 효율은 전압[2]효율과 정압효율로 구분하며, 특별히 규정이 없는 것은 전압효율을 말한다.

표 4-8 송풍기효율

팬의 종류	$\eta\,[\%]$	팬의 종류	$\eta\,[\%]$
터보 팬	$60\sim80$	플레이트 팬	$40\sim70$
터보 블로어	$40\sim70$	시로코 팬	$40\sim60$
에어 포일 팬	$70\sim85$	액셜 팬	$40\sim85$

【주】 제조업체에 따라 차이가 있음.

예제 4

풍량 $6{,}000\,[\mathrm{m^3/min}]$, 전풍압 $120\,[\mathrm{mmAq}]$인 주배기용 팬을 항 내에 설치하는 경우, 이것을 운전하는 전동기의 소요출력 $[\mathrm{kW}]$은?(단, 팬의 효율 $\eta=60[\%]$, 여유계수 $k=1.2$이다)

풀이
$$P=\frac{kQH}{6.12\,\eta}=\frac{1.2\times6{,}000\times120}{6.12\times0.6}\times10^{-3}=235.3\,[\mathrm{kW}]$$

4-7 압축기

토출압력이 $1\,[\mathrm{kg/cm^2}]$ 이상의 것을 **압축기**(compressor)라고 하며, 그 미만의 것을 송풍기라고 한다.

1 압축기의 종류

압축기에는 터보형과 용적형이 있으며 이것을 다시 분류하면 다음과 같다.

---

[2] 전압 : 정압(기체의 흐름에 평행인 물체의 표면에 기체가 수직으로 미치는 압력)과 동압(속도에너지를 압력에너지로 환산한 값)의 절대압의 합을 전압이라고 한다.

(1) 터보형 (turbo type)

통풍기나 송풍기의 원리 및 구조와 거의 같으며, 압력을 높이기 위하여 단수를 증가하든가 냉각기를 설치하는 경우가 있다. 가장 많이 사용되는 압축기가 터보 압축기이다. 보통 터보형은 연속적으로 균일한 가스를 보내며, 또 고속이므로 전동기가 소형이 되는 특징이 있다.

(2) 회전식 (rotary type)

가동익(可動翼)압축기는 그림 4-21과 같이 편심(偏心)하여 가이드되는 가동익이 있으며 케이싱(casing), 날개 회전자에 둘러싸인 소실(少室)의 용적이 변화하므로써 압축을 하는 것이다. 최근에는 그림 4-22와 같은 나사 압축기가 널리 사용되고 있다.

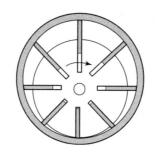

그림 4-21 가동익 압축기의 구조

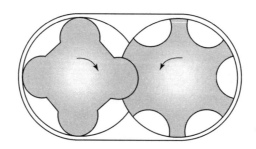

그림 4-22 나사 압축기의 구조 (회전비 2/3의 예)

(3) 왕복식 (resprocating type)

실린더내의 피스톤 왕복운동에 의하여 압축하는 것이며, 압력을 높일 수 있는 특징이 있으므로 가장 일반적으로 널리 사용되고 있는 형이다.

② 압축기용 전동기

보통 광범위한 속도제어가 필요 없으므로 유도전동기 및 동기전동기가 사용된다. 회전식은 비교적 고속이므로 거의 모두 유도전동기가 사용되며, 왕복식에서는 대용량, 저속의 것에는 동기전동기가 사용된다.

4-8 펌 프

펌프(pump)는 전동기, 엔진, 터빈 등 구동기로부터 동력을 전달받아 유체를 낮은 곳에서 높은 곳으로 또는 멀리 이송하는 유체기계를 말한다.

펌프는 초기에 탄광의 배수용·선박용으로부터 사용되기 시작하여 지금은 건물용·상수도용·하수도용·배수용·농업관개용·공업용수용·발전소용·각종 PLANT용 등으로 광범위하게 사용되고 있다.

① 펌프의 종류

펌프의 원리는 임펠러(impeller) 또는 프로펠러(propeller)의 원심력에 의해 액체가 밀어 올려지면 여기에 진공에 가까운 부압이 발생하여 액을 흡입하고, 흡입측에 액체가 충분히 있다면 연속적으로 흡입하여 밀어 올려지는 것이 가능하도록 되어 있다.

이러한 펌프의 종류는 대단히 많고, 분류방법도 여러 가지로 다양하다. 일반적으로 다음과 같이 원심(회전)식 펌프와 왕복동식 펌프로 크게 분류하고 있다.

① 원심(회전)식 펌프

· 와권 펌프 : 원심 펌프(터빈 펌프, 벌류트 펌프)
· 프로펠러 펌프 : 축류 펌프, 사류 펌프
· 점성 펌프 : 케스케이드(cascade) 펌프(웨스코 펌프)
· 회전식 용적 펌프 : 기어(gear) 펌프, 베인 펌프(편심 펌프), 나사(screw) 펌프

② 왕복동식 펌프

· 다이어프램(diaphragm) 펌프
· 플런저(plunger) 펌프, 피스톤(piston) 펌프
· 유압 다이어프램(diaphragm) 펌프
· 금속 다이어프램(diaphragm) 펌프
· 분류 펌프
· 기포 펌프

(1) 원심(遠心)펌프

회전하는 임펠러(impeller)의 바깥 쪽에 나선(spiral)모양의 통로가 있는 펌프이며, 공업분야에서 가장 많이 사용되고 있다. 중심부에 들어간 물이 회전하는 임펠러를 지나 압력이 높아져서 바깥 둘레로 유출하고 나선형의 통로를 지나 펌프 출구에 도달한다. 임펠러를 나온 물이 안내날개(guide vane) 사이를 지나 케이싱(casing)으로 나가는 **터빈**(turbin)**펌프**와 안내날개를 가지지 않는 **벌류트**(volute)**펌프**의 두 종류가 있다. 터빈펌프는 고양정(高揚程)의 경우에 적합하다. 배수용·상하수도용·광산용·화학공업용 등 산업체에서 사용하고 있는 펌프 중 가장 많이 사용되고 있다.

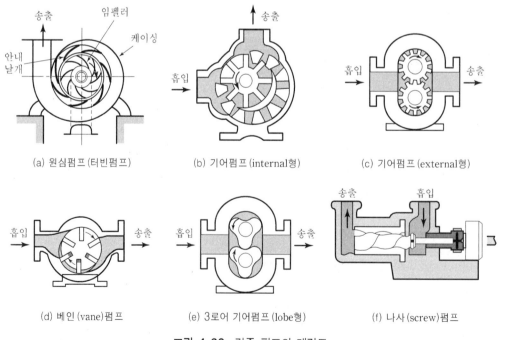

(a) 원심펌프(터빈펌프)   (b) 기어펌프(internal형)   (c) 기어펌프(external형)

(d) 베인(vane)펌프   (e) 3로어 기어펌프(lobe형)   (f) 나사(screw)펌프

그림 4-23 각종 펌프의 개략도

(2) 축류(軸流)펌프

양정이 낮고 양수량이 많을 경우에 사용된다. 프로펠러형의 임펠러가 회전함으로써 물을 축 방향으로 보내는 펌프이다. 양수량이 변화하여도 효율이 저하되지 않도록 운전 중 임펠러의 설치 각도를 변화시킬 수 있는 것도 있다.

(3) 사류(斜流)펌프

물의 압력 및 속도 에너지 중의 일부는 임펠러에서 받는 원심력으로, 일부는 임펠러가 주는 양력으로 얻는 것이며, 원심펌프와 축류 펌프의 중간형에 속한다.

(4) 기 타

① 기어펌프

두 개의 기어를 맞물려서 케이싱(casing)과 기어 사이의 공간에 액체를 끌어안아서 펌프작 용을 시키는 것이며, 점도(粘度)가 높은 액체에 적합하다. 나사펌프는 기어펌프의 변형이다.

② 왕복동(往復動)펌프

실린더(cylinder) 안을 플런저(plunger) 또는 피스톤(piston)이 왕복운동을 하는 펌프이 며, 송출밸브와 흡입밸브가 교체로 개폐하여 액체를 흡입·송출하면서 양수를 한다. 실린더 1 개, 밸브 1조로 되어 있는 것을 단동펌프라고 하며, 가정용 우물 펌프가 그 예이다. 이 형식에 서는 송수의 맥동(脈動)이 일어나므로 송수량을 평균화하기 위하여 복동펌프·차동펌프 또는 단동펌프를 몇 개 조합해서 사용한다. 왕복동펌프는 양정이 크고 유량이 작은 경우에 적합하 다. 매우 소용량의 것이나 양정이 특히 높은 경우에 원심펌프로 제작이 불가능한 경우에만 사 용된다.

펌프의 형식으로는 상기와 같으나 펌프축의 방향에 따라 입축(立軸)과 횡축(橫軸)이 있다. 사류·축류 펌프에는 가동날개의 깃(vane)이 있다. 또 전동기와 펌프가 일체가 되어 수중에 서 사용하는 수중모터 펌프, 펌프와 전동기를 콤팩트하게 통형 파이프 내에 수납하여 파이프 내에 물을 통하게 하는 튜브러 펌프가 있다. 또한 특별한 용도에 통합할 수 있도록 고려하여 제작하는 자동소화용 스프링클러 펌프, 오수를 취급하는 샌드 펌프, 고체미립자를 함유한 균 질에 가까운 액을 다루는 슬러리 펌프, 분뇨(糞尿)나 오수를 취급하는 브레이드리스 펌프, 화 학공업에 사용하는 프로세스 펌프, 약액을 다루고 액의 누설을 기피하는 경우에 사용되는 캔 드모터 펌프 등이 있다.

2 펌프의 선정

펌프의 형식선정의 기초는 비속도[3] (specific speed) N_s 이다.

$$비속도 \quad N_s = \frac{Q^{1/2} \cdot N}{H^{3/4}} \tag{4-12}$$

단, Q : 양수량 $[\,\mathrm{m}^3/\mathrm{min}\,]$

H : 총양정 $[\mathrm{m}]$

N : 회전수 $[\mathrm{rpm}]$

일반펌프의 형식과 비속도의 적용범위는 다음과 같다.

터빈 펌프	비속도 $100 \sim 300$
원심 펌프	비속도 $100 \sim 800$
사류 펌프	비속도 $250 \sim 12,000$
축류 펌프	비속도 $1,200 \sim 1,800$

회전수는 4극전동기가 가장 경제적이며 소형으로 취급도 용이하므로 거기에 직결되도록 하여 $1,500 \sim 1,800\,[\mathrm{rpm}]$으로 하고 있다. 이 회전수로 비속도를 선정할 수 없을 때에는 다른 회전수를 선정한다.

보통 양정이 낮은 경우에는 4극 이상의 회전수가 되며, 양정이 특히 높은 보일러 급수펌프는 $3,000\,[\mathrm{rpm}]$ 또는 $3,600\,[\mathrm{rpm}]$의 2극 전동기를 선정하는 수가 많다.

3 펌프의 특성곡선

그림 4-24는 펌프의 회전수를 일정하게 하였을 경우의 각종 펌프의 개략적인 백분율 특성을 표시한 것이다. 그림에서 0점은 규정점이며 어느 펌프도 규정점보다 양정이 높아지면 수량이 감소되고, 양정이 낮아지면 수량이 증가하는 수하특성(垂下特性)을 가지고 있다. 수량이 0인 경우를 컷오프(cut-off)상태라고 하며, 축류 펌프나 사류 펌프는 커트오프동력이 매우 크므로 토출밸브를 개방한 상태에서 기동하여야 한다.

---

3) 비속도(比速度) : 임의의 회전차(날개차)와 동일한 모양을 유지하면서 크기를 변화하여 $1\,[\mathrm{m}]$의 수두에 대하여 $1\,[\mathrm{m}^3/\mathrm{min}]$의 양수를 할 수 있도록 했을 때의 회전속도 $[\mathrm{rpm}]$를 말한다.

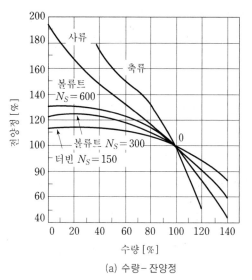

(a) 수량-잔양정

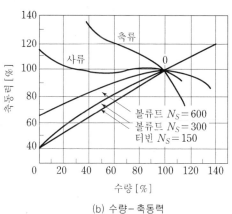

(b) 수량-축동력

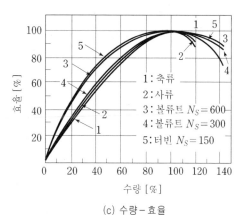

(c) 수량-효율

그림 4-24 펌프의 백분율 특성

④ 펌프용 전동기

(1) 교류 전동기

주로 3상 유도전동기가 사용된다. 원심펌프는 기동토크가 작으므로 보통의 농형유도전동기로서 충분하다. 전원용량이 큰 경우에는 수 100 [kW]라도 농형이 사용되지만, 전원용량이 작고 농경용수(農耕用水)나 배수펌프 등과 같이 원격지(遠隔地)에 있는 펌프장에서는 비교적 [kW]가 작은 경우에도 권선형을 사용하는 수가 있다.

특히 대용량이고 저속인 경우에는 역률이 좋은 동기전동기를 사용하는 수가 있으나, 동기전동기를 사용하는 경우에는 기동에 대해 특별한 고려가 필요하다. 도시의 수도용 펌프로써 민가(民家)에 접근해 있고 소음에 대해 고려할 필요가 있을 경우에는 소음기(silencer)가 달린 소음전동기 또는 밀폐내냉형(密閉內冷形) 전동기를 사용한다.

(2) 직류 전동기

펌프용으로 직류전동기를 사용하는 것은 주로 선박용으로써 사용하며, 회전속도의 변화가 적은 분권 또는 복권전동기가 사용된다.

⑤ 펌프용 전동기의 소요동력

단순히 물을 올리는 데 필요한 동력을 수동력(水動力)이라고 한다.

$$\text{수동력} = \frac{1,000\,QH}{75 \times 60/0.736} = \frac{QH}{6.12} \quad [\text{kW}] \tag{4-13}$$

단, Q : 양수량 $[\text{m}^3/\text{min}]$

$\quad H$: 전 양정 $[\text{m}]$

따라서 펌프의 축동력은

$$\text{펌프의 축동력} = \frac{\text{수동력}}{\eta} = \frac{QH}{6.12\eta} \quad [\text{kW}] \tag{4-14}$$

단, η : 펌프의 효율 $[\%]$

전동기의 출력은 펌프의 설계, 공작상의 오차를 감안하여 계산상의 축동력에 $10 \sim 20[\%]$의 여유를 둔다. 따라서

$$\text{전동기 출력} = \frac{kQH}{6.12\eta} \quad [\text{kW}] \tag{4-15}$$

단, k : 여유계수$(1.1 \sim 1.2)$

전압의 강하를 예상해야만 할 경우에는 이에 대한 고려도 필요하다. 직결의 경우 앞의 그림 4-25의 효율을 적용하여야 한다.

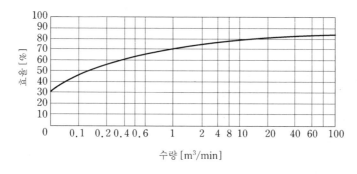

그림 4-25 일반 표준펌프의 효율

⑥ 제어방식

펌프는 보통 기동시에는 흡입관에서 임펠러까지 만수(滿水)시킬 필요가 있다. 상시 삽입의 경우에는 만수조작이 필요없으나 흡입밸브를 정지시 전폐(全閉)할 경우에는 흡입밸브를 여는 동시에 케이싱(casing)부에 설치한 배기밸브를 열어 만수시킨다.

상시흡입 수두(水頭)의 경우 구경(口徑) 400 [mm] 정도 이하의 소형펌프는 풋 밸브(foot valve)를 두는 방식이 널리 채용되고 있다. 풋 밸브방식의 경우 그림 4-26(a)와 같이 토출밸브를 열어서 급수하여 만수시키는 경우 그림 4-26(b)와 같이 토출밸브의 펌프측에 체크 밸브 (check valve)를 두고, 바이패스 밸브(bypass valve)로 급수하여 만수시키는 경우, 그림 4-26(c)와 같이 별도에 설치한 보조수조에서 급수하여 만수시키는 경우가 있다.

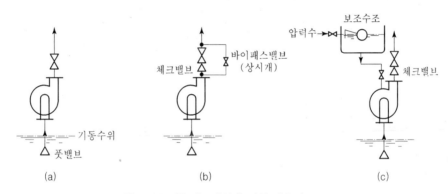

그림 4-26 풋 밸브방식에 의한 만수법

예제 5

양수량 5 [m³/min], 전양정 10 [m]인 양수용 펌프 전동기의 용량 [kW]은 약 얼마인가?
(단, 펌프효율 $\eta = 85 [\%]$, 여유계수 $k = 1.1$)

풀이
$$P = \frac{kQH}{6.12\,\eta} = \frac{1.1 \times 5 \times 10}{6.12 \times 0.85} - 10.57 \, [\text{kW}]$$

4-9 냉동기

냉동(refrigeration)이란 대기온도 이하로 냉각하는 것이며, 냉동을 하려면 특별한 물체 혹은 특별한 장치가 필요하다. 현재 냉동을 하기 위해 공업화되어 있는 것은 얼음이나 드라이아이스

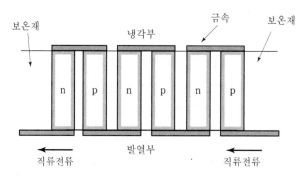

그림 4-27 전자냉동의 원리

를 사용하는 것 이외에 압축식·흡수식·흡착식이 있으며 가장 많이 쓰이는 것은 압축식이다.

압축식에 쓰이는 냉동용 압축기는 소형은 전동기 출력이 40 [W]의 것으로부터 큰 것은 수 1,000 [kW]의 것까지 있으며 전기냉장고·제빙냉장·공기조화장치 등에 널리 사용되며, 식품·전기·기계·화학·정밀 등 각종 공업에 생산설비로서 필수의 것으로 되어 있다. 최근 압축식 외에 흡수식 냉동기의 공업화가 활발해졌으며 펠티어 효과[4](Peltier effect)를 이용한 전자냉동도 실용화되고 있다.

1 냉동공학의 기초

(1) 열역학의 법칙

① 제1법칙 : 열을 기계적인 일(work)로 바꿀 수 있고, 또 기계적인 일을 열로 바꿀 수 있다. 그리고 바꿀 때의 비율은 일정하다.

② 제2법칙 : 일은 쉽게 열로 변화시킬 수 있으나 열은 쉽게 일로 변화시킬 수 없다.

냉동의 목적인 저온의 물체에서 고온의 물체로 열을 옮기기 위해서는 무엇인가의 기계적 방법이 필요하다. 이 기계적인 방법이 냉동기의 작용이다.

열량의 Q[kcal], 일의 양을 W[kg·m]라 하면

$$Q = AW \quad \text{또는} \quad W = JQ \tag{4-16}$$

단, A : 일의 열당량 [kcal/kg·m]

J : 열의 일당량 [kg·m/kcal]

$A = 1/J$, $J = 427$ [kg·m/kcal]

---

4) 펠티어 효과 : 두 종류의 도체를 접속하여 폐회로를 만들어 외부에서 전류를 흘리면 그 경계면에서 열의 발생 또는 흡수가 일어나는 현상을 말한다.

(2) 냉동 사이클

고온의 열원에서 열을 빼앗아 저온의 열원에 주고, 그 사이에 열에너지를 역학적 에너지로 바꾸어 일을 하는 사이클을 **열기관 사이클**이라고 한다. 이와 반대로 외부에서 일을 하여 저온의 열원에서 열을 빼앗아 고온의 열원에 주는 사이클을 **열펌프 사이클**(heat pump cycle)이라 하고, 그림 4-28은 이 원리를 나타낸 것이다.

이 사이클에서 사용하는 냉매[5]의 증기는 압축기에서 단열압축을 받고, 응축기에서 응축되어 액체로 되어서 팽창밸브를 지날 때에 압력이 저하하여 증발기에 들어가고, 외부에서 증발열을 흡수하여 증발한 다음 다시 압축기에 되돌아가 사이클이 끝난다. 증발기가 외부에서 열을 흡수하는 작용을 응용한 것이 냉동기(冷凍機)이다. 또 응축기가 외부에 내는 열을 이용하면 난방장치(煖房裝置)가 되고, 이 두 가지를 조합해서 사용한 것이 열펌프, 즉 공기조화장치(空氣調和裝置)이다.

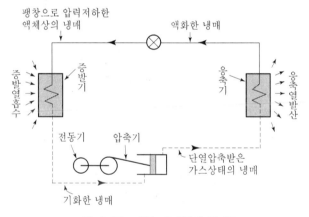

그림 4-28 냉동 사이클의 원리도

냉매의 구비조건은 다음과 같다.

① 저온에서도 높은 포화압력을 가지고 상온에서 응축액화가 용이할 것
② 임계온도가 높을 것
③ 응고온도가 낮을 것
④ 증발잠열이 크고 기체 비열이 작을 것

---

5) 냉매(refrigerant) : 냉동사이클의 작동유체(作動流體)로서 저온의 물체에서 열을 빼앗아 고온의 물체에 열을 운반해 주는 매체를 말한다. 프레온(Freon : CCl_2F_2), 암모니아(Ammonia : NH_3), 클로로메틸 등이 사용된다.

⑤ 부식성이 적을 것

⑥ 화학적으로 안전성이 높을 것

⑦ 누설발견이 쉬울 것

⑧ 전기 절연성이 좋을 것

❷ 냉동기의 응용

냉동기는 소형은 $40\,[\text{W}]$에서부터 대형은 수 $1,000\,[\text{kW}]$의 동력을 필요로 하는 것까지 있으며 또한 압축이 기계적으로 행할 수 없는 흡수식, 증기분사식 등이 있고 전자냉동(열전냉동)도 실용화되고 있으며 그 종류는 매우 다양하다. 냉동기의 응용으로는 냉장고, 제빙(製氷), 식품의 냉동 및 냉장, 냉방(冷房) 등이 있다.

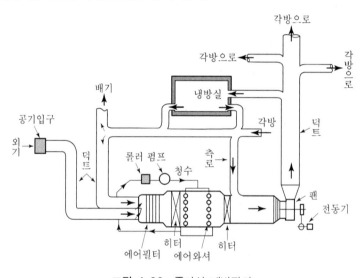

그림 4-29 중앙식 냉방장치

❸ 냉동기용 전동기

냉동기용 압축기, 송풍기 및 냉각용 펌프 등에는 전동기가 필요하다. 압축기용에는 기동토크가 큰 것이 사용된다. 일반적으로 소형냉동기에는 반발기동형 단상유도전동기가 압축기용으로 많이 사용된다. 가정용 냉장고 등과 같이 소음이 문제가 되는 곳에는 소리가 적은 콘덴서전동기가 사용된다. 중형냉동기에서는 보통 3상 농형유도전동기, 대형에서는 3상 권선형 또는 동기전동기가 사용된다. 특히 터빈 압축기에서는 반드시 동기전동기가 사용된다.

연습문제

1. 동력의 채용방식의 종류를 열거하고 간략하게 설명하여라.

2. 전동기로 부하기계를 운전하기 위하여 필요한 토크는 어떤 것이 있는가?

3. 3상 농형유도전동기의 기동방법 네 가지를 들고 간략하게 설명하여라.

4. 단상유도전동기의 기동토크를 발생하기 위하여 회전자계를 만드는 방법에는 어떤 것이 있는가?

5. 동기전동기의 기동법을 열거하고 간략하게 설명하여라.

6. 직류전동기의 속도제어방식을 열거하고 간략하게 설명하여라.

7. 유도전동기의 속도제어 방식에는 어떤 것이 있는가?

8. 전동기의 전기적인 제동법을 열거하고 간략하게 설명하여라.

9. 3[t]의 하중을 매분 12[m]의 속도로 권상하는 기중기에 있어서 권상용 전동기의 소요출력 [kW]은?(단, 장치의 효율은 60[%]이다)

10. 양수량 5[m³/min], 전양정 10[m]인 양수용펌프 전동기의 용량 [kW]은 약 얼마인가?(단, 펌프효율 $\eta = 85$[%], 설계상 여유계수 $k = 1.1$)

11. 5층 빌딩에 설치된 적재중량 1,000[kg]의 엘리베이터의 승강속도를 50[m/min]으로 하려면, 약 몇 [HP]의 전동기를 사용하면 되겠는가?

12. 150[m³/s]의 풍량을 20[mmAq]의 풍압을 주기 위하여 필요한 이론동력을 계산하여라.

4편

전기철도

1장

전기철도

1-1 전기철도의 역사

차에 동력을 사용한 것은 1763년 와트(Watt)가 증기기관을 완성시킨 이후 1829년 스텝헨슨 (G. Stephenson)에 의하여 실용화되었으며, 전기기관차의 모형은 1834년에 미국의 다벤포트 (Tomas Davenport)가 전지(電池)와 전자기계(電磁機械)로써 만들었고, 1842년에는 영국의 데빗슨(Robert Davidson)이 1차 전지를 응용한 중량 5 [t]의 전기기관차를 만들었다.

1847년에 파머(Moses G. Farmer)가 전자석 기관차를 만들었고, 그 이후 1879년 베를린 산업박람회에 지멘스(Wener von Siemens)가 Siemens und Halske 회사로 출품하여 세계 최초로 3 [HP] 전동기를 설치한 전기기관차로 승객 20명을 태운 객차 3량을 견인하여 최고속도 13 [km/h]로 약 0.5 [km]를 주행하였으며, 2년 후에 베를린시 부근의 리히테르펠데 (Lichterfelde)에서 제3궤도 방식의 시가전차로 일반 대중 교통수단으로의 영업을 개시하였다.

그 이후 전기철도는 급속히 발전하여 대도시 및 근교의 고속도 교통기관으로써 보급되어 터널구간 등의 운전에도 실용화되었으며, 더욱이 각국에서 수송의 개선과 경영개선 등 여러 가지 시대의 요구에 부응하여 철도의 전철화(電鐵化)를 이룩함에 따라 전기철도는 육상교통기관으로서 중요한 역할을 담당하게 되었다.

그러다가 1970년대 중반에 고속도로망의 정비와 승용차의 보급 및 제트기에 의한 국내외 공로(空路)의 전개에 따라 교통기관으로서의 철도의 지위는 저하하여 1970년대 말에는 그 장래가 어둡게 보였다. 그러나 승용차의 폭발적인 증가로 도로의 혼잡과 대기오염이 심각한 문제로 대두됨에 따라 1980년대 중반부터 철도운송시스템의 르네상스 시대가 도래하여 경량화 및 저상화(低床化) 등 새로운 기술의 도입과 함께 그 부흥과 확장이 계속되고 있는 추세이다. 그리고 1983년 TGV 남동선의 최고시속 260 [km]에서의 완전한 영업운전의 개시와 그 영업적인 성공에 의하여 고속철도에의 관심이 급격히 높아져 유럽 여러 나라를 중심으로 시속 300 [km]인 고속철도의 개발과 실용화가 급속히 진행되었다.

우리나라는 1898년 10월에 착수하여 1899년 5월 17일에 개통한 서대문에서 청량리간에 직류 600 [V] 방식인 노면 전차를 처음 운행한 것이 전기철도의 시작이라 할 수 있다. 그 이후 중앙선, 태백선, 영동선, 경인선 등의 전철화와 함께 주요 대도시의 도시 전철이 운영되고 있거나 건설 중에 있다. 새로운 기술의 개발에 따라 21세기 초반이 되면 최고 속도 380 [km/h]의 고속열차시대를 맞이할 수 있는 날도 멀지 않았다.

1-2 전기철도의 분류

1 수송목적에 의한 분류

① 시가지 철도(street electric railway)

시가지 도로상에 건설하여 버스처럼 운행되는경량철도로 노면철도라고도 하며, 도시의 교통기관으로서 발전해 왔으나 점차 그 자취가 사라지고 버스로 바뀌고 있다.

② 도시 고속 철도(city rapid transit electric railway)

도시 내에 고가철도 및 지하철도 등을 총칭하는 중형철도로 타 교통수단에 지장없이 고속운전이 가능하며, 대도시 교통수단으로 각광받고 있다.

③ 교외 철도(suburban electric railway)

도시를 중심으로 해서 시가지 외곽을 운행하거나 시가지에서 교외로 운행되는 철도로 도시 고속철도와 규모가 비슷하다.

④ 도시간 철도(interurban electric railway)

도시와 도시간을 연결하는 중대형 철도로 전차는 출력이 높고 일반적으로 정차간격이 멀어서 표정속도가 크기 때문에 고속운행이 유리하다. 최근에는 발차간격도 짧아지고 있다.

⑤ 간선 철도(trunk electric railway)

경부선과 같은 기간철도를 말하며, 운행거리가 길고 열차 단위가 커서 전기기관차 또는 전동차로 고속운행을 한다.

⑥ 특수 철도(special electric railway)

등산철도(rack railway), 케이블 카(cable car), 가공삭도(aerial ropeway), 모노레일(mono-railway), 광산용 철도 등 특수한 것을 말한다.

② 전기방식에 의한 분류

전기철도를 전기방식(電氣方式)으로 크게 나누면 직류 전기 철도와 교류 전기 철도로 나눌 수 있으며, 교류 방식은 상별, 주파수별, 전압별로 분류된다.

표 1-1 전기방식의 분류

전 기 방 식	전 압 종 별
직 류 식	600 [V], 750 [V], 1,500 [V], 3,000 [V]
단상 교류식	16 2/3 [Hz] : 11 [kV], 15 [kV]
	25 [Hz] : 6.6 [kV], 11 [kV]
	50 [Hz] : 6.6 [kV], 16 [kV], 20 [kV], 25 [kV]
	60 [Hz] : 25 [kV]
3상 교류식	16 2/3 [Hz] : 3.7 [kV], 6 [kV]
	25 [Hz] : 6 [kV]

(1) 직류 전기 철도

직류방식은 전철용 변전소에서 일반 전력계통으로부터 수전(受電)한 특별고압(22.9 [kV], 154 [kV] 등)의 교류 전력을 철도용 변전소의 변압기로 적절한 전압으로 낮추고, 실리콘 정류기 등으로 직류로 변환하여 전차선로에 직류전력을 공급하여 운전하는 방식이며, 세계 전기철도의 약 43 [%]를 점유하고 있다.

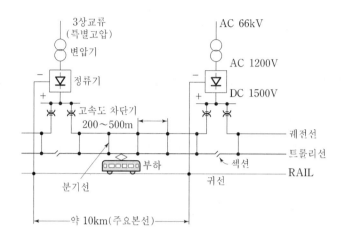

그림 1-1 직류방식

우리나라에서는 서울 중심부, 즉 서울역, 청량리역, 남태령역 이내의 구간에 직류 1,500[V]
가 채용되고 있다.

직류방식의 장점은 전기차의 구동용 전동기로 견인특성이 우수한 직류직권전동기를 그대로
이용할 수 있으므로 전기차의 설비가 간단하다. 또한 전압이 낮기 때문에 전차 선로나 기기의
절연이 쉽고, 활선 작업을 하기가 쉬워지는 장점이 있다. 그러나 교류방식과 비교하여 전철용
변전소에 정류장치를 설치해야 하므로 건설비가 높고, 전압이 낮아 전류가 크게 되므로 전선
의 굵기가 크게 된다. 또한 전력손실 및 전압강하가 크게 되어 변전소간의 간격이 짧아지고,
누설전류에 의한 전식에 대하여 대책이 필요하다.

직류식 전기철도는 급전방식에 따라 가공단선식, 가공복선식, 제3궤조식으로 구분된다.

(2) 교류 전기 철도

① 단상 교류방식

교류방식은 일반적으로 변전소로부터 수전하는 상용 주파수 3상 교류를 단상변압기 또는 3
상/2상 변환장치에 의해 전차선로에 단상 교류를 공급하여 운전하는 방식으로 세계 전기철도
의 약 57[%]가 이 방식을 채택하고 있다.

우리나라는 1973년도부터 중앙선, 영동선 등이 점차 전철화하여 60[Hz] 22[kV]와
154[kV]의 3상 전압을 수전하여 단상 교류 2,500[V]로 변성하여 사용하고 있다.

단상 교류방식에는 전압, 주파수에 따라 여러 방식이 있지만 최근에는 상용 주파수를 채용
하는 경우가 많아지고 있다. 이것은 일반 송전선으로부터 수전한 상용 주파수의 전력을 주파

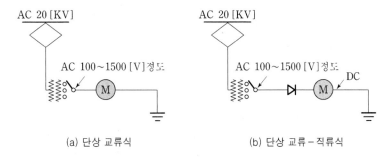

(a) 단상 교류식   (b) 단상 교류–직류식

그림 1-2 전기 방식

수 변환없이 그대로 전기차에 공급할 수 있기 때문에 변전소에 변압기만 설비하면 되므로 설비가 간단하다.

전기차에 변압기를 설비하고 있기 때문에 차내에서 전압을 자유롭게 선택이 가능하여 전차선 전압을 비교적 높게 할 수 있고, 전차선 전류가 작게 되어 전압강하도 작게 되고 전식에 의한 피해가 없으며, 변전소 간격이 크게 되어 변전소의 수가 적어지는 등의 장점이 있다.

전압강하가 큰 경우에도 변전소 또는 전차선로에 직렬 콘덴서를 설치하여 회로의 임피던스를 보상하는 방법으로 비교적 쉽게 전압을 보상할 수 있다. 그러나 상용 주파수의 높은 전압을 사용하기 때문에 근접한 통신선로에 대하여 유도장해를 주게 되므로 이것을 경감하는 대책이 필요하다.

일반적으로 3상 송전 선로로부터 전기철도용의 단상 전력을 수전하기 때문에 3상 전원 계통의 단락용량이 작은 경우에는 전압의 불평등이나 변동의 문제가 발생하는 일이 있기 때문에 전원의 선정에 있어서 유의할 필요가 있다.

교류식 전기철도는 급전방식에 따라 직접방식, 흡상변압기(BT) 방식, 단권변압기(AT) 방식으로 분류된다.

② 3상 교류방식

3상 교류방식은 전차선 설비나 집전장치가 복잡하게 되며, 전선 상호간의 절연 때문에 전압을 높이는 것에 대한 한계가 있는 등 불리한 면이 많으므로 보통의 전기철도에서는 사용되지 않고 있다.

③ 급전방식(給電方式)에 의한 분류

(1) 가공단선식

전차선(trolley wire)을 궤도 위에 가설하고 운전용 궤조(rail)를 귀선(歸線, return wire)으로 하는 방식으로 가선구조가 간단하여 설비비 및 보수비가 저렴하다. 고속운전에 적합한 것은 가공단선식이며 대부분의 전기철도가 이 방식을 채용하고 있다.

(2) 가공복선식

정·부 2선의 전차선을 궤도 위에 가설하는 방식으로 노면전차의 일부에 사용하고 있다. 가공복선식은 가공단선식보다 전식(電蝕)이 적다는 이점이 있다.

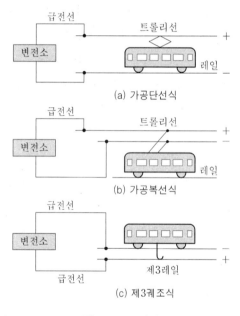

그림 1-3 급전방식

(3) 제3궤조식

전차선(trolley wire) 대신에 주행레일 외에 도전(導電)레일(conductor rail)을 설치하고, 그것으로부터 집전화(current collective shoe)에 의해 전력을 공급받는 방식이다. 이 방식은 도시의 지하철도 또는 저전압을 사용하는 단거리의 터널구간 등에 사용되고 있다.

그림 1-4   제3궤조식

4 철도선로의 구성에 의한 분류

① 보통철도

② 지하철도(under ground railway)

③ 고가철도(elevated railway)

④ 케이블 카(cable car)

⑤ 모노레일(mono-railway)

⑥ 무궤조 전차(trolley coach)

⑦ 치궤조식(齒軌條式, Abt-system railway)

1-3 전기철도의 특징

전기철도의 특징은 다음과 같다.

(1) 장 점

① 에너지의 이용효율이 높다(증기기관의 총효율은 6 [%] 정도, 디젤기관차의 총효율은 20 [%]인데 비하여 전동기(교류)의 것은 27 [%]이다).

② 전기기관차는 증기기관차보다 대출력의 것을 만들 수 있으므로 속도가 향상되고 수송력을 증대할 수 있다.

③ 견인력이 크다.

④ 매연이나 재가 없으므로 쾌적한 여행이 가능하다.

⑤ 고속 운전이 가능하며 발차나 정차가 간편 신속하다.

(2) 단 점

① 건설비가 비싸다.

② 전식(電蝕) 및 통신선에 대한 유도장해를 일으킬 우려가 있다.

1-4 선 로

1 선로의 구성

(1) 궤도(track)

철도차량을 주행시키는 선로(railway)는 보통 궤조(rail), 침목(sleeper), 도상(ballast) 및 노반(road bed)으로 구성되어 있으며, 특히 궤조, 침목, 도상을 궤도(track)의 3요소라고 부른다.

① 궤조 (rail)

궤조(rail)는 선로와 차량이 접촉하는 강철제의 설비로서 열차의 하중을 차륜을 통해 직접 받으며, 차륜이 주행하는 통로이다. 궤조는 강(탄소 0.6~0.8[%], 망간 0.6~1[%], 규소 0.4[%] 이하, 인·황 0.05[%] 이하)을 압연하여 만든다. 그림 1-6과 같이 단면형태에 따라

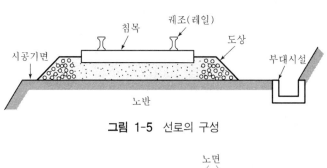

그림 1-5 선로의 구성

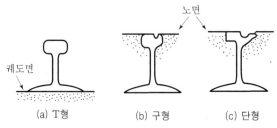

그림 1-6 궤조(rail)의 종류

T형, 구형 및 단형의 세 가지가 있다. 일반적으로 T형을 많이 쓰는데, 노면궤도와 같이 매입되는 경우의 곡선부분, 교차부분에는 구형 또는 단형이 쓰인다. 레일의 크기는 1 [m]당의 무게를 [kg]으로 표시한다. 즉 30 [kg], 37 [kg], 50 [kg] 등이 있다. 레일 1개의 길이는 30 [kg], 레일은 20 [m], 그 외의 37 [kg] 및 50 [kg] 레일은 25 [m]가 표준으로 되어 있다.

최근에는 열차진동의 원인을 줄이기 위하여 레일을 서로 용접하여 궤조의 길이를 길게 하는 경향이 있다.

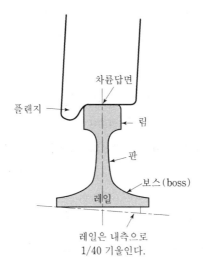

그림 1-7 레일과 차륜의 단면도

② 침목 (sleeper)

침목은 직접 궤조(rail)을 지지하고, 궤조에서 받는 압력을 넓은 면적으로 분배시켜 도상(ballast)에 전달하며, 또 궤조를 정확한 위치에 유지하여 궤간(track gauge)을 확보하는 것이다.

침목은 원래 밤나무, 회나무와 같은 단단한 나무를 사용하였으나 근래에 와서는 PS콘크리트(prestressed concrete)로 바뀌어지고 있다. 콘크리트제를 사용할 때는 레일과 침목과의 사이에 방진고무(gum bed)를 넣어 충격에 의한 콘크리트의 파괴를 방지하는 것과 동시에 레일의 누설전류를 억제할 필요가 있다.

③ 도상 (ballast)

도상은 궤도의 기초로서 궤조로부터 전해지는 열차하중을 노반에 균일하게 분포시키며 침목을 고정시킨다. 또한 궤도에 탄력성을 주어서 승차감을 좋게 하며 배수가 잘 되게 하여 궤도재료의 수명을 연장시키는 역할을 한다. 노반 위에 사리, 쇄석 등을 사용한 도상(道床)을 탄성도상이라 하며, 콘크리트 등을 사용한 도상을 비탄성도상이라 한다. 탄성도상은 유지보수가 용이하고 진동에 의한 소음이 적어 일반적으로 많이 채용되고 있으며, 전기적으로도 궤도와 대지간의 절연을 양호하게 하여 누설전류도 적다.

(2) 궤간 (gauge)

궤간(gauge)은 레일 두부면으로부터 아래쪽 16 [mm] 지점에서 상대편 레일 두부의 동일 지점까지의 최단거리를 말하며, 세계적으로 널리 사용되고 있는 1,435 [mm]를 표준궤간이라 한다.

① 협궤(narrow gauge) : 1,067 [mm], 1,000 [mm]
② 표준궤간(standard gauge) : 1,435 [mm]
③ 광궤(broad gauge) : 1,676 [mm], 1,600 [mm], 1,523 [mm]

(3) 유간 (clearance)

여름과 겨울의 기온차로 레일에 무시 못할 신축이 있으므로 그림 1-8과 같이 기온의 차이에 해당하는 **유간**(clearance)을 주며, 볼트구멍에도 여유를 가지게 한다.

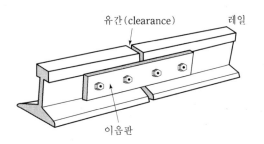

그림 1-8 레일의 접속

(4) 복진지 (anti-creeper)

열차가 진행하면 레일은 반작용을 받아서 후퇴한다. 이것을 일반적으로 **복진**(creeping)이라 한다. 이는 구배구간, 제동구간, 도상이 견고하지 않은 구간, 교량의 전후 및 분기점 부근에서 일어나는 경우가 많다.

이를 방지하기 위하여 **복진지**(anti-creeper, rail anchor)를 레일 밑 부분에 탄성의 물질을 설치하든가, 레일 또는 접합판에 구멍을 뚫어 철도용 못으로 침목에 박아둔다.

❷ 곡선궤도와 구배

철도선로는 가급적 직선으로 부설하는 것이 이상적이지만, 지형에 따라 곡선이나 구배를 둘 필요가 있다. 그러나 너무 급한 곡선으로 하면 차량의 안정이 나빠져 경우에 따라서는 탈선의 위험이 있다. 또 너무 급한 구배를 두면 차량이 공전하거나 활주(滑走)할 위험이 있다. 따라서 곡선이나 구배는 수송조건에 따라 일정한 한도를 정하여 그 이하가 되도록 선정한다.

(1) 곡선로의 표시

① 각도에 의한 표시 : 그림 1-9와 같이 궤조의 중심선이 이루는 원호(圓弧)에 대한 중심각 θ로 표시한다.

② 반경에 의한 표시 : 궤조의 중심선이 이루는 원호의 반경 $R[\text{m}]$로 표시한다.

(2) 곡선의 종류

① 단곡선(simple curve) : 반경이 일정한 1개의 원호로 된 곡선이다.

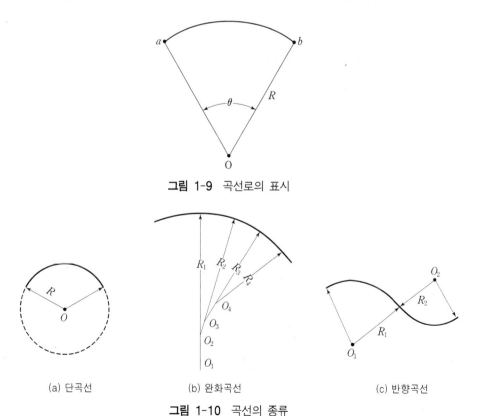

그림 1-9 곡선로의 표시

(a) 단곡선   (b) 완화곡선   (c) 반향곡선

그림 1-10 곡선의 종류

② 완화곡선(transition curve) : 반경이 큰 것에서부터 점차적으로 반경이 서서히 적은 것으로 서로 다른 원호로 된 곡선이다. 직선부분에서 갑자기 곡선으로 들어가면 열차에 충격을 주게 되므로 곡선입구의 반경은 크게 하고 차차 반경을 작게 한다. 완화곡선 중에서 원호가 두 개인 것은 **복심곡선**이라 한다.

③ 반향곡선(reverse curve or S curve) : S자형의 곡선이다.

(3) 캔트 (cant)

차량이 곡선부분을 달릴 때는 원심력으로 바깥쪽 레일이 안쪽 레일보다 높게 되고 차량이 바깥쪽으로 밀려나가면서 탈선이나 전복의 우려가 발생한다. 이러한 탈선이나 전복을 방지하기 위하여 바깥쪽 레일을 안쪽 레일보다 어느 정도 높게 하여 차량전체를 곡선의 안쪽으로 기울어지게 하여 원심력과 평형이 되게 한다. 이 내외레일의 고저차 [mm]를 **캔트**(cant) 또는 **고도**라 한다. 캔트는 너무 크게 할 수도 없고, 설계된 속도보다 빨리 통과할 때는 전복될 우려가 있다. 이러한 탈선을 방지하기 위하여 안쪽 레일에 따라서 별도의 레일, 즉 가드레일 (guard rail)을 시설하는 경우도 있다.

궤간을 G[mm], 열차의 평균속도를 V[km/h], 곡선반지름을 R[m]라 하면, 고도 h [mm]는 다음 식으로 표시되며, 160[mm]를 초과할 수 없다.

$$h = \frac{GV^2}{127R} \quad [\text{mm}]$$

로 표시되며, 최대운전속도 V_m은

$$V_m = \sqrt{\frac{127Rh}{G}} \quad [\text{km/h}]$$

이다.

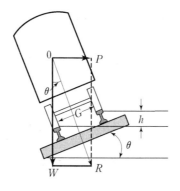

그림 1-11 캔트

예제 1

열차가 반지름 1,000 [m]의 곡선궤도를 시속 50 [km/h]로 주행할 때 고도를 구하여라. 단, 궤간은 1,000 [mm]로 한다.

풀이 $h = \dfrac{GV^2}{127R}$ 에서 $G = 1,000\,[\text{mm}]$, $V = 50\,[\text{km/h}]$, $R = 1,000\,[\text{m}]$

$$\therefore\ h = \frac{1,000 \times 50^2}{127 \times 1,000} = 19.68\,[\text{mm}]$$

예제 2

고도가 10 [mm]이고 반지름이 1,000 [m]인 곡선궤도를 주행할 때, 열차가 낼 수 있는 최대 속도는? 단, 궤간은 1,435 [mm]로 한다.

풀이 $V_m = \sqrt{\dfrac{127Rh}{G}} = \sqrt{\dfrac{127 \times 1,000 \times 10}{1,435}} = 29.75\,[\text{km/h}]$

(4) 슬랙 (slack)

열차가 곡선궤도를 운행할 때는 차륜의 플랜지(flange)와 궤조(rail) 두부의 측면 사이에 심한 마찰이 생기므로 이것을 완화하기 위하여 내측궤조의 궤간을 넓혀 횡압을 줄이고 있다. 이 확대한 넓이를 **슬랙**(slack) 또는 **확도**라 한다. 슬랙은 곡선 반지름의 크기에 따라 다르나 윤축거리가 일정하므로 무제한 넓힐 수는 없고, 30 [mm]를 초과할 수 없다.

곡선반지름을 $R\,[\text{m}]$, 고정차축거리를 $l\,[\text{m}]$라 하면, 확도 S는 다음과 같다.

$$S = \frac{l^2}{8R}\ \ [\text{mm}]$$

(5) 구배 (grade)

선로의 구배는 수평거리 1,000 [m]당 몇 [m]를 올라가느냐 하는 정도를 1,000분율 (permillage, ‰)로 나타낸 값이며, 구배의 한도는 간선철도 25 [‰], 지방철도는 35 [‰], 노면철도는 40 [‰]로 하는 것이 보통이다.

(6) 선로의 분기

분기기(turn-out)란 선로가 두 방향으로 분리되거나 합쳐지는 부분에 설치하는데, 열차를 유도하고 싶은 방향으로 전환시켜주는 **포인트부**, 두 개의 선로가 동일 평면에서 교차하는 **크로싱부**,

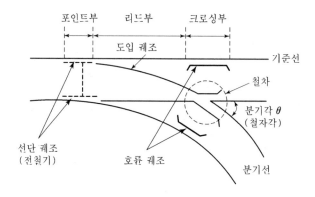

그림 1-12 선로의 분기

포인트와 크로싱 중간의 **리드부** 등으로 구성되어 있다. 그림 1-12는 그 구성을 나타내는 약도이다. 이 분기(철차 : crossing)는 본선과 분기방향과의 사이에 각도를 두는데 그 정도는 철차각을 수 단계로 나누어 번호로 나타낸다. 이것을 **철차각 번호**(turn out number)라 하고, 철차각 θ와 철차각 번호 N 사이에는 다음과 같은 관계가 있다.

$$N = \frac{1}{2} \cot \frac{\theta}{2} \doteqdot \cot \theta$$

N이 적을수록 θ가 커지므로 N이 작은 분기를 통과하는 열차에 대해서는 속도제한의 조건을 붙인다.

① **전철기**(point) : 차륜을 하나의 궤도에서 다른 궤도로 유도하는 장치(분기기의 앞단 부분)를 말하며, 포인트(point)라고도 한다. 즉 선로의 분기점에는 선로를 바꾸기 위하여 좌우로 움직일 수 있는 첨단 선로가 있는데 그 선로를 조정하기 위해 만든 장치가 전철기이다. 한국의 철도에서 쓰이고 있는 전철기의 형식에는 수동식·기계식·스프링식의 세 가지가 있다.

② **철차**(crossing) : 궤도를 분기하는 장치

③ **도입궤조**(lead rail) : 전철기와 철차의 사이를 연결하는 곡선궤조

④ **호륜궤조**(guard rail) : 철차의 반대쪽 궤조측에 설치하는 궤조

⑤ **전철장치**(points) : 전철장치는 진로를 완전하게 전환시키기 위한 전환장치와 열차의 통과 중 헐거움 또는 잘못된 조작이 없도록 하는 쇄정장치로 구성된다.

1-5   전기차량

1 차량(rolling stock)

차량(rolling stock)이란 차체(car body)와 대차(truck)를 포함하는 차 전체의 호칭이다. 일반적으로 철도차량은 **기관차**(locomotive), **객차**(passenger car), **화차**(freight car)로 대별된다.

전기차(電氣車)란 전기기관차와 전차의 총칭이며, 보통 주행용 전력을 가공 전차선이나 급전레일 등을 통하여 외부로부터 공급받는 동력차를 말한다. 전기차는 일반적으로 차체(car body), 대차(truck), 주 전동기, 동력전달장치, 제동장치, 제어장치 및 전기차를 운전하는데 필요한 장치 등으로 구성되어 있다.

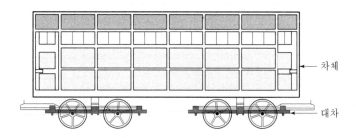

그림 1-13   최초의 보기차 (bogie car, 볼티모어 · 오하이오 철도 : 1831년)

(1) 성능에 의한 종류

차량을 성능에 따라 나누면 다음과 같다.

① **전기기관차**(electric locomotive) : 강력한 구동용 전동기를 갖추고 있으며, 다수의 부수차로 된 열차를 견인하는 것이다.

② **전동차**(motor car) : 구동용 전동기를 갖추고 있으며, 단독 또는 다른 차량을 연결하여 운전하고 승객 또는 화물을 실을 수가 있다.

③ **제어차**(control car) : 부수차와 같이 전동기는 없으나 제어기와 운전실이 있어 동일 열차의 전동차를 제어할 수 있다.

④ **부수차**(trailer car) : 전동기도 제어장치도 없는 차량으로 이른바 객차, 화차를 말한다. 그러므로 전동차도 객차의 일종이라고 할 수 있다.

(2) 대차(truck)에 의한 종류

① **4륜차(four-wheel car)** : 단차(single truck car)라고도 하며, 한 개의 대차 위에 차체를 고정시킨 것이다. 시가전차나 교통량이 적은 곳에 사용되었으나 최근에는 점차 그 사용이 줄어들고 있다.

② **보기차(bogie car)** : 차체가 두 대의 대차로 지지되며, 대차는 차체에 대하여 자유로이 회전하므로 급커브인 부분에서도 원활하게 주행할 수가 있다. 최근의 전기차는 모두 이 형식이다.

③ **연결차(articulated car)** : 두 대의 차체가 한 대의 대차를 공유하고 있는 것이며, 두 차량을 분리할 수가 없으나 대차의 수를 줄일 수 있으므로 전체의 중량이 경감된다. 따라서 가속도 및 속도를 증대시킬 수 있고 보수비가 적게 들며 가격도 싸게 되는 특징이 있다.

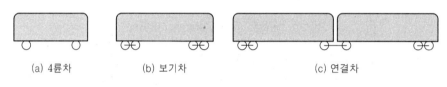

(a) 4륜차   (b) 보기차   (c) 연결차

그림 1-14 대차에 의한 차량의 종류

2 차체와 대차

(1) 차체 (car body)

차체(car body)는 차량의 외형을 구성하는 주요한 부분이며 승객, 화물 및 전기기기 기타 필요한 장치를 수용한다. 전기기관차에서는 운전실 및 기계실 등을 포함하고 있으며, 전차에서는 운전실 및 객실 등을 포함한다.

전기차는 모두 2축 4륜을 가진 전후 2개의 대차 위에 차체를 실어 주행을 안정하게 하여 쾌적감을 느낄 수 있도록 하고 있다. 대차와 륜축(輪軸 : 차륜과 차축의 총칭)과의 사이에서 축상자(axle box)와 축스프링을 두어 전후방향으로는 고정하지만 상하에는 응동성(應動性)을 갖도록 하여 진동력이나 충격을 흡수하게 하는 것과 동시에 상호변위에 대해서 복원력을 갖도록 한다.

(2) 대차 (truck)

대차(truck)는 차체를 지지하고, 궤도 위를 주행하는데 필요한 전동기·제동장치 및 차륜

등을 구비하고 있다. 그리고 대차는 궤도로부터 주어지는 충격을 완화시켜서 승객 및 기기에 주는 영향을 적게 하는 기구가 필요하며, 또한 충분한 내구력을 겸비해야 한다.

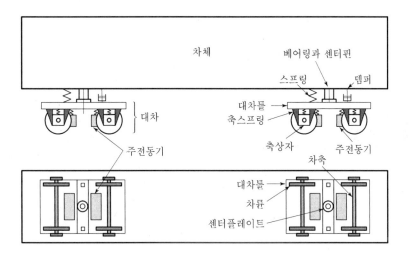

그림 1-15 보기 대차와 차체

2장

전 차 선

2-1 지지물

전기차(電氣車)에 운전용 전력을 공급하기 위하여 궤도(軌道)에 연하여 설치된 선로를 전차선(電車線)이라 한다. 그 종류에는 일반적으로 사용되고 있는 가공 전차선 방식(overhead contact wire system)과 주로 지하철과 같은 전용궤도를 사용하는 제3궤조식(third-rail system) 등이 있다. 가공 전차선을 지지하기 위하여 전주에 취부한 외팔보를 **브래킷**(bracket)이라고 하며, 두 전주 사이에 가로로 건너지른 보를 **빔**(beam)이라 한다. 사용목적에 따라 브래킷은 고정 브래킷과 가동 브래킷이 있고, 빔은 고정식과 스팬선식의 2종류가 있다.

1 브래킷 (bracket)

① 고정 브래킷(fixed bracket) : 강재(鋼材)를 한 개 또는 두 개를 합쳐서 전주에 한쪽으로만 지지하여 설치한 것

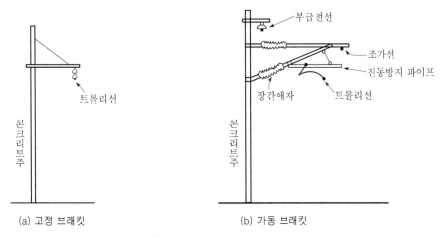

(a) 고정 브래킷   (b) 가동 브래킷

그림 2-1   브래킷

② **가동 브래킷**(hinged bracket) : 현재 교류, 직류전철에 있어 역 중간의 전차선 지지
물로서 널리 사용되고 있다. 가동 브래킷의 구조는 주파이프, 지지 파이프 및 이에 부속
하는 곡선당김, 진동방지장치 등 여러 가지로 구성되어 장간애자로 절연하다.

② 빔 (beam)

① **고정 빔**(fixed beam) : 고정 빔에는 그림 2-2와 같이 강재(鋼材)를 트러스 구조로 조
립하여 두 개의 전주(電柱)에 문 모양으로 설치한 **트러스 빔**(truss beam)과 강재를 한
개 또는 두 개를 합쳐서 양측의 전주에 고정시킨 **크로스 빔**(cross-span beam)이 있다.

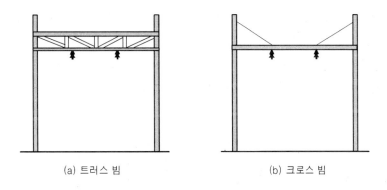

(a) 트러스 빔   (b) 크로스 빔

그림 2-2   고정 빔

② 스팬선 빔(cross-span wire suspension beam) : 궤도의 양측 선로와 직각으로 가설된 스팬선에 의하여 구성된 빔이며, 일반적으로 시가지의 노면전차에 사용된다. 스팬선 빔의 종류에는 단 스팬선식, 커티너리 스팬선식, 헤드 스팬선식이 있다.

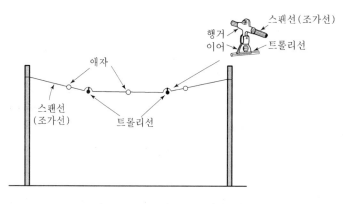

그림 2-3 스팬선 빔

2-2 전차선 (trolley wire)

전차선(trolley wire)은 레일면상 일정한 높이로 가선되고 전기차의 집전장치(集電裝置)와 접촉하여 전동기에 전력을 공급하는 가공전선(架空電線)을 말하며, 전기차의 트롤리(trolley)에 접촉하는 전선이라는 의미로 **트롤리 선**(trolley wire)이라고 부르기도 한다. 전차선에는 홈경동선을 사용하고, 조가선에는 아연도강연선을 사용한다. 전차선의 단면적은 85 [mm^2], 110 [mm^2] 및 170 [mm^2] 등이 있으며, 형상에는 원형, 홈원형, 홈제형, 홈이형 등이 있으나 홈원형을 많이 사용하고 있다.

전차선의 높이는 5,200 [mm]를 표준으로 하고, 최고 5,400 [mm], 최저 5,100 [mm]로 한다. 신설시에는 레일의 상승을 고려하여 5,400 [mm]를 표준으로 한다.

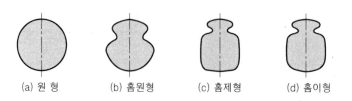

(a) 원 형   (b) 홈원형   (c) 홈제형   (d) 홈이형

그림 2-4 전차선의 종류

전기차가 주행하는 중에 트롤리선 또는 도전레일(conductor rail)과 집전장치와의 접촉이 이탈할 수가 있다. 이것을 **이선**(loss contact)이라고 하며, 이선의 정도를 나타내는 데에는 **이선율**이라는 것을 쓴다.

$$이선율 \ = \ \frac{이선시간}{실운전시간} \times 100 \ [\%] \qquad\qquad (2\cdot1)$$

보통 이선율은 3 [%] 이내로 하는 것이 이상적이지만, 이것이 커지면 가공선과 팬터그래프의 습동판(contact strip) 또는 슬라이더(slider)와의 사이에 아크(arc)나 불꽃(spark)이 생겨 전기적 마모 및 손상을 일으키게 된다.

한편, 팬터그래프의 압상력(押上力)을 크게 하면 이선율은 감소하나 기계적 마모가 심해지므로 일반적으로 압상력은 5~10 [kg]의 범위로 하고 있다.

2-3 전차선의 가선방식

전차선로는 항상 양호한 상태로 전기차의 집전장치(팬터그래프)와 접촉되어야 하므로 운전속도, 운전밀도, 수송조건, 전기방식, 보수방식과 주위여건 및 기후조건 등에 따라 선로에 가장 적합한 구조로 가선되어야 하는 중요한 설비이다. 전차선(trolley wire)을 지지하는 방법을 **가선방식**이라고 하며 전기를 급전하는 방식에 따라 가공식, 강체식, 제3궤조식으로 분류하고 있으며, 가선하고자 하는 선로의 조건 등에 따라 조가방식으로는 직접조가식, 커티너리 (cartenary) 조가식, 강체조가식 등으로 분류한다.

1 가공식 (over head system)

(1) 가공 단선식

궤도의 상부에 설치된 가공 접촉선(contact wire)으로부터 집전장치에 의하여 공급받은 전류를, 주행 레일을 귀선으로 하여 변전소에 돌려 보내는 방식으로 가장 대표적인 방식이다.

직류 급전 방식의 경우에는 귀선의 레일로부터 대지에 누설되는 전류에 의한 전식(electric corrosion)이 문제가 되므로 지중 매설물이 있는 경우에는 대책이 필요하다. 그리고 교류 급전 방식의 경우에는 통신선에 대한 유도장해가 있으므로 이에 대한 대책이 필요하다.

(2) 가공 복선식

상호 절연된 정·부 2조의 가공 접촉선을 가설하고, 한쪽의 전선으로부터 전기차에 전기를 공급하여 다른 쪽의 전선을 통하여 변전소로 돌려보내는 방식이다.

이 방식은 구조가 복잡하기 때문에 건설비가 많이 들고, 절연 문제로 전압을 높게 할 수 없으므로 무궤도 전차(전차 버스)에 사용되고 있는 정도이다.

② 강체식 (rigid system)

(1) 강체 단선식 (single rigid system)

강체(鋼體) 전차선은 전차선을 강체에 완전하게 일체화시켜서 고정한 것으로 터널 등의 천장에 애자로 절연하고, 알루미늄 합금 또는 도전강(導電鋼)으로 된 T형의 도체를 설치하여 그 하면에 이어(ear)[1] 등으로 강체 전차선을 조가하는 방식이다. 일반적으로 커티너리 (cartenary) 조가식의 가공 전차선을 지하 구간에 채용하는 것은 제한된 공간으로 인하여 이격거리 확보 및 단선에 따른 안전상 문제와 보수 작업이 곤란하다는 것과 터널 단면이 대폭적으로 확대되기 때문에 건설비가 과다하게 소요되는 등의 문제점이 있다. 그러므로 초기에는 이러한 것을 보완하기 위하여 제3궤조 방식을 사용하였으나 도시 지하철 구간에 적합하고 단선의 우려가 없는 새로운 지하 구간용의 가공 전차선 방식으로 개발된 것이 강체 레일을 가공으로 하는 강체 전차선 조가 방식이 출현하게 되었고, 세계 각국의 지하 구간의 전차 선로 가선 방식으로 널리 사용하게 되었다.

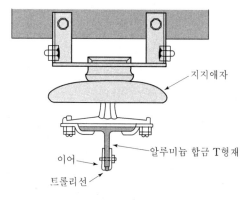

지지애자

알루미늄 합금 T형재

이어

트롤리선

그림 2-5 강체식

---

1) 이어(ear) : 트롤리선을 붙잡아 지지하는 금구(金具)를 말하며, hanger ear, feed ear, double ear, curve ear, anchor ear 등이 있다.

(2) 강체 복선식 (double rigid system)

모노레일(mono rail) 등에 사용되고 있는 것으로 주행 궤도 구조물에 강체 구조로 한 급전용 및 귀선용의 정·부 도전 레일을 설비한 방식이다.

③ 제 3 궤조식 (third rail system)

비교적 저전압 대전류가 되면 트롤리선으로는 전력공급이 불가능하게 된다. 또한 지하철의 운전간격이 짧고 터널내의 높이의 제한을 받는 곳에는 가공 트롤리선을 채용할 수 없으므로 제 3 궤조식(third rail system)이 사용된다. 제3궤조식은 주행용 레일 외에 궤도의 측면에 설치된 급전용 레일로부터 전기차에 전기를 공급하고, 주행 레일을 귀선으로 사용하는 방식이다. 이 방식은 지지 구조가 간단하고, 가공 설비가 필요하지 않기 때문에 터널 단면을 작게 할 수 있는 이점이 있고, 종래의 지하철의 일반적인 방식이지만 감전의 위험 등 때문에 전압을 높게 할 수 없다.

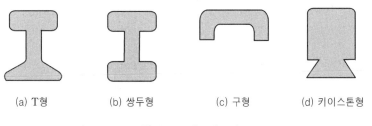

(a) T형　　　(b) 쌍두형　　　(c) 구형　　　(d) 키이스톤형

그림 2-6　제 3 궤조식

2-4　전차선의 조가방식

가선하고자 하는 선로의 조건 등에 따라 조가방식으로는 직접조가식, 커티너리(cartenary) 조가식, 강체조가식 등으로 분류한다.

① 직접 조가식 (direct suspension system)

조가선[2]을 설치하지 않고 가로로 건너지른 스팬선(span wire) 등에 의하여 트롤리선을 직

---

2) 조가선(吊架線) : 전기차의 팬터그래프와 접촉하여 전기를 공급하는 전차선을 드롭퍼(dropper) 및 행거(hanger)로서 조가하기 위하여 쓰여지는 전선을 말한다.

접지지하는 가선방식이다. 이 방식은 건설비는 저렴하나 전차선의 장력을 일정한도 이상으로 크게 하는 것이 기술상 곤란하기 때문에 트롤리선의 고저차가 크므로 고속운전 구간의 가선방식 으로서는 부적당하다. 시가지의 노면전차 등에 사용되었으며, 전기차의 허용속도는 45 [km/h] 이하로 제한되어 있다.

② 커티너리 조가식 (catenary suspension system)

현수선을 설치하여 행거(hanger) 등으로 일정한 간격마다 트롤리선을 붙들어 두는 방식이 며, 가선(架線)의 구조는 복잡하지만, 직접 조가식에 비하여 트롤리선의 높이가 균일하며, 성 능이 우수하므로 고속운전에 적합하고, 다음과 같은 여러 가지 구조가 있다.

① **단식 커티너리**(simple catenary) : 1조의 현수선에서 트롤리선 1조를 붙잡아 두는 구 조이며, 구조가 매우 간단하여 널리 이용된다.

② **복식 커티너리**(compound catenary) : 현수선에서 드로퍼(dropper)로 붙잡아 둔 보 조현수선에 의하여 트롤리선을 붙잡아 두는 구조이며, 고속용, 대용량의 경우에 사용 된다.

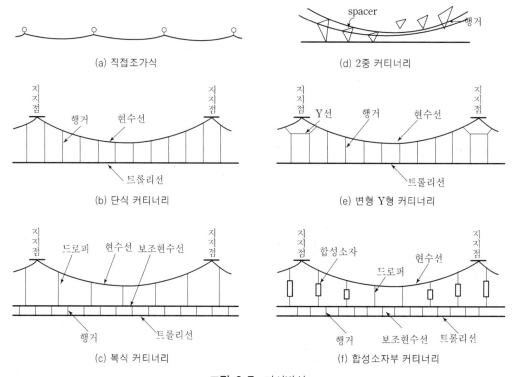

(a) 직접조가식

(d) 2중 커티너리

(b) 단식 커티너리

(e) 변형 Y형 커티너리

(c) 복식 커티너리

(f) 합성소자부 커티너리

그림 2-7 가선방식

③ **2중 커티너리**(double catenary) : 2조의 현수선을 사용하여 1조의 트롤리선을 V형으로 붙잡아 두는 구조이며, V형 커티너리라고도 한다. 장경간의 개소 등에서 풍압으로 인한 편위를 받는 경우에 사용된다.

④ **변형 Y형 커티너리**(stitched catenary) : 현수선의 지지점 전후에 Y선(stitched wire)이라 하는 보조적인 현수용 전선을 설치한 구조이며, 가선의 탄성을 균일화하기 위한 방식이고 고속용(130 [km/h] 이상)에 적합하도록 개선한 것이다.

⑤ **합성소자부 커티너리**(composite type catenary) : 커티너리 조가식의 드로퍼 (droper) 또는 행거(hanger)에 합성소자를 삽입한 구조이다. 합성소자는 스프링과 공기댐퍼를 조합시켜 현수선에서 트롤리선 또는 보조현수선을 붙잡아 둔다. 고속도·대용량용에 이용된다.

2-5 구분장치

사고시 또는 보수작업시에 전차선을 국부적으로 구분하여 정전시키기 위한 절연장치를 **구분장치** 또는 **섹션**(section)이라고 한다. 이 구분장치는 전기차의 통과를 방해하지 않고 원활하게 집전이 되고 더욱 절연성이 좋아야 한다. 이 중 전차선의 일부를 중복평행시켜서 평행부분에서 전차선 상호간의 공간을 절연으로 이용하는 구분장치를 **에어 섹션**(air section)이라고 하며, 주로 본선의 절연구분으로 역 중간에 설치되어 있다.

그 밖에 절연물로서 애자를 사용한 것으로 애자의 양단에 전차선을 인류하고 애자의 양측 슬라이더에 의해 팬터그래프의 습동을 원활히 하는 **애자 섹션**(section insulator)과 위상 혹은 전압이 서로 다른 전차선을 전기적으로 절연하기 위한 구분장치를 **사구분 장치** 또는 **데드 섹션** (dead section)이라고 하는 것이 있다.

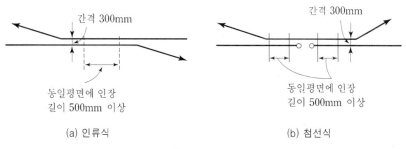

(a) 인류식   (b) 첨선식

그림 2-8 에어 섹션

2-6 ￦ 자동장력 조정장치

트롤리선·현수선은 기온에 의하여 장력(張力)이 변하고, 이로 인하여 단선이나 늘어짐 (slackening)이 일어날 수 있다. 그러므로 장력을 일정하게 유지하고 집전상태를 양호하게 하기 위하여 **자동장력 조정장치**(automatic tensioning device)를 사용한다. 자동장력 조정장 치에는 **중수식**(重垂式), **스프링식** 및 **유압식**이 있으며, 중수식에는 **활차식**과 **레버식**이 있다.

스프링식은 트롤리선에 스프링을 직접 설치하여 스프링의 신축에 의하여 자동조정하는 것이 며, 유압식은 실린더내에 밀폐된 기름이 기온에 의하여 팽창·수축할 때에 발생하는 유압으로 피스톤 작용에 의해 자동조정하는 것이다.

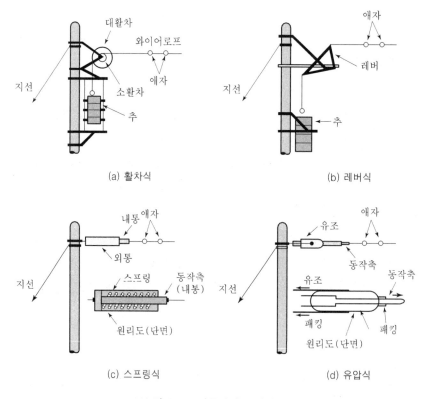

(a) 활차식

(b) 레버식

(c) 스프링식

(d) 유압식

그림 2-9 자동장력 조정장치

2-7　집전장치

1️⃣ 전력 공급 방식

발전소 또는 변전소로부터 전력을 공급할 경우, 철도의 종류·구조·조건 등에 의해 각종 방식이 채용되고 있다. 또 그것에 맞도록 전기차의 집전장치도 여러 종류가 사용된다.

가장 많이 사용되는 것은 가선식이며, 일반적으로 레일(rail)을 귀선(return wire)으로 하는 가공단선식이지만, 무궤도 전차와 같은 것에는 가공 복선식으로 하여 트롤리 봉(trolley pole), 뷔겔(bügel) 등의 집전장치가 사용된다. 고속도·고전압이 되면 가선구조가 복잡하게 되어 커티너리 조가식을 채용하여 팬터그래프(pantograph)로부터 집전한다.

지하철도와 터널내에서는 가선식보다 오히려 도전레일(conductor rail)을 사용하는 편이 좋은 경우가 많다. 도전레일은 고전압에는 부적합하기 때문에 저압식에 많이 이용되고 있다. 여기에도 귀선에 레일을 사용하는 제3궤조식과 양극 모두 도전레일을 사용하는 제4궤조식이 있으며, 집전장치로는 집전화(current collective shoe)가 사용된다.

2️⃣ 팬터그래프 (pantograph)

팬터그래프(pantograph)는 가공선식으로 고속·대용량의 전차와 전기기관차에 사용된다. 팬터그래프의 구조의 일례는 그림 2-10에 나타낸 것과 같이 얇은 강판 또는 듀랄루민판 등으로 만들어진 활모양의 습동판 지지부를 접을 수 있는 관절형 틀의 상부에 부착하고, 거기에 내마모성·통전성·활성이 우수한 동, 철, 탄소 등의 소결합금으로 만들어진 습동판을 설치하여

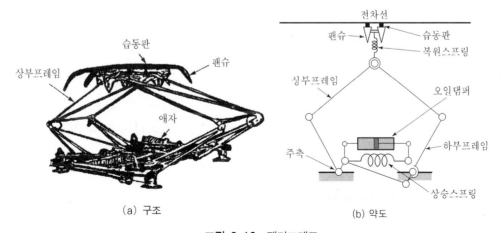

(a) 구조　　　　　　　　(b) 약도

그림 2-10　팬터그래프

스프링 또는 압축공기의 힘에 의해 전차선에 5~10 [kg] 정도의 압력으로 접촉을 유지하며 습동시켜 집전한다. 동작방식에 따라 공기상승 자중하강식, 공기상승 스프링 하강식 및 스프링 상승 공기하강식이 있으며, 최근 유럽에는 전기 모터(motor)식을 채용한 예도 있다. 우리나라와 같이 겨울철 기온이 낮고 적설량이 많은 곳에서는 공기상승 스프링하강식을 적용하는 것이 일반적이다.

❸ 트롤리 봉 (trolley pole)

트롤리 봉은 단선 혹은 복선식의 저속 소용량의 시내전차와 무궤도전차에 사용되며, 구조는 단순하여 스프링장치를 갖는 트롤리스탠드, 강관 폴, 트롤리 하프 및 강철제의 트롤리 호일로 이루어져 있다. 무궤도전차에는 폴 이탈방지의 관점에서 트롤리 휠 대신에 그림 2-11(a)와 같은 습동식이 채용된다. 그외 부속장치로서 가공선의 고저에 따라 폴을 서서히 신축시키기도 하고, 이선(離線)의 경우 자동적으로 폴을 정지시키는 트롤리 캐쳐(catcher) 또는 자동적으로 잡아내리는 트롤리 리트리버(retriever) 등이 있다.

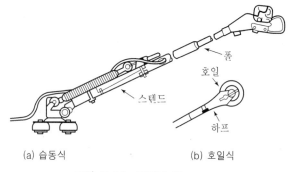

(a) 습동식   (b) 호일식

그림 2-11 트롤리 봉

❹ 뷔겔 (bügel)

활 모양으로 된 집전장치이며 상부에 트롤리선과 접촉하는 습동판 또는 접촉면을 부착한 것이며, 하부에 스프링장치로 되어 있다. 접촉압력은 5~7 [kg] 정도이다. 트롤리선에서 빗겨나가는 일도 없고 방향을 전환할 때에도 편리하므로 노면전차에 트롤리 봉을 대신하여 널리 이용되고 있다.

❺ 집전화 (current collective shoe)

제3궤조방식의 집전장치로 이용되는 것이며, 주철·주강으로 된 습동판이 대차의 하면에 부

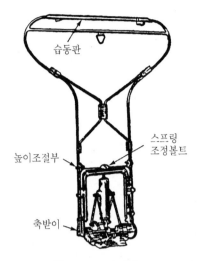

그림 2-12 뷔겔의 구조

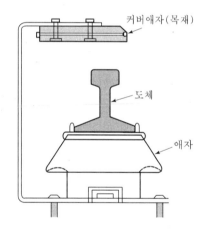

그림 2-13 제3궤조의 구조

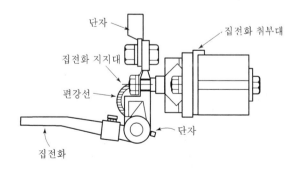

그림 2-14 집전화(상면접촉식)의 구조

착되어 10~20[kg] 정도의 접촉압력으로 습동하는 것이다. 접촉의 상태에 의하여 상면접촉식 · 하면접촉식 · 측면접촉식이 있다.

2-8 귀선과 본드

1 귀 선

전기차를 통한 전기는 레일을 통하여 변전소로 되돌아가며 이 회로를 **귀선**(return wire)이라 부르고 있다. 가공 단선식 전차선로에서는 주행 레일을 전기차 전류의 귀선으로 이용하고 있으므로 이를 **귀선레일**(return circuit rail)이라 한다.

2 레일본드

전기철도에서는 레일이 전동차나 전기기관차의 귀로(歸路)가 된다. 따라서 레일의 저항을 될 수 있는 한 작게 하는 것이 바람직하다. 그러나 주행레일은 강도에 중점을 두고 있으므로 저항률이 높아서 0.03~0.05[Ω/km]이지만, 그 이음매에서는 레일접합의 충격 등으로 전기저항이 크게 되어 그대로 대전류를 흘리면 전압강하가 클 뿐만 아니라 대지에 많은 누설전류가 흘러서 매설금속체에 전식(電蝕)의 피해를 미칠 염려가 있다. 이 때문에 이러한 접합부분의 전기저항을 적게 하기 위하여 **레일본드**(rail bond)라는 도체로 접합간을 접속한다. 본드로는 85[mm²]~190[mm²]의 동(銅)연선이 사용되며, 설치방법으로는 용접에 의하여 설치하는 **용접본드**와 레일에 미리 뚫어진 구멍에 본드의 단자를 압입하여 설치하는 **압축본드**가 있다.

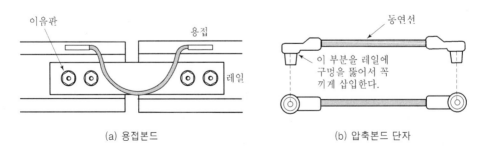

(a) 용접본드　　　　　(b) 압축본드 단자

그림 2-15 레일본드

3 보조귀선

직류 전차선로에서 귀선로의 전기저항이 크면 귀선전류에 의한 전압강하가 크게 되며, 따라서 레일의 전위가 상승하고 레일에서 대지로 전류가 누설된다. 이로 인하여 전식현상이 일어나기도 하며 통신선에 유도장해를 준다. 그래서 이를 방지하기 위하여 여러 가지 시설이 설치되고 있다.

직류 전차선로에서 전압강하 및 레일의 전위상승이 현저한 경우 귀선의 저항을 감소시킬 목적으로 전선을 귀선레일과 병렬로 시설하여 귀선전류의 일부를 분류(分流)시킨다. 그리고 상호간을 적당한 간격마다 균압선(均壓線)으로 연결한다. 이러한 전선을 **보조귀선**(auxiliary return wire)이라 한다. 이 보조귀선에 의하여 귀선전류를 감소시키고, 레일전위 및 누설전류를 감소시켜서 전식을 경감시킬 수가 있다.

교류 전차선로에서는 통신선의 유도장해를 경감시키기 위하여 귀선레일과 병렬로 가설된 가공전선을 부급전선(또는 부궤전선)이라 한다. 귀선전류를 평형시켜 귀선의 종합저항을 감소시킬 뿐 아니라 좌우 양측의 레일 사이를 전기적으로 접속하는 도체를 **크로스 본드**(cross bond)라 한다.

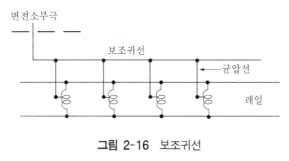

그림 2-16 보조귀선

2-9 전식과 방지법

1 전식 (electrolytic corrosion)

가공 단선식 전기철도에서는 귀선으로 레일을 사용하므로, 귀선에서 대지(大地)로 누설되는 누설전류는 지중에 있는 금속체로 흘러들어 간다. 특히 선로에 평행하여 거리가 긴 것은 높은 전위차를 받으므로 큰 전류가 흐르게 된다.

지중 매설 금속체로부터 대지로 전류가 유출하는 부분에서는, 금속은 양이온으로 되어 전기분해작용을 일으키고 있으므로 시간을 통해서 보면 이 부분이 격렬하게 부식하게 된다. 이러한 현상을 **전식**(電蝕)이라 한다.

1[A]의 전류를 1년간 흘렸을 때, 전식의 양은 패러데이(Faraday's law)의 법칙[3]을 이용하여 실험한 결과는 다음과 같다.

철[산화 제1철] ························· 6.08 [kg]

철[산화 제2철(Fe_2O_3)] ·········· 9.12 [kg]

납[Pb] ······························· 33.79 [kg]

전식의 양 M은 이론적으로 패러데이의 법칙에 의존하는 것이며, 전기화학당량 Z, 전류치 i, 통전시간 t에 비례하는 것으로

$$M = Zit \ [g]$$

로 된다.

이상은 양극부근에서 일어나는 양극부식이고, 매우 드물긴 하지만 음극부근에서도 음극부식이 일어날 수가 있다. 이것은 전류의 유출입에 의한 것이 아니고 유출입에 의하여 집적된 알칼리의 2차작용에 의한 것이며, 알칼리에 녹기 쉬운 납 등이 부식된다.

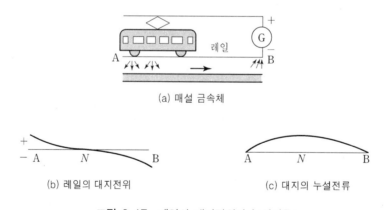

(a) 매설 금속체

(b) 레일의 대지전위

(c) 대지의 누설전류

그림 2-17 레일의 대지전위와 누설전류

---

3) 패러데이의 법칙(Faraday's law)

① 전해에 관한 법칙 : 전해질에 전류가 흐를 때 분해되는 물질의 양은 통과된 전기의 총량에 비례하고 또 그 물질의 화학당량에 비례한다.

② 전자유도에 관한 법칙 : 전자유도에 의해 도체에 유도되는 기전력은 도체가 1초간에 쇄교하는 자력선의 총수에 비례한다.

예제 1

지중매설(地中埋設) 아연판에 평균전류 1[mA]를 1년간 흘렸을 때 전해양은 몇 [g]인가?
단, 아연의 전기화학당량은 0.3388[mg/C]이다.

풀이 $M = Zit$에서

$$M = 0.3388 \times 10^{-3} \times 1 \times 10^{-3} \times 365 \times 24 \times 60 \times 60 = 10.68\,[\text{g}]$$

예제 2

세로 50[cm], 가로 30[cm], 두께 3[mm]의 아연판을 저전위금속으로써 지중에 매설하고
전식을 방지하고자 한다. 사용 가능연수는 대략 얼마나 되겠는가? 단, 전류효율은 0.5, 아연의
비중은 7.14, 아연의 전기 화학당량은 0.3388[mg/C], 유출전류의 평균값은 25[mA]로 한다.

풀이   아연판의 중량은 $50 \times 30 \times 0.3 \times 7.14 = 3,213\,[\text{g}]$이며 **예제 1**의 Zn에서 1[mA]에 의
한 1년 간의 전해량의 이론값은 10.68[g]이므로 25[mA]로서는

$$10.68 \times 25 = 267\,[\text{g}]$$

이 된다. 그리고

$$\text{전류효율} = \frac{\text{단위 전기량으로 석출된 양의 이론값}}{\text{단위 전기량으로 석출되는 실제량의 값}} = 0.5$$

이므로, 25[mA]에 의해 석출되는 실제의 값은 $\dfrac{267 \times 1}{0.5} = 534\,[\text{g}]$

따라서, 사용가능년수는

$$3,213 \div 534 = 6\text{년}$$

② 전식방지법

전식을 방지 또는 경감하는 데는 누설전류를 적게 하는 것이 요망되며, 이를 위한 시설로는
전철측에서 행하는 방법과 매설금속체측에서 행하는 방법이 있다. 교류 전기철도에서는 거의
전식이 없으므로 문제가 되지 않으나 직류 전기철도에서는 문제가 된다.

(1) 전기철도측에서의 방법

① **전차선(트롤리선) 전압을 승압할 것** : 승압에 의하여 운전전류를 적게 한다. 따라서 누
   설전류를 줄일 수 있다.

② **변전소 간격을 단축할 것** : 거리를 단축하는 것에 의하여 급전구역이 축소되어 누설전류를 적게 할 수 있다.

③ **귀선로의 저항을 적게 할 것** : 이를 위하여 길고 굵은 레일을 이용하고, 레일본드의 보수를 좋게 하며, 크로스 본드의 증설, 보조귀선·부급전선의 시설 혹은 해수(海水)를 귀선로로 사용하는 등에 의하여 레일전위를 낮게 할 수 있다. 선로가 바다에 가까운 경우에는 레일을 바다에 접지함으로써 저저항의 귀선회로가 얻어진다. 이를 **해수귀로**(海水歸路)라 한다.

④ **도상의 절연저항을 크게 할 것** : 도상(道床)의 배수를 좋게 하고, 절연성이 좋은 침목 및 절연성의 층을 이용하는 등 보수를 좋게 하여 누설저항의 증대를 도모한다.

이 밖에도 귀선의 극성을 격일마다 전환하여 전식개소를 분산시키는 등의 방법이 있다.

(2) 매설 금속체측에서의 방법

금속체를 매설하는 루트(root)의 선정에 있어서는 부식될 염려가 적은 곳을 택하는 이외에 배류접속의 시설, 혹은 매설 금속체에 절연성의 접속 부분을 설치하여 금속체관로의 전류를 차단하는 방법, 매설 금속체를 절연물로 피복함으로써 전류의 유입을 감소시키는 방법, 매설 금속체에 아연 또는 마그네슘 등의 저전위의 금속을 접속하여 이로부터 전류를 유출시키는 방법이 있다. 혹은 지하케이블에 방식케이블을 이용한다.

배류회로에는 다음 세 가지 방법이 있다.

① **직접 배류법** : 매설금속체와 변전소 부극(負極) 또는 귀선과를 직접 도체로써 접속하여 배류하는 방법이며, 매설금속체의 전위가 대지 및 레일의 전위보다 높은 경우, 즉 전철측에서 매설금속체로 역류가 없는 경우에 사용된다. 이 방법은 간단하고 설비비는 싸지만 실시하는 경우는 드물다.

② **선택 배류법** : 역류를 방지하는 장치를 사용하는 방법이며, 직접배류의 경우 부하의 변동, 변전소의 운전상황의 변화 등 때문에 역류가 흐를 수 있으며, 오히려 다른 부분에 전식을 줄 염려가 있다. 이러한 역류를 저지하기 위하여 배류선에 정류기 또는 역전압계전기를 설치한다.

③ **강제 배류법** : 매설금속체와 귀선을 연결하는 회로에 직류전원을 넣어서 배류를 촉진시키는 방법이다.

3장

주전동기의 구동 및 제어

3-1 주전동기

1 주전동기의 구비조건

전기차량을 이동시키는 전동기는 대체로 주전동기라고 불리며, 다음과 같은 조건을 구비한 것이 사용된다.

(1) 성능면에서의 조건

① 넓은 속도범위에서 고능률로 사용할 수 있는 것

② 속도제어를 용이하게 할 수 있는 것

③ 기동시 또는 오름구배에서 큰 인장력을 낼 수 있는 것

④ 병렬운전시의 부하의 불평형이 적은 것

⑤ 전원전압의 급변에 대해 견디는 것

(2) 구조면에서의 조건

① 설치장소가 제한되므로 소형·경량일 것

② 보통 대차에 장치되고, 빗물 및 먼지에 의한 오손이 심하므로 방수·방진이 완전할 것

③ 대차 스프링 밑에 장치할 경우에는 10 [g], 스프링 위에 있는 것이라도 3 [g] 정도의 순간 진동 가속도를 받으므로 이에 견딜 것

④ 점검 및 착탈에 편리할 것

따라서 주전동기는 저속도에서 큰 토크를 내며, 속도가 상승함에 따라 토크가 감소하는 직권 특성이 좋다. 그러므로 종래에는 직류직권전동기가 전철용 전동기의 주종을 이루고 있었다.

그러나 최근 10수년간에는 상용주파수에 의한 교류 전화방식이 활발히 채용되고 있지만, 이 경우에도 역시 정류기에 의해서 맥류화한 전류를 사용해서 직권 특성의 **맥류전동기**(ripple current motor)를 사용하고 있다. 또 3상 교류식의 유도전동기를 채용하고 있는 곳도 있으나 이 때는 두 개의 가선이 필요하므로(2상은 가공선으로 나머지 1상은 레일을 사용), 가공선이나 팬터그래프가 복잡해지므로 현재는 스위스의 등산 전차에 사용되는 정도이다.

따라서 전철용 전동기로는 직류전동기와 맥류전동기가 주로 사용된다. 주전동기의 동력은 직접 차륜과 연결하지 않고 기어(치차)를 이용해서 전동기의 회전수를 높여 소형 경량화하고 있다. 이와 같은 이유로 최근에는 4,000 [rpm] 이상의 주전동기도 사용될 뿐만 아니라 전기 재료의 진보에 따라 전동기 1 [kW]당 중량이 5 [kg] 이하로까지 경량화되고 있다. 전기차는 상면적(床面積)을 활용하기 위하여 전동기를 상하(床下)의 대차에 장치하는 방식이 주류를 이루고 있으므로, 방진·방수·방설 등에 유익한 자기 통풍형을 채용하고, 흡기구에는 필터(filter)를 달아 먼지나 물 또는 얼음 등의 침입을 방지하고 있으나 주전동기를 설계할 때는 미리 온도상승을 충분히 고려해서 그 용량을 결정할 필요가 있다.

② 주전동기의 특성

(1) 직류 직권전동기

직권전동기의 주회로는 그림 3-1과 같고 다음식이 성립한다.

$$V = E + I(r_a + r_f + R) \tag{3-1}$$

또

$$E = k_1 n \Phi \tag{3-2}$$

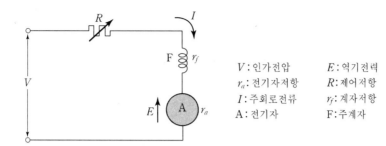

V : 인가전압 E : 역기전력
r_a : 전기자저항 R : 제어저항
I : 주회로전류 r_f : 계자저항
A : 전기자   F : 주계자

그림 3-1 직류직권전동기의 주회로

단, n : 전기자회전수

　　　Φ : 매극 자속

따라서

$$V = k_1 n \Phi + I(r_a + r_f + R)$$

직류전동기이므로,

$$\Phi = k_2 I \ (\text{철심이 포화하지 않는 범위에서})$$

$$\therefore \ V = k_3 n I + I(r_a + r_f + R)$$

$$= I(k_3 n + r_a + r_f + R)$$

따라서 전동기의 토크 T 는

$$T = k_4 I \Phi = k_5 I^2 \tag{3-3}$$

또는

$$n = \frac{V - I(r_a + r_f + R)}{k_3 I}$$

$$= \frac{V}{k_3 I} - \frac{1}{k_3}(r_a + r_f + R) \tag{3-4}$$

전기차의 인장력은 T 에 대해서 전기자와 계자권선의 저항손, 브러시의 전기손, 기계손(베어링손, 풍손) 등을 고려한 효율(보통 $85 \sim 96\,[\%]$)을 곱한 것이므로

$$T = \eta k_5 I^2 = k_6 I^2 \tag{3-5}$$

이 관계를 나타내면 그림 3-2와 같다.

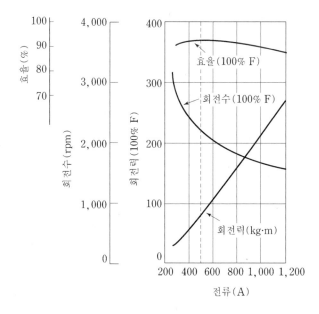

그림 3-2 직류 주전동기의 특성곡선

(2) 맥류전동기

교류 전기차에서는 그림 3-3과 같이 가공선의 상용주파전압을 정류기로 정류해서 평활 리액터나 필터로 직류에 가깝게 하지만, 전원이 단상이기 때문에 전동기 전류를 직류에 가깝게 하면 교류측이 직사각형파에 가까워져 파형이 나빠지고, 전원에 악영향을 주며, 그 고주파에 의해서 인근통신선에 유도장해를 일으킨다. 한편, 전동기 전류에 고주파를 많이 남겨두면 자극에 교류가 흘러 정류가 나빠지고, 과전류 때문에 철손과 동손이 증가한다. 이 때문에 이 두 가지를 적당히 혼합한 맥류전동기(脈流電動機)가 사용된다. 그 파형은 그림 3-4와 같고, 맥류율은 다음 식과 같이 표시된다.

$$맥류율 = \frac{I_{\max} - I_{\min}}{I_{\max} + I_{\min}} \times 100 \quad [\%] \tag{3-6}$$

맥류전동기가 직류전동기와 다른 점은 다음과 같다.

① 맥류를 줄이기 위해서 주회로에 평활 리액터나 필터를 넣는다.
② 주계자의 맥동을 줄이기 위해서 회로에 무유도 분로를 구성한다.
③ 계자철심과 자기 프레임(frame)의 일부를 성층하여 와전류손을 줄인다.

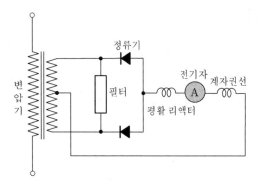

그림 3-3 정류기식 교류전기차 주회로방식

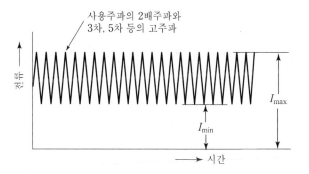

그림 3-4 맥류파형

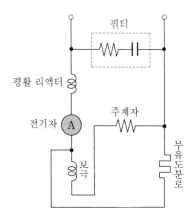

그림 3-5 맥류전동기의 주회로

❸ 주전동기의 정격

전철용 전동기의 정격은 사용목적에 따라 1시간정격과 연속정격이 있다. 일반적으로 가감속의 반복이 빈번한 단속부하가 걸리는 통근전차와 같은 경우에는 **1시간정격**을 사용하고, 장거리용의 연속부하가 걸리는 전차에는 **연속정격**을 사용한다.

정격산정의 목표로서는

① 전 구간을 통한 2승평균평방근(2乘平均平方根)전류가 연속정격이내일 것
② 소정의 조건에서 가장 급한 구배에서도 기동이 가능할 것
③ 운전계획상의 최고속도에 있어서도 어느 정도의 가속도(0.5 [km/h/s])의 여유를 갖고 있을 것

등을 들 수 있으나 설계할 때 선구(線區)를 실제 운전했을 경우에 흐르는 운전전류를 전선(全線)에 걸쳐서 시뮬레이션 등에 의해 전류의 실효값을 산출해서 온도상승의 한도를 넘지않도록 해야 한다.

3-2 구동장치

주전동기의 토크를 차륜에 전달하는 장치를 구동장치 또는 동력전달장치라고 하며, 구동장치는 소용량의 주전동기를 각 윤축(輪軸)마다 분산배치하여 토크를 전달하는 **단독축 구동방식**과 1~2개의 대용량의 주전동기를 사용하여 연결봉으로 동시에 2개 이상의 윤축으로 전달하는 **연축 구동방식**으로 구분할 수 있다.

단독축 구동방식은 전기기관차, 전차의 구동장치로써 종래부터 많이 사용되어온 방식이다. 최근에는 플렉시블 커플링(flexible coupling)에 의해서 토크를 전달하는 **대차 장하방식**(truck suspended system)을 채용하여 차륜으로부터 오는 진동이나 충격을 적게 하고 있다.

대차 장하방식에는 **카르단방식**(cardan system)과 **퀴일방식**(quill system) 등이 있다.

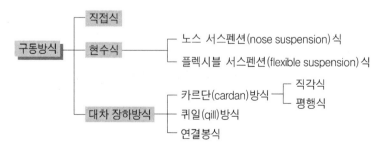

❶ 카르단 방식

　주전동기와 윤축(輪軸) 사이에 플렉시블 조인트를 이용하여 토크를 탄성적으로 전달할 수
있는 구동방식을 카르단(cardan)방식이라고 한다. 카르단방식에는 전달축을 길게 할 수 있는

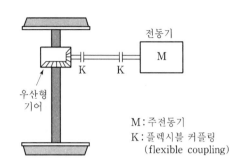

(a) 직각 카르단방식

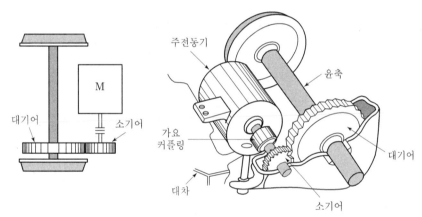

(b) WN방식 (평행식)

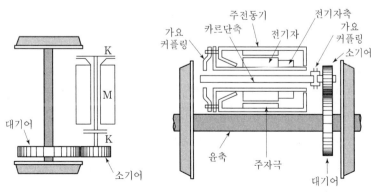

(b) 중공축 전동기방식 (평행식)

그림 3-6 카르단방식

직각식과 전달축을 길게 할 수 없는 평행식이 있으며, 광궤(broad gauge)일 경우에는 **WN방식**을 채용하여 플렉시블 커플링을 사용할 수 있으나, 협궤(narrow gauge)일 경우에는 그만한 여유도 없으므로 **중공축 전동기방식**으로 하여 계수(繼手)의 길이를 연장한다.

② 퀴일 방식

퀴일(quill) 방식은 대기어를 축상자로 대차에 고정하여 중공축에 붙이고 차륜과 대기어와는 사이는 스파이더(spider)와 스프링으로 상대운동을 할 수 있도록 한 것이다.

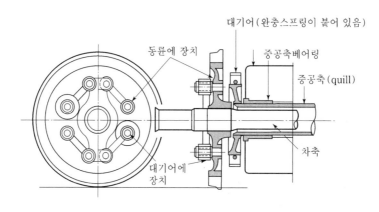

그림 3-7 퀴일 방식

3-3 교류 전기차의 특징

교류 전기차의 이점으로는 구체적으로 다음과 같은 점을 들 수 있다.

(1) 고속운전에 있어서 집전(集電)이 용이하다

직류식 고속운전에서 가공 전차선(트롤리선)의 전류가 커질수록 팬터그래프가 전차선에서 이선되지 않도록 하여야 한다. 이렇게 하기 위해서는 팬터그래프의 중량을 되도록 적게 하여야 하나 중량의 감소에는 기술상의 제약을 받게 된다.

교류식에서는 고전압, 소전류로 할 수 있으므로 고속도 대단위 수송의 경우라도 이런 점에 대한 제약을 덜 받게 된다.

(2) 보호설비가 간단하고 보호협조가 용이하다

전차선 전압은 고압이지만 차내에서 고전압부와 저전압부가 확실히 분리되므로 취급상의 위험은 적어진다. 또 직류 대전류보다 교류 소전류의 차단이 기술상 더 용이하며 사고전류도 절대값이나 위상차의 견지에서 부하전류와 구분하기 쉬우므로 보호 협조 계통의 설계가 훨씬 용이하다.

(3) 차내에서 임의의 교류전원 전압을 얻을 수 있다

(4) 주변압기의 탭 절환으로 필요한 전압으로 수시조절이 가능하다

단자전압이 고정되어 있는 직류 전기차의 주전동기의 속도제어는 저항제어(발열손실이 있음), 직·병렬제어(절환시 충격이 생김), 또는 계자전류제어(안정정류 범위에 대한 여유가 좁아짐) 등의 방법을 써야 하는데, 교류 전기차방식에서는 주전동기의 단자전압을 주변압기의 탭으로 간단히 조절하여 속도제어를 하게 되므로 직류 전기차방식에서와 같은 문제들이 생기지 않는다. 또, 전원전압을 직접 주전동기에 가한 상태로 기동가속을 하므로 속도의 증가에 따른 견인력의 감소가 크므로 견인력의 과다로 차륜에 공전(空轉)이 일어나는 경우에도 대공전까지 이루어지지 않고 바로 점착력과 균형을 이루게 되는 소위 재점착 성능이 향상된다.

(5) 특성곡선이 차량운전에 적합하다

일반적으로 직류 직권전동기의 특성이 차량운전에 가장 적합하다고 하나 엄밀히 말해서 속도의 증가에 대한 토크의 저하가 너무 급격하여 동일 노치(notch)로 운전할 수 있는 속도 범위가 너무 적어 제어장치가 복잡하게 된다. 교류 전기차에서는 속도의 증감에 따라 전류의 변동이 주회로의 임피던스 강하를 변동하므로, 자동적으로 전동기 단자전압이 변동하게 되어 급격한 토크변화가 적당히 완화되며 동일 노치에서 운전속도의 범위가 상당히 넓어진다.

(6) 진보된 전기기술을 응용하는 데 적합하다

차량에서 제일 고장 발생률이 많고 장치를 복잡하게 하는 것은 전류개폐기·계전기류인데 전자공학기술의 발달과 더불어 무접점계전기·자기증폭기·자동제어이론 등을 도입한 새로운 회로의 운용으로 전기차의 원활한 제어를 실현시키는 방향으로 연구가 계속되고 있다. 이와 같은 경우에 교류 전기차에서 임의의 교류전원을 얻을 수 있다는 것은 기술의 발전에 있어 절대적인 이점이 되고 있다.

3-4 속도제어

1 직류 직권전동기의 제어

(1) 기동에 필요한 조건

① 일정한 가속도로 차량에 충격을 주지 않을 것

② 속도는 서서히 올라가고 또한 임의의 속도로 조절이 가능할 것

①의 일정한 가속도로 기동하려면 토크를 일정하게 하여야 하며, 토크 $T = kI^2$이므로 전류를 일정하게 할 필요가 있다. 그러나 전동기는 기동되는 순간에는 역기전력 $E = 0$이며 여기에 전전압을 인가하면 과전류가 흐르게 된다. 따라서 전기자회로에 직렬로 저항을 넣어서 전류를 일정치로 제한하고, 회전수가 증가하여 역기전력이 증가하면 전류가 감소하므로 저항을 감소시켜 전류를 일정하게 유지하도록 한다. 이것이 원활하게 되지 않으면 토크와 가속도가 급변하여 차량에 충격을 주게된다.

②의 속도를 서서히 올리려면 전류가 일정한 경우에는 공급전압 V를 서서히 증가시키면 된다. 공급전압 V가 일정하면 자속 $\varPhi$를 감소시켜 속도를 올릴 수도 있다.

(2) 속도제어법

① 저항제어(rheostatic control)

② 직병렬제어(series-parallel control)

③ 계자제어(field control)

④ 초퍼제어(chopper control)

⑤ 메타다인제어(metadyne control)

2 저항제어

주회로의 전압 또는 저항의 제어는 대전류의 절환이며, 특히 직류는 속류를 차단하기가 어려우므로 전류의 절환이 곤란하다. 그러므로 특수한 방식을 채용하지 않으면 안된다. 대부분의 전기차에는 변압기의 탭 또는 제어 저항 R의 탭전환에 의해서 단계적으로 제어하고 있다. 이 전환하는 단계를 **노치**(notch)라고 한다.

요즘은 사이리스터의 위상제어 또는 초퍼제어를 이용하여 연속적으로 전압을 변화시키는 방

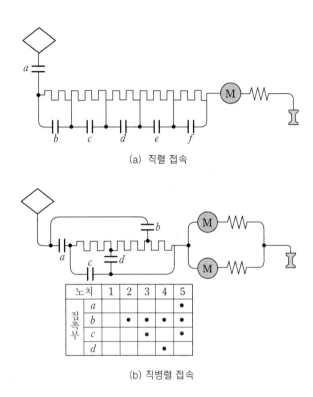

(a) 직렬 접속

노치	1	2	3	4	5
a					●
b		●	●	●	●
c			●		●
d				●	

(접촉부)

(b) 직병렬 접속

그림 3-8 저항제어

식이 실용화되어 있다. 저항제어에는 그림 3-8과 같이 직렬 접속법과 직병렬 접속법이 있다.

직렬 접속법에서는 기동시에는 주저항기를 직렬로 접속하여 기동전류를 필요한 값으로 제한하고 속도가 상승해서 역기전력이 증대됨에 따라 순차적으로 a, b, c, d, e, f의 접점을 닫아서 저항을 감소시킨다. **직병렬 접속법**의 경우에는 노치(notch)에 따라서 $a, b, c, \cdots$의 접점을 닫으면 저항이 적당히 조합되어 여러 가지 저항값으로 변화한다. 일반적으로 이 직병렬 접속법이 널리 채용되고 있다.

전동기의 저항을 R_a, 각 노치에 있는 저항기의 합성저항을 R라 하면 전동기의 회전 속도 N은

$$N = k_1 \frac{E - I(R_a + R)}{\Phi} \tag{3-7}$$

로 된다.

그림 3-8(a)에서 먼저 주개폐기 a 접점을 닫고 전저항으로 출발하여 제어스위치를 b, c, d, e, f로 차례로 투입해 가면 그림 3-9와 같은 전류제어를 할 수 있다. 이와 같이 노치전환에 의해 저항 R를 변화시킬 때, 전류와 속도의 변화를 나타낸 곡선을 **노치곡선**(notching

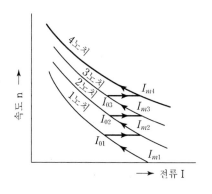

그림 3-9 노치곡선

curve)이라 한다. 따라서 노치의 수가 많을수록 전류의 변화가 원활하게 되고, 가속시 공전의
기회가 적어진다.

3) 직병렬제어

전기차의 주전동기는 보통 한 차량에 적어도 4대씩 있으므로 이 전동기를 직병렬로 바꾸어
연결하면 전압의 값을 1/2 또는 1/4로 제어할 수 있으므로 가속시에 저항 R에서 소비되는 전
력을 절약할 수 있다.

즉, 직권전동기의 토크는 전류에 의해서만 정해지는 것이며, 전압은 회전수 n이 적은 범위
에서는 낮아도 좋으므로 처음에는 그대로 직렬로 하고, n이 증가하면 병렬로 하는 방식이다.

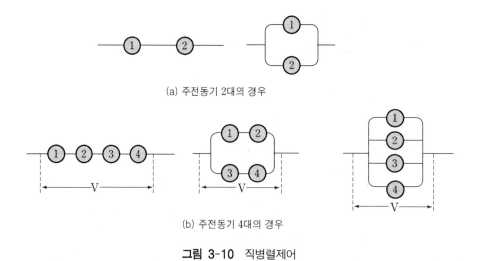

그림 3-10 직병렬제어

그러나 이 방법만으로는 그림 3-10과 같이 두 대를 직병렬로 하면 2단, 4대가 있을 경우에는 3단의 속도 밖에 얻을 수 없다. 그러므로 실제의 경우에는 저항법과 병용하여 사용하고 있다.

이 직병렬회로의 절환(change over)에서 회로전류를 끊은 다음에 접속을 바꾸게 되면 전기적·기계적 충격이 크므로 다음과 같은 **전이**(transition)의 방식을 채용하는 경우가 많다.

(1) 개로 전이(open circuit transition)

일단 회로를 열고 절환시키는 방식이며, 이는 절환시에 전동기회로를 개방(open)하기 때문에 인장력이 없어져서 충격을 주는 등의 결점이 있으므로 소용량 외에는 거의 사용하지 않는다.

(2) 단락 전이(short-circuit transition)

회로절환시 주전동기회로를 단락한 상태에서 병렬로 절환하는 방식이며, 직렬접속의 한 부분에 1개의 전동기를 단락하고, 단락된 전동기의 한 단자를 제거해서 병렬접속으로 절환한다. 단락시에는 인장력이 반으로 되어 변화는 매우 크다.

(3) 브리지 전이(bridge transition)

이는 회로절환시에 기동용 저항기와 주전동기를 브리지회로로 만들어서 회로를 절환하는 방식이며, 주전동기의 인장력의 변화가 거의 없으므로 최근에는 이 방식이 많이 채용되고 있다.

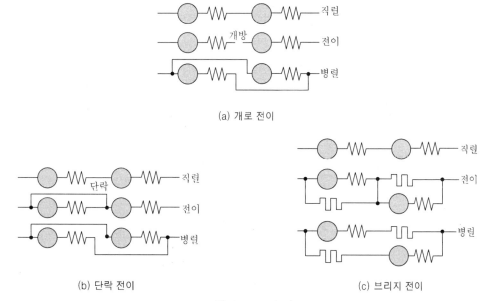

(a) 개로 전이

(b) 단락 전이　　　　(c) 브리지 전이

그림 3-11 전 이

④ 계자 제어

일정 전압하에서는 주전동기의 속도는 계자의 세기에 반비례하므로 이것을 가감하면 회전수는 변할 수가 있다. 이 방식을 **계자 제어**(field control)라 한다. 그림 3-12(a)의 **전계자**의 상태에서 속도를 크게 하자면 그림 3-12(b)와 같이 도중의 탭을 사용해서 계자의 세기를 전계자의 경우보다 약하게 한 **약화계자**로 하면 된다. 약화계자의 비율은 남은 계자의 세기의 전체에 대한 백분율로 나타내며, 이를 **계자율**이라 한다. 최약계자율은 30~50 [%] 정도이다.

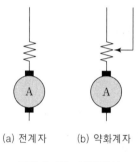

(a) 전계자   (b) 약화계자

그림 3-12   계자제어

⑤ 초퍼 제어

최근 직류 전기차의 주전동기 제어에는 사이리스터를 응용한 초퍼(chopper)를 많이 사용하게 되었다. 그 특징은 운전전류를 연속적으로 변화시킬 수 있으므로 평활한 제어를 할 수 있고, 제어저항이 없으므로 효율이 좋으며, 가열부분이 없기 때문에 지하철과 같이 절대적으로 온도상승을 피해야 할 선로에는 매우 적당하다. 또 무접점제어이므로 보수비가 경감되고, 전

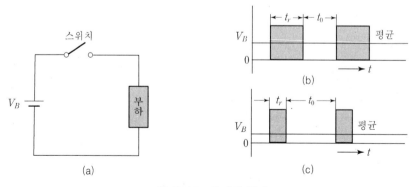

그림 3-13   초퍼의 원리

력회생제동이 가능하므로 차량제조비의 증가, 운전전류에 고주파가 포함되는 등의 결점을 충분히 보상할 수가 있다.

그 원리는 사이리스터를 스위치로 사용해서 운전전류를 **빠른** 주기로 단속하여 ON-OFF의 폭(switching 시간)을 변화시킴으로써 운전전류의 평균치를 제어하는 것이다.

(1) 전기자제어 초퍼방식

전기자제어 초퍼방식은 초퍼장치로 전동기의 전기자에 인가되는 전압을 직접 제어하여 속도 제어를 하는 방식으로 환류용 다이오드 D를 설치하여 초퍼 OFF작용시 주평활 리액터 MSL에 저장되어 있던 에너지를 환류용 다이오드 D를 통하여 전동기의 전기자로 귀환시켜 전동기에 흐르는 전류의 흐름을 연속시켜 준다.

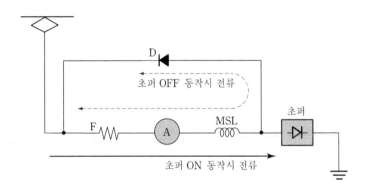

그림 3-14 전기자제어 초퍼방식

(2) 초퍼제어의 운전 모드

① 역행(力行)운전 모드

그림 3-15(a)는 가속(역행)제어를 하고 있는 상태로서, SW가 닫혀서 팬터그래프로부터 주전류가 통하여 가속하고 있다. 그림 3-15(b)는 SW가 열려서 주전류가 흐르지 못하고, 전동기의 전기자는 환류용 다이오드 D와 폐회로를 이루므로 전동기의 관성에 의한 기전력은 환류용 다이오드 D를 거쳐 환류하여 차차 감속하게 된다. 이와 같이 그림 3-15(a), (b)를 번갈아 되풀이하면, 주전류는 각각 그림 3-15(c)와 같이 변화한다. 그림 3-15(a), (b)의 시간을 각각 T_1, T_2라고 하면, T_1만이 가속이 되므로 T_1과 T_2의 비를 변화시켜서 평균운전전류 I_S를 변화시켜 전동기의 속도를 제어할 수 있다.

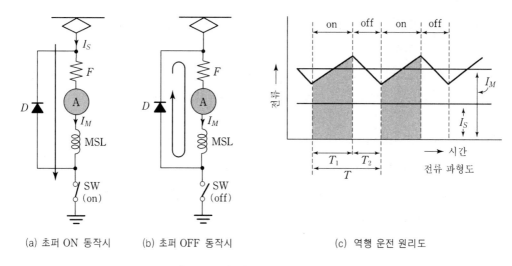

(a) 초퍼 ON 동작시   (b) 초퍼 OFF 동작시   (c) 역행 운전 원리도

그림 3-15 초퍼 제어의 역행 운전 모드

② 회생 제동 모드

그림 3-16은 회로의 결선을 바꾸어 발전기로 동작하도록 하여 그 토크를 이용하여 제동을 하는 것이며, 발생전력을 팬터그래프를 통하여 가공 전차선으로 반환하는 회생 제동 모드이다. 그림 3-16(a)는 SW를 닫아 폐회로로 전기제동을 거는 상태이고, 그림 3-16(b)는 SW를 열고, 전기자의 발생기전력과 그림 3-16(a)의 상태에서 MSL에 축적된 에너지에 의한 기전력을 합하여 그 전압을 가공 전차선 전압보다 높게 해서 가공 전차선으로 반환하여 전력이 회생하

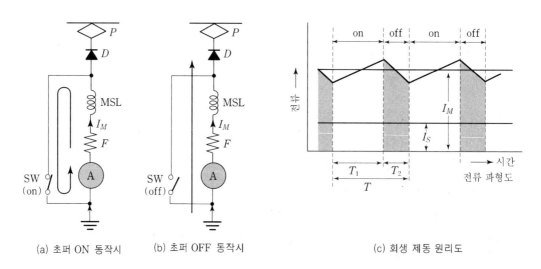

(a) 초퍼 ON 동작시   (b) 초퍼 OFF 동작시   (c) 회생 제동 원리도

그림 3-16 초퍼 제어의 회생 제동 모드

게 된다. 그림 3-16(c)는 전기자 A에 흐르는 전류의 변화를 나타낸 것인데, 사선을 한 T_2의 전류가 회생전류이고, 이것이 평균전류 I_S로 회생된다. 이 방식은 발전기의 유기기전력이 가공 전차선 전압보다 낮아도 되기 때문에 속도가 어느 정도 낮아도 되고, 정지 직전까지 회생제동이 유효한 이점이 있다. 한편 운전전류나 회생전류도 파형이 나쁘므로, 유도장해에 주의하지 않으면 안 된다.

③ 초퍼제어방식과 종래의 방식과의 비교

- 저항이 필요하지 않다. 따라서 손실 (I^2R)이 없다.
- 무접점으로 하였기 때문에 접점의 소모에 따른 접촉불량이 일어나지 않는다.
- 평활 리액터가 필요하고, 완전 평활로 하기 위해서는 리액터가 고가로 된다.
- 초퍼용 사이리스터, 환류용 다이오드가 필요하다.

3-5 제어장치

제어장치는 직접제어와 간접제어의 두 방식으로 대별된다. 직접제어는 저전압, 소용량, 간접제어는 고전압, 대용량의 차량에 사용된다.

① 직접제어

주전동기회로에 삽입된 주제어기[1]를 직접 수동으로 조작하여 제어하는 방식이며, 주요부분은 원통형제어기, 콘트롤러이며 핸들을 회전함으로써 원통상에 설치된 고정접촉자와 가동접촉자를 접촉시켜 저항의 단락, 직병렬의 접속절환 등을 한다.

---

1) 주제어기 : 이것은 차량의 상하에 설치되어 주전동기를 직접 제어하니까 충분한 전류용량과 절연이 필요하다. 그래서 모양도 크고 구조도 복잡하며, 각종 부속기구도 많이 수용되어 있다.

　역전기(reverser) : 이것으로 전기자전류의 방향을 바꾸어 전진 또는 후진을 한다.

　부로우 아웃 코일(blow out coil) : 접점에 생기는 아크를 끄는 전자코일이다.

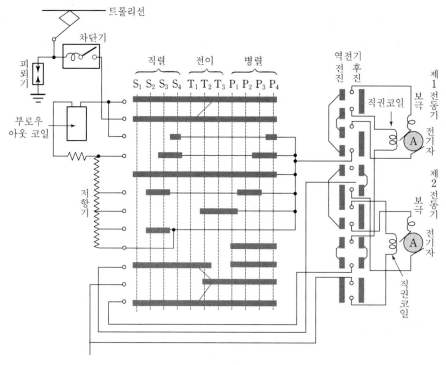

그림 3-17 직접제어의 결선도 (단락전이)

➋ 간접제어

주간제어기[2] (master controller)를 조작하여 저압의 제어회로를 개폐하고, 이로 인하여 주전동기회로의 접속절환을 하는 주제어기를 간접적으로 움직이게 하여 주전동기를 제어하는 방식이다.

(1) 단위 스위치식 (unit switch system)

전자식은 그림 3-19(a)와 같고, 전공식(electro pneumatic system)은 그림 3-19(b)와 같이 전자석(electro-magnet)으로 압력공기를 개폐해서 공기통을 움직여 스위치를 개폐한다.

(2) 캠축식 (cam shaft system)

전공식은 그림 3-19(c)와 같이 공기통으로 캠(cam)을 움직여 스위치를 개폐한다. 이 방식에는 전동기식(motor operated system)도 있다.

---

2) 주간제어기 : 운전실 전면 데스크에 장착되어 차량의 속도·제동 및 방향을 제어하는데 사용되며, 열차의 자동운전 모드시 주간제어기의 상면에 있는 출발버튼 스위치를 눌러 열차를 출발시킬 수 있다.

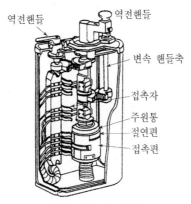

그림 3-18 주간제어기

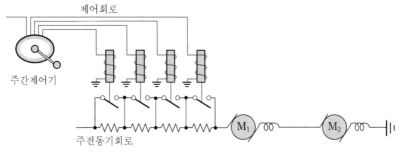

(a) 전자단위 스위치식 제어

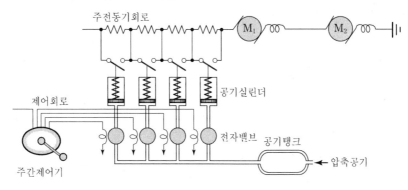

(b) 전공단위 스위치식 제어

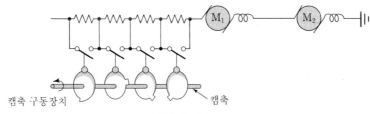

(c) 캠축식 제어

그림 3-19 간접제어(총괄제어)

4장

열차운전

4-1 열차저항

열차를 견인하여 주행하면 이에 반항하여 여러 가지 힘이 작용하게 된다. 이들을 총칭하여 열차저항(train resistance)이라고 하며, 열차의 견인력이 이보다 크면 가속되고, 반대로 작으면 감속된다. 열차저항을 분류하면 다음과 같다.

① 출발저항
② 주행저항
③ 구배저항
④ 곡선저항
⑤ 가속도저항

1 출발저항 (starting resistance)

정지하고 있는 열차가 기동하려 할 때의 저항을 출발저항이라고 말하며, 차축과 베어링과의 유막에 관계한다. 베어링 부분이나 기어 등에 급유하는 기름의 피막은 처음에는 흩어져 있으므로 기동할 때에는 금속과 금속이 직접 접촉되어 마찰저항이 매우 크다. 그러나 일단 기동하여 속도가 10 [km/h] 이상으로 되면 기름이 돌아가므로 유막이 형성되어 저항은 급격히 감소한다. 그 후에는 기름의 점도에 지배될 뿐이므로 저항은 일정하게 된다. 출발저항은 차량의 종류, 정차시간의 장단 및 외기온도의 고저에 따라 다르며, 일반공식은 다음과 같다.

$$f = 8 - 1.5V + 0.093V^2 \quad [\text{kg/t}] \tag{4-1}$$

이 식은 30~40 [sec] 정차 후 출발하는 경우이고, 장시간 정차하면 그 저항은 15~20 [kg/t]에 달하는 경우도 있다.

일반적으로 출발저항 R_s는 다음값이 채용되고 있다.

전기관차 10 [kg/t], 전동차 8 [kg/t], 객차 6 [kg/t], 화차 5 [kg/t]

❷ 주행저항 (running resistance)

주행저항은 차량이 평탄한 직선로를 주행할 때의 저항이며, 베어링과 기타 접촉부분의 마찰에 의한 기계적 저항과 공기와 차량의 마찰에 의한 공기저항으로 이루어진다고 볼 수 있다. 기계적 저항과 공기저항을 합친 주행저항 R_r은 단차(單車)의 경우 식 (4-2)로 표시된다.

$$R_r = \underbrace{a + bV}_{\text{마찰 저항}} + \underbrace{\frac{cSV^2}{W}}_{\text{공기 저항}} \quad [\text{kg/t}] \tag{4-2}$$

단, V : 열차속도 [km/h]

S : 차량의 단면적 [m^2]

W : 차량의 중량 [t]

a, b, c : 차량의 종류에 따라 정해지는 계수

열차운전의 경우에는(즉, 측면저항을 고려할 경우)

$$f = a + bV + \frac{cSV^2}{W}[1 + 0.1(n-1)] \quad [\text{kg/t}] \tag{4-3}$$

이상의 공식은 암스트롱(Armstrong)의 공식이며, 상수로서 일반적으로 이용되는 값을 대입하면

$$f = \frac{24}{\sqrt{W}} + 0.093V + \frac{0.0038SV^2}{W}[1 + 0.1(n-1)] \quad [\text{kg/t}] \tag{4-4}$$

이상은 1 [t]당의 저항이며, 전중량에 대해서는 W를 곱하면 된다. 따라서 식 (4-3)은 식

(4-5)로 표시된다.

$$F = aW + bVW + cSV^2[1 - 0.1(n-1)] \quad [\text{kg}] \tag{4-5}$$

주행저항은 차량의 종류, 궤도의 구조, 레일의 무게, 침목의 수 및 도상의 상태에 의하여 균일하지 않다.

(1) 베어링저항

급유상태, 베어링의 구조, 기름의 종류, 온도, 중량 및 속도 등에 관계가 있다(겨울은 여름보다 약 20[%] 증가되며, 정지상태에서는 출발저항으로 인하여 저항이 증가한다).

(2) 궤도저항

① 레일의 구부러짐, 휘어짐 및 차량의 진동에 따른 에너지 등에 의한 것
② 레일머리와 차륜의 답면 사이에 생기는 회전마찰의 저항으로 접촉부분의 왜곡이나 레일 표면이 평활하지 않기 때문에 기인한 것이어서 주로 중량에 영향을 받는다.
③ 차량이 좌우로 움직이면 레일과 차륜의 플랜지(flange)가 마찰하기 때문에 일어나는 저항이며 중량과 속도에 관계된다.

이와 같이 기계적 저항은 중량과 속도에 관계되므로 다음 식으로 표시된다.

$$F_1 = aW + bVW \quad [\text{kg}]$$

혹은 $\quad f_1 = a + bV \quad [\text{kg/t}] \tag{4-6}$

(3) 공기저항

열차가 공기에 의하여 받는 저항은

① 차량의 전면에서의 풍압
② 후면에서는 진공이 형성되므로 이로 인한 흡인
③ 측면에서는 공기마찰에 의한 저항

이 중에서 ①, ②는 전면 및 후면의 형상에 의하여 다르며, 면적에 비례하고 속도의 2승에 비례하므로 다음 식으로 표시된다.

$$F_2 = cSV^2 \quad [\text{kg}]$$

혹은 $\quad f_2 = \dfrac{cSV^2}{W} \quad [\text{kg/t}] \tag{4-7}$

③ 구배저항 (grade resistance)

열차가 구배를 주행할 때 중력(重力)에 의하여 발생하는 저항을 구배저항이라고 말하며, 구배는 두점 간의 수평거리 AB와 두 점간의 고저차의 비로 표시되므로 $\tan\theta = $BC/AB로 표시된다. 그러나 구배가 $66.7\,[\permil]$ 이하에서는 $\tan\theta \fallingdotseq \sin\theta$로 하여도 상관이 없다. 따라서 구배를 $m\,[\permil]$라 하면 구배저항 R_g는

$$R_g = W\sin\theta = Wm \tag{4-8}$$

여기서 $1\,[\text{t}]$당 구배저항 $r_g\,[\text{kg/t}]$는

$$r_g = \pm m \quad [\text{kg/t}] \tag{4-9}$$

즉, $m\,[\permil]$의 구배에 대해 $m\,[\text{kg/t}]$의 힘이 작용하는 것이다. 오름구배는 (+), 내림구배는 (-)부호로 된다.

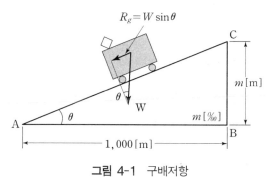

그림 4-1 구배저항

예제 1

50 [t]의 전차가 20 [‰]의 경사를 올라가는 데 필요한 견인력 [kg]은? 단, 열차저항은 무시한다.

풀이 $m = 20\,[\permil] = \dfrac{20}{1,000}$, $W = 50\,[\text{t}] = 50\times10^3\,[\text{kg}]$이므로

$$F_g = mW = \frac{20}{1,000}\times50\times10^3 = 1,000\,[\text{kg}]$$

④ 곡선저항 (curve resistance)

열차가 곡선부를 통과할 때는 직선로의 경우보다 많은 저항을 받는데 이러한 저항을 곡선저항이라고 말하며, 곡선에서는 차륜의 플랜지가 레일머리의 측면과 마찰하여 저항을 발생시킨

다. 이 저항은 곡선로의 곡선반경, 캔트, 슬랙의 상태, 차량의 구조, 차륜이나 레일의 마모 상황 등 여러 가지 인자로 좌우되지만, 대체로 널리 사용되고 있는 곡선저항 R_c는 일반적으로 식(4-10)과 같이 표시된다.

$$R_c = \frac{k}{R} \quad [\text{kg/t}] \tag{4-10}$$

단, R : 곡률반지름

　　k : 상수(협궤인 경우 600)

일반적으로 사용되고 있는 곡선저항에 대한 계산식에서 k의 값은 다음과 같다.

　　　기관차　　　　　　　　 1,050 ～ 1,220
　　　객화차　　　　　　　　　 525 ～ 　630
　　　기관차 견인열차　　　　 610 ～ 　630
　　　전차　　　　　　　　　　 800

5 가속도저항 (accelerating resistance)

열차를 가속시키는 데는 관성에 맞서 이겨내는 힘을 가해 줄 필요가 있다. 이와 같이 가해야 할 힘과 크기가 같고 방향이 반대로 되는 힘이 가속도저항이다. 중량 $W\,[\text{t}]$인 열차를 속도 $a\,[\text{km/s}]$로 가속할 때의 저항 $R_a{}'$는

$$R_a{}' = \frac{1,000\,W}{9.8} \times \frac{1,000}{3,600}\,a = 28.35\,aW \quad [\text{kg}] \tag{4-11}$$

실제에는 기어 및 차륜 등의 회전부분이 있어서 직선가속도를 공급함과 동시에 회전 가속도도 공급할 필요가 있으므로 그만큼 중량이 무거워진 것으로 보고 취급하고 있다. 이 중량증가분을 회전부분의 **관성중량**이라 한다. 즉, 식(4-11)은 다음과 같이 된다.

$$R_a = 28.35\,(1+x)\,aW \quad [\text{kg}] \tag{4-12}$$

단, x는 **관성계수**이며, 전동차는 0.1, 전기기관차 0.12, 부수차 0.06, 객화차 0.05, 일반열차는 0.06이다. 따라서 가속도저항 R_a의 일반식은 다음과 같이 된다.

　　　전동차 : $R_a = 31\,aW \quad [\text{kg}]$

　　　부수차 : $R_a = 30\,aW \quad [\text{kg}]$

예제 2

직선의 평탄한 구간에 있어서 $100\,[\text{t}]$의 열차가 가속도 $2.1\,[\text{km/h/s}]$로 견인하는 경우의 가속저항값은?

풀이 $R_a = 31\,aW = 31 \times 2.1 \times 100 = 6,510\,[\text{kg}]$

예제 3

중량 $50\,[\text{t}]$의 전동차에 $2\,[\text{km/h/s}]$의 가속도를 주는데 필요한 힘 $[\text{kg}]$은?

풀이 $F_a = 31aW = 31 \times 2 \times 50 = 3,100\,[\text{kg}]$

4-2 견인력과 열차저항

가속도저항 R_a를 제외하면, 열차저항 R는 주행저항 R_r와 구배저항 R_g, 곡선저항 R_c의 합이다. 즉,

$$R = R_r \pm R_g + R_c \tag{4-13}$$

열차저항 R에 대해서 전동기의 견인력(인장력)을 F라고 하면 F와 R의 어느 쪽이 큰가에 따라 다음과 같은 관계가 있다.

$F > R$: 가속(acceleration)

$F < R$: 감속(retardation)

$F = R$: 등속(constant speed)

일반적으로 견인력은 열차저항과 가속도저항의 합 $F = R + R_a$이고, 전동기가 발생하는 견인력은 열차저항과 가속에 요하는 저항 R_a로 소비된다. 따라서

$$F - R = R_a = 31\,aW \qquad \therefore\ a = \frac{F-R}{31\,W} \tag{4-14}$$

위의 식은 전동차에 대한 경우이고, 부수차에 대한 경우에는

$$a = \frac{F-R}{30\,W} \tag{4-15}$$

따라서, 일반적인 열차운전에서는

$$a = \frac{F - R}{31 W_m + 30 W_t} \qquad\qquad (4\text{-}16)$$

단, W_m : 전동차 또는 기관차의 총중량 [t]

W_t : 부수차의 총중량 [t]

타행(coasting)운전의 경우는 견인력 $F = 0$ 이므로 식(4-16)은

$$a = \frac{-R}{31 W_m + 30 W_t} \qquad\qquad (4\text{-}17)$$

로 된다. 이 때는 감속 $(a < 0)$을 뜻하고 있다. 그러나 구배를 내려갈 때는 $R_g < 0$ 이므로 $R < 0$이 되어 가속되는 경우도 있다.

4-3 최대 견인력

전기차는 주전동기의 전기자(armature)에서 발생하는 토크에 의하여 견인력(인장력, tractive force)을 발생한다.

그림 4-2와 같이 차륜과 레일 사이의 마찰계수, 즉 **점착계수**(adhesive coefficient) μ 와 차륜에 작용하는 중량 W_a, 즉 **점착중량**(adhesive weight)과 차륜이 공회전하지 않고 낼 수 있는 최대 견인력(동륜주 인장력[1]), 즉 **점착인장력**(adhesive tractive force) F_m 사이에는 다음 식이 성립한다.

$$F_m = 1,000 \mu W_a \ \ [\text{kg}] \qquad\qquad (4\text{-}18)$$

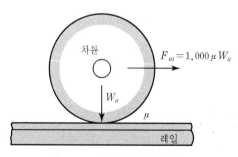

그림 4-2 점착계수와 견인력

---

1) 동륜주인장력(動輪周引張力) : 인장력은 동륜주와 레일 사이의 마찰력을 이용하는 것이며, 실제로 동륜주에 발생한 인장력(견인력)을 말한다.

점착중량 W_a는 전동기가 움직이고 있는 차륜에 가하는 중량이며 이들의 크기가 견인력에 영향을 주는 것으로서, 차량 전체의 중량이 어느 정도 무겁더라도 차륜에 걸리는 중량이 가벼우면 최대견인력은 크게 될 수 없다. 다시 말하면 전동기가 어느 정도 강력하더라도 열차의 최대견인력은 μW_a로 결정되며, 그 이상의 견인력 ($F_m > 1,000\,\mu W_a$)이 작용하여도 차륜은 공회전할 뿐이다.

점착계수 μ는 레일의 상태·속도·일기에 따라 변화하며 종래의 측정결과로 보아 가우스의 확률분포법칙에 따라 분포하는 것으로 생각된다. 그래서 구배에서든지 기동시에서 큰 견인력이 필요할 때는 μ를 증가하여 F_m를 크게 하기 위해서 레일 위에 모래를 뿌린다.

표 4-1　점착계수

	보통 경우	모래 살포 경우
맑고 건조시	0.25~0.30	0.35~0.40
습기 있는 레일	0.18~0.20	0.22~0.25
습기 있고 기름 부착	0.15~0.18	0.20~0.22
눈보라 칠 때	0.15	0.20
건조한 눈일 때	0.10	0.15

예제 4

동륜상의 중량이 75 [t]인 기관차의 최대 견인력 [kg]은? 단, 궤조의 점착계수는 0.2로 한다.

풀이　$F_m = 1,000\,\mu W_a\,[\mathrm{kg}]$

$\qquad\quad = 1,000 \times 0.2 \times 75 = 15,000\,[\mathrm{kg}]$

4-4　제 동

① 제동방식

열차가 갖는 운동에너지를 소멸시키는 힘이 제동력이다. 주행 중의 열차를 소정의 위치에 정지시키고, 또한 운전도중에 속도를 조절할 필요가 있으므로 열차에는 제동장치가 필요하다. 일반적으로 사용되고 있는 제동방식은 공기제동과 전기제동이다.

(1) 공기제동

공기제동은 압축공기의 힘으로 제륜자(brake shoe)를 차륜(wheel)에 압착시켜 그 사이에 생기는 마찰력을 이용하여 차륜의 회전을 저지하는 것이다. 제동력이 점착력보다 크면 차륜은 레일의 접착부에서 활주(skid)를 일으키게 된다. 즉 차륜은 회전을 멈춘 채로 레일면상을 미끄러지므로 차륜답면에 손상이 생기게 된다.

(2) 전기제동

전기제동은 주전동기를 발전기로 작용시킴으로써 열차의 운동에너지를 소비시키는 것이며, 발생전력을 저항기에 의해 열로 변환하는 **발전제동방식**과 발생전력을 가공 전차선(트롤리선)을 통하여 변전소로 반환하는 **회생제동방식**이 있다.

저항기 용량으로 제동력이 제한되고 또 너무 고속도로 제동을 걸면 발생전압이 높아져 주전동기의 정류에 문제가 생긴다. 전기제동에 고장이 발생하거나 또는 저속시에 있어서의 보조제동장치로서 동작이 확실한 공기제동을 일반적으로 병용하고 있다.

전기제동의 여자방식에는 그림 4-3과 같이 네 가지 결선방식이 있다.

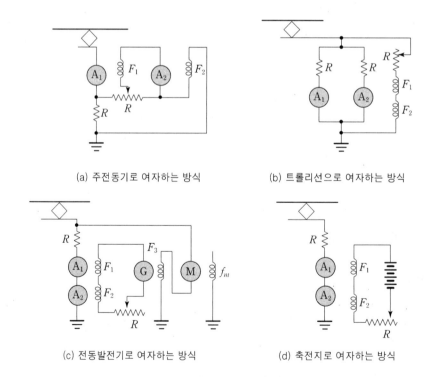

(a) 주전동기로 여자하는 방식   (b) 트롤리선으로 여자하는 방식

(c) 전동발전기로 여자하는 방식   (d) 축전지로 여자하는 방식

그림 4-3 전기제동의 여자방식

② 감속도

열차저항이나 제동력에 의하여 **감속도**(減速度)가 발생하게 되며, 특히 제동력에 의한 경우를 **제동도**(制動度)라고도 한다. 감속도 b는 가속도 a의 반대이므로, 가속에 필요한 힘을 표시하는 식 $F_a = 31aW$[kg](전동차의 경우)의 공식과 같은 양식으로 감속력 F_b의 공식은 다음과 같이 나타낼 수 있다.

$$F_b = 31\,b\,W \ [\mathrm{kg}] \tag{4-19}$$

이 식으로부터 감속도의 공식은

$$b = \frac{F_b}{31\,W} \ [\mathrm{km/s}] \tag{4-20}$$

따라서 일반적인 열차운전에서는 식 (4-16)과 같이 부수차의 열차저항 R도 고려하여 감속도 b는 다음 식과 같이 된다.

$$b = \frac{F_b + R}{31\,W_m + 30\,W_t} \ [\mathrm{km/s}] \tag{4-21}$$

단, W_m : 전동차 또는 기관차의 총중량 [t]

　W_t : 부수차의 총중량 [t]

감속력 F_b의 최대값은 식 $F_b = \mu W_a$에 의하나 W_a의 단위를 [kg]이 아니고 [t]으로 표시하면

$$F_b = 1{,}000\mu W_a \ [\mathrm{kg}] \tag{4-22}$$

가 되므로, 식 (4-19)와 (4-22)로부터 감속도의 최대허용값 b_m은 다음과 같다.

$$b_m = 32\,\mu\,\frac{W_a}{W} \ [\mathrm{km/s}] \tag{4-23}$$

4-5　전동기 출력

어느 순간의 열차의 속도와 전동기가 발생하는 견인력으로 전동기의 출력을 구하면 다음 식과 같다. 일은 힘과 거리의 곱, 또는 공률(power)과 시간의 곱으로 나타낼 수 있으므로

$$Pdt = Fds$$

단, P : 공률 또는 출력 $[\mathrm{kg \cdot m/s}]$

　　 F : 견인력 $[\mathrm{kg}]$

　　 dt : P가 작용한 미소시간 $[\mathrm{s}]$

　　 ds : F에 의한 변위 $[\mathrm{m}]$

$$\therefore P = F\frac{ds}{dt} = Fv \quad [\mathrm{kg \cdot m/s}]$$

단, v : 속도 $[\mathrm{m/s}]$

$1[\mathrm{kW}] = 1,000[\mathrm{J/s}] = 1,000[\mathrm{N \cdot m/s}] = \dfrac{1,000}{9.8}[\mathrm{kg \cdot m/s}]$이므로 속도를 $V[\mathrm{km/h}]$라고 하면 출력 $P[\mathrm{kW}]$는

$$P = FV \times \frac{1,000}{3,600} \times \frac{1}{102} = \frac{FV}{367.2} \quad [\mathrm{kW}] \tag{4-24}$$

만일 F가 열차의 소요 견인력이고, 전동기 대수를 N대, 동력전달장치의 효율을 η_g라 하면 1대당의 전동기 출력은 다음 식과 같다.

$$P = \frac{FV}{367.2N\eta_g} \quad [\mathrm{kW}] \tag{4-25}$$

이 식에서 견인력 F의 값은 평형속도 $(a=0)$인 경우에는 $F=R$이므로 열차저항 R를 알면 견인력 F를 알 수 있다.

예제 5

전동기 4대를 가지는 총중량 30$[\mathrm{t}]$의 전동차가 경사 20$[‰]$의 직선궤도상을 30$[\mathrm{km/h}]$의 속도로 올라가고 있다. 이 경우의 각 전동기의 출력은 얼마나 되는가? 단, 주행저항은 6$[\mathrm{kg/t}]$, 가속도는 1$[\mathrm{km/h/s}]$이다(단, 기어장치의 효율은 0.95이다).

풀이　견인력＝(주행저항＋경사저항＋가속저항)×총중량이 되어야 하며, 저항의 값은 각각

$$R_r = 6\,[\mathrm{kg/t}], \quad R_g = 20\,[\mathrm{kg/t}], \quad f_a = 31 \times 1\,[\mathrm{kg/t}]$$

견인력 $F = (6+20+31) \times 30 = 1,710\,[\mathrm{kg}]$

한편 전동기의 대수를 N, 효율을 η_g라 하면, 전동기 한 대의 출력 P_1은

$$P_1 = \frac{FV}{367.2N\eta_g} = \frac{1,710 \times 30}{367.2 \times 4 \times 0.95} = 36.8\,[\mathrm{kW}]$$

4-6 열차의 운전

1 열차의 운전곡선

전기철도에서는 두 역간을 그림 4-4의 점선과 같이 운전하는 것이 가장 이상적이다. 즉, 출발역에서 등가속도로 떠나 최고속도로 된 후, 이 상태를 지속하여 다음 역에 가까워지면 등감속도로 소정의 위치에서 정지한다. 이와 같은 그림을 거리-속도 **운전곡선**(running curve)이라 한다. 그러나 실제에 있어서는 여러 가지의 제약이 따르므로 실선과 같은 운전을 하게 된다. 먼저 가감속도는 높을수록 좋으나 승객의 쾌적감이나 화물의 손괴를 방지하기 위하여 일반적으로 다음과 같은 제한을 받는다. 즉, 가속도는 4.0~4.5 [km/h/s] 정도의 범위이고, 통근열차는 4~2, 장거리 여객열차는 2~1, 화물열차는 1~0.5 정도이며 감속도도 각각 가속도의 정도보다 약간 낮게 하고 있다. 다음에 정지하고 있는 전차가 급히 위와 같은 가속을 하면 전동기나 차량에 큰 충격을 주어 승객에 불쾌감을 주므로 기동 인장력은 다소 약하게 한다(A-B). 또 등가속도운전에서 급히 등속운동으로 변하는 점(C-E), 브레이크(brake)에 의해서 등감속운동으로 변하는 점(G-H), 정지 직전의 변화(I-J) 등은 다소 매끄러운 접근 곡선으로 한다.

그림 4-4의 운전곡선에 따라 열차의 주행상태를 분석하면 다음과 같다.

① **기동**(starting)**부분** : 정지하고 있는 열차가 동력의 공급을 받아 기동을 시작하고, 주전동기의 저항제어, 직병렬제어, 계자제어 등에 의해서 가속하는 부분(A-D)으로서 노치(notch) 제어(A-B), 직선가속(B-C), 약화계자가속(C-D)의 3부분으로 나뉘어진다.

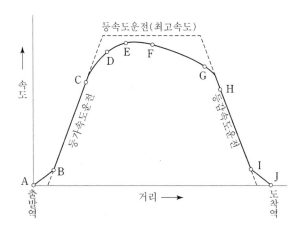

그림 4-4 열차운전 곡선 모델

② **자유주행**(free running)**부분** : 여전히 동력의 공급을 받아 저항제어, 직병렬제어 및
계자제어의 단계는 끝나고, 주전동기의 특성에 따라서 역행하는 부분(D-F)으로서 특성
가속(D-E)과 균형속도(E-F)의 둘로 나눌 수 있다.

③ **타행운전**(coasting)**부분** : 동력의 공급이 끊기고, 타성으로 진행하지만 여러 가지의 저
항을 받아 감속도가 생겨서 속도가 점점 감소하는 부분이다(F-H).

④ **제동**(braking) **부분** : 브레이크가 작용하여 속도가 급격히 저하하여 소정의 정지위치
에 정지하는 부분(H-J)이다.

열차의 운전에 있어서 실제의 고속도는 허용최고속도보다 약간 적게 하여 설비차량에 여유
를 갖게 하고, 또 전구간을 동력을 넣은 채로 운전하면 운전시간의 분배에 여유가 없어지므로,
평상은 적당한 곳에서 주전류를 끊어 타행운전(coasting)을 한다. 그 점(F)을 **타행점**(coasting
point)이라고 한다. 만일 어떤 원인에 의하여 열차가 지연되었을 경우, 이 타행시간을 짧게 하
면 지연시간을 회복할 수 있다. 극단의 경우에는 **오프 브레이크 운전**이라고 하여 운전전류를 끊
는 것과 동시에 브레이크를 거는 경우도 있다.

② 열차의 운전속도

운전속도에는 최고속도, 평균속도, 표정속도, 평형속도 등이 있다.

① **최고속도**(maximum speed) : 최고속도에는 궤도의 구조에 의하여 결정하는 최고제한
속도와 차량의 성능에 의하여 결정하는 최고허용속도가 있다.

② **평균속도**(mean speed) : 평균속도는 운전 구간의 거리를 정차시간을 뺀 순수한 운전
시간으로 나눈 것이다.

③ **표정속도**(schedule speed) : 표정속도는 운전 구간의 거리를 정차시간을 합한 도달시
간으로 나눈 것으로 실제의 수송시간을 결정하는 속도이다.

④ **평형속도**(balancing speed) : 평형속도는 열차의 전동륜주 인장력과 총저항력이 평형
이 된 경우의 속도를 말하며, $F = (R_r \pm R_g \pm R_c \pm R_a) W$일 때는 가속도가 0으로 되어
열차는 일정한 속도로 주행한다. 이러한 속도를 평형속도라 한다.

4-7 표정속도와 비전력 소비량

① 표정속도

두 정거장 간의 거리를 정차시간을 제외한 순수 운전에 소요된 시간으로 나누는 것을 **평균속도**(mean speed)라 한다. 그리고 어느 선로에 있어서 시발점에서 종착역까지의 전 거리를 이것에 소요된 시간, 즉 중간정차시간을 포함한 시간으로 나누는 것을 **표정속도**(schedule speed)라 하며, 이 표정속도가 열차의 실제 수송시간을 결정하는 속도이므로 평균속도보다 편리하다.

표정속도를 크게 하면, 동일수송에 대하여 차량과 승무원의 수가 적어도 되고, 승객도 빠르게 목적지에 도달하는 이점이 있다. 표정속도를 크게 하려면 가속도, 제동도를 크게 해야 되고, 그렇게 하기 위해서는 주전동기의 출력, 발변전소의 전기기기 및 송배전설비가 커야 한다. 현재 보통 쓰고 있는 표정속도의 개수는 표 4-2와 같다. 이 표에서 가속도는 전차가 출발할 때, 제동도는 열차가 정지할 때의 평균을 말하는 것이고, 최고속도라는 것은 주행중의 순간적인 고속도를 뜻하는 것이다.

표 4-2 전기철도의 표정속도

철도종류	가속도 [km/h/s]	제동도 [km/h/s]	표정속도 [km/h]	최고속도 [km/h]	비전력소비량 [Wh/t · km]
노면철도	2.0~2.8	2.2~3.0	8~18	15~35	40~90
교외철도	1.3~2.2	2.2~3.0	15~40	25~60	25~70
도시간철도	1.3~2.2	1.5~3.0	25~90	35~100	35~80
도시고속철도	2.4~3.3	2.5~3.5	20~50	30~70	50~100
간선철도(객차)	0.5~1.0	0.8~1.5	30~110	40~130	15~35
간선철도(화차)	0.3~0.5	0.4~0.8	25~60	35~80	10~30

② 비전력 소비량

공급변전소의 전력량 E[Wh]를 그 변전소 구역내의 철도거리 l[km]로 나누고, 이것을 다시 전차의 중량 W[t]으로 나눈 값을 **비전력 소비량**(比電力消費量)이라고 한다. 이 비전력소비량은 차량운전에 필요한 전동기출력, 전동기손실, 차내 전등제어용 저항손, 기타 도체 등의 전력손실을 합하고, 전차선, 급전선의 전력손실도 포함된 것이다. 필요한 전력량을 E[Wh],

표 4-3 비전력 소비량

	비전력 소비량 [Wh/t · km]
교외철도	25~60
노면철도	40~90
도시간철도	35~80
간선철도(객차)	15~35
간선철도(화차)	10~30

열차중량 W[t], 구역내의 철도거리를 l[km]이라고 하면 단위중량 [t], 거리 [km]당의 전력량, 즉, 비전력소비량은 다음과 같다.

$$비전력\ 소비량 = \frac{E}{Wl}\ \ [Wh/t\text{-}km] \tag{4-26}$$

4-8 경제적 운전

① 운전방법에 의한 전력소비량 감소

동일 차량, 동일 전동기라 하여도 가속도, 감속도, 표정속도, 정차장의 거리, 정차시간 등을 여하히 하느냐에 따라 전력소비량은 크게 영향을 받는다. 따라서 전력소비량을 감소하기 위해서는 가속도와 감속도를 크게 하고, 표정속도를 작게 하여야 한다.

① 가속도를 크게 한다.

일정한 거리를 일정한 표정속도로 운전하는 경우에 가속도를 크게 하면 그림 4-5에서와 같이 전류차단이 빨리 되며, 즉 타행이 길게 되므로 전력소비량은 감소한다. 그러나 동일 전동

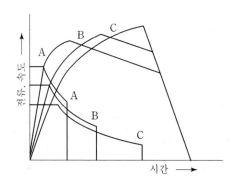

그림 4-5 가속도를 크게 한 경우

기라면 과부하로 되며, 변전소 및 급전선에 대하여 첨두부하로 된다.

② 감속도를 크게 한다.

그림 4-6에서와 같이 브레이크를 크게 하면 동일 가속도라도 전류차단이 빨리 되며, ①과 같은 양식으로 타행시간이 길게 되어 전력소비량은 적게 된다. 이 경우는 전동기에 과부하를 주지 않으며, 단지 브레이크의 제동력 및 점착계수가 문제로 된다.

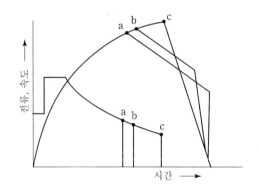

그림 4-6 감속도를 크게 한 경우

③ 표정속도를 작게 한다.

이것은 동일한 거리를 장시간 운전하는 것이며, 타행의 시간이 길게 되므로 전류차단도 빨라 전력소비량은 적게 된다. 그림 4-7에서와 같이 동일 가속도, 동일 감속도라 하면 이것이 큰 영향을 주는 것을 알 수 있다. 그러나 표정속도를 작게 하는 것은 교통의 목적으로 보아 바람직하지 않다. 그래서 정차시간을 적게 하든가, 정차거리를 크게 하여 가능한 한 타행시간을 길게 한다. 이를 위하여 급행으로 하여 정차장을 걸러서 운전하면 좋다. 표정속도를 작게 하기 위하여 운행 도중에 서행운전하거나 중간에 정차하게 되면 전력소비량은 증가한다.

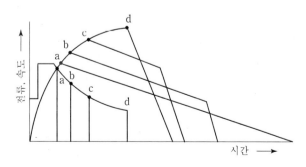

그림 4-7 타행을 길게 한 경우

2 설비에 의한 전력소비량

① **차량중량의 경감** : 차량의 중량이 가벼우면 열차저항도 적고 전동기도 소용량으로 하여도 된다. 그러므로 최근의 전차는 경량화하고 있다.

② **기어비** : 정차장 간의 거리가 길면 기어비를 작게 해서 최고 속도를 크게 한다.

③ **제어법** : 노면전차에서와 같이 빈번히 기동시키는 경우에는 저항제어보다 직병렬제어가 좋다. 또한 수동보다 자동제어의 편이 좋다.

④ **회생제동** : 언덕을 내려가는 구배에서는 회생제동을 하여 전력소비를 경감시킨다. 구배나 곡선도 소비전력에 관계가 깊다.

5장

전기철도용 전기설비

5-1 전기철도방식

1 전기철도방식의 선정

전기철도방식의 선정에 있어서 고려하여야 할 사항은 다음과 같다.

① 운송조건, 즉 수송단위 및 열차회수
② 그 선구(線區)에서 채용되어야만 할 건축의 한계
③ 수전가능한 전원망의 상태
④ 선로에 근접하는 통신선 등의 상태
⑤ 기존 전화구간(電化區間)과의 접속
⑥ 기타, 그 선구(線區)의 특수조건

또 교류방식과 직류방식의 비교는 표 5-1과 같다.

표 5-1 교류방식과 직류방식의 비교

		교류 20 [kV]	직류 1.500 [V]
전 기 차	전류	전압이 높으므로 직류와 동출력인 경우, 전류는 약 1/11로 된다.	교류에 비해 전압이 낮으므로 전류는 크다.
	속도제어	변압기의 탭에 의해 전동기에 걸리는 전압을 임의로 선정할 수 있으므로 속도제어는 자유로이 행할 수 있다.	전동기 전압은 일정하므로 기동시는 저항을 사용하지만, 발열로 인해 장시간 접속할 수 없으므로 속도제어는 한정되고, 노치의 투입, 개방을 반복 행한다.
	점착성능	전동기를 영구 병렬접속하고 있으므로 점착성능이 좋고, 간선용기관차를 4동축으로 제작할 수가 있다.	전동기가 직렬접속으로 되어 있는 등의 이유로 구배기동에는 공전을 일으키기 쉬우므로 기관차는 대형(6축)으로 된다.
지 상 설 비	변전소	변전소간격은 30~50 [km]이고, 강압변압기만으로 되므로 건설비가 싸다.	간격은 3~10 [km]로 변전소 수가 많고, 변압기와 정류기가 있으므로 건설비는 비싸다.
	사고전류의 차단	운전전류와 사고전류의 판별이 용이하다.	대전류이므로 운전전류와 사고전류의 선택차단이 곤란하다.
	전차선로	귀전선은 불필요하지만 통신선에 대한 유도장해 방지를 위해 부귀전류와 흡상변압기를 설비한다.	트롤리선 외에 큰 단면적을 갖는 궤전선이 필요하다.
	기타	단상부하에 의한 전원불평형대책, 근방의 통신선에 대한 유도장해대책을 고려할 필요가 있다.	근방의 지중도체에 대한 전식대책을 고려할 필요가 있다.

② 교직접속설비

교류식과 직류식의 구간을 직통운전하기 위한 설비를 **교직접속설비**라고 하며, 그 방식 및 접속점의 선정에는 열차운전에 의한 영향 및 경제성을 충분히 검토하여야 한다.

① **지상(地上)전환방식** : 접속역에서 교류기관차와 직류기관차와의 전환을 행하는 방식이며, 역구내의 가공 전차선에서 기관차에 따라 교직전압을 바꾸어 가압한다.

② **차상(車上)전환방식** : 교직양용의 전기차를 사용하여 교직전환 지점의 가공 전차선에 데드섹션(dead section)을 두고, 여기를 통과할 때에는 타행으로 하여 운전대의 전환스위치를 조작함으로써 전기차의 교직전환을 행하는 방식이다.

5-2 급전계통

① 전기운전설비

　전기철도의 운전을 위하여 일반 전력계통의 전력을 전기운전에 적합한 형으로 변성하는 변전소와 변전소로부터의 전력을 전기차에 공급하는 전선로(전차선로)가 필요하다. 변전소에서 전차선로에의 급전(궤전) 범위의 구분 혹은 변경, 회로의 보호차단을 위해 변전소 간에 궤전구분소・보조 궤전구분소 등이 설치되는 수도 있다.

　이들 전기운전용의 전력을 공급하기 위해 설치된 지상설비를 전기운전설비라 부르고, 변전소에서 전차선로를 통하여 전기차에 이르는 회로를 **급전계통**(궤전계통)이라 부른다.

② 직류급전계통

　급전계통의 구성은 전기방식에 따라 다르다. 직류방식에 있어서는 보통 인접 변전소간의 급전회로(궤전회로)는 서로 병렬로 접속되고, 부하전류가 크므로 전차선(트롤리선) 외에 급전선(궤전선)[1]이 병설된다. 대도시권의 통근선 등 수량이 많은 구간에서는 차량 경비를 차지하는 비율이 큰 것, 지하철에서는 터널 단면을 작게하여 얻어지는 것 등의 측면에서 직류방식이 채용되고 있다.

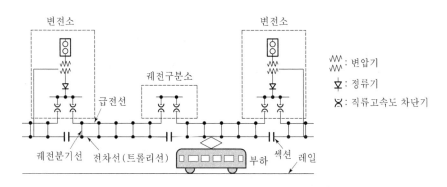

그림 5-1 직류 급전계통의 구성 (단선인 경우)

---

1) 급전선(궤전선) : 발전소나 변전소에서 다른 발전소・변전소를 통하지 않고 직접 간선이나 전차 등의 가공선(트롤리선)에 이르는 전선

3 교류급전계통

(1) 교류방식이 직류방식보다 우수한 점

① 전철용 변전소설비가 간단하게 된다. 즉, 지상설비에 주파수 변환장치나 정류장치 등이 필요없게 된다.

② 전기차에 고압의 급전이 가능하기 때문에 급전선의 도체를 가늘게 할 수 있고, 집전도 용이하다.

③ 고압 급전으로 전압강하가 감소될 수 있고, 따라서 변전소 간격을 크게 할 수 있다.

④ 사고전류의 선택차단도 용이하다.

⑤ 전기차의 속도제어는 변압기의 탭절환으로 용이하게 할 수 있으므로 제어기는 간단하게 된다. 따라서 평형속도를 경제적으로 선택할 수 있다. 또 전동기는 항상 병렬접속으로 할 수 있으므로 재점착특성[2]이 양호하다.

⑥ 직류방식에서 전압강하는 그대로 출력의 저하가 되지만, 교류 전기차에서는 변압기의 조정 범위 내에서 있어서는 정출력특성을 가질 수 있다.

⑦ 교류방식에서는 직류방식에서 문제가 되는 전식이 거의 없다.

(2) 교류방식의 결점

① 단상부하이기 때문에 3상전력망에 전압불평형이 생기기 쉽다.

② 통신선이나 궤도회로에 유도장해를 준다.

③ 궤도회로를 제어하는 전원에는 교류의 경우 상용주파수 이외의 주파수를 사용해야 하며, 궤도회로로서 AF(가청주파수) 궤도회로[3]장치 등을 필요로 한다.

④ 교류방식 구간과 기설된 직류방식 구간과의 교직접속점에는 여러 가지 문제가 있고, 열차운전에의 영향이나 경제성에 대하여 충분히 검토하여야 한다.

---

[2] 재점착특성(再粘着特性) : 동륜주 인장력(점착인장력) F_m이 μW_a보다 클 때 차륜은 공회전을 하게 되며, 공회전 속도가 증가함에 따라 인장력은 감소하고 공회전속도도 감속하게 된다. 공회전 속도의 감소와 동시에 전류는 증가하지만, μW_a는 커지고 공회전 속도는 0이 되어 재점착한다.

[3] AF 궤도회로 : 1,000[Hz] 전후의 반송주파수(搬送周波數)를 사용하는 방식이며, 궤도 회로의 1단에 송신기를 설비하고 신호현시에 대응하여 35[Hz](주의 신호에 대응) 및 20[Hz](진행 신호에 대응)로 변조하여 송신하고, 타단의 수신기에 의하여 궤도계전기를 동작시킨다. 무전류와 더불어 3위현시를 하고 있다. 이러한 방식에서는 회로의 구성이 복잡하고 값이 비싸나 소비전력이 적은 것, 다수의 정보를 보낼 수 있는 것, 제어 거리가 긴 것 등의 특징이 있다. 일반적인 구간에서도 차내 경보장치용으로 사용되며, 또한 ATC(automatic train control) 용의 궤도회로로서 사용되고 있다.

(3) 전압의 불평형

3상의 일반 전력망에서 단상부하를 취하면 전압의 불평형을 발생시킬 우려가 있다. 교류방식 전기철도에서는 일반적으로 3상전원에서 전력의 공급을 받으나, 전철 부하는 종래의 단상 전기로 및 용접기 등의 단상부하에 비하여 매우 크고, 더욱 변동이 심한 단상 부하이므로 전기공급사업자의 발전설비·송전설비 및 일반 수요가의 부하설비에 큰 영향을 주게 된다.

이와 같은 전압불평형의 경감을 위하여 급전용 변압기는 스코트(scott) 결선 변압기가 사용되며, 3상전력을 위상이 90° 다른 2상전력(T좌, M좌)으로 변환시킨다. 이 경우 각 부하가 평형할 때는 3상측도 평형한다. 또한 각 권선의 부하의 분담에 대해서는 방면별(方面別) 혹은 상하선별(上下線別)로 급전하여 부하를 나누는 방식이 이용된다.

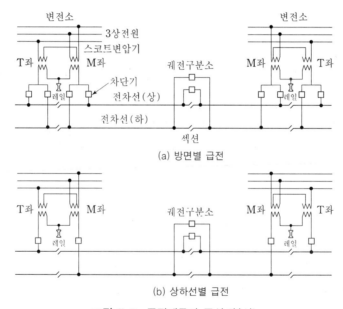

(a) 방면별 급전

(b) 상하선별 급전

그림 5-2 급전계통의 구성 (복선)

(4) 통신선의 유도장해

교류 급전회로에 의하여 통신선에 유도되는 장해에는 정전유도(靜電誘導)에 의한 것과 전자유도(電磁誘導)에 의한 것이 있다. 정전유도에 대해서는 통신선과 트롤리선을 멀리 떨어지게 하든가, 통신선을 케이블로 함에 따라 완전히 차폐할 수 있다. 그러나 전자유도에 의한 것은 간단히 제거할 수 없으며, 이를 경감시키는 목적으로 **흡상변압기**[4](booster transformer ;

---

4) 흡상변압기 : 권선비가 1 : 1로 구성된 변압기로 주요 설치 목적은 1차측은 전차선과 연결하고 2차측은 부급전선에 직렬로 접속하여 레일에 흐르는 귀선전류를 흡상시켜 대지로 누설되는 전류를 억제하고 통신선의 유도전압을 감소시킨다.

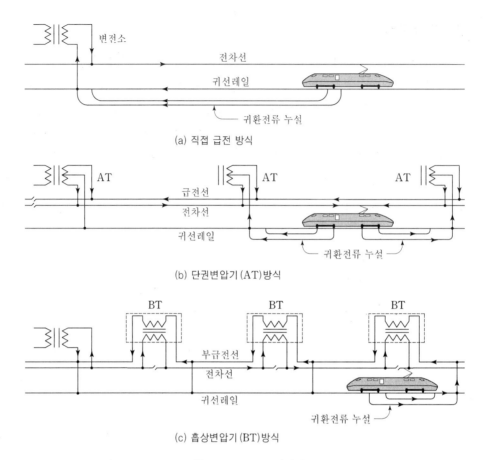

(a) 직접 급전 방식

(b) 단권변압기(AT)방식

(c) 흡상변압기(BT)방식

그림 5-3 교류 급전방식

BT)가 이용된다. 즉, 레일에 흐르는 귀선전류를 가능한 한 크게 하고, 대지에 누설되는 전류를 적게 함으로써 전자유도 전압을 적게 할 수 있다.

흡상변압기는 권선비가 1 : 1인 변압기이며, 1차전류와 2차전류가 같게 되는 성질을 이용해서 대지에 누설되려고 하는 귀선전류를 흡상선5)을 통하여 빨아올려(흡상하여) 부급전선(부궤전선)으로 흐르게 함으로써 전자유도를 경감시킨다.

통신선의 유도장해를 방지하기 위한 교류급전방식에는 흡상변압기(BT)방식 외에 단권변압기(AT)방식6)에 의한 방법도 있다.

─────────

5) 흡상선 : 레일과 부급전선 사이를 접속하는 전선이며, 귀선전류를 레일에서 부급전선으로 흐르게 하는 데 사용된다.

6) 단권변압기(AT)방식 : 급전선을 가설 전차선과의 사이에 약 10 [km] 간격으로 AT(Auto Transformer)를 설치하여 변압기 권선의 중성점을 레일에 접속하는 방식

5-3　전압강하

1️⃣　전압강하의 영향

전기차에 공급되는 전력은 양질의 것이어야 한다. 또한 전차선로의 전압강하는 가능한 한 작게 하는 것이 바람직하다. 전차선의 전압강하에 의한 영향은 다음과 같다.

① 전기차의 제어전원이나 보조기기의 운전확보를 할 수 없게 된다(전압강하의 허용한도는 직류 전기차의 경우 40~50 [%], 교류 전기차의 경우 20 [%] 정도이다).

② 주전동기의 속도특성을 유지할 수 없게 된다(전기차의 주전동기는 직권전동기이므로 같은 견인력에 대해 거의 전압에 비례하여 속도가 저하된다. 전차선 전압이 내려가면 주행시간이 길어지고 열차의 늦음, 전력소비의 증대 등 악영향이 생긴다).

2️⃣　전압강하의 대책

(1) 직류 급전계통

변전소 간격을 단축하든지 급전선을 증설하여 전차선로 저항을 저하시킨다.

(2) 교류 급전계통

선로 리액턴스를 작게 하기 위하여 직렬콘덴서를 전차선 혹은 부급전선에 분산설치하여 전압강하를 경감하고 있다.

5-4　전철용 변전소

1️⃣　전철용 변전소

(1) 직류 변전소 (DC substation)

전철용 직류 변전소는 송전망으로부터 일반적으로 3상 교류 특별고압으로 수전하여 변압기에 의하여 적당한 전압으로 강압하고, 실리콘정류기·수은정류기 등에 의하여 직류로 변환시켜 전차선로에 공급한다. 또한 전등·동력 및 신호장치의 전원 등에도 공급한다.

(2) 교류 변전소 (AC substation)

상용 주파수 단상교류 급전용 변전소는 직류의 경우와 같이 송전망으로부터 3상 교류 특별 고압으로 수전하여 단상 변압기·V결선 변압기·스코트 결선 변압기 등의 급전용 변압기로 단상 20~25 [kV]로 강압하여 전차선로에 직접 급전하는 방식이다.

주회로는 수전용 및 급전용 변압기·보호기기 등으로 구성되며 직류 급전용 변전소에 비해 설비가 간단하다.

(3) 단위 변전소 (unit substation)

단위 변전소는 간선의 여러 점에서 급전하는 방식으로서 주변압기 한 대로 된 변전소를 비교적 작은 간격(보통 10 [km] 이내)으로 분포시켜 한 개의 변전소가 정전이 되어도 운전에 큰 지장이 없도록 한 것이다.

단위 변전소의 특징은 변전소 간격을 단축하여 보호성능을 향상시키고, 전압강하를 적게 하

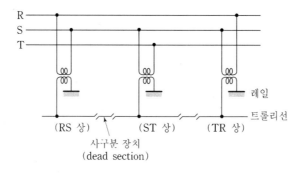

그림 5-4 단상변압기결선

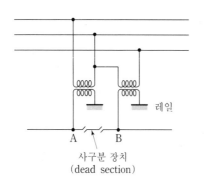

그림 5-5 V결선

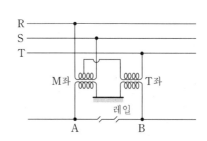

그림 5-6 스코트 결선

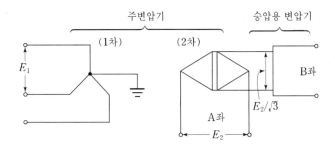

그림 5-7 변형 우드브리지 결선

며, 누설전류를 적게 할 수도 있다. 그리고 건설비를 절감할 수가 있고, 한 변전소가 정지한 경우에도 열차운전에 중대한 지장이 없도록 변전소 간격을 선택하며, 또한 원격제어의 방식을 취급할 수 있게 되어서 다수의 변전소를 집중제어하고, 혹은 무인변전소로 하여 인건비를 절감시킬 수 있다.

(4) 이동 변전소

이동 변전소의 설비는 변전소의 사고나 변전소의 용량이 임시로 증가하는 경우의 응급설비로서 변성설비를 차량상에 장비하든가 혹은 가반식으로 하여 차량 등에 적재하여 용이하게 운반할 수 있는 것이다. 이동 변전소는 형식상으로 분류하면 다음과 같다.

① 차량적재형 : 철도차량에 적재하는 것
② 부수차형 : 도로수송용에 트레일러(trailer)차에 적재하는 것
③ 가반형 : 실리콘정류기에 가장 많이 볼 수 있으며, 이것은 중량이 수은정류기에 비교하여 경량화된 것과 간단히 옥외 큐비클(cubicle)구조로 할 수 있는 등의 이점을 이용한 것이며, 필요에 따라 간단히 트럭이나 부수차 등에 싣고 이동할 수 있는 것이다.

❷ 변전소의 간격

변전소를 설치하는 장소나 간격은 선로의 상태, 운수(運輸)의 성질 및 사용전압 등에 따라 다르나, 어느 것이든 부하의 중심에 설치해야 한다. 간격은 평균전압강하 및 최대전압강하가 허용범위 내에 있도록 결정한다. 간격이 짧으면 전압강하는 적고 전력손실도 적으므로 급전선(궤전선)은 가늘어도 지장이 없으나 변전소의 수는 증가한다. 그래서 가장 경제적인 간격, 즉 변전소의 수를 결정하는 데 건설비 · 운전비 및 전력손실비의 합이 최소가 되도록 해야 한다. 그러나 위에 기술한 경제적 입장만으로는 가격을 결정하지 않고, 기술적 견지나 장래의 확

장도 고려하여 결정해야 할 필요가 있다. 즉 상당히 간격을 길게 하면 귀선의 전압강하가 크게 되어 전식의 피해가 증가하고, 전압강하 때문에 전차의 속도가 저하해서 표정속도를 유지할 수 없게 된다.

변전소 간격[7]의 대략적인 표준으로는 다음과 같다.

시가철도 : 2~5 [km]

교외 및 도시간철도 : (600[V])8~15[km], (1,500[V])10~25[km]

전기기관차구간 : 20~30 [km]

③ 변전소의 용량

직류 급전용 변전소의 용량은 예비용량을 포함하여 일반적으로 1시간 최대출력 또는 순시 최대출력을 기초로 결정한다.

1시간 출력은 변전소의 간격, 전기차의 특성, 선로상태, 운행계획 및 예상부하곡선 등을 이용하여 산출할 수 있으며, 순시 최대출력은 유사한 구간의 변전소 출력을 참고로 결정하는 방법과 변전소 급전 구간내의 각 열차의 운전전류를 순시값으로 집계하여 그 최대값을 결정하는 방법이 있다.

④ 변전소 기기의 구성

전기운전용 직류 변전소는 일반 전력망에서 송전선로에 의해 교류 특별고압으로 수전하고, 이것을 변압기로 적당한 전압으로 내려 실리콘정류기 등의 변성기기에 의하여 직류로 변환하여 전차선로에 급전하는 것이다. 또 필요에 따라 신호전원이나 역건물의 전등전원의 고압 배전선로에 배전한다. 그 구성의 일례로서 그림 5-8은 직류 변전소의 주회로, 그림 5-9는 교류 변전소의 주회로를 나타낸 것이다.

변전소의 주 변성기기의 용량은 부하에 견디는 것이어야만 하는 것은 물론이지만, 더욱 고장이나 점검이 가능하도록 적당한 장비를 갖추어야만 한다. 주 변성기기의 단기용량은 선구 (線區)의 특성에 따라 1,000~4,000[kW]의 것이 선택된다.

---

7) 변전소의 간격과 위치결정시 고려사항

① 수전할 수 있는 전원을 쉽게 얻을 수 있을 것

② 전차선로의 전압강하가 허용범위내에 있을 것

③ 전차선로의 단락사고를 검출하고, 이것을 차단할 수 있을 것

④ 용지입수의 난이도

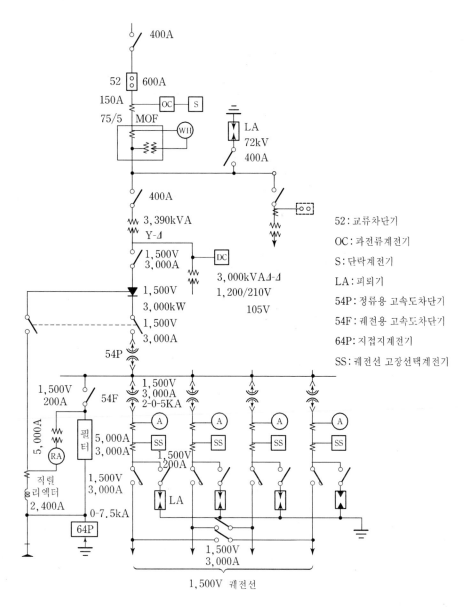

그림 5-8 직류 변전소 주회로(실리콘정류기)

변전소의 배치 및 구성에 대해 특이한 방식은 단위 변전소방식이다. 비교적 소용량의 변전소를 작은 간격으로 배치하고자 하는 것이며, 이 방식으로는 고장이나 점검시에 한 변전소를 멈추게 되는 경우에도 거의 운전에는 악영향이 없도록 변전소 간격이나 용량을 선택하고 있다. 따라서 주 변성기기는 한 대로 하고, 수전설비 기타의 부속 설비도 간단하게 할 수가 있는 등 건설비를 절감할 수 있다.

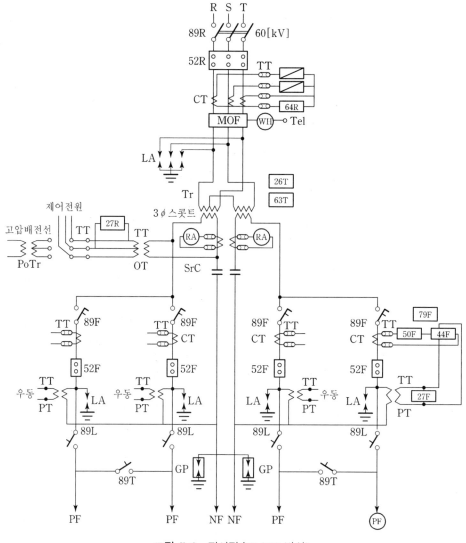

그림 5-9 전선접속도(BT 방식)

5 주변성기기의 정격

기기에 대해 지정된 조건에서의 기기의 사용한계를 **정격**(rating)이라고 하나 전철용 전기운전의 부하는 순시과부하나 변동이 크기 때문에 전철용 변전소의 주변성기기에는 특수한 정격이 사용된다.

(1) 공칭정격 (nominal rating)

이는 C종정격이라고도 하며, 정격출력에서 연속사용하여 기기의 온도가 일정하게 된 후 정격출력의 1.5배의 부하에서 2시간 연속사용하며, 더욱 계속하여 정격출력의 2배의 부하로 1분 간 사용하여도 실용상 전혀 지장없이 사용할 수 있는 정격을 말한다.

(2) D종 정격 (D-class rating)

이는 중부하 공칭정격이라고도 말하며, 공칭정격에서 1분간 견디어야 할 부하를 정격출력의 세 배로 한 것을 말한다.

(3) E종 정격 (E-class rating)

수은정류기의 표준규격으로 채용된 정격이며, 다음 두 종류의 과부하에 견디는 것으로 정하 고 있다.

① 정격출력전류의 1.2배로 2시간
② 정격출력으로 9분간, 정격출력전류의 세 배로 1분간을 10회 반복

표 5-2 주 변성기기 비교표(1,500 [V], 2,000 [kW] 중부하 공칭정격)

	회전 변류기	수은 정류기	실리콘 정류기
가격(비율)	100	50	50
중량(t)	약 24	2.5~4.0	1.5~2.0
효율(%)	약 90	약 95	약 98
기 동	복잡하다. 제동권선에 의해 유도전동기로서 기동한다. 40~60초를 요한다.	어느 정도 간단하다. 점호극 또는 점호자(이그나이트론일 경우)에 의해 음극점을 만들어 기동한다. 5초 이하이다.	간단하다. 전압을 인가하면 즉시 기동한다.
과부하한도	권선의 온도상승과 정류로 정해진다. 정류의 한도를 넘으면 정류자가 플러시오버하여 손상을 받지만 수리하면 사용할 수 있을 때가 많다.	역호의 발생확률로 정해진다. 단, 역호가 되어도 그 후의 사용에는 지장이 없다.	온도상승으로 결정된다. 한도를 넘으면 파괴되어 그다음 사용에 지장이 있을 때가 많다.
운전과 보수	브러시의 맞춤·교체가 필요하며 정류자면의 청소수리가 필요하다.	진공의 유지와 온도가 지나치게 낮지 않게 또 지나치게 높지 않게 유지할 필요가 있다.	온도를 지나치게 높지 않게 하면 된다. 역내전압을 넘는 이상전압이 인가되면 파괴될 염려가 있다.
회생제동용 역변환기로서 사용	직류측 전압이 높아지면 그대로 역변환기가 되므로 회생제동용으로 가장 적합하다.	음극과 양극과의 극성을 역접속하고 격자제어를 행하면 역변환기로서 사용된다.	역변환기로서 사용하기 위해서는 특히 제어 실리콘 정류소자를 사용해야 한다.

6장

철도신호

6-1 신호기

철도신호는 열차 또는 차량운전의 안전을 확보하고 또한 적극적으로 수송능률의 향상을 도모하기 위해 설정하는 것이다. 신호(信號)라 함은 통념적으로 어떤 사물을 언어나 문자가 아니고 미리 정해진 형상(부호)을 사용하여 시각(형, 색), 청각(음) 등에 의해 운전의 조건, 의지, 장소 등의 상태를 상대방에 지시 또는 표시하여 전달을 꾀하는 것이다.

신호기는 열차 또는 차량에 대하여 일정한 구역내를 운전할 때의 조건을 지시하는 장치이며, 운전 취급면에서의 분류·구조상의 분류·조작상의 분류 등에 의하여 분류된다.

① 운전 취급면에서의 분류

(1) 상치 신호기

지상에 상치(常置)하여 현시(現示)하는 것을 상치 신호기라고 하며, 다음과 같은 종류가 있다.

① 주신호기 : 장내, 출발, 폐쇄, 유도, 입환
② 종속신호기 : 원방, 중계
③ 신호부속기 : 진로 표시기

(2) 임시 신호기

선로의 고장 또는 수리를 위해 열차 또는 차량을 서행시킬 필요가 있는 장소에 임시로 현시
하는 신호기로서 서행 신호기, 서행 예고 신호기, 서행 해제 신호기 등이 있다.

② 구조상의 분류

(1) 색등식 신호기 (color light signal)

등의 광색에 의하여 신호를 현시하는 것이며, 단등형과 다등형이 있다.

① 단등형 : 한 개의 광원을 사용하고 다른 색을 내는 필터에 의하여 현시하는 신호기이다.
② 다등형 : 각각의 등마다 광원을 가지고 현시하는 신호기이다.

(2) 등열식 신호기 (position light signal)

빛의 배열에 의하여 현시하는 신호기이다.

(3) 크로스암식 신호기 (cross arm signal)

크로스암의 형상이나 위치에 의하여 현시하는 신호기이다. 신호현시에 대해서는 진행신호
(proceed signal), 감속신호(reduced speed signal), 주의신호(caution signal), 경계신호
(restricted speed signal) 및 정지신호(stop signal) 등이 있다. 그리고 진로에 열차 또는

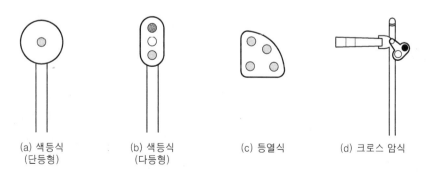

(a) 색등식   (b) 색등식   (c) 등열식   (d) 크로스 암식
(단등형)   (다등형)

그림 6-1 각종 신호기

차량이 있을 때, 이것을 상기하여(이 경우 제한속도 15 [km/h]) 진입하도록 지시하는 신호를 유도신호(calling-on signal)라 한다.

❸ 조작상의 분류

① 수동 신호기 : 신호 취급자의 판단에 따라 조작하는 신호기이다.
② 자동 신호기 : 궤도회로에 의해 열차를 검지하여 자동적으로 신호의 현시를 변화시키는 신호기이다.
③ 반자동 신호기 : 열차검지를 궤도회로로 행함과 동시에 신호 취급자도 조작할 수 있는 신호기이다.

6-2   폐쇄장치

폐쇄장치는 폐쇄구간을 정해서 열차의 추돌, 충돌 등을 방지하기 위한 것이다. 이 폐쇄구간의 길이는 폐쇄장치에 의해 정해지며, 특히 폐쇄구간의 길이는 열차의 운전시격(運轉時隔)과 밀접한 관련이 있다.

❶ 통표 폐쇄장치

역과 역 사이를 1폐쇄구간으로 하는 폐쇄장치이며, 단선구간에 사용된다. 이것은 역의 통표 폐쇄기와 역간의 폐쇄회선에 의해 구성된다. 장치의 폐쇄취급은 양 역간의 협의 및 통표 폐쇄기의 협동조작에 의해 그 구간의 통표를 한 개만 빼낼 수 있으며, 열차는 이 통표를 그 구간의 운행허가증으로 교부받아 이것을 가지고 운행한다.

❷ 연동 폐쇄장치

역과 역 사이를 1폐쇄구간으로 하는 폐쇄장치이고 단선구간에 사용되며 역간의 연속된 궤도회로와 양 역의 폐쇄지레, 양 역 간의 폐쇄회선 등에 의해 구성된다. 취급은 폐쇄지레를 양 역의 협의와 협동으로 조작하여 그 구간을 폐쇄시킨다. 연속궤도회로를 사용하기 때문에 열차 자체로서도 폐쇄를 유지할 수 있으며, 이것을 연동장치와 관련시켜 열차는 신호현시에 따라 운행한다.

3 연사 폐쇄장치

역과 역 사이를 1폐쇄구간으로 하는 폐쇄장치이며 단선구간에 사용된다. 이것은 양역에 설치되는 연사 폐쇄기와 폐쇄구간의 양단에 개전로식(開電路式) 및 폐전로식(閉電路式)으로 구성된 단소궤도회로(短小軌道回路) 및 양 역간의 폐쇄회선으로 구성된다. 이 폐쇄의 취급은 연동 폐쇄장치와 거의 같다. 또 단소궤도회로에 의해 폐쇄구간에의 열차의 진입·진출을 검지할 수 있으므로 이 구간의 폐쇄는 열차 자체에 의해 유지될 수 있다. 이 장치는 연속된 궤도회로를 역과 역 사이에 설치할 필요가 없으므로 설비는 연동 폐쇄식에 비해 간략화할 수 있다.

4 자동 폐쇄장치

자동 폐쇄장치는 폐쇄구간에 연속된 궤도회로를 설치하고 궤도회로에 의해 폐쇄구간의 열차의 유무를 검지하고, 이것에 의해 신호기를 자동적으로 제어하는 방식이다. 이 자동 폐쇄식은 복선구간·단선구간의 폐쇄방식으로 많이 사용되고 있다. 이 폐쇄장치는 다른 폐쇄장치와는 달리 역과 역사이를 수 개의 폐쇄구간으로 분할할 수 있으므로 열차의 운전시격을 단축하고 고밀도운전이 가능하게 된다.

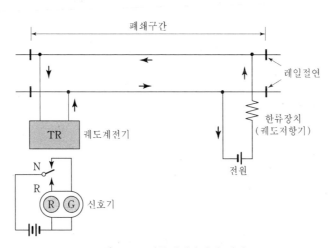

그림 6-2 자동폐쇄장치의 원리

6-3 진로 제어장치

1 연동장치

역 구내에서의 열차의 도착, 출발 또는 입환작업시의 신호기 및 전철기의 복잡한 취급을 안전하고 원활하게 하기 위해 신호기 및 전철기 상호간에 연쇄를 가지게 한 장치를 연동장치라고 한다. 이 쇄정관계를 한눈에 알 수 있게끔 한 것을 연동도표라고 한다. 이 연동장치는 쇄정의 종별에 따라 다음과 같이 분류된다.

① **기계 연동장치** : 전철기와 신호기의 레버를 모두 기계적으로 조작하며, 그 레버 상호간의 연쇄를 기계적으로 행하는 연동장치이다.

② **전기기계 연동장치** : 신호기를 전기적으로, 전철기를 기계적으로 조작하고 이들 레버 상호간의 연쇄를 기계적 및 전기적으로 행하는 연동장치이다.

③ **전기 연동장치** : 신호기와 전철기를 모두 전기적으로 조작하며, 이들 레버 상호간의 연쇄를 기계적 및 전기적으로 행하는 연동장치이다.

④ **계전 연동장치** : 제어반(制御盤) 상에 설치한 레버 및 누름버튼에 의해 신호기와 전철기 등의 제어를 행하며, 신호기·전철기 등의 상호간의 연쇄를 계전기군에 의해 전기적으로 행하는 연동장치이다.

또 이 연동장치는 신호기·전철기 등의 레버를 집중시켜 설치하고 이들 레버 상호간의 연쇄를 행하는 **제 1 종 연동장치**와 신호기와 현장취급의 전철기 간의 연쇄를 전기쇄정기 등에 의해 행하는 **제 2 종 연동장치**로 각각 세분된다.

2 계전 연동장치

계전 연동장치에서는 역의 선로도를 그린 제어반에 레버를 설치하고 이것의 조작에 의해 신호기, 입환표식 등이 제어된다. 이 제어반에는 열차의 유무, 진로의 구성, 신호기의 개통상황, 전철기의 개통방향 등이 표시된다. 취급자는 이 제어반에서 열차의 움직임을 감시할 수 있다. 또 제 1 종 계전 연동장치에서는 레버 및 누름버튼의 조작에 의해 관계전철기의 전환이 일제히 행해지며, 진로구분쇄정을 사용하므로 단시간에 능률적인 진로구성을 할 수 있다. 장치의 주요한 구성은 제어반, 계전기, 자동전압조정기, 정류기 등으로 이루어진다.

계전 연동장치는 신호기, 입환표식, 전철기 간의 연쇄를 계전기에 의해 전기적으로 행한다. 이와는 달리 다른 연동장치에서는 레버 상호 간의 연쇄가 기계적으로 행해진다. 따라서 계전 연동장치에서는 마찰 등에 의한 장해가 생기지 않고 전기결선상으로도 다른 연동장치에 비해 보안도가 가장 높다.

③ 자동열차 정지 및 제어장치

열차속도의 고속화, 열차운전의 고밀도화에 따라 신호현시를 승무원의 시각에 의해 확인하는 외에 직접 차상의 운전시에 경보를 전달하는 차내 경보장치와 브레이크 제어를 행하는 **자동열차 정지장치**(ATS), **자동열차 제어장치**(ATC)가 있다.

차내 경보장치는 지상 신호기가 정지 또는 경계를 알리는 신호현시(信號現示)일 때, 이 지상의 정보를 차상에 전송하여 벨, 버저 및 램프 등에 의해 운전승무원에게 경보를 주어 필요한 운전조작을 운전승무원에게 촉구하는 것이다. 차내 경보장치는 운전 승무원이 정지 신호를 무시 또는 오인하고 열차를 정치시키려고 하지 않을 경우에 경보를 주는 것이다. 만일 실신 등에 의해 정확한 판단을 하지 못할 경우에는 목적을 이룰 수가 없게 된다.

(1) 자동열차 정지장치 (ATS)

자동열차 정지장치(ATS)는 차내 경보장치에 브레이크 제어기구가 부가되어 열차가 정지신호를 현시하는 신호기에 접근하면 자동적으로 비상 브레이크가 작용하여 정지현시의 신호기의 직전에 열차를 정지시키는 장치이다. 이 자동열차 정지장치는 보통 점제어식이 사용되므로, 자동 브레이크가 일단 작용하면 신호기의 현시가 그 후에 허용쪽으로 변화되어도 열차가 정지될 때까지 브레이크는 완화되지 않는다.

(2) 자동열차 제어장치 (ATC)

자동열차 제어장치는 ATS에 더욱 운전능률의 향상을 가미한 장치이며, 이것은 열차속도를 차상에서 검지하여 이것과 지상에서 전송되는 그 구간의 허용 운전속도를 지시하는 신호를 항상 비교하여 열차속도가 허용속도를 넘으면 자동저으로 브레이크가 작동히고, 허용 속도보다 낮게 되면 브레이크가 완화된다.

6-4 궤도회로 (track circuit)

철도의 안전운전을 확보하기 위해 선로를 **폐쇄구간**이라 부르는 몇 개의 구간으로 나누어 하나의 폐쇄구간 내에는 한 열차밖에 들어가지 못하도록 하고 있다. 이 방식을 확실히 하기 위해서는 어떤 폐쇄구간에 열차의 유무를 검출할 필요가 있다. 이 목적을 위해 널리 쓰이고 있는 것이 **궤도회로**이다.

궤도회로에는 직류 궤도회로와 교류 궤도회로가 있으며, 교류 궤도회로에는 주파수에 따라 25(30)[Hz], 50(60)[Hz], 83.3(100)[Hz], 100(120)[Hz] 궤도회로와 AF(가청 주파수) 궤도회로가 있다.

① 직류 궤도회로

이것은 각 폐쇄구간마다 레일을 절연하고 이것을 회로의 일부에 이용하는 것으로, 그림 6-3과 같이 구간의 일단에 전원을 놓고 구간의 다른 끝에 놓은 궤도계전기를 동작시키는 것으로 구간내에 열차가 없으면 계전기의 코일에 전류가 흘러 계전기는 항상 여자되어 있고 진행을 현시하고 있으나, 열차가 레일 간을 단락하면 무여자로 됨에 의하여 열차의 유무를 검지할 수 있는 폐전로식 궤도회로가 구성되어 있다. 이러한 폐전로식에서는 신호전원의 고장, 정전 및 회로의 단락 혹은 단선의 경우에도 궤도계전기는 무여자로 되어 정지를 현시하므로 안전을 확보할 수 있다. 이러한 직류 궤도회로는 비전화구간 및 교류 전화구간의 구내 등에 사용된다.

② 상용주파수 궤도회로

직류 전화구간 및 비전화구간에 사용된다. 제어구간 길이는 단레일식에서 20~500[m], 복레일식에서 200~2,000[m]이다.

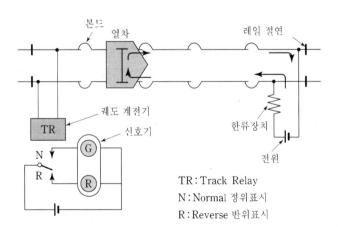

그림 6-3 직류 궤도회로

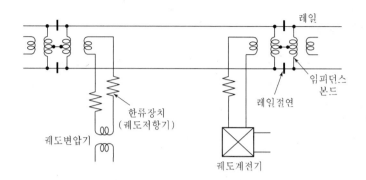

그림 6-4 상용 주파수 궤도회로

6-5 궤도회로의 구성기기

궤도회로(track circuit)의 구성기기는 궤도회로의 종류에 따라 다르지만 공통적인 것은 다음과 같다.

① 궤도 신호등 변압기

궤도회로의 송전 및 신호등의 전원으로 사용한다. 2차측에는 전류나 위상을 조정하기 위하여 궤도 리액터 또는 궤도 저항기를 접속한다. 용량은 650 [VA], 1차전압 110 [V]이고 단권전압 30 [V], 동전류 3.33 [A], 2차권선전압 30 [V], 동전류 3.33 [A], 3차권선전압 18 [V], 동전류 24 [A]이다.

단권권선 및 2차권선은 신호등용이고 3차권선은 궤도 송전용이다.

② 레일절연

레일절연에는 여러 가지 형식이 있으나 키스톤형(F형)과 웨이버형(특 E형)이 사용되고 있다. 웨이버형은 특히 내구성을 필요로 하는 개소에 사용된다.

③ 본 드

본드(bond)는 레일을 전기적으로 접속하기 위해 사용된다. 귀선전류 및 신호전류를 홀리기 위한 본드를 **레일본드**(rail bond)라고 하며, 신호전류 전용의 것을 신호본드라고 한다.

④ 임피던스 본드

전기철도에서는 주행레일을 귀선로로 이용하고 있기 때문에 레일에는 신호전류와 귀선전류가 흐른다. 궤도회로의 경계점에 임피던스 본드(impedance bond)를 설치해서 귀선전류는 통하게 하는데 신호전류는 인접 궤도회로에 유입되지 않도록 한다. 그림 6-5와 같이 내철형(內鐵形)의 성층철심(成層鐵心)에 1차권선과 2차권선을 감고, 2차권선의 양단은 좌우의 레일에 각각 접속하고 중성점(中性点)은 인접구간의 2차권선의 중성점과 연결되어 있으므로 귀선전류는 2차권선의 중성점에서 반대방향으로 흐르게 되므로 레일에 절연이 있어도 귀선전류는 통과한다. 신호전류는 2차권선을 일관하여 흐르므로 다음의 구간에서는 흘러들지 않는다. 따라서 신호전류만이 절연 차단된다.

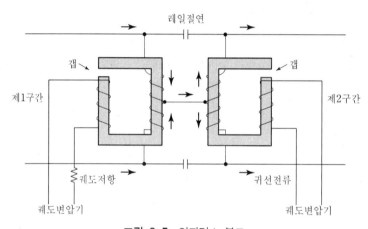

그림 6-5 임피던스 본드

⑤ 궤도계전기

교류 궤도회로의 착전측(着電側)에 설치하여 열차 또는 차량의 유무를 검지하기 위한 계전기이며, 널리 사용되고 있는 것은 성층철심을 가진 국부코일과 궤도코일 및 철심의 공극간을 회전하는 알루미늄 날개판을 가지고 있다.

궤도계전기에서는 궤도회로의 전압으로 여자되는 궤도코일과 궤도변압기의 2차전압으로 여자되는 국부코일에 의하여 발생하는 이동자계로써 날개판을 상방 또는 하방으로 회전시킨다. 이에 의하여 개폐의 접점을 만들 수가 있다. 궤도코일이 무여자일 때는 토크를 발생하지 않고 이들 2개의 접점은 동시에 개방되므로 이러한 원리에 의한 궤도계전기에서는 무전류접점을 얻을 수 있음에 따라 3위식으로 할 수 있다. 완동계전기는 무여자로 되어도 0.3~0.6초간은 그의 접점을 유지하도록 사용되며 3위색 등 신호기의 제어에 이용된다.

7장

특수철도

7-1 강삭철도

철도는 레일과 바퀴 사이의 점착력(粘着力)에 의해 달리므로 선로의 구배가 가파르면 운전이 불가능해진다. 그러므로 구배가 가파른 곳을 오르기 위해서 강삭철도가 사용된다. 강삭철도는 산 위에 설치한 권상기에 의하여 강삭(wire rope)에 연결한 차량을 끌어올리든가 혹은 끌어내리게 하는 철도이며, 일반적으로 케이블 카(cable car)라 한다. 권상기용의 전동기에는 보통 3상 유도전동기가 사용되고, 때로는 레오너드 제어방식에 의한 직류전동기가 사용된다.

그림 7-1 케이블 카(설악산)

강삭철도의 선로구배는 산 밑은 완만한 구배이고 산 정상에 가까워짐에 따라 차차급구배가 된다. 이 급구배의 비는 1 : 2.5 이하이고 최급구배는 35° 이하로 하면 좋다.

7-2 가공삭도 (aerial ropeway)

레일 대신으로 공중에 강삭(wire rope)을 가설하고, 여기에 보통철도나 강삭철도의 차량에 대응하는 운반기(gondola)를 매달아서 사람 또는 물건을 운반하는 시설이며, 법규상 일반적으로 공중케이블 또는 로프웨이(rope way)라 불리고 있다. 문이 있는 상자형의 운반기를 사용하는 보통삭도와 스키 리프트(ski lift)라는 좌석식의 운반기를 사용하는 특수삭도로 분류할 수 있다.

운반기의 운전방식에 따라 교주식(交走式)과 순환식(循環式)으로 나눈다. 교주식은 예인삭(曳引索)의 양끝에 운반기를 매달아 두 정류장 사이를 왕복하는 것이고, 순환식은 일정한 간격을 두고 연속적으로 운반기를 내보내는 방식이다. 또 구조상으로 사용하는 강삭의 수에 따라 단선식·복선식·3선식·4선식으로 나누어진다.

그림 7-2 가공삭도

7-3 무궤도 전차 (trolley bus)

가공 복선식의 전차선에서 차량의 집전장치를 통해 전력공급을 받아 레일을 이용하지 않고 도로상을 주행하는 버스형의 전차(電車)이다. **트롤리 버스**(trolley bus)라고도 부르며 성능상으로 노면전차와 버스의 중간적인 것이다.

(1) 노면전차와 비교한 이점

① 궤도가 필요하지 않으므로 운전상 기동성이 풍부하다.

② 궤도가 필요하지 않으므로 건설비 및 보수비가 적다.

③ 타이어와 노면과의 마찰계수가 크므로 가·감속도를 크게 할 수 있다.

④ 고장차가 있어도 후속차에 영향을 미치지 않는다.

⑤ 전식의 염려가 없다.

(2) 노면전차와 비교한 단점

① 고무 타이어의 저항이 크므로 소비 전력량이 크다.

② 차체가 고무 타이어로 대지에서 절연되어 있으므로 누전방지에 특별한 주의가 필요하다.

③ 한쪽 운전대이므로 좁은 도로상에서의 반환운전을 할 수 없다.

④ 운전조작이 복잡하다.

그림 7-3 무궤도 전차 (미국 샌프란시스코)

7-4 모노레일 (mono-railway)

　모노레일(單軌道)은 1903년 독일의 우페르탈(Wuppertal)에서 건설된 현수식 모노레일이 처음이다. 종래의 철도가 일정한 간격으로 된 두 개의 강철 레일 위를 강철제 바퀴를 가진 차량이 주행하는 데 대하여 모노레일은 높은 지주(支柱) 위에 콘크리트 빔(beam)을 설치하고, 한 개의 궤도 위에서 주행하는 대차를 가진 차량에 의한 수송기관이며, 구조상으로는 그림 7-4와

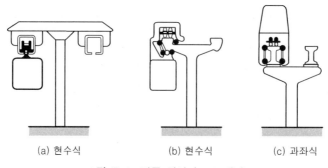

| (a) 현수식 | (b) 현수식 | (c) 과좌식 |

그림 7-4 각종 형식의 모노레일

같이 지상에 가설된 빔에 차체가 매달려서 운행하는 현수식 모노레일(overhead suspended monorail : 그림 7-4(a), (b) 참조)과 빔 위에 차체가 올라타서 운행하는 과좌식(跨座式) 모노레일(straddled monorail : 그림 7-4(c) 참조) 등이 있다.

지하철도·고가철도에 비해 용지비·건설비가 적고 건설공기가 짧으며, 열차운행시 소음이 적고 도로 위나 하천 위도 이용할 수 있어 점유면적이 적다는 것 등의 특색을 지닌 제3의 철도라고 할 모노레일이 최근 세계적으로 주목을 끌어 연구개발이 급속도로 진행되어 관광설비의 영역을 탈피하여 본격적인 도시 교통기관으로써 실용단계에 들어갔다.

7-5 자기부상식 철도

차륜과 레일 사이의 마찰을 이용하는 철도에서의 최고속도는 $300 \, [\text{km/h}]$ 정도가 한계로 생각되고 있다. 이 속도를 초과할 수 있는 것의 하나로서 자기부상식(磁器浮上式) 철도가 대두되어 1955년대 말부터 실험에 들어갔으며 미래의 초고속 열차방식으로서 개발되고 있다.

1 부상방식

(1) 흡인식

그림 7-5와 같이 차 위의 전자석으로 철레일을 흡인함으로써 부상하는 것으로 갭(gap) 검출기에 의해 전자석과 철판과의 사이에 갭을 검출하여 갭이 $10 \sim 20 \, [\text{mm}]$ 정도가 되도록 전류를 제어한다. 차 위의 전자석에 철심을 쓰기 때문에 무겁게 되는데 정지 중에도 부상하고 있을 수가 있다.

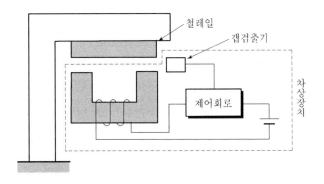

그림 7-5 흡인식 자기부상의 원리

(2) 반발식

차 위와 지상의 자석에 의한 반발력으로 부상하는 것으로 실용으로서는 그림 7-6과 같이 지상에는 단락한 코일만을 두고 주행 중에 차 위의 전자석의 자속이 지상의 코일에 유기하는 기전력에 의해 흐르는 유도전류를 이용한다. 차 위에 전자석으로서는 초전도 코일을 사용함으로써 철심을 사용하지 않도록 구성할 수 있으나 100 [km/h] 정도까지의 저속시에는 부상하지 않고 고무 타이어 방식의 보조차륜으로 주행하고 고속이 되면 부상한다.

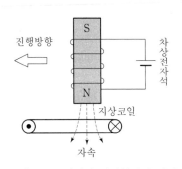

그림 7-6 반발식 자기부상의 원리

❷ 추진방식

(1) LIM (Linear Induction Motor)

유도전동기의 원리를 사용한 것으로 그림 7-7과 같이 지상의 코일로 3상교류를 사용하여 이동자계를 발생시켜 차 위의 도체에 흐르는 유도전류에 의해 추진력을 얻는 것으로 그림과는 반대로 지상에 도체를 놓고, 차 위의 코일로 이동자계를 만들도록 하여도 좋다.

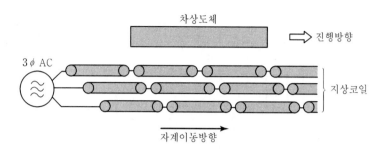

그림 7-7 LIM의 원리

（2） LSM（Linear Synchronous Motor）

동기전동기의 원리에 의한 것으로 그림 7-8과 같이 차 위의 전자석을 지상의 이동자계로 이동시키는 것이다. 차 위의 전자석은 초전도코일을 사용하여 무철심으로 할 수가 있다.

LIM, LSM 양방식 모두 차량의 속도는 주파수에 비례하므로, 주파수 변환에 의하여 속도제어를 한다.

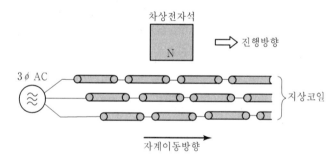

그림 7-8 LSM의 원리

③ 차 량

ML－500이라 부르는 실험차는 길이 13.5［m］, 폭 3.72［m］, 높이 2.9［m］, 무게 약 10［t］이며, 그림 7-9에 그 구조를 나타낸다. 차 위에는 부상용 및 추진용의 초전도 코일 각 두 개가 있으며, **크라이오스테트**라 부르는 극저온 용기 내에 모아 수용되고 있다. 크라이오스테트 내에는 액체헬륨이 주입되고 코일은 한 번 여자되면 초전도에 의해 전류가 계속 흘러 전자석으로 하기 위한 전원을 차 위에 가질 필요는 없다.

제동은 회생제동이 주로 사용되며 발전제동도 사용이 되는 외에 비상용으로 지상에는 부상용 및 추진용의 지상코일이 있으며, 추진용 코일에는 변전소에서 전류가 공급된다.

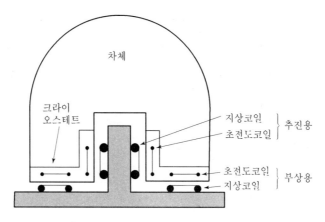

그림 7-9 실험차량의 구조도

4️⃣ 전 원

그림 7-10은 전원의 구성도이며 송전선에의 영향을 적게 하여 양호한 파형을 얻기 위해 전동기와 발전기로 120 [Hz]의 3상교류를 만들어 두 대의 사이크로 컨버터에 의해 약 0∼30 [Hz]의 3상교류를 만들고 있다. 전주행구간은 29.4 [m]씩의 소구간으로 나누며 차량의 주행에 따라 순차적으로 각 소구간의 개폐기를 제어하여 급전한다. 주파수는 속도에 비례하며 이 실험차량에서는 500 [km/h]에 대하여 33.1 [Hz]가 된다.

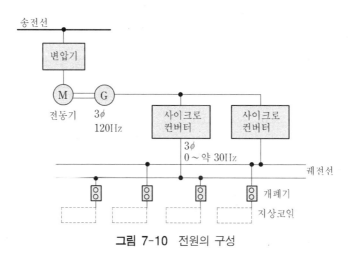

그림 7-10 전원의 구성

5️⃣ 실험결과

실험차량은 거리가 약 7 [km]인 일본 미야자와껜 히무께시에 니찌도미본선과 평행하게 건설하였다. 1977년부터 실험을 개시하여 차차 속도를 늘려 1979년 12월 21일에 최고속도 517 [km/h]를 기록하였다. 지금까지의 실험은 무인차에 의한 것으로 1980년도에 유인화 실험을 위한 차량 및 주행궤도의 개수를 하여 1980년 11월에 신형차 MLU−001에 의한 실험이 개시되었다. 신차량에서는 부상용과 추진용을 겸한 초전도 자석으로, 궤도단면을 U자형으로 추진용 지상코일은 양측면에 설치하여 차량단면을 유효하게 이용하고 있다.

연습문제

1. 전기철도의 장점에 대하여 열거하여라.

2. 궤도의 구성 3요소는 무엇인가?

3. 표준궤간은 몇 [mm]인가?

4. 복진지란 무엇인가?

5. 완화곡선이란 무엇인가?

6. 팬터그래프의 습동판의 압력은 몇 [kg] 정도인가?

7. 캔트(cant)란 무엇인가?

8. 슬랙(slack)이란 무엇인가?

9. 전차선의 가선방식 세 가지는 무엇이며 그 종류를 쓰고 간략하게 설명하여라.

10. 제 3 궤조방식이란 무엇인가?

11. 강체 조가식이란 무엇인가?

12. 레일본드란 무엇인가?

13. 임피던스 본드란 무엇인가?

14. 전식에 대하여 간략하게 설명하여라.

15. 통신선의 유도장해를 방지하기 위한 방법에 대하여 간략하게 설명하여라.

16. 교류 전기차의 이점을 열거하여라.

17. 표정속도란 무엇인가?

18. 궤간 1 [m]이고, 1,270 [m]인 곡선궤도를 64 [km/h]로 주행하는데 적당한 고도

[mm]는?

19. 고도가 10 [mm]이고 반지름이 1,000 [m]인 곡선궤도를 주행할 때, 열차가 낼 수 있는 최대속도 [km/h]는?(단, 궤간은 1,435 [mm]로 한다)

20. 전기기관차가 2,000 [kg]의 견인력으로 속도 80 [km/h]로 달리고 있을 때의 출력은?

21. 열차의 자중이 100 [t]이고, 동륜상의 중량이 70 [t]인 기관차의 최대견인력 [kg]은? (단, 궤조의 점착계수는 0.2이다)

22. 중량 50 [t]인 전동차에 3 [km/h/s]의 가속도를 주는데 필요한 힘 [kg]은?

23. 전기 열차에서 전기 기관차의 중량 150 [t], 부수차의 중량 550 [t], 기관차 동륜상의 중량 100 [t]이다. 우천시 올라갈 수 있는 최대구배 [‰]는?(단, 열차저항은 무시한다. 우천시 부착계수는 0.18이다)

24. 30 [t]인 전차가 30/1,000의 구배를 올라가는데 필요한 견인력 [kg]은?(단, 열차저항은 무시한다)

25. 35 [t]의 전차가 20 [‰]의 경사궤도를 45 [km/h/s]의 속도로 올라갈 때, 필요한 견인력은 몇 [kg]인가?(단, 주행저항은 5 [kg/t]이라 한다)

26. 자중이 25 [t]이고, 승객 및 기타의 무게가 5 [t]인 전차가 1/30의 구배를 가진 궤도상을 30 [km/h]의 속도로 내려갈 때, 등속도로 내려가기 위한 브레이크력은 몇 [kg]으로 하면 되는가?(단, 열차저항은 7 [kg/t]이라 한다)

27. 열차의 자중이 100 [t]이고, 동륜상의 중량이 90 [t]인 기관차의 최대견인력 [kg]은?(단, 레일의 부착계수는 0.2로 한다)

5편

전기화학

전기화학의 기초

1-1 수용액

기체, 액체 및 고체 중의 어떤 형태를 가진 합금물이 액체와 혼합되어 균일한 상태의 혼합물을 만드는 현상을 **용해**(dissolution)라고 하고, 이와 같이 용해된 액체를 **용액**(solution)이라 한다. 그리고 이 때에 용해되는 물질을 **용질**(solute)이라고 하며, 용해시키는 물질을 **용매**(solvent, 공업에서는 용제라고도 한다)라 한다. 용액은 용매의 종류에 따라서 용매가 물인 **수용액**(aqueous solution)과 용매가 물이 아닌 **비수용액**(non-aqueous solution : 알코올용액, 질산용액 등)으로 분류되지만, 일반적으로 수용액을 용액이라고 부르는 경우가 많다.

1-2 전리와 전도

1 전리 (electrolytic dissociation)

산, 염기 및 염류가 물에 녹을 때 분자의 일부분이 양이온(cation)과 음이온(anion)으로 분해하는 것을 **전리**(electrolytic dissociation)라고 한다. 전리하는 비율을 **전리도**(degree of dissociation)라 하며, 그 대소로서 전해질을 구별한다.

예를 들면 1[mol/l][1] 농도의 용액에서 전리도 $\alpha < 0.01$이면 약전해질, $\alpha = 0.01 \sim 0.1$을 중전해질, $\alpha > 0.1$을 강전해질이라고 한다.

② 전도도

(1) 비전도도 (specific conductivity)

전해질(電解質)[2] 용액에 전압을 걸면 양이온과 음이온은 각각 음극 또는 양극을 향해서 영동(泳動)한다. 이것을 **전해전도**라 한다. 그림 1-1에서와 같이 양극간의 전해액의 전저항을 R라 하고, 이를 콜라우쉬 브리지(Kohlrausch Bridge)를 사용하여 교류로써 측정하면 용액의 비저항(resistivity) ρ[$\Omega \cdot cm$], 극간거리 l[cm], 단면적 S[cm^2]와의 사이에는 다음과 같은 관계가 있다.

$$R = \rho \frac{l}{S} = \frac{1}{k} \cdot \frac{l}{S} \tag{1-1}$$

단, k는 비저항의 역수이며 **비전도도**(conductivity)라고 부르며, 용액 1[cm^3]의 도전율을 나타내고 단위는 [$\mho/cm$]이다.

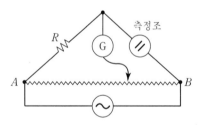

그림 1-1 도전율 측정장치

(2) 당량 전도도 (equivalent conductivity)

비전도도는 부피가 같은 용액에 대한 상호 도전도의 대소를 비교한 것이지만, 용액에 포함되어

---

1) 몰(mol) : 1몰은 원자량의 기준에 따라 탄소의 질량수 12인 동위원소 ^{12}C의 12[g] 중에 포함되는 원자의 수(아보가드로 수)와 같은 수의 물질 입자를 포함하는 물질의 집단을 말한다.

미터, 킬로그램, 초, 켈빈, 칸델라 및 암페어와 더불어 7가지의 기본단위인 법정 계량단위이다.

2) 전해질(電解質) : 물 등의 극성 용매에서 이온화되어 전기전도를 하는 물질을 말한다. 공유결합성이 강하여 분자를 잘 만드는 물질은 용액 속에서도 거의 전리하지 않으므로 비전해질(非電解質)이라고 부른다.

있는 이온의 수를 같게 해서 도전율을 비교하는 것으로 **당량전도도**(equivalent conductivity)와
분자전도도(molecular conductivity)가 있다. 앞의 것을 Λ(람다), 뒤의 것을 μ(뮤)로 표시하
면 다음과 같은 관계식이 성립한다.

$$\Lambda = k V_e$$

$$\mu = k V_m \tag{1-2}$$

단, V_e 및 V_m은 각각 용질 1[g] 당량 및 1몰(mol)을 포함하고 있는 용액의 부피(ml)이다.

③ 이동도 (mobility)

전리하고 있는 양이온과 음이온이 어느 속도로 전기를 운반할 수 있는가의 정도를 **이동도**
(mobility)라 하며, 단위는 [cm^2/s·V]이다.

기체·액체·고체 내에서 이온·전자·콜로이드 입자 등 전하를 가진 입자가 전기장 때문
에 힘을 받을 때, 그 평균이동속도 v와 전기장의 세기 E의 관계는 $v = uE$로 정의되며, 이
식의 계수 u가 이동도이다.

1-3 전극전위

전극전위(electrode potential) 및 단극전위(single electrode potential)란 고체·액체·
기체 등과 그 이온을 함유하는 용액을 접촉시킬 때, 양자의 경계면에 나타나는 접촉전위차를
말한다. 예를 들어 전극 또는 단극의 금속상(金屬相)의 내부전위 Ψ_{I}, 용액상(溶液相)의 내
부전위 Ψ_{II}라고 하면, 전극전위는 다음과 같다.

전극전위 = 금속상전위 (Ψ_{I}) − 용액상전위 (Ψ_{II})

전극전위와 단극전위는 원래 같은 의미로 사용되고 있으나 단극전위라 하는 말은 평형상태
에 있는 전극의 전위라는 의미를 내포하고 있으며, 전극전위라고 하는 경우에는 전극반응이
일어나고 있는 동적(動的)인 경우의 전위를 가리키는 때가 많다. 따라서 전극 또는 단극의 금
속상을 평형상태에 중점을 둘 때의 전위를 단극전위, 비평형상태에 중점을 둘 때의 전위를 **전
극전위** 또는 **분극전위**(polarization potential)라고 부른다.

1-4 전해질의 활동도

이온 사이의 상호작용 때문에 양론적(量論的) 농도 c 를 열역학적으로 보정한 농도를 **활동도**(activity) 또는 **활량**(活量)이라고 하며, 활량 a 는 다음과 같이 표시된다.

$$a = \gamma c \tag{1-3}$$

여기서 γ 를 **활동도계수**(activity coeffient) 또는 **활량계수**라고 하며, 활동도와 농도의 차이를 나타낸 척도임과 동시에 이온 간의 상호작용의 척도도 된다.

1-5 계면전기현상

금속 전극이 전해액에 침적되면 금속상의 전하 때문에 전해액 중에 있는 반대 부호를 가진 이온이 계면(界面)[3]에 끌려 전극과 전해액 중에 각각 전하층이 형성된다. 이것을 **전기 2중층**(electrical double layer)이라고 하며, 이 때문에 여러 가지 특이한 현상이 일어나는데 이를 통틀어 **계면전기현상**(interfacial electrical phenomena)이라고 한다. 이 계면전기현상은 다시 계면정전현상과 계면동전현상으로 나눌 수 있다.

계면정전현상(electrostatic phenomena)은 전극을 구성하고 있는 두 상(相), 즉 전극과 전해질이 상대적 운동을 하지 않을 때 나타나는 전기현상을 말하며, **전기모세관현상**과 접촉전위(接觸電位)[4]가 여기에 해당한다.

계면동전현상(electrokinetic phenomena)은 계면에 있는 두 상(相) 사이에 상대운동이 있는 경우의 전기적 현상을 말하며, 여기에는 **전기침투·전기영동** 등이 있다.

1️⃣ 계면동전위 (electrokinetic potential)

그림 1-2에 나타낸 것과 같이 계면전기(界面電氣) 2중층이 생겨 있는 계에서 2중층 내부의

---

3) 계면(interface) : 물질에는 기체상·액체상·고체상의 3상이 있는데, 이 중 2개의 상 사이에 생기는 경계면이 계면이다. 계면 중에서 한쪽 상이 기체상일 때는 액체의 표면 또는 고체의 표면과 같이 표면이라는 호칭을 쓰는 경우가 많다.

4) 접촉전위(接觸電位) : 서로 다른 2종의 금속을 접촉시키면 그 계면에 전위차가 생기는데, 이것을 접촉전위차라 한다.

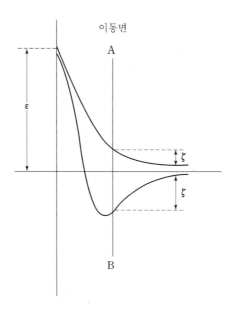

그림 1-2 제타(ζ) 전위와 입실론(ε) 전위

전하 가운데 액체상이 고체상에 대해 평행하게 이동하는 경우, 고체상에 고정된 전하는 움직이지 않지만 용액 내부에 있는 가동부분이 이동하기 때문에 여기에 전위차가 생긴다. 이 경우에 생기는 전위차를 **계면동전위**(electrokinetic potential) 또는 **제타(ζ) 전위**라고 부른다. 이것에 대해서 금속과 전해질 용액의 사이에 생기는 단극전위를 **계면정전위** 또는 **입실론(ε) 전위**라 부른다.

② 전기침투 (electro osmosis)

그림 1-3과 같이 액을 다공질의 격막으로 막고 그 양측에 직류전압을 걸면 격막을 통해서 액체는 한 쪽으로 이동하여 수위는 높아진다. 이 현상을 **전기침투**(electro osmosis)라 한다.

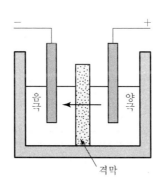

그림 1-3 전기침투

이것은 격막의 모세관의 경계면에서 전기 이중층이 존재하므로 전계 중에서 액중 전하가 이동하고 이것에 수반하여 액체가 이동하게 된다.

액이 음, 양 어느 극으로 이동하는가는 격막의 성질에 의해서 결정된다. 또 중금속 염류의 액중에 가는 구멍이나 격막을 가진 것으로 막고 양측에서 직류전압을 가하면 일반적으로 격막의 양극으로 향한 면에 금속 또는 그 산화물을 석출하게 되고, 음극으로 향한 면에 가스를 발생하게 된다. 이것을 총칭하여 넓은 의미의 **전기영동**이라 한다.

전기침투는 전해 콘덴서 제조용, 재생 고무의 제조, 점토의 전기적 정제, 전기선광법 등에 응용되고 있다.

❸ 전기영동 (electrophoresis)

액체 중에 분산되고 있는 콜로이드(colloid) 입자의 표면에도 전기 이중층이 존재하여 정 또는 부의 전하가 나타난다. 이러한 용액에 직류전압을 가하면 이온이 이동하듯이 입자가 이동한다. 이것을 **전기영동**(electrophoresis, cataphoresis)이라 한다. 원리적으로는 전기침투와 거의 같지만, 이 경우에는 입자가 이동하는 것이다. 전기영동은 점토나 흑연의 정제, 전착도장 (전기영동도장) 등에 사용된다.

❹ 전기투석 (electrodialysis)

전해질 용액을 다공질 격막으로 막고 전극에 가한 직류전압에 의해 이온을 이동시켜 용액에서 전해질을 제거하는 것을 **전기투석**(electrodialysis)이라고 한다. 장치는 그림 1-4와 같이 2매의 격막으로 구분한 3실조가 사용되며, 양극측의 양성막에는 양이온만을 선택적으로 투과시

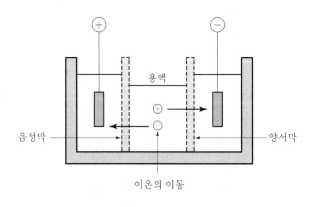

그림 1-4 전기투석

키며, 음극측의 음성막에는 음이온만을 선택적으로 투과시키도록 되어 있다.

전기투석법은 바닷물에서 순수한 물을 얻는 것과 바닷물을 농축하여 식염을 제조하는 것 이외에 포도당, 과당, 혈청, 아교, 안료, 단백질 등의 정제(精製)에 응용된다.

1-6   액간 기전력

두 개의 서로 다른 단극(單極)을 조합하면, 이 전지(電池)의 열린 회로전압은 원리적으로 두 단극의 평형전위의 차와 같게 된다. 그러나 실제의 열린 회로전압은 두 단극의 평형전위차와 정확하게 같지는 않다. 이것은 두 단극을 접속할 때(일반적으로 농도 또는 종류가 다른 두 개의 전해질용액이 접촉하면) 그 접촉면에 특정한 전위차가 생기기 때문인데, 이 기전력을 **액간 기전력**(liquid junction potential)이라 한다.

일반적으로 액간기전력은 그 값이 작아서 $50\,[\mathrm{mV}]$ 정도를 넘는 경우는 드물지만, 전지의 기전력을 측정하여 이로부터 단극전위 또는 전지반응의 여러 가지 열역학적 수치들을 구하는 경우에는 이 액간 기전력을 무시할 수 없다.

1-7   금속전극의 분극전위

1 과전압

일반적으로 단극(전류를 흘리는 경우에는 일반적으로 전극이라 부른다)에 있어서 완전히 비분극성(非分極性)인 전극은 존재하지 않으며, 일반적으로 단극을 통해서 전류가 흐르는 경우에 그 전극과 용액의 사이에 어떤 비가역(非可逆) 과정이 존재하게 되고 이 때문에 전류의 방향과 반대로 작용하는 전위차가 생긴다. 이 현상을 분극(polarization)이라 부른다. 이와 같은 비가역과정에 의해서 생기는 분극에 대항해서 소정의 전류를 흘리기 위해 필요한 과잉의 전압을 **과전압**(over voltage)이라 하며, 분극을 일으키는 단극을 **분극성 전극**(polarizable electrode)이라 한다. 과전압 η(이타)는 전해시(電解時)에 각 단극에서 어떤 전기화학반응이 실제로 어떤 속도 i로 일어나는 전위 E(즉, 외부의 전류 i를 흘릴 때의 전위)와 그 반응의 평형전위 E_{eq}의 차를 말한다.

$$\eta = E(\text{전해전위}) - E_{eq}(\text{평형전위})$$

② 과전압의 원인

(1) 농도 과전압

전류가 통과할 때 전극표면 부근에 있는 반응 생성물의 활동도(또는 농도)가 변화해서 이것을 보충하는 데에 과잉전압이 요구되는 것이다.

(2) 천이 과전압 (또는 전하이동 과전압)

전위결정이온(전하)이 계면(界面)을 지나서 천이반응(遷移反應) 또는 전하이동반응이 일어나기 위해 과잉전압이 요구되는 것이다.

(3) 저항 과전압

전극에 저항물질이 생성되었을 때, 이것을 극복해서 반응이 일어나기 위해 과잉전압이 요구되는 것이다.

(4) 결정화 과전압

전극금속의 결정화 또는 비결정화하는데 요구되는 과잉전압이다.

1-8 전기분해

두 개의 전극을 어떤 이온 도전체 중에 넣고, 그 양단을 통해서 이온 도전체내로 임의의 양(量)의 직류 또는 교류를 강제적으로 통해 주면 두 전극에서 전기화학반응이 일어나서 목적하는 생성물을 얻게 되는데, 이를 **전기분해** 또는 **전해**(electrolysis)라 한다. 이때 사용하는 이온 도전체가 수용액이면 수용액전해, 용융염이면 용융염전해라 하며, 이외에 무기 및 유기의 비수용액인 경우에는 비수용액전해라고 부른다.

수용액전해는 가장 흔한 방식이며, 수용액에서의 전기화학반응은 외부에서 통해 주는 전류에 의해서 일어나며, 반응속도는 온도·농도·전압·전극재질·전위 등에 의해 영향을 받는다. 또 이 반응속도는 전자의 흐름, 즉 전류로 표시되며, 일어난 전기화학반응의 양은 다음과 같은 **패러데이의 법칙**(Faraday's law)에 의해서 계산된다.

전해질용액을 전기분해할 때는 다음과 같다.

① 전극에서 석출(析出)하는 물질의 질량은 용액을 통과한 전기량과 물질의 원자량에 비례하고, 그 물질의 원자값에 반비례한다.

② 1[g] 당량(當量)의 물질을 석출시키는데 필요한 전기량은 물질의 종류에 관계없이 일정한 값을 지닌다. 즉 전기분해에 의해 분해되는 물질의 양은 전극의 형태나 물질의 종류·농도 등에 관계없이 그 물질의 원자론적 성질(원자량·원자가)만으로 결정된다.

1[g] 당량의 물질을 석출하는 데에 소요되는 전기량을 **패러데이 상수**라고 하며, 물질의 성질에 관계없이 일정하며, 1[Faraday ; F]라고 부르며, 96,500[coulomb ; C=A·s]에 해당한다.

i[A]를 패러데이 전류, t[s]를 시간, M[g]을 생성물의 양이라고 하면 다음과 같은 식이 성립된다.

$$M = ZQc = Zitc \tag{1-4}$$

단, c : 전류효율(current efficiency)

Z : 전기화학당량(1[C]의 전기량에 의해 석출되는 물질의 양) [g/C]

2장

전 지

2-1 전지의 분류

물질의 화학반응 또는 물리반응에 있어서 방출하는 에너지를 직접 전기에너지로 변환하는 장치를 **전지**(電池)라고 하며, 화학반응에 의한 전지를 화학전지, 물리반응에 의한 전지를 **물리전지**라고 한다.

화학전지는 열에너지를 경유하지 않고 음(-)극에서 전기화학적 산화반응이 일어나고 양(+)극에서 전기화학적 환원반응이 일어날 때의 자유에너지를 직접 전기에너지로 끌어내는 것이다. 이 경우에 반응이 불가역(不可逆)이어서 재생할 수 없는 형의 것을 **1차 전지**라고 하며 그 대표적인 것으로 망간건전지(mangan drycell) 등이 있다. 또 반응이 가역적이며 외부에서 에너지를 부여함으로써 재생할 수 있는 형의 것을 **2차 전지**(축전지)라고 하며 그 대표적인 것에 연축전지·알칼리축전지 등이 있다.

연료전지(fuel cell)는 원리적으로 화학전지와 같이 작용물질이 전지 내에 고정되어 있는 것이지만, 외부에서 작용물질을 끊임없이 전지 내에 연속으로 공급하여 반영구적으로 전지로서 사용할 수 있다는 것이 화학전지와 다른 점이며, 넓은 의미에서는 1차 전지의 일종이라고 할 수 있다.

물리전지는 물질의 외부에서 빛, 방사선, 열 등의 불안정한 상태로 유지하여 이것이 안정된 것으로 변하는 과정의 에너지를 직접전류로 끌어내는 장치이다. 이 물리전지 중에서 현재 실용화되어 있는 것은 태양전지(solar cell)이며 태양광의 에너지를 직접 전기에너지로 변환하는 것이다.

전지의 전극(電極) 호칭법은 혼동하기 쉬운데, 전위가 높은 쪽을 '+'극, 양극 또는 캐소드(cathode)라 하며, 전위가 낮은 쪽을 '−'극, 음극 또는 애노드(anode)라고 한다. 그런데 캐소드와 애노드는 분야에 따라 정반대의 의미를 갖게 된다. 즉 전지에서는 캐소드가 양극 애노드가 음극이지만, 전해조 또는 전자관에서는 반대로 캐소드가 음극, 애노드가 양극의 뜻으로 사용된다.

표 2-1 각종 건전지의 비교

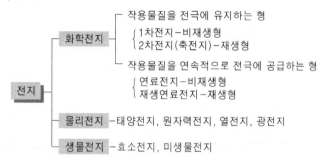

	MnO$_2$ 전지	공기전지	HgO 전지
양극	MnO$_2$	O$_2$	HgO
음극	Zn	Zn	Zn 분말
전해액	NH$_4$Cl + ZnCl$_2$	NH$_4$Cl	KOH + ZnO
개로전압	1.6	1.4	1.3
방전전압(평균)	1.0	0.9	1.0
전류밀도(mA/cm^2)	5.−	1.−	10.−
방전전압종말	0.8	0.7	0.9
방전진입곡신	경사	약간 경사	평탄
외형	원통형, 적층형	원통형	원판형, 원통형
능률이 좋은 방전시간	5~10	100~1,000	10~15
양극활물질의 이용률	20~50 [%]	100 [%]	70~90 [%]
보존성	6~24개월	6~24개월	6~24개월
W/kg	1~10	0.1~1	5~20
Wh/kg	10~30	30~100	30~80
가격	가장 염가	염가	고가

2-2 전지의 구성과 구비조건

전지(電池)는 산화환원반응[1](oxidation-reduction reaction)에서 발생하는 전자를 외부 도선과 연결하여 흐를 수 있도록 한 것이며, 이온화 경향이 커서 전자를 도선으로 내어주고 산화되는 쪽을 **음극**(anode)이라 하고 반대로 외부 도선으로부터 전자를 얻어서 환원되는 쪽을 **양극**(cathode)이라고 한다.

전지의 기본적인 구조는 **분리막**(separator)으로 서로 떨어진 양극(cathode)과 음극(anode)이 **전해질**(electrolyte) 속에 담겨져 있는 형태로 되어 있다. 분리막은 양극과 음극이 직접 닿지 않도록 격리시키는 역할을 한다. 이와 같이 전지는 양극, 음극, 분리막, 전해질로 구성된다. 이러한 전지의 구성 요소들은 용도나 목적에 맞게 제작된 케이스나 절연체에 담겨져 있는데, 이렇게 구성된 하나의 전지 셀(cell)을 단전지(single cell)라고 한다. 보통 전지라고 하면 이러한 단전지를 두 개 이상 연결해 놓은 집합체를 의미하지만 단전지를 포함해서 모두 전지라고 부르는 것이 일반적이다.

음극에서 전자 친화력이 큰 산화제(酸化劑)에 의하여 산화반응을 통해 방출된 전자는 전지 외부에 연결된 도선을 통해 부하를 거쳐서 양극으로 도달한 후 전자 친화력이 작은 환원제(還元劑)에 의하여 환원반응을 일으킨다. 이때 전지 내부, 즉 전해질 속에서는 양이온과 음이온이 이동하며 계속해서 산화환원반응이 일어나도록 한다. 이 과정에서 그림 2-1과 같이 양극에서 음극 방향으로 음(−)이온이 반대로 음극에서 양극 방향으로 양(+)이온이 이동하게 되며, 이러한 과정을 통해 전류가 흘러나오는 것을 **방전**(放電)이라고 한다.

방전 과정을 통해 계속되던 전하의 흐름은 더 이상 산화환원반응이 일어나지 않게 되는 시

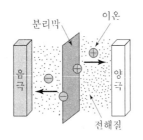

음극:산화되기 쉬운 금속
　　　(이온화 경향이 큰 금속)
양극:환원되기 쉬운 금속
　　　(이온화 경향이 작은 금속)
전해질:질산 암모늄, 묽은 황산과 같이
　　　이온화가 잘 되는 물질

그림 2-1 전지의 구성

---

1) 산화환원반응 : 전자의 이동으로 산화와 환원을 동시에 일으키는 반응을 말하며, 반응에서 한 물질이 전자를 받아 환원되려면 반드시 다른 물질은 전자를 잃고 산화되어야 하기 때문에 산화환원반응은 항상 동시에 일어난다.

점에서 멈추게 된다. 이때 전지의 수명이 끝나 더 이상 사용할 수 없는 것을 1차전지, 반대로 충전이라는 과정을 통해 재사용이 가능한 전지를 2차전지라고 한다. **충전**(充電)은 방전과는 반대로 외부전원을 통해 전자를 반대로 흐르게 해줌으로써 양극과 음극이 가지고 있던 원래의 화학적 상태를 복원시켜 주는 것을 말한다.

환원제 N_1이 N_2의 상태가 되는 변화에 의하여 전자를 유리(遊離)하여

$$N_1 = N_2 + ne^-$$

(예 : $Zn = Zn^{2+} + 2e^-$)

가 되어 유리하는 전자를 외부도선에 의해 외부로 끌어내어 산화제 P_1쪽으로 보내어

$$P_1 - ne^- = P_2$$

(예 : $Zn + Cu^{2+} = Zn^{2+} Cu$)

가 되어 전기에너지가 발생한다. 여기서 물질 N_1, P_1을 전지의 **활물질**(活物質) 또는 **작용물질**이라고 하며, N_1은 **음극**(負極) **활물질** P_1은 **양극**(正極)**활물질**이라고 한다.

위와 같은 전지구성의 조건을 충족시키는 것만으로는 실용적인 목적을 달성할 수가 없고, 다음의 구비조건을 고려에 넣지 않으면 경제적으로 만족한 것이 되지 못한다.

① 기전력(개로전압)이 클 것
② 소량의 활물질로 가급적 많은 전기량을 공급할 수 있을 것
③ 내부저항이 적을 것
④ 자기방전이 적고 저장성이 우수할 것
⑤ 염가일 것

2-3 전지의 용량과 효율

전지를 일정전류로 방전하면 전압이 점차 낮아져 결국 그 전류를 지속할 수 없게 된다. 이때의 전압을 **방전종지전압**(end voltage of discharge)이라 하고, 이 규정전압으로 내려갈 때까지의 전기량은 전류 I[A]와 방전지속시간 t[h]와의 곱인 It, 즉 **암페어 · 시 용량** [Ah]으로 표시한다. 전기적인 일은 그 값에 방전 중의 평균전압을 곱한 양, 즉 **와트 · 시 용량** [Wh]으로 표시하나, 실용전지에서는 이 양을 전지의 중량 [kg]으로 나눈 값, 즉 전지 1[kg]당의

일량을 **중량효율**(weight efficiency)이라고 하며, 보통 축전지는 $10 \sim 30\,[\mathrm{Wh/kg}]$ 정도인데, 이 값을 크게 하려면 방전전류의 발생에 작용물질, 즉 활물질이 충분히 이용될 수 있도록 조치해야 한다. 전류의 발생이 이상적으로 되는 경우에는 패러데이의 법칙에 의해 전극의 활물질이 $1\,[\mathrm{g}]$ 원자반응에 따라 $nF(F=26.80\,\mathrm{Ah})$의 전기량이 얻어진다(n은 원자가). 그러나 실제로는 활물질의 전부가 반응에 이용되는 것이 아니므로 유력하게 작용하는 백분율, 즉 **작용률** (coefficient of use ; 이용률)은 일반적으로 작다. 작용률은 음극과 양극이 각각 다르고, 방전의 상태에 따라서도 차이가 있다.

2-4 분극과 감극제

전지의 작용률이 적은 원인은 전지를 방전하면 전극에 석출된 물질이 다시 이온으로 용해되거나 전해액 농도의 감소 등에 따라 역방향의 기전력, 즉 **분극**(polarization)이 생겨서 전압이 저하되기 때문이다. 이와 같은 분극에는 위에서 말한 바와 같이 여러 가지가 있으나, 전지에서 일어나는 분극의 원인에는 H^{+}가 양극에서 방전하고 H_2로 되는 경우가 있다. 이것을 방지하기 위해서는 양극에 산화제를 쓰는데 1차 전지에서는 이 산화제를 특히 **감극제**[2](depolarizer) 라 하며, 건전지에서 사용하는 2산화망간은 그 한 예이다. 전지의 화학분극은 전류밀도가 크면 증가하므로 양극의 작용 면적을 될 수 있는 대로 넓게 하고 강한 전류로 방전하지 않는 것이 바람직하다. 또 건전지와 같이 페이스트(paste)[3] 모양의 전해액을 사용하면 이온의 확산이 곤란해져서 농도분극(concentration polarization)이 일어나므로 가급적 양극물질을 다공질로 하고, 극판을 얇게 하여 확산을 손쉽게 하며 강한 전류로 방전하지 않게 한다.

그리고 전지의 내부저항은 전극, 전해액 및 격리판의 세 개로 되어 있으나 전극 자체의 저항은 극판의 표면적에 반비례하고, 전극 지지물과 활물질과의 밀착성에도 관계가 있다. 또 전지의 방전 생성물에는 저항이 큰 물질이 많으므로 방전의 진행에 따라 내부 저항이 커져 방전의 끝판에는 저항이 두 배 정도로 되는 것이 많다.

---

2) 감극제(減極劑) : 전극에서 분극을 감소시키는 물질을 말하며, 복극제(復極劑) 또는 소극제(消極劑)라고도 한다.

3) 페이스트(paste) : 건전지나 습식 전해콘덴서에 있어서 전해액의 취급을 용이하게 하기 위해 녹말 등에 섞어서 만든 풀 모양의 물질

2-5 국부전지와 자기방전

1 국부전지 (local cell)

지금 미량의 Ni^{2+}를 가진 H_2SO_4 수용액 중에 Zn을 담그면, 이온화 경향은 Ni가 Zn보다 적으므로 다음과 같은 치환반응에 의해서 Zn 위에 Ni이 석출된다.

$$Ni^{2+} + Zn \rightarrow Ni + Zn^{2+}$$

이렇게 되면 Zn면 위에 전위가 다른 Ni 부분이 형성된다. 이와 같은 전지를 **국부전지**(local cell)라 한다. 전해액 중의 H^+는 국부전류에 의해 Ni 위에서 방전하고, 수소가스를 발생하며, 이 때의 국부전지반응은 다음과 같다.

$$Zn + 2H^+ \rightarrow Zn^{2+} + H_2$$

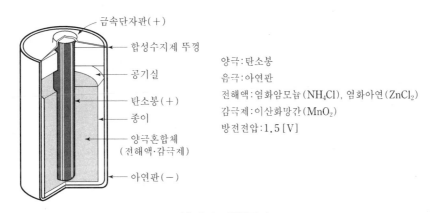

양극 : 탄소봉
음극 : 아연판
전해액 : 염화암모늄(NH_4Cl), 염화아연($ZnCl_2$)
감극제 : 이산화망간(MnO_2)
방전전압 : 1.5 [V]

금속단자판(+)
합성수지제 뚜껑
공기실
탄소봉(+)
종이
양극혼합체
(전해액·감극제)
아연판(-)

그림 2-2 국부전지

2 자기방전 (self discharge)

국부전지와 같이 Zn판 위에 Ni가 석출되면 Zn - Ni의 국부전지가 형성되지만, Zn의 용액에 의해 생긴 전류는 외부로 끌어낼 수 없으므로 Zn은 자기소모되어 버린다. 이와 같은 현상을 **자기방전**(self discharge)이라 하고, 실용전지에서는 가끔 이 Ni와 같은 수소 과전압이 적은 불순물에 의한 자기방전이 일어난다. 많은 1차전지가 Zn을 음극으로 사용하는데, 그 표면처리로 Hg를 묻혀서 아말감(Amalgam)[4]으로 한다. 그 이유는 Zn보다 수소 과전압이 큰 Hg

---

4) 아말감(Amalgam) : 백금, 철, 니켈, 망간, 코발트 등을 제외한 타금속과 수은의 합금

에 의해서 음극 자신의 수소 과전압을 크게 하며, 그리고 Zn에 포함되어 있는 불순물을 아말 감표면에서 용출제거하는 데 있다.

전지의 자기방전은 이와 같이 전기화학적 원인뿐만 아니라, 전극활물질(electrode active material)이 받는 기전반응 이외의 여러 가지 화학적 원인이 있다. 예를 들면 활물질의 전해액 중에서의 용해, 전해액과의 화학반응, 전해액 중의 불순물이온의 산화환원반응 등을 들 수 있다. 연축전지 중에서 Fe^{2+}는 양극에 환원해서 스스로 Fe^{3+}로 된 후 음극에 접하면, 이것을 산화하여 자신은 다시 Fe^{2+}로 되어 양극을 왕복하면서 자기방전을 일으킨다. 알칼리를 전해액으로 하는 전지에서는 공기 중의 탄산가스를 흡수하여 탄산염을 만들어 기전반응을 방해하고, 전기저항을 증대시키므로 주액구멍에 자동밸브를 붙여서 밀봉한다. 또 전지의 조립불량, 장기사용으로 내부도체의 단락, 혹은 집합전지의 경우 상호절연불량 등에 의한 누설전류 등도 자기방전의 원인이 된다.

2-6 1차전지

1 망간 건전지 (mangan dry cell)

이 전지는 (−)아연/염화암몬용액/2산화망간·탄소(+)로 구성되어 있으며, 1868년 프랑스의 르클랑셰(Georges Leclanché)에 의해 고안되어 르클랑셰 전지라고도 한다. 르클랑셰(Leclanché)가 발표한 것은 소위 습전지(濕電池)였으나 그후 20년을 지나 미국의 가스너(Gassner)가 전해액을 석고로 굳히고 아연음극을 원통모양의 용기로 사용하여 액이 유출되지 않는 구조인 건전지(乾電池)로 만드는데 성공하였다.

망간 건전지는 음극에 아연(Zn), 양극에 탄소(C)봉, 전해액으로는 염화암모늄(NH_4Cl)과 염화아연($ZnCl_2$)의 혼합물을 사용하며, 감극제(減極劑)로서 이산화망간(MnO_2)을 사용한 것이다. 방전전압은 1.5 [V] 이다.

이 건전지의 화학반응계는

$$(-)Zn \,/\, NH_4Cl, \ ZnCl_2 \ 혼합수용액 \,/\, MnO_2 \cdot C \,(+)$$

로 표시할 수 있으며 기전반응은 다음과 같다.

$$음극반응 : \ Zn \ \rightarrow \ Zn^{2+} + 2e^-$$

$$양극반응 : \ 2MnO_2 + H_2O + 2e^- \ \rightarrow \ Mn_2O_3 + 2OH^-$$

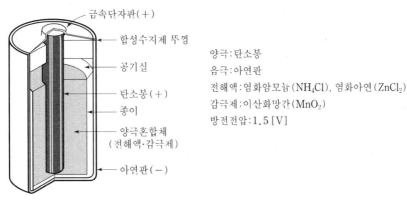

그림 2-3　망간 건전지의 구조

양극 : 탄소봉
음극 : 아연판
전해액 : 염화암모늄(NH_4Cl), 염화아연($ZnCl_2$)
감극제 : 이산화망간(MnO_2)
방전전압 : 1.5 [V]

이 반응의 결과로 생성되는 $Zn(OH)_2$는 NH_4Cl과 반응하여 이온을 형성해서 용해되는 것으로서 이 전지의 기본반응은 2[F]의 전기량에 대하여 다음 식으로 주어진다.

$$Zn + 2NH_4Cl + 2MnO_2 \rightarrow Zn(NH_3)_2Cl_2 + Mn_2O_3 + H_2O$$

이 전지의 용도로서는 휴대용 라디오, 손전등, 완구, 시계 등 매우 광범위하게 이용되고 있다.

② 공기전지 (air cell)

공기 중의 산소를 감극제로 사용하는 것으로 망간 건전지와 동일한 조성의 혼합제를 쓰는 **공기건전지**(air dry cell)와 전해액으로 수용액을 쓰는 **공기습전지**(air wet cell)가 있다. 모두 양극에는 촉매작용을 하는 활성화된 탄소를 써서 공기 중의 산소를 흡착하여 기전반응을 원활하게 하며, 음극에는 아연을 사용한다.

공기전지의 기전반응은 다음 식과 같다.

음극반응 : $Zn \rightarrow Zn^{2+} + 2e^-$

양극반응 : $O + H_2O + 2e^- \rightarrow 2OH^-$

이 반응에서 $Zn(OH)_2$가 생성되나, 이것은 전해액, 즉 염화암모늄(NH_4Cl) 또는 수산화 나트륨($NaOH$)에 용해되고, 기본 화학반응은 2[F]의 전기량에 대해 다음과 같이 된다.

$$Zn + 2NH_4Cl + O \rightarrow Zn(NH_3)_2Cl_2 + H_2O$$

$$Zn + 2NaOH + O \rightarrow Na_2ZnO_2 + H_2O$$

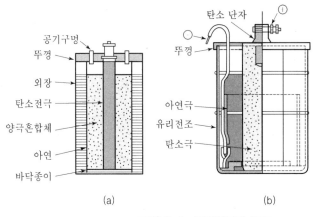

그림 2-4 공기전지의 구조

이 반응에 필요한 O_2 는 탄소양극에 붙어 있는 O_2 에 의하여 공급되나 방전에 의해서 이 O_2 는 급격히 소모되어 전압이 저하된다. 그러나 소모에 따라 탄소는 공기 중에서 새로운 O_2 를 흡착해서 보급하므로 그다지 크지 않은 방전전류로는 전압의 시간적 저하가 적어 일정전압을 유지할 수 있다.

공기전지의 특징은 다음과 같다.

① 방전시에 전압변동이 적다.
② 사용 중의 자기방전이 적고 오랫동안 보존할 수 있다.
③ 온도차에 의한 전압변동이 적다.
④ 내한, 내열, 내습성을 가지고 있다.
⑤ 용량이 커서 경제적이다.

그러나 중부하 방전이 안되며, 공기습전지는 휴대하기가 불편하다는 결점이 있다. 따라서 공기습전지는 과거에 거치용 건전지로서 전화, 통신용으로 사용되었으나 현재는 거의 사용되지 않고 있다. 공기건전지는 장기간 안정동작을 요하는 통신용 전원, 보조전원 등에 사용된다.

③ 수은 전지 (mercury cell)

음극에 아연(Zn)분말, 양극에 산화수은(HgO), 감극제로는 산화수은에 흑연을 혼합한 것이며, 전해액은 수산화칼륨(KOH)과 산화아연(ZnO)을 물로 혼합하여 구성한 1차전지이다. 기전력을 사용하는 동안 거의 일정하며 약 $1.35\,[\mathrm{V}]$ 이다.

이 전지는 미국의 루벤(S. Ruban)이 발명한 것이며 2차세계대전 중 맬로리(P. R. Mallory)

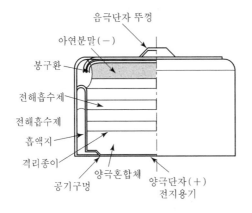

음극단자 뚜껑
아연분말(−)
봉구환
전해흡수제
전해흡수제
흡액지
격리종이
공기구멍
양극혼합체
양극단자(+)
전지용기

양 극 : 산화수은
음 극 : 아연분말
전해액 : 수산화칼륨(KOH)
산화아연(ZnO)
감극제 : 산화수은(HgO)과 흑연

그림 2-5 수은전지(원통형)

사에서 제조·판매되었다. 발명자의 이름을 따서 **루벤전지** 또는 이름의 머릿글자를 따서 **RM전지**라고도 하며, 산화수은(HgO)을 활물질로 사용되므로 **산화수은전지**라고도 하고 있다. 이 전지의 특징은 다음과 같다.

① 용적(容積) 및 중량(重量)당 전기용량이 크다.

② 방전전압의 변화가 적다(연속방전이거나 간헐방전이거나 간에 유사한 방전곡선이 얻어진다).

③ 개로전압이 일정하다.

④ 고온도에 견딘다(100 [°C]를 넘는 고온에서도 완전히 사용할 수 있다).

⑤ 보존성이 좋다(자체방전이 적어 제조 후 1년을 경과하여도 제조시 용량의 약 5% 정도밖에 저하율을 나타내지 않는다).

그러나 가격이 비싼 것이 결점이다. 이 전지의 기전반응은 다음 식과 같다.

$$\text{음극반응} : Zn + 2OH^- \rightarrow ZnO + H_2O + 2e^-$$

$$\text{양극반응} : HgO + H_2O + 2e^- \rightarrow Hg + 2OH^-$$

따라서 2[F]의 전기량에 대해 이 전지의 기본화학반응은 다음 식과 같다.

$$Zn + HgO \rightarrow ZnO + Hg$$

이 방전특성은 위 식에서 알 수 있는 것과 같이, 방전에 의해서 도전성이 나쁜 감극제 산화수은(HgO)이 수은(Hg)으로 환원되어 저항이 감소되므로 방전전압의 변화가 적고, 평탄한 방전곡선이 되며, 과대한 방전전류를 흐르게 하지 않는다면 1.1~1.2[V] 부근에서 일정한 방전전압곡선을 얻을 수 있다. 전자기기의 발달에 따라 보청기, 휴대용 소형 라디오, 각종 측정용기기, 카메라, 휴대용 전자 계산기 등에 사용된다.

2-7   2차전지

전기기기의 조작 및 제어용, 통신용, 비상조명용 등의 전원으로 사용하기 위하여 설치한 것을 고정 설치 축전지라고 하며 납 축전지와 알칼리 축전지가 사용되고 있다.

축전지는 화학반응을 응용하여 직류전력의 충전과 방전을 반복할 수 있는 전기 화학기기이며 일반 전기기기와 같이 상태의 변화가 소리나 냄새, 움직임의 변화가 나타나지 않는다. 무리한 취급을 해도 즉시 사용불능이 되는 일은 드물고 장기적인 경과를 거쳐 치명적인 현상으로 표면화되는 일이 많다.

축전지 설비는 여러 개의 단전지(cell)를 직렬로 접속하여 구성되며 모두가 동시에 불량해지는 고장은 드물다.

1 납 축전지(lead storage battery)

(1) 구조

납 축전지의 양극(cathode)은 이산화납(PbO_2)을 극판에 입힌 것이고, 음극(anode)은 해면(海綿) 모양의 납이며, 비중이 1.2~1.3인 황산용액의 전해액에 들어 있다. 그 주요 구성부분은 극판, 격리판(separator), 전해액, 케이스의 네 부분으로 되어 있다.

① 극판(極板) : 양극판(positive plate)은 기판(基板)인 납(Pb) 위에 기전반응을 일으키는 활물질 이산화납(PbO_2)을 부착시킨 것이며, 작용면적을 될 수 있는 대로 넓게 하여 큰 전류를 얻고, 또한 충방전에 의한 체적변화로 일어나는 붕괴 및 탈락을 적게 하여 수명을 길게 하기 위하여 다음과 같이 여러 가지의 종류가 개발되어 있다.

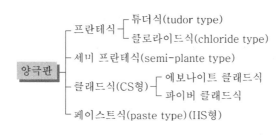

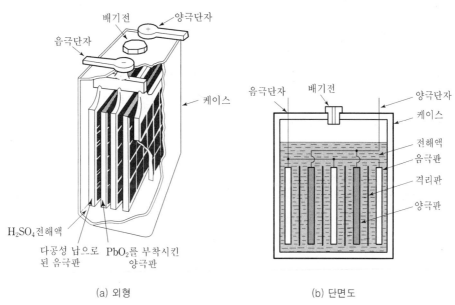

(a) 외형 (b) 단면도

그림 2-6 납 축전지의 구조

음극판(negative plate)은 회백색의 해면(海綿) 모양의 납(Pb)이며, 납 산화물을 전해 적으로 환원시켜 만든다.

② **격리판(separator)** : 격리판[5]은 양극과 음극의 단락을 방지하고 활물질(活物質)을 보호하기 위한 것으로서 내산성(耐酸性) 및 내산화성(耐酸化性)이 우수하며, 축전지에 유해한 물질을 용출(溶出)하지 않는 절연재료로 만들어진다. 활물질 입자의 통과를 방지함과 동시에 전해액의 침투성이나 확산이 좋은 다공(多孔) 또는 미공(微孔)조직을 가진 것으로 목재(木製), 펄프, 페놀(phenol)수지, 함침섬유 및 이들과 병용되는 유리매트 등이 사용된다.

---

5) 격리판(separator) : 양극 PbO_2와 음극 Pb는 모두 고체이기 때문에 극 칸막이(격리판)가 별도로 필요없으나 다만 두 전극의 직접접촉을 방지하기 위해 절연재료인 나무 또는 유리 섬유 등을 극 사이에 끼운다.

③ **전해액** : 납 축전지의 전해액은 묽은 황산(H_2SO_4)이 사용되며, 그 농도는 전지의 종류에 따라 약간씩 다르나 27~30[%] 정도이다. 전해액 비중의 허용범위는(20[°C]로 환산하여) 다음과 같다.

> CS형 : 1.215 ± 0.01
> HS형 : 1.240 ± 0.01

④ **케이스** : 케이스는 극판, 격리판 및 전해액 등을 수용하는 용기로서 설치용으로는 유리케이스, 자동차용 등의 이동용으로는 에보나이트 케이스, 합성수지 케이스 등이 사용된다. 개방형은 케이스의 상부에 뚜껑이 없는 것이며, 밀폐형은 전지 충전시에 발생하는 산무(酸霧)를 완전히 제거하고 전지내부의 발생가스에 외부로부터의 인화(引火)를 방지할 수 있도록 되어 있는 구조의 것이다.

(2) 특 성

① **기전반응** : 납 축전지는 다음과 같은 가역반응을 한다.

$$\text{음극반응} : \quad P_b + SO_4^{2-} \underset{\text{충전}}{\overset{\text{방전}}{\rightleftarrows}} P_bSO_4 + 2e^-$$

$$\text{양극반응} : \quad P_bO_2 + 4H^+ + SO_4^{2-} + 2e^- \underset{\text{충전}}{\overset{\text{방전}}{\rightleftarrows}} P_bSO_4 + 2H_2O$$

따라서 기본화학반응은 2[F]의 전기량에 대해서 다음과 같이 된다.

$$\underset{\text{(음극)}}{P_b} + \underset{\text{(전해액)}}{2H_2SO_4} + \underset{\text{(양극)}}{P_bO_2} \underset{\text{충전}}{\overset{\text{방전}}{\rightleftarrows}} \underset{\text{(양극)}}{P_bSO_4} + \underset{\text{(전해액)}}{2H_2O} + \underset{\text{(음극)}}{P_bSO_4}$$

이 기전력은 전해액 황산(H_2SO_4)의 농도에 따라 다르다.

방전특성은 방전개시 직후의 전압은 급격히 저하되고 이후에는 비교적 장시간 동안 안정되었다가 방전종기에 또다시 급격한 전압강하가 일어난다. 전압의 안정기간이 긴 것일수록, 또한 평균전압이 높을수록 좋은 축전지이다. 충전특성곡선은 대개 전압이 서서히 상승한다. 충전종기에 이르면 전압은 다시 급상승하여 가스발생전위 2.6[V] 전후에서 거의 일정치가 된다. 기전력의 온도에 따른 변화는 20[°C]의 경우와 −40[°C]를 비교하면 약 20[mV]의 저하에 불과하지만, 온도의 저하는 전지의 성능을 저하시킨다.

납 축전지의 부동충전 전압은 다음과 같다.

> CS형 : 2.15[V]

HS형 : 2.18 [V]

② **방전종료전압** : 전지를 방전시킬 때 일정전압 이하까지 방전하면 활물질의 가역성이 감퇴되어 용량의 저하를 가져옴으로 극판의 보수상 좋지 못하다. 따라서 방전전류에 상응한 일정전압까지 도달하면 방전을 중단할 필요가 있다. 이와 같이 방전전류에 상응한 방전중단의 전압을 방전종료전압이라고 한다. 이 방전종료전압은 보통 방전시의 전압이 1.85 [V] (규정보다 큰 전류방전의 경우는 1.8 [V])가 되었을 때는 방전을 중단하고 곧 충전할 필요가 있다. 또 방전전류 I와 방전지속시간 t와의 사이에는 다음과 같은 실험식이 성립한다.

$$I^n t = 일정$$

단, n : 정수(1.3~1.7)

납 축전지에 기대할 수 있는 수명은 양호한 부동충전 사용에서 일반적으로 다음과 같다.

CS형 : 10~14년

HS형 : 5~ 7년

③ **용량표시** : 축전지의 용량이란 완전충전상태에 있는 전지를 전류 I로 방전하여 규정된 방전종료전압에 이르기까지 사용할 수 있는 전기량을 말한다. 평균방전전압을 V, 방전지속시간을 t로 하면 $\sum It$를 **암페어 · 시용량**(Ah), $\sum VIt$를 **와트 · 시용량**(Wh)이라고 하며, 보통 [Ah]가 널리 사용되고 있으며, [Wh]는 자동차 등의 급방전특성이 필요한 시동용 전지에 사용된다.

④ **효율** : 축전지의 반응은 가역적이므로 다소의 발열이나 충전시의 물의 전기분해 때문에 방전량과 충전량은 같아지지 않고, 이 양자의 비를 전기량 또는 전력으로 계산하여 암페어시 효율 또는 와트시 효율로 표시한다.

효율은 방전종료전압을 잡는 방법, 충전율, 온도 등에 따라 다르며 급방전일수록 작아진다. 보통의 납축전지에서는 10시간율 충방전으로 암페어시 효율은 87~93 [%], 와트시 효율은 71~79 [%] 정도이다. 또 와트시용량에 대한 축전지 전중량의 비를 중량효율이라고 하며 [Wh/kg]으로 표시하며, 보통 설치용은 10~15 [Wh/kg], 클래드식 설치용은 15~18 [Wh/kg]이지만 자동차용으로서는 25~30 [Wh/kg]으로 좋은 것도 있다.

(3) 고장의 현상과 원인

납 축전지의 고장에 따른 현상과 추정되는 원인은 표 2-2와 같다.

표 2-2 납 축전지의 고장, 불량현상과 추정원인

	현 상	추 정 원 인
초기 고장	케이스, 뚜껑의 파손, 절연 이상저하	수송, 설치시의 충격으로 인한 파손
	접촉부의 온도상승, 변색	접속부의 접촉 불완전
	단전지 전압의 비중 저하, 전압계 역전	역접속
우발 고장	충전중 비중이 낮고 전압은 높다. 방전중 전압은 낮고 용량이 감퇴	(설페이션) ① 방전 상태에서 장기간 방치 ② 충전부족의 상태에서 장기간 사용 ③ 보수를 잊어 극판 노출 ④ 불순물의 혼입
	전해액 변색, 충전하지 않고 정치(靜置) 중에도 다량으로 가스가 발생	불순물의 혼입
	전해액의 감소가 빠르다	① 활동 충전전압이 높다 ② 실온이 높다
	접속부의 과열 또는 녹발생	① 접속부의 압착 이완 ② 접속부의 부식
	축전지의 현저한 온도상승, 또는 소손	① 충전장치의 고장 ② 과충전 ③ 액면저하로 인한 극판의 노출 ④ 교류분전류의 유입이 크다
마모	전압, 비중의 불균일이 크다. 충전하면 회복되는데 단기간에 불균일이 커진다	경년 열화에 의한 수명 말기

② 알칼리 축전지

(1) 구 조

　알칼리 축전지는 전해액으로서 알칼리용액을 사용하며, 양극에 수산화니켈($Ni(OH)_3$), 음극에 철(Fe)을 사용하여 구성한 **에디슨(Edison)형**과 음극에 카드뮴(Cd)을 사용하여 구성한 **융그너(Jungner)형**이 있다. 현재는 융그너형인 니켈-카드뮴 축전지가 많이 이용되고 있다. 이 알칼리 축전지에 사용되는 극판의 형식에 따라 튜브(tube)식, 포켓(pocket)식, 소결(sintering)식으로 분류된다.

　알칼리 축전지의 전해액의 비중은 충방전에 의해서는 거의 변화하지 않는다. 비중의 허용범위는 1.160~1.250이다.

① **튜브식 극판** : 튜브식 극판은 에디슨전지의 양극판에 사용되고 있는 형식이다. 이것은 니켈도금한 박강판에 다수의 작은 구멍을 뚫고 그 가장자리를 서로 맞물리게 하여 이것을 좌측 또는 우측으로 꼬아서 튜브로 만들고 내부에 양극활물질인 수산화니켈과 니켈 조각을 교대로 여러층 겹쳐 채운 것을 강철로 만든 틀에 끼워서 압착(壓着)하든가 용접하여 만든다. 이것은 가격이 비싸고 제작이 어려우므로 현재는 거의 사용되지 않는다.

② **포켓식 극판** : 포켓식 극판은 에디슨전지의 음극판 및 융그너전지의 양극판과 음극판에 사용되고 있다. 이것은 박강판에 다수의 작은 구멍을 뚫고 그 가장자리를 굽혀서 얕은 접시모양으로 만들어 활물질을 채우고 접시모양에 뚜껑을 씌워서 가장자리를 죄어 작은 상자, 즉 포켓을 만든다. 양극용으로는 수산화니켈과 흑연을 혼합한 것을 사용하고, 음극용으로는 활물질이 철인 경우에는 수은산화물을 혼합하고, 카드뮴의 경우에는 철을 약간만 혼합한 것을 사용한다.

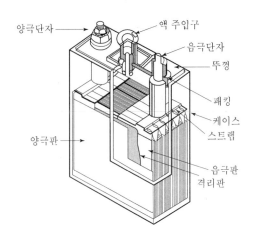

그림 2-7 알칼리 축전지(소결식)의 구조

③ **소결식극판** : 니켈 또는 니켈도금한 스테인레스 철강의 격자(格子)에 활성이고 미세한 금속니켈 분말을 양면에 씌워서 압력을 가하지 않고 비산화성기류(非酸化性氣流) 중에서 소결(燒結)하여 만든다. 이 다공질 기판에 양극의 경우에는 니켈의 수산화물, 음극의 경우에는 카드뮴의 수산화물을 침착(沈着)시켜 각각 양극판 및 음극판으로 만든다.

(2) 특 성

① **기전반응** : 니켈-카드뮴 축전지의 기전반응은 일반적으로 다음과 같은 반응식으로 나타낸다. 또 에디슨전지(니켈-철전지)에서는 카드뮴(Cd)을 철(Fe)로 바꾸어 쓰면 된다.

음극반응 : $Cd(OH)_2 + 2e^- \underset{방전}{\overset{충전}{\rightleftarrows}} Cd + 2OH^-$

양극반응 : $2Ni(OH)_2 + 2OH^- \underset{방전}{\overset{충전}{\rightleftarrows}} 2NiO(OH) + 2H_2O + 2e$

따라서 기본화학반응은 2[F]의 전기량에 대해서 다음과 같이 생각된다.

$$2Ni(OH)_2 + Cd(OH)_2 \underset{방전}{\overset{충전}{\rightleftarrows}} 2NiO(OH) + 2H_2O + Cd$$
$$\text{(양극)} \qquad \text{(음극)} \qquad\qquad \text{(양극)} \qquad\qquad\quad \text{(음극)}$$

이상의 반응식에서 알 수 있는 것과 같이 전해액의 수산화칼륨(KOH)은 직접반응에는 관여하지 않고 1[F]당 1[mol]의 물(H_2O)이 방전시에 소멸되지만 실제로 사용되는 전해액량은 충분하므로 전해액의 농도변화는 거의 없다. 이것이 알칼리 축전지의 큰 장점으로 작용하여 방전특성, 충전특성, 온도특성, 수명 등에 좋은 결과를 가져오는 요인으로 된다.

② **충방전특성** : 알칼리 축전지는 5시간율 전류로 충전 및 방전하는 것이 표준이 되고 있다. 그림 2-8은 니켈-카드뮴 축전지와 니켈-철 축전지의 충방전특성곡선을 비교한 일례이다. 양자의 충방전특성은 다르지만 실용상의 공칭전압은 1.2[V]로 되어 있다. 방전종료전압은 5시간율 방전에서 약 1.1[V]이다.

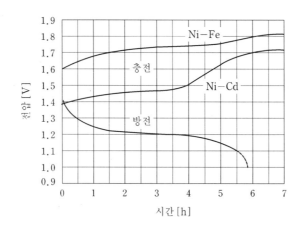

그림 2-8 충방전 특성곡선의 일례

③ **특징** : 알칼리 축전지는 기계적, 전기적으로 매우 견고하며, 고정설치 축전지의 경우 기대할 수 있는 수명은 양호한 부동충전[6] 사용에서 12~15년 정도이다. 특히 부동충전으로 사용하는데 유리하다. 또한 구조상 운반·진동에 강하고 급한 충방전, 높은 방전율에 견디며, 다소 용량이 감소하더라도 못 쓰게 되지 않는 등의 특징 및 보수가 용이하다는 등의 많은 장점이 있으나, 납축전지보다 공칭전압이 낮은 것과 가격이 비싸다는 결점이 있다. 탄광의 안전등, 열차의 점등용, 항공기용, 선박의 예비전원, 전기차량 제어회로 전원, 엔진 시동용, 빌딩 정전시 컴퓨터의 전원 등으로 다방면에서 사용되고 있다.

(3) 고장의 현상과 원인

알칼리 축전지의 고장에 따른 현상과 추정되는 원인은 표 2-3과 같다.

표 2-3 알칼리 축전지의 고장, 불량현상과 추정원인

	현 상	추 정 원 인
초기 고장	케이스, 뚜껑 파손, 절연 이상 저하	수송, 설치시의 충격으로 인한 파손
	접속부의 온도상승, 변색	접속부의 쬠상태 불완전
	단전지 전압강하, 전압계 역전	역접속
우발 고장	전압저하, 용량 감퇴	불순물의 혼입
	접속부의 과열 또는 녹발생	① 접속부의 이완 ② 접속부의 부식
	축전지의 현저한 온도상승 또는 소손	① 충전장치의 고장 ② 과충전 ③ 액면저하로 인한 극판 노출 ④ 교류분 전류의 유입 과다
	방전용량의 감퇴	① 부동충전 전압이 낮다. ② 회복, 균등충전의 부족 ③ 극판의 노출 ④ 불순물의 혼입
마모	전체 셀의 전압 불균일이 크고 용량의 현저한 감퇴	경년 열화에 의한 수명말기

---

6) 부동충전(浮動充電) : 전지의 자기방전을 보충함과 동시에 상용부하에 대한 전력공급은 충전기가 부담하도록 하되 충전기가 부담하기 어려운 일시적인 대전류부하는 축전지로 하여금 부담케 하는 방식이다(알칼리 축전지의 부동충전 전압은 포켓식은 1.42~1.45 [V], 소결식은 1.35~1.40 [V]의 값이 채용되고 있다).

표 2-4 납 축전지와 알칼리 축전지와의 비교

구　분	납 축전지	알칼리 축전지
공칭용량	10 [Ah]	5 [Ah]
충전시간	길다.	짧다.
공칭전압	2.0 [V]	1.2 [V]
기 전 력	2.05~2.08 [V]	1.32 [V]
종　류	클래드식(CS형) 페이스트식(HS형)	소결식, 포켓식
수　명	짧다(5~15년).	길다(15~20년).
특　징	① Ah당 단가가 낮다. ② 축전지의 필요 셀수가 적어도 된다. ③ 충방전 전압의 차이가 적다. ④ 전해액의 비중에 의해 충방전상태를 추정할 수 있다.	① 극판의 기계적 강도가 강하다. ② 과방전, 과전류에 대해 강하다. ③ 저온특성이 좋다. ④ 부식성의 가스가 발생하지 않는다. ⑤ 보존이 용이하다.

2-8 연료전지

1차전지 및 2차전지는 전지내의 화학에너지가 기전반응에 의하여 전기에너지의 형태로 모두 전환되면 방전을 더 이상 계속할 수 없게 된다. 그러나 연료전지(fuel cell)는 기전반응을 하는 화학에너지를 전지 밖에서 연속적으로 공급하면 연속방전을 계속할 수 있는 화학전지의 일종이다. 이 연료전지에는 비재생형과 재생형이 있으며 비재생형에는 수소-산소 연료전지, 메타놀-산소 연료전지, 나트륨아말감-산소 연료전지 등이 있다. 한 예로서 수소-산소 연료전지에 대하여 살펴보기로 한다.

전극에는 양극, 음극 모두 주로 판(板)모양의 다공질(多孔質)탄소를 사용하고, 촉매로서 수소극(음극측)에는 Pt, Rh, Pd, Ir, Ru, Os 등, 산소극(양극측)에는 Ag, Cu, Co, Al 산화물($CoO \cdot Al_2O_3$)의 스피넬[7](spinel) 등이 사용된다.

그 후 파라핀 등을 합침시켜 소수성[8](hydrophobic) 전극으로 만든다. 이들 양극간에 전해질인 KOH(30~50%) 용액을 넣어서 조립한다. 이 형식의 대표적인 것이 UCC(Union Carbide Consumer Products Co.)에서 개발한 것이며, 100 [mA/cm^2] 이하의 연속 방전이고 수명은 1~2년 정도이다.

---

7) 스피넬(spinel) : 알루미늄·마그네슘의 산화물
8) 소수성(疏水性) : 물에 친화력을 갖지 않는 성질

수소 - 산소 연료전지의 반응은

$$음극반응 : \quad H_2 \rightarrow 2H^+ + 2e$$

$$양극반응 : \quad \frac{1}{2}O_2 + 2H^+ + 2e \rightarrow H_2O$$

$$전 반 응 : \quad H_2 + \frac{1}{2}O_2 \rightarrow H_2O$$

연료전지는 그림 2-9와 같이 음극에는 연료를(예를 들면 H_2), 양극에는 산화제를(예를 들면 O_2) 각각 연속적으로 공급하고 각 극에서 기전반응을 일으켜 발전하도록 하는 것이다.

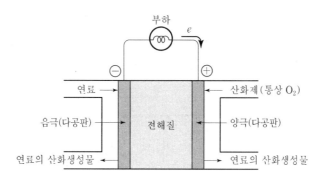

그림 2-9 연료전지의 원리도

2-9 특수전지

특수전지에는 화학전지를 제외한 전지를 말하며, 일반적으로 물리전지와 생물전지로 구분할 수 있다. 생물전지는 효소나 미생물과 같은 생물의 기능을 이용하여 산화환원반응을 일으키도록 하는 것으로서 효소전지 및 미생물전지가 있으나 현재 연구단계에 있으므로 실용화되어 있는 것은 없는 실정이다.

1 태양전지 (solar cell)

태양전지는 실리콘(Si)이나 게르마늄(Ge) 단결정에 p-n 접합을 만들고 태양의 광에너지를 전지에 쬐어 직접 전기에너지로 변환시키는 전지이다. 미국의 벨 전화기 연구소(Bell Telephone Laboratory)의 물리학자 피어슨 등(G. L. Pearson, C. S. Fuller, D. M. Chapin)에 의해 1954년에 완성된 새로운 반영구적인 전지이다.

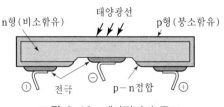

그림 2-10 태양전지의 구조

전지의 구조는 그림 2-10과 같다. 순도가 매우 높은(99.9999[%]) 규소(Si)에 비소(As)를 불순물로서 백만분의 일 정도 혼입시켜 n형의 반도체를 만들고 이 단결정을 절단한 절편을 붕소화합물의 증기 중에서 고온가열하여 붕소원자를 두께 약 $2[\mu]$ 정도로 부착시켜서 p-n 접합을 만든다. 생성된 pn 접합의 경계부근에 정전계가 생기고, 햇빛을 쬐면 그 광량자의 에너지를 흡수하여 생성된 자유전자는 n형 반도체 쪽으로, 정공은 p형 반도체 쪽으로 이동하여 기전력이 생긴다.

현재 개로전압은 약 0.6[V], 단락광전류(短絡光電流)는 35~40[mA/cm²]이고, 출력전압 0.45[V], 현재의 전력변환효율은 평균 8[%], 최고 15[%]이지만 더욱 개선하면 15~20[%] 정도가 기대되고 있다.

태양전지는 직류전원으로서 직접 사용할 수 있으나 야간이나 악천후에서는 그 기능을 발휘할 수 없으므로 태양전지의 출력을 알칼리 축전지 등에 부동충전하여 부하에 대해 상시전력을 공급하는 것 같은 사용법도 있다. 용도로는 무인등대, 인공위성, 트랜지스터 라디오, 무선중계국, 화재감지기, 탁상용 전자계산기 등 다방면에 사용되고 있다.

② 원자력 전지 (atomic cell)

동위원소 발전기 또는 아이소토프(isotope) 전지라고도 한다. 1954년 미국의 RCA 연구소에서 처음으로 공개실험을 하였다. 원자력 전지의 기능, 즉 방사선 에너지에서 기전력(起電力)을 얻는 데는 다음 세 가지 방법이 있다.

(1) 열전변환방식(熱電變換方式)

α선이나 β선과 같은 하전입자(荷電粒子)는 물체 속에서 흡수되기 쉬우므로, 방사성 동위원소 자신에 의해 그 태반이 흡수되고, 그 에너지는 열에너지로 변환된다. 따라서, 많은 양의 방사성 동위원소를 열의 절연체로 둘러싸면 방사성 동위원소의 온도를 300~700[°C]로 할 수가 있다. 대표적인 것으로, 비스무트-텔루륨(Bi-Te), 납-텔루륨(Pb-Te) 반도체로 이루어

진 열전변환소자(熱電變換素子)에 의해 열에너지로부터 기전력을 얻는 방법이다.

(2) 열이온 변환방식

열전변환방식과 같은 방법으로 방사선의 운동에너지를 열에너지로 변환하고, 이 열에너지에 의해 이미터(emitter)라 불리는 열음극(熱陰極)을 가열하여 열전자를 방출시켜서 이것을 컬렉터(collector)에 모음으로써 기전력을 얻는 방법이다.

(3) 반도체 방식

광전지(光電池)로 사용되는 실리콘 반도체에 방사선을 조사하면, 광전지와 같은 작용에 의해 전지로서 동작을 한다.

원자력 전지는 부유표지등대(浮游標識燈臺), 극지(極地)에서의 기상관측용 전원, 인공위성의 송신용 전원, 항공기 유도 비컨(beacon) 및 해중(海中) 비컨(beacon) 등의 전원으로 이용되고 있다. 그리고 미국의 인공위성 아폴로 12호가 달 표면에 놓고 온 탐사기의 전원도 원자력 전지이다. 또 심장 페이스메이커(pacemaker : 전기자극으로 심장박동을 계속시키는 장치)의 전원으로서 인체에도 이식되고 있다.

③ 열전지 (thermal cell)

열전지(熱電池)란 열에너지를 직접 전기에너지로 변환시키는 전지를 말하며, 열전대형과 열전자형이 있다.

(1) 열전대형 전지 (thermo couple type cell)

열전대와 동일한 원리로서 두 종류의 금속으로 이루어진 접합점의 한쪽을 가열하여 두 접합점 사이에 온도차를 주면 열기전력이 발생하는 제벡효과(Seebeck effect)를 이용한 것이다. 열전대의 재료는 거의 반도체(p형과 n형)가 사용되고 있으며, 열원(熱源)으로서는 가솔린, 프로판가스, 태양열, 방사선 등이다.

(2) 열전자형 전지 (thermo electron type cell)

고온의 고체표면으로부터 나오는 열전자방출을 이용한 것이며, 진공(眞空) 중에 두 개의 극을 두고, 음극을 고온으로 가열할 때 방출된 열전자가 양극에 도달하면 거기서 에너지를 방출하게 된다. 열전자형 전지의 재료는 음극에 W, Ta 등, 양극에는 Mo, Ni 등이 사용된다.

3장

금속의 부식

3-1 부식의 정의와 형식

1 전기화학적 부식

금속의 **부식**(corrosion)이란 금속 또는 합금이 비금속 분위기와 상대반응하는 것, 즉 순화학반응 또는 전기화학반응에 의해 금속이 변질되거나 손상되는 현상을 말한다. 그러나 일반적으로 금속이나 합금은 전자 전도체이고, 또 대부분의 비금속분위기는 금속원자와 접촉하여 이온 전도성을 갖는 것이므로 거의 모든 부식반응은 전기화학적인 것이다. 이러한 부식현상은 보통 녹만 생각하지만 금속에 균열이 생기든가 기계적 강도, 연성(延性)[1], 전성(展性)[2]이 없어진다는 형태로도 나타난다.

부식은 편의상 **습식**(wet corrosion)과 **건식**(dry corrosion)으로 분류할 수 있는데, 습식은 이온 전도성을 갖는 용액 중에서 일어나는 부식의 총칭이고, 건식은 상온 및 고온에서의 산화(酸化), 황화(黃化), 요오드화, 질화 등과 같이 수분이 없는 건조한 기체 분위기와 금속 사이에 일어나는 반응의 총칭이다.

---

1) 연성(ductility) : 물질이 탄성한계 이상의 힘을 받아도 파괴되지 아니하고 가늘고 길게 늘어나는 성질
2) 전성(malleability) : 소성의 일종, 두드리거나 압착하면 얇게 펴지는 금속의 성질

2 습식의 원리

그림 3-1과 같이 불순물로서 Fe를 함유한 Zn을 중성용액에 담그면 국부전지(local cell)가 되며, 양극반응으로서 $Zn \rightarrow Zn^{2+} + 2e^-$, 음극반응으로서 $2H^+ + 2e^- \rightarrow H_2$ 의 반응이 일어나고 아연판은 차츰 부식된다. 이 경우 부식을 일으키는 구동력은 아연극의 평형전위와 아연(Zn) 중의 철(Fe)면상에서의 수소의 평형전위와의 차, 즉 국부전지의 기전력이다.

이와 같은 국부전지가 형성되는 실례로는 이종금속의 접촉, 동일금속이라도 금속 내의 조직·왜곡 또는 타물질의 흡착 등에 차가 있는 경우에 생긴다. 또 용액의 조성(組成)이 국부적으로 온도차·농도차·유속의 차 등이 있으면 생긴다.

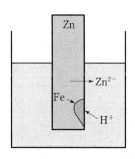

그림 3-1 습식의 원리

3-2 전기방식

금속이 부식(corrosion)될 경우 일반적으로는 일종의 전지반응(電池反應)이 일어나 이온화경향이 큰 부분이 용해된다. 그래서 방식(防蝕)하고자 하는 금속에 외부로부터 직류전류를 통해 주므로 금속의 애노드(anode) 용해를 방지하는 방법을 **전기방식**(electrolytic protection)이라고 하며, 여기에는 양극(cathode) 방식법과 음극(anode) 방식법이 있다.

1 양극 (cathode) 방식법

부식금속을 양극(cathode)방향으로 분극시켜서(즉, 부식금속을 '−'극으로 연결하여 캐소드전위를 걸어준다) 국부전지의 애노드(anode) 반응이 일어나지 않도록 하는 것이다. 이와 같이 외부로부터 고의로 부식금속에 전기를 통하여 양극방식을 하는 데는 다음과 같은 두 가지 방식이 있다. 첫째는 내식성 애노드를 대극(對極)으로 해서 외부의 직류전원으로부터 캐소드 전류를 공급하는 것이며, 둘째는 희생(犧牲) 애노드를 이용하는 방법으로서 이것은 Zn 등과 같은 비금속(卑金屬)을 부식금속과 단락하여 전지회로를 만들고 이 비금속을 애노드로 하는 전지반응에 의한 전류를 캐소드전류로 공급하는 방식이다.

양극방식법은 전기저항이 너무 크지 않은 한 많은 금속에 적용할 수 있으며, 지중·항만설비·선박·열교환기 등에 널리 사용된다.

표 3-1 해수(海水) 중에서의 전위열

⇦ 비금속(부식되기 쉽다)
Mg > Zn > Al > Cd > 연강 > 연철 > 주철 > 스테인레스 > Pb > Sn > Ni > Cu
귀금속 ⇨

② 음극 (anode) 방식법

부식금속을 애노드 방향으로 분극시켜서 그 반응의 전위가 부동태(不動態)[3]영역에 위치하도록 하여 금속표면을 부동태화(不動態化)시켜서 방식하는 방법이다. 음극방식법은 스테인레스강이나 티탄 등이 산·알칼리 등에 침해된 경우에 사용하면 유효하다.

---

3) 부동태(不動態) : 금속이 이론적으로 예측되는 화학반응성을 잃고 있는 상태

4장

전기분해의 응용

4-1 전해화학공업

① 물의 전해

물을 전기분해(electrolysis)하면 양극에 산소, 음극에 수소가스를 동시에 얻을 수가 있다. 수소는 합성 암모니아 원료가 최대의 용도이지만, 암모니아의 수소원은 최근 전해법에서 석탄과 석유계로 바뀌고 있으므로 물의 전기분해에 의한 수소가 차지하는 비율은 감소되고 있다. 산소는 용접, 산소흡입용 또는 산소제강에도 사용된다.

물의 전기분해에서는 2 [F]의 전기량으로 $H_2O = H_2 + (1/2)O_2$의 반응이 일어난다. 그러므로 1,000 [Ah]의 전기량에서 얻어지는 이론치(1기압, 20 [℃])는 $H_2 = 0.448 [m^3]$, $O_2 = 0.224 [m^3]$이다. 또 순수한 물을 전기분해하는데 필요한 이론분해전압은 25 [℃]에서 1,226 [V]이다.

② 식염의 전해

염화나트륨(NaCl)의 수용액(식염수)을 전기분해하여 염소(Cl), 수산화나트륨(NaOH) 및 수소(H)를 제조하는 것이 **식염전해**(electrolysis of sodium chloride)이다. 제조법에는 격막법과 수은법이 있다.

(1) 격막법 (diaphragm type)

양극은 인조흑연, 음극은 스테인레스강으로 된 망(網)이 사용되며, 양극과 음극 사이에 석면으로 되어 있는 아스베스트 및 이온교환수지의 격막을 설치하여 음극에서 생성된 OH^- 이온이 양극실로 확산이동하는 것을 방지하는 방식이다.

양극에는 염소가스(Cl_2)가 발생되며, 음극에서는 수소가스(H_2)가 발생하고 밑바닥에 고인 가성소다(NaOH)와 염화나트륨(NaCl)의 혼합용액이 배출되므로 이것을 증발관으로 가열농축해서 염화나트륨(NaCl)을 분리한다.

(2) 수은법 (mercury cathode type)

수은(Hg)은 수소 과전압이 가장 큰 금속이므로 식염수 중의 H^+ 이온은 방전하지 않고 Na^+ 이온이 방전하여 수은에 녹아서 나트륨 아말감을 만든다. 이 나트륨 아말감은 음으로 대전되어 있으므로 주위에 물이 있어도 반응하지 않는다.

이와 같은 나트륨 아말감은 케이스에서 배출되어 물과 같이 흑연조각이 가득찬 해후조 (denuding cell)에 인도되어 다음과 같은 전지를 형성하면서 양극이 되어 분해되고, 음극이 된 흑연조각의 표면에서는 H_2가 발생한다.

$$Na\text{-}Hg(\text{아말감}) / H_2O / \text{흑연}$$

즉, 위의 전지에서 아말감은 양극이 되고 흑연은 음극이 되어 H_2를 발생한다.

$$\text{양극}: \quad Na\text{-}Hg \rightarrow Na^+ + e^-$$
$$Na^+ + OH^- \rightarrow NaOH$$
$$\text{음극}: \quad H^+ + e^- \rightarrow \frac{1}{2}H_2$$

따라서 해후조의 전해액은 NaOH 용액이 된다.

③ 금속의 전해

금속은 광석(鑛石)을 원료로 하는 것이며, 광석 중에 화합물로서 소량 함유되는 것이 보통이다. 이러한 광석에서 금속을 얻으려면 경제적인 면을 고려하여 불필요한 부분을 어느 정도 제거하고 정련(精鍊)이 용이하도록 예비적인 처리를 한 다음 여러 가지 물리적·화학적 방법에 의해 환원을 하여 순도가 높은 금속을 얻는 것이다. 그 방법 중 하나가 전기에너지를 사용하여 환원하는 방법이며, 여기에는 금속을 수용액 중에서 얻는 **전해정련법**과 금속을 용융염 중에서 얻는 **용융염정련법**이 있다. 전해정련(電解精鍊)은 전해정제법과 전해채취법으로 나뉘어진다.

(1) 전해정제 (electro refining)

전해정제법은 고온도에 의한 환원으로 얻어진 조금속(粗金屬) 또는 정제금속(제품이 될 수 없을 정도의 불순물을 함유한 금속)을 주입한 것을 양극으로 하고 목적금속과 동일한 금속염을 함유한 수용액을 전해액으로서 전해하여 순도가 높은 금속을 얻는 방법이다. 전해정제의 특징은 다음과 같다.

① 순도가 높은 금속이 얻어진다.
② 양극 중의 불용성(不溶性)물질에서 귀금속이 부산물로서 얻어진다.
③ 정제에는 연료가 필요없으나 전력이 필요하다.
④ 전해액으로서는 주로 황산염이 염가이고 사용하기 좋으므로 널리 사용되고 있다.

정해정제법이 이용되고 있는 금속으로서는 Cu가 대표적이며 Au, Ag, Pt, Ni, Fe, Pb, Sb, Sn, Bi 등이다.

(2) 전해채취 (electrowinning)

금속을 함유하는 광석을 경우에 따라서는 예비적인 처리를 한 후에 황산 등의 적당한 용매를 사용하여 용해(溶解) 추출하고, 이 침출액 중의 유해한 여러 가지 불순물 이온을 제거하는 정제과정을 거쳐 이것을 전해액으로 하고, 납합금 등의 불용성 양극을 사용하여 전해하여서 공업적으로 음극에서 순도가 높은 평활한 목적금속을 석출시켜 채취하는 방법이다. 전해채취법에 의하여 Cd, Cr, Co, Cu, In, Mn, Tl, Zn 등의 금속을 얻을 수 있다.

(3) 용융염전해법

수용액의 전해로서는 캐소드에 석출시키기 불가능한 알루미늄, 마그네슘, 나트륨 등의 물질을 얻을 경우에 보통 용융염전해가 이용된다. 용융염전해는 수용액과는 달리 다음과 같은 특징이 있다.

① 용매로서는 물이 존재하지 않으므로 물의 분해에 의한 음극에서의 산소 발생과 수소 발생이 없으므로 양극에서는 불소, 음극에서는 알칼리금속의 석출이 가능하게 된다.

② 고온 때문에 도전율이 매우 크며 반응속도 및 확산속도가 크고, 따라서 과전압도 작아서 고전류밀도로서의 전해가 가능하다.

③ 음극에서는 음극으로부터의 전해생성물의 확산이나 금속안개의 발생, 증발, 전해욕 성분과의 반응 등으로 전류효과가 저하된다.

4-2 전기도금 및 전주

① 전기도금

금속염류 용액을 전해하여 음극의 소지(素地)면에 금속의 박막을 석출시키는 방법을 **전기도금**(electroplating)이라고 한다. 소지(素地)에는 거의 금속을 사용하지만 석고, 목재, 플라스틱 등에도 도금할 수 있다.

전기도금의 목적은 장식용 · 방식용 · 장식과 방식 겸용 및 공업용 등으로 광범위하게 사용되고 있다. 전기도금면의 성질은 소지와의 부착이 좋을 것, 평활하고 균일한 두께의 도금층이 얻어질 것, 가급적 광택이 있는 것 등이다.

소지와의 부착이 좋아지기 위해서는 소지금속의 표면이 깨끗하여야 하며, 소지와 도금금속과의 성질도 중요하며 중간에 합금층을 만들면 밀착이 매우 좋다.

균일한 두께의 도금층을 만드는 성질은 균일전착성으로 나타내진다. 도금층의 평활도는 도금층의 금속결정입자가 가늘고 그 배열이 규칙적일수록 좋다. 이들은 도금액의 조성(組成)이나 전기도금을 할 때의 여러 가지 조건에 따라 좌우된다.

② 전 주

전착에 의해서 원형과 똑같은 모양의 복제품을 만드는 것을 **전주**(electroforming)라고 한다. 특히 기계가공으로서는 어려운 정도(精度)가 요구되는 제품을 만드는데 적합하다. 활자주조용 모형, 레코드 원판, 인쇄용 판화, 초상, 장식품 등 제한된 범위지만 고도로 정밀한 기술로서 실용되고 있다.

전주는 전기도금을 응용한 것이지만 다른 점은 다음 두 가지이다. 전주에서는 전기도금한 것을 반드시 벗겨내는 것과 보통의 전기도금에 비해 10~50배나 두꺼운 층을 만드는 것이다. 전주에서 도금의 종류는 동, 니켈, 철 등이 많이 사용된다.

4-3 금속의 양극전해

① 전해연마

금속을 기계적으로 연마(研磨)하면 열이나 압력 때문에 결정성을 잃게 되고 또 연마재의 분말이 금속 중에 이물질로 개입하는 수도 있다. 이와 같은 문제를 해결하기 위해 금속 또는 합금을 양극으로 하여 전해하고 미시적인 돌출부분을 선택적으로 용해하여 휘도가 있는 면을 얻는 방법을 **전해연마**(electrolytic polishing)라고 한다.

전해연마의 특징은 양극전류밀도가 수십~수백 $[A/dm^2]$로 크지만, 수초~수분에 아무런 기계적 손상을 남기지 않고 연마할 수 있는 것이다. 전기도금의 예비처리에 많이 사용하고 있으며, 펜촉·정밀기계부품·화학장치부품·주사침과 같은 금속 및 합금제품에 응용된다.

② 전해가공

전해연마보다도 거시적인 방식으로 양극금속을 전기화학적으로 가공하는 방법이며 전해액을 양극과 음극 사이에서 급속히 흐르게 하는 것이 특징이다. 가공해야 할 형태로 만든 공구를 음극으로 하고, 소재를 양극으로 하여 이 양쪽을 전해액에 담그고 전류를 통하면 소재는 음극의 표면형상과 같이 가공된다. 보통 가공할 양극을 고정하고 음극을 일정속도로 움직여서 양극 사이의 갭을 $0.025 \sim 0.5\,[mm]$로 일정하게 유지하고, 전해액의 선속도는 $600 \sim 4,500\,[m/min]$의 고속으로 흐르게 한다. 가공되는 속도는 전류밀도에 비례하며 철의 경우에는 전류효율이 $100\,[\%]$이면 $1.7\,[A/cm^2]$에서 $0.0033\,[cm/min]$ 정도이다. 보통의 공구로는 가공이 곤란한 초경합금·내열강 등의 가공에 이용한다.

연습문제

1. 전기화학계에서의 애노드(anode) 캐소드(cathode)를 설명하여라.

2. 전지구성의 구비조건은 무엇인가?

3. 망간건전지의 양극과 음극의 재료는 무엇인가?

4. 망간건전지의 감극재료는 무엇인가?

5. 공기건전지의 감극재료는 무엇인가?

6. 수은건전지의 양극과 음극의 재료는 무엇인가?

7. 납 축전지의 주요 구성부분 네 가지는 무엇인가?

8. 납 축전지의 양극과 음극의 재료는 무엇인가?

9. 알칼리축전지의 양극과 음극의 재료는 무엇인가?

10. 연료전지에 대하여 간략하게 설명하여라.

11. 금속의 전도와 전해액의 전도에 있어서 차이점은 무엇인가?

12. 전기영동에 대하여 설명하여라.

13. 전기도금에 대하여 설명하여라.

부록

조도기준 (KSA 3011 : 1998)

1. 적용범위

이 규격은 다음 각 시설 인공조명의 조도 기준에 대하여 규정한다.

2. 인용규격

다음에 나타내는 규격은 이 규격에 인용됨으로써 이 규격의 규정 일부를 구성한다. 이러한 인용 규격은 그 최신판을 적용한다.

KS A 3701 도로 조명 기준
KS A 3703 터널 조명 기준

3. 조명요소로서의 조도

인공조명에 의하여 위의 각 시설 등의 장소를 밝혀, 보다 좋은 생활을 할 수 있는 환경이 되도록 하기 위하여는 일반적으로 다음 각 항에 대하여 고려하여야 한다.

① 조도 및 그 분포
② 눈부심
③ 그림자
④ 광색

이들 중 조명 설비의 설계에 있어서 우선 계산의 대상이 되는 조도에 대하여 그 기준을 나타낸다.

4. 소요조도

각 시설의 조도는 표 2~11에 따른다. 이 조도는 주로 시(視)작업면(특별히 시작업면의 지정이 없을 경우에는 바닥 위 85 [cm], 앉아서 하는 일일 경우에는 40 [cm], 복도·옥외 등은 바닥면 또는 지면)에 있어서의 수평면 조도를 나타내지만 작업 내용에 따라서는 수직면 또는 경사면의 조도를 표시하는 것도 있다.

또 이 조도는 설비 당초의 값은 아니고, 항상 유지하여야만 하는 값을 나타낸다.

국부 조명을 사용하여 기준 조도에 맞추는 경우 전체 조명의 조도는 국부 조명에 의한 조도의 10% 이상인 것이 바람직하다.

또한 인접한 방, 방과 복도 사이의 조도차가 현저하지 않도록 한다.

5. 표준조도 및 조도범위

표준조도 및 조도범위는 표 1과 같다.

표 1 조도분류와 일반 활동유형에 따른 조도값

활동 유형	조도분류	조도범위	참고 작업면 조명방법
어두운 분위기 중의 시식별 작업장	A	3-4-6	공간의 전반 조명
어두운 분위기의 이용이 빈번하지 않는 장소	B	6-10-15	
어두운 분위기의 공공 장소	C	15-20-30	
잠시 동안의 단순 작업장	D	30-40-60	
시작업이 빈번하지 않는 작업장	E	60-100-150	
고휘도 대비 혹은 큰 물체 대상의 시작업 수행	F	150-200-300	작업면 조명
일반 휘도 대비 혹은 작은 물체 대상의 시작업 수행	G	300-400-600	
저휘도 대비 혹은 매우 작은 물체 대상의 시작업 수행	H	600-1,000-1,500	
비교적 장시간 동안 저휘도 대비 혹은 매우 작은 물체 대상의 시작업 수행	I	1,500-2,000-3,000	전반 조명과 국부 조명을 병행한 작업면 조명
장시간 동안 힘든 시작업 수행	J	3,000-4,000-6,000	
휘도 대비가 거의 안 되며 작은 물체의 매우 특별한 시작업 수행	K	6,000-10,000-15,000	

【비고】 1. 조도범위에서 왼쪽은 최저, 밑줄친 중간은 표준, 오른쪽은 최고 조도이다.
2. 장소 및 작업의 명칭은 가나다순으로 배열하고 동일행에 배열된 것은 상호 연관 정도를 고려하여 배열하였다.
3. **주**에 관한 내용은 표 11 뒤에 기술하였다.

표 2 경기장

장소/활동	조도분류	장소/활동	조도분류
검도(태권도 참조)		골프	
		그린	D
경주(실외)		드라이빙 레인지	
경마	D	티에리어 이외	E
자동차 경주	D	180 [m] 지점 ([1])	E
자전거 경주		티	D
경기	D	퍼팅 연습장	E
레크리에이션	C	페어웨이 ([1])	C

표 2 경기장(계속)

장소/활동	조도분류	장소/활동	조도분류
궁도		실외	
실내		공식 경기 ·································	G
경기		관람석 ·····································	C
사선 ·································	F	레크리에이션 ·························	E
표적 (^{1}) ·························	G	일반 경기 ·······························	F
레크리에이션		미식 축구	
사선 ·································	E	(가장 가까운 사이드 라인에서 가장 먼 관객	
표적 (^{1}) ·························	F	석까지의 거리)	
실외		고정좌석 시설이 없는 경우 ···········	E
경기		15 ~ 30 [m] ····························	F
사선, 표적 (^{1}) ·················	E	15 [m] 이하 ···························	G
레크리에이션		30 [m] 이상 ···························	H
사선, 표적 (^{1}) ·················	D	배구(농구 참조)	
권투(씨름 참조)		배드민턴	
농구		공식 경기 ·······························	H
공식 경기 ·······························	H	관람석 ·····································	D
관람석 ·····································	D	레크리에이션 ·························	F
레크리에이션 ·························	E	일반 경기 ·······························	G
일반 경기 ·······························	F	볼링	
당구		경기	
경기 ···	G	레인 ·································	F
레크리에이션 ·························	F	어프로치 ·························	E
라켓볼(핸드볼 참조)		핀 (^{1}) ···························	G
라크로스 ·····································	F	레크리에이션	
럭비(축구 참조)		레인, 어프로치 ·················	E
레슬링(씨름 참조)		핀 (^{1}) ···························	F
롤러 스케이트		사격	
실내		권총, 라이플	
공식 경기 ·························	H	발사 지점 ·························	F
관람석 ·····························	D	사격장 전반 ·····················	E
레크리에이션 ·················	F	표적 (^{1}) ·······················	H
일반 경기 ·························	G	스키트, 트랩 사격	
		발사 지점 ·························	D
		표적 (^{1}) ·······················	F

표 2 경기장(계속)

장소/활동	조도분류	장소/활동	조도분류
소프트볼		레크리에이션	E
관람석	C	아마추어 경기	F
레크리에이션		야구	
내야	E	관람석	
외야	D	경기 중	C
일반 경기		입 · 퇴장시	D
내야	F	레크리에이션	
외야	E	내야	F
수영		외야	E
실내		일반 경기	
레크리에이션	F	내야	H
풀장 바닥	H	외야	G
경기	G	프로 경기	
실외		내야	I
레크리에이션	E	외야	H
풀장 바닥	G	운동장	D
경기	F	유도(태권도 참조)	
스케이트(롤러스케이트 참조)		육상 경기(트랙, 필드)	
스쿼시(핸드볼 참조)		공식 경기	G
스키		관람석	C
슬로프	B	연습	D
씨름		일반 경기	F
공식 경기	H	체육관	
관람석	D	리스트로 작성된 각 운동 참조	
연습	F	레크리에이션, 일반 운동	F
일반 경기	G	체조	
프로 경기	I	공식 경기	H
아이스하키		관람석	D
실내		일반 경기	G
대학 경기, 프로 경기	H	집단 체조	F
레크리에이션	F	축구	
아마추어 경기	G	공식경기	G
실외		관람석	C
대학 경기, 프로 경기	G	레크리에이션	E
		일반경기	F

표 2　경기장(계속)

장소/활동	조도분류	장소/활동	조도분류
탁구(배드민턴 참조)		레크리에이션	G
태권도		실외	
공식경기	H	공식 경기	H
관람석	D	관람석	D
연습	F	레크리에이션	F
일반 경기	G	일반 경기	G
테니스		펜싱(태권도 참조)	
실내		필드 하키(축구 참조)	
경기	H	핸드볼(축구 참조)	

표 3　공공 시설

장소/활동	조도분류	장소/활동	조도분류
간이 음식점, 레스토랑, 식당		출입구	F
객실, 대합실, 현관	F	화장실	F
계단, 복도	E	극장 (^{4}), 영화관 (^{4})	
계산대 (^{2}), 화물 접수대 (^{2})	G	계단, 복도	E
세면장, 화장실	F	관람석	
조리실	G	관객 이동시	F
진열대 (^{2})	H	상영 중	A
집회실, 식탁 (^{2})	G	기계실, 전기실	F
강당, 공회당		로비, 휴게실	F
회의 (^{3})	E	매점	G
사교 행사	D	모니터실, 영사실	
경찰서, 소방서		상영 중	C
구치소, 취조실	F	준비 중	E
기록하는 곳	H	무대 (^{2}), 작업장 (^{2})	E
소방서	F	세면장, 화장실	F
공중 목욕탕		매표소 (^{2}), 출입구	G
계산대	G	도서관	
보관실 (^{2}), 신발장 (^{2})	G	개인 열람실(판독 참조)	
복도	E	그림 열람실, 복사실, 지도실	
욕조, 탈의실	F	(표 7 사무실의 그래픽 설계 참조)	
		대출대	F

표 3 공공 시설(계속)

장소/활동	조도분류	장소/활동	조도분류
목록 제작실, 제책실, 책수선실	F	조각 (^{2})	
서가		돌, 금속	H
사용이 적은 서가	D	플라스틱, 나무, 종이	G
일반 장소	F	서비스 공간	
시청각실, 음향실	F	계단, 공간, 엘리베이터	C
열람실(판독 참조)		세면장, 화장실	C
카드 목록대	G	이용객 운송, 화물 운송	C
모텔(호텔 참조)		여관	
무도장, 디스코텍	D	객실	
미술관, 화랑(박물관 참조)		전반	E
미용실, 이발소 (^{5})		탁자 (^{2})	G
계단, 복도	E	계단, 복도, 로비	E
계산대 (^{2})	G	계산대 (^{2}), 프론트 (^{2}), 화물 접수대 (^{2})	
면도 (^{2}), 세면 (^{2}), 이발 (^{2})	G		G
염색 (^{2}), 메이크업 (^{2}), 헤어스타일링 (^{2})		방범	A
	H	사무실	G
화장실	F	세면 거울 (^{2}) (^{5})	G
박물관		세면장, 화장실, 욕실	E
계단, 복도	E	식당, 큰방	F
공예품 (^{2}), 동양화 (^{2}), 일반 진열품 (^{2})		연회장 (^{5})	G
	F	주방	G
교실, 소강당	F	주차장	G
매점	G	현관	G
모형 (^{2}), 조형물 (^{2})	H	요양원(표 6 병원의 보건소 참조)	
미술품 진열실 전반	E	우체국(표 7 사무실 참조)	
박제품 (^{2}), 표본 (^{2})	E	유흥 음식점	
서양화 (^{2})	G	객실	
세면장, 화장실	F	전반	E
수납고	D	객실 내 조리대 (^{2})	F
식당	E	계단, 복도, 출입구, 현관	E
연구실, 조사실	G	계산대 (^{2}), 화물 접수대 (^{2})	G
영상 전시부	C	분위기를 주로 하는 바	C
입구 홀	G	세면장, 화장실	F
		식탁 (^{2})	G

표 3 공공 시설(계속)

장소/활동	조도분류	장소/활동	조도분류
주방	G	복제복사 ([9]), 상세한 사진 ([8]), 정전 복사,	
카바레		3차원 도면 생성	G
객석, 복도	B	열전사 ([9]), 저해상도 복사 ([9])	H
음식 서비스 시설		손으로 쓴 자료 작업 ([9])	
식당		볼펜	F
출납계	F	연필	
세척	E	경심	H
식탁 ([6])	D	보통심	G
주방	G	연심	F
전시관 ([3])	E	칠판	G
종교 집회 장소		인쇄물 작업	
건축적으로 풍부한 실내장식이 있는 좌석에서		신문 용지	F
의 독서	E	아트지 ([8])	F
현대적이고 실내 장식이 단순한 좌석에서의 독		인쇄 원본	F
서	F	전화번호부	G
액센트 조명	독서의 3배 정도	지도	G
건축조명	독서의 25% 정도	6포인트형 ([9])	G
탈의실	E	8과 10포인트형 ([9])	F
판독		호텔	
전기적 데이터 작업		객실	
기계실		전반	E
기계 구역	E	탁자 ([2])	G
설비 서비스	G	계단, 복도	E
테이프 저장, 활동적인 운전 구역	F	계산대, 프론트	H
도트 프린터		로비, 식당, 홀	F
새 리본	F	목욕탕, 탈의실	E
헌 리본	G	방범	A
열전사 프린터	G	사무실, 화물 접수대	G
잉크젯 프린터	F	세면 거울 ([2]), ([5])	G
키보드 식별	G	세면장, 화장실	F
CRT 화면 ([7]), ([8])		연회장 ([5])	G
복사물 작업		오락실	E
건조 인쇄(xerograph)	F	정원 중점	E
등사 기계	F	주방	G
마이크로필름 판독기 ([7]), ([8])	D	주차장	G
		현관	G

표 4 공 장

장소/활동	조도분류	장소/활동	조도분류
가구 제작, 실내 장식	H	검사	
가금 사육 사업(낙농장 참조)		거친검사	F
가공공장		단순검사	G
검사소, 등급 판정소	G	보통검사	H
도살장	E	정밀검사	I
일반 장소	G	초정밀검사	J
계란 취급, 포장, 수송		고기포장	F
계란 저장소, 계란 하역장	E	기계공장	
일반 세척	G	단순작업	F
품질검사	G	보통작업	G
기계 저장소(차고, 기계 보관소)	D	정밀작업	I
부화장		초정밀작업	J
계란 하역장	I	낙농장	
병아리 성감별	J	기계보관 구역(차고, 기계 보관소)	D
부화기 내부	F	농장작업 구역	
일반 장소	E	거친작업, 거친 기계작업	F
사료창고		보통작업, 보통 기계작업	G
가공	E	사용 중인 저장구역	D
곡물사료 저장	E	일반적인 작업구역	F
도표 작성 기록	F	사료 주는 구역(방목 구역, 사료 통로, 축사)	
산란실			E
기록과 계측	F	사료 저장 구역	
일반 작업	E	곡물, 농축 사료	
가죽 작업		곡물 저장통	C
감기, 광택내기, 압착	H	농축저장 구역	D
등급분류	I	마초	
맞추기, 바느질, 절단, 접합	I	건초검사 구역	E
가죽 제품 제조		건초더미	C
마무리와 접합	G	사일로	C
깎기, 무두질, 세척, 신장, 절단, 채우기		사일로실	E
	F	사료처리 구역	D
건물 건축(표 9 옥외시설 참조)		우유가공 장비, 우유 저장실, 세척실, 탱크 내	
건물 외부(표 9 옥외시설 참조)		부	G
건축 철강 조립	G	일반 장소, 적하단	E
		일반 작업장	

표 4 공 장(계속)

장소/활동	조도분류	장소/활동	조도분류
농장 사무실(표 3 공공 시설의 판독 참조)		기체 배출기 층 .... D	
펌프실 .... E		냉난방 설비 .... D	
화장실(서비스 공간 참조)		방문자 갱도 .... E	
착유 구역(착유실, 축사)		버너단, 석탄 분쇄기 .... E	
일반 장소 .... E		보일러단, 석탄 취급시설, 증기관과	
젖소 하반부 .... F		조절판 .... D	
축사 .... D		송풍기단 .... E	
낙농 제품 제조(우유 산업)		수소 및 이산화탄소 기기실 .... E	
검사, 계측, 실험실 .... G		수처리 구역 .... F	
계량실		실험실 .... G	
저울 눈금면 .... G		압축기, 탱크, 펌프 .... E	
전반 .... F		전지실 .... F	
냉각설비, 보일러실 .... F		제어실 .... F	
냉장 보관소, 병 보관소 .... F		조정실	
병 분류, 우유 주입 .... G		배선구역, 제어반 .... F	
저온 살균기, 캔 세척기, 크림 분류기 ..... F		비상조명 .... E	
탱크, 용기		운전실 .... G	
밝은 실내 .... E		차폐벽실 .... E	
어두운 실내 .... G		침전기실 .... D	
담배 제조		콘덴서실 .... D	
건조, 엽록 제거 .... F		터빈실 .... F	
등급 분류 .... H		통신 장비실 .... F	
도금 .... F		발전소-외부(옥외 시설 참조)	
모자 제조		보석, 시계 제조 I	
경화, 세척, 염색, 장식, 정제 .... G		봉제품	
봉재 I		개면, 수령, 원자재 저장, 적재, 포장 ..... G	
일반 작업장 .... H		검단, 검포 .... K	
목공		검사, 바느질, 방치짓기, 선모, 셰이딩, 옷맞춰	
거친 작업 .... F		보기 I	
아교칠, 화장판 가공 .... F		기계 수리소 I	
마무리 정밀작업 .... G		디케이팅, 스펀지, 측정 .... G	
발전소-내부(원자력 발전소 참조)		완제품 보관 ($^{(10)}$) .... H	
가열기 층, 증발기 층 .... D		줄솔기, 트리밍 준비 .... H	
갱도, 배관, 터널 .... D		컴퓨터 디자인, 컴퓨터 패턴 제작 .... D	
계기 영역 .... E		편성 .... H	
		프레싱, 디자인, 바느질, 전면공정 ($^{(11)}$), 커팅	
		($^{(11)}$)(컴퓨터 커팅 포함), 패턴제작, 표식 H	

표 4 공 장(계속)

장소/활동	조도분류	장소/활동	조도분류
비누 제조	F	활동 정도 낮음	22[lux]
서비스 공간		활동 정도 높음	54[lux]
계단, 복도	D	**일반 장소**	
세면장, 화장실	E	활동 정도 낮음	5.4[lux]
엘리베이터, 여객수송, 화물수송	D	활동 정도 높음	11[lux]
설탕 정제		**야적장**(옥외시설 참조)	
등급분류	G	**양조장**	F
색상검사	H	**용접**	
세탁과 프레스 산업		일반 작업	F
개조, 수선	H	정밀 수작업	J
검사, 얼룩 제거	I	**원자력 발전소**(발전소 참조)	
프레싱	H	디젤 발전기 건물, 연료 관리소 건물	F
드라이 클리닝, 물세탁	G	가스 없는 건물, 보조 건물, 비제어 접근 영역	
분류, 조사	G		E
세탁소		방사물처리 건물, 원자로 건물	F
검량	F	**제거 접근 영역**	
다림질	F	공학적 안전장비	F
분류	G	실험실	G
세탁	F	의료실	H
세탁기 프레스 마무리 작업	G	저장실	E
표 만들기, 표지 부착	F	**유리제조**	
시험		검사, 에칭, 장식	H
일반시험	F	유리 가공	F
정밀시험	H	유리제조 구역	E
신발제조		정밀 가공	G
가죽		**의류제조**(봉제품 참조)	
검시	I	개면, 선모	F
재봉, 절단	I	검단	K
제작	H	검포	I
고무		권사, 디케이팅, 스펀지, 측정	F
세척, 절단, 코팅	F	바느질, 커팅	I
제작	G	방치짓기, 셰이딩, 스티칭, 옷 맞춰	
안전조명(시각적인 인지를 요구하는 장소)		보기	F
위험한 장소		본뜨기, 트리밍 준비, 줄솔기	G

표 4 공 장(계속)

장소/활동	조도분류	장소/활동	조도분류
수령, 하역	F	**점토와 콘크리트 제품**	
작업장	H	건조로실, 분쇄	E
프레싱	H	세척, 압착, 조형	F
인쇄산업		압착식 여과	E
사진 제판		채색과 광택내기	
교정쇄, 마무리, 순차 지정	G	거친 작업	G
마스킹, 색 입히기	G	정밀 작업	H
발판 제작, 식각, 판목 제작	F	**제과 공장**	
인쇄 공장		고형 과자	
검사 및 교정	H	조형, 혼합	F
인쇄 및 식자	G	분류, 주형으로 절단	G
전기 제판	H	상자 작업장	F
뒷받침 붙이기, 세척	F	손장식	F
마무리, 순차 지정, 주형 정리, 주형 제작		초콜릿 제조	
…………	G	분쇄	G
아연도금, 전기도금, 판목제작	F	일반 작업	F
활자 주조		크림제조	F
끝손질, 주형 제작	G	포장	G
주조	G	**제과점**(빵제조)	
활자조립 분류	F	검사실, 발효실, 오븐실, 제조실, 혼합실	F
자동차 수리소		장식	
기록	F	기계작업	F
수리	G	수작업	G
통행 구역	E	포장	F
재료 처리		**제분소**	
분류, 재고조사	F	복도, 승강기, 저장통 검사, 차폐벽, 청소, 통	
트럭 내부, 하역, 화물차	E	로	F
포장, 표 부착	F	압분, 정제, 체질	G
저장실, 창고		제품 제어	H
많이 사용하는 곳		포장	F
거칠고 무거운 품목	E	**제재소**	
작은 품목	F	기계 보관소	D
많이 사용하지 않는 곳	D	목재창고	E
전기설비 제조		분류 작업대	
절연, 코일링	G	거친재목 분류	F
주입	F		

표 4 공 장(계속)

장소/활동	조도분류	장소/활동	조도분류
재목등급 분류	H	천제품	
적재실(작업 영역)	G	바느질, 커팅	I
전반	C	천 검포	K
톱작업 장소		프레싱	H
전반	D	철공소	G
톱질부위	G	축전지 제조	F
통나무 간판	D	텍스 타일 공장	
제지		가공	
검사, 권지기, 실험실	H	검포 (12), (13)	I
교반, 목록제작, 분쇄	F	직물 가공 (12)(샌퍼라이징, 스웨딩, 캘린더	
일반작업	G	링, 화학처리)	G
제책		직물 염색(나염)	F
검사, 장식	H	직물 준비(누임, 머서화 가공, 발호, 표백,	
절단, 제책, 천공	G	털 태우기)	F
접기, 접합, 풀칠	F	스테이프 파이버 준비	
조립		선보 (12), 옷본 증감법 (12)	G
거친작업	F	스톡 염색, 틴팅	F
단순작업	G	얀 제조	
보통작업	H	개면, 북침, 연신(길링, 핀드래프팅),	
정밀작업	I	카딩 (14), 코밍 (14)	F
초정밀 작업	J	정방(캡정방, 가연, 텍스처 가공), 조사(스	
조정실(발전소-내부 참조)		러빙)	G
종이 상자 제조	G	얀 준비	
주물 공장		가연, 권사, 길링, 자동 경사, 자동 통경	
검사			G
미세품	I	경사(빔가호) (12)	H
보통품	H	직물제조	
담금질(화로), 세척, 침정	F	검포 (12)	I
미세 절단, 연마	H	제직, 편성, 터프팅	H
용선로	E	통조림 및 저장 식료품	
주형		용기 취급	
대형품	G	검사	H
보통품	H	상표부착과 포장	F
철심제조		통조림 정리기	G
박판	H	원료등급 분류	F
보통판	G	색상등급 분류, 절단실	H
		토마토	G

표 4 공 장(계속)

장소/활동	조도분류	장소/활동	조도분류
조리		판금	
예비 분류		선 긋기	H
살구, 복숭아	F	일반 작업	G
토마토	G	주석판 검사	H
절단, 씨 제거	G	페인트 산업	
최종 분류	G	건조, 문지르기, 분사, 스텐실, 일반 수작업,	
통조림 견본 조사	H	침액	F
통조림 제조		정밀 수작업	G
수작업	F	처리 공정	F
싱크 포장	F	초정밀 수작업	I
컨베이어 벨트 작업	G	혼합 비교	H
파워 플랜트(발전소 참조)		폭발물 제조	F

표 5 교 통

장소/활동	조도분류	장소/활동	조도분류
공항 청사		정류장 학교버스	D
A급 청사(1일 이용객 1만 명 이상)		지방 정류장 시외버스	A
검사대, 체크인 카운터	H	후면 조정 광고판(철도 수송기관 참조)	
대합실, 안내 카운터, 중앙홀	G	부두	
수화물 처리장, 승강장, 통로	F	여객 버스, 카페리 버스	
화장실	F	승강용 시설	F
B급 청사(1일 이용객 1만 명 미만)		에이프런	E
검사대, 체크인 카운터	G	임해 도로	
대합실, 안내 카운터, 중앙홀	F	기타부	C
수화물 처리장, 승강장, 통로	E	주요부	D
화장실	E	주차장	
공항 터미널(수송 터미널 참조)		일반 장소	C
도로 수송기관		차량 적은 곳	B
광고판, 독서 [9]	D	위험물	
비상구(학교버스)	B	급유기 부근, 에이프런	E
승강단과 인접한 지면, 매표소	C	선창, 임해 도로	C
일반조명(좌석선정 및 이동을 위한) 도시		야드	
정류자 시내 버스 및 시외버스, 이동 중 학		사용 적은 장소	C
교 버스	C	일반 장소	D

표 5 교 통(계속)

장소/활동	조도분류	장소/활동	조도분류
일반 화물, 컨테이너 버스		선내 통로	D
야드		세면장, 목욕탕, 화장실	D
사용 적은 장소	C	세면장 및 욕실 거울 (2), 세탁기실	E
일반 장소	C	송유 펌프실, 엘리베이터 기계실, 전동 발전기	
에이프런	E	실, 전동기실, 전지실	D
임해 도로		외부 통로	
기타부	C	일반 장소	C
주요부	D	통행량 적은 곳	B
주차장		조타실, 해드실	D
일반 장소	C	창고	
차량 적은 곳	B	냉동 화물, 식료품, 화물	C
		일반	D
선박		출입구	E
갑판		선적 및 하역	
자동차 갑판	D	플랫폼	F
하역 작업	C	화물차 내부	E
객실, 병실, 사무실, 선원실, 선장 침실, 침대		수송 터미널	
베개 밑 (2)	E	대기실, 라운지, 승차지역, 휴게실	E
객실 탁자 위 (2), 사무용 책상 (2), 조리대 (2)		수하물 보관소	F
	F	승차권 판매대	G
건조실	D	중앙홀	D
계기판 (2), 기관 조작 장소 (2), 무선실 작업		역, 정거장, 터미널(수송 터미널 참조)	
탁자 (2), 작업대 (2), 조종 탁자 (2), 해도대		역사	
위 (2)	F	A급역(승객수가 15만 이상)	
공작 기계 작업면		개 집찰구 (2), 정산 창구 (2), 출찰 창구 (2)	
일반 작업	G		H
정밀 작업	H	사무실, 안내소, 역장실, 중앙홀	G
공작소, 기관실, 배선실, 밸브조작 장소, 보일		세면장, 화장실	F
러실, 비상 발전기실, 자이로실, 전화 교환		수소화물, 지붕 및 통로	F
실, 주방	E	승강장	
구명정 부착장소	C	지붕 없는 장소	
구명정 진수면(해면상)	A	승객 적은 장소	B
기관 제어실, 무선실, 선장실, 진찰실, 하역 제		일반 장소	C
어실	F	지붕 있는 장소	F
도서실, 라운지, 레크리에이션실, 미용 및 이			
발실, 식당, 휴게실	F		

표 5   교 통(계속)

장소/활동	조도분류	장소/활동	조도분류
주차장	E	주유기	D
B급역(승객수가 1만 이상 15만 미만)		진입로	A
개 집찰구 (^{2}), 정산 창구 (^{2}), 출찰 창구 (^{2})		차도	B
승객 적은 장소	G	어두운 배경	
일반 장소	H	건물면(유리 제외)	C
대합실, 중앙홀		서비스 지역	A
승객 적은 장소	F	주유기	D
일반 장소	G	진입로, 차도	B
세면장, 화장실	E	주차장	
승강장		실내, 지하	
지붕 없는 장소		기계식 주차장치 출입구	F
승객 적은 장소	B	주차위치	
일반 장소	C	일반 장소	D
지붕 있는 장소	E	출입 많은 장소	E
안내소	F	차도	
주차장	D	일반 장소	E
통로	E	차량 많은 장소	F
C급역(승객수가 1만 미만)		실외	
개 집찰구 (^{2}), 사무실, 출찰 창구	F	버스 터미널, 트럭 터미널	
대합실	E	일반 장소	D
세면장, 화장실	D	차량 많은 장소	E
승강장		부속 시설(공공, 레저, 상업용)	
지붕 없는 장소		이용 적은 장소	B
승객 적은 장소	A	일반 장소	C
일반 장소	B	유료 주차장	
지붕 있는 장소	E	대규모	D
주차장		소규모	C
일반 장소	C	주차지역(고속도로)	C
차량 적은 곳	B	휴게소(고속도로)	D
통로	E	준설	A
주유소		철도 수송기관	
밝은 배경		객차연결 복도, 승·하차, 좌석통로	C
건물면(유리 제외)	D	광고판	D
서비스 지역	B	광고판(후면 조명)	860 [cd/m^2]
		독서	D

표 5 교 통(계속)

장소/활동	조도분류	장소/활동	조도분류
식당, 주방	E	항공기	
침대 객차		객실	
독서	D	독서	D
일반조명	C	일반 장소	B
화장실	D		

표 6 병 원

장소/활동	조도분류	장소/활동	조도분류
병원		병실	
간호원실, 연구실, 원장실, 의사실, 회의실	H	붕대 교환 ([2])	G
계단	E	심야	A
기공실 ([2])		일반	F
일반작업	G	침대 독서 ([2])	F
정밀작업	H	비상계단	D
기록실	F	사무실	H
내시경 검사실 ([15]), 안과 암실 ([15]), X선 투시실	E	생리검사실, 일반검사실	G
눈 검사실		숙직실	E
검사(안과) ([16])	K	식당, 주방	G
진단 ([2])	H	암실	D
대합실, 면회실	F	약국, 제제실 ([2]), 조제실 ([2])	H
도서실	H	약품창고	F
동물실	D	영안실	E
마취실	E	주사실 ([2])	H
멸균실, 물리치료실, 운동기계실, 육아실, 청력검사실, X선실	F	주차장	E
복도		중앙 재료실, 동위원소실	G
병동	E	진료실	E
심야의 병동	A	탈의실, 욕실, 세면장, 화장실, 오물실, 세탁장	E
외래	F	현관홀	H
병리 세균 검사실, 부검실 ([2]), 분만실 ([2]), 수술실 ([17]), 응급실 ([2]), 진찰실, 처치실	H	회복실	E
		보건소	
		강당, 대합실	F
		검사실, 진료실, 처치실	
		검사 ([2])	H

표 6 병 원(계속)

장소/활동	조도분류	장소/활동	조도분류
눈진단 (^{2}) ·······················:H		창구 사무 (^{2}) ·····················H	
예방접종 (^{2}), 주사 (^{2}) ············H		상담실 ·······························F	
일반 진료 ··························G		숙직실 ·······························E	
계측실, 소독실, 심전도실 ··········G		전시실 ·······························F	
도서실 ·····························G		화장실 ·······························E	
보건부실, 소장실, 의사실, 통제실,		X선실 ·······························E	
회의실 ··························G		서비스 공간	
복도 ······························E		계단, 복도, 엘리베이터 ·············E	
사무실		세면장, 화장실 ····················E	
전반 ··························G			

표 7 사무실

장소/활동	조도분류	장소/활동	조도분류
그래픽 설계		회계(표 3 공공시설 판독 참조)	
그래프, 사진 (^{8}) ···············G		회의실 ·······························F	
색상 선택 (^{18}) ·················H		VDT가 있는 공간 ···················F	
설계와 예술품 제작 ··············H		서비스 공간	
세밀한 일 ························G		계단, 복도, 엘리베이터 ·············E	
해도와 지도 그리기 ··············H		세면장, 화장실 ····················E	
법정		은행	
좌석 ······························E		로비	
활동영역 (^{9}) ···················G		탁상 ·····························F	
사무실(키보드, VDT조명)		일반 ·····························E	
도서실(표 3 공공 시설 도서관 참조)		금전 출납 창구 ····················G	
로비, 응접식, 휴게실 ·············E		제도	
시청각실 ··························F		고명도 대비 소재 (^{9}) ············G	
오프셋 인쇄와 복사실 ············F		밝은 테이블 ························E	
우편물 분류 ······················G		암갈색 물감 인쇄, 저명도 대비 소재 ······H	
일반 개인 사무실(표 3 공공시설 판독참조)		청사진 ·····························G	
제도실(제도 참조)		회계(표 3 공공 시설 판독 참조)	
키보드 식별 ······················G		회의실 ·······························F	

표 8 상 점

장소/활동	조도분류	장소/활동	조도분류
가전제품 판매점		점포내 전반, 특별부 진열 (^{2})	G
상담 코너 (^{2})	H	중점 진열 (^{2})	H
연출 진열부 전반	F	특별부 전반	F
장식창 전반, 점포 내 전반(연출 진열), 점포내 진열 (^{2}), 진열 상품 중점 (^{2})	H	식품점	
		점두 (^{2}), 중점부분	G
장식창 중점 (^{2}), 점두 진열 (^{2})	I	점포 내 전반	F
귀금속 판매점		중점진열 (^{2})	H
디자인 코너 (^{2})	G	악기점(가전제품 판매점 참조)	
상담코너 (^{2}), 접대코너	G	안경점(시계 판매점 참조)	
일반진열 (^{2}), 점포내 중점진열 (^{2})	H	양판점(백화점 참조)	
장식창 중점 (^{2})	I	예술품 판매점(귀금속 판매점 참조)	
점포 내 전반	F	육아용품점	
백화점		상담코너 (^{2})	G
상담코너 (^{2}), 안내코너 (^{2})	H	장식장 중점 (^{2}), 전시 (^{2})	H
일반부 전반, 점포 내 진열 (^{2}), 중점부 전반, 특매장 전반	H	점포 내 전반	G
		의류용 장신구 판매점(시계 판매점 참조)	
장식창 중점 (^{2}), 점포 내 중점 진열 (^{2})	I	의류 판매점	
전시 (^{2})	I	디자인 코너 (^{2})	G
서점(가전제품 판매점 참조)		상담코너 (^{2}), 접대코너 (^{2})	G
수예점		갱의실	G
상담코너 (^{2})	G	일반진열 (^{2}), 점포 내 중점진열 (^{2})	H
장식창 전반, 점포 내 진열중점 (^{2})	H	장식창 중점 (^{2})	I
점포 내 전반, 점포 내 진열 (^{2})	G	점포 내 전반	F
특별부 전반	E	일반 공통사항	
슈퍼마켓(편의점)		계단, 복도	F
점포 내 전반		계산대 (^{2}), 포장대 (^{2})	H
교외 상점	G	상담실, 응접실	F
도심 상점	H	세면장, 화장실	F
특별 진열부 (^{2})	I	에스컬레이터, 엘리베이터 홀	H
시계 판매점		장식창	
디자인 코너 (^{2})	H	야간	
장식창 중점 (^{2})	I	대도시 도심	

표 8 상 점(계속)

장소/활동	조도분류	장소/활동	조도분류
일반 ································· G		최중점 (²) ···························· I	
특별 ································· I		중점 (²) ······························ H	
대도시 외곽 및 중소 도시		일반 (²) ······························ F	
일반 ································· F		휴게실 ······························· E	
특별 ································· H		잡화점(식품점 참조)	
주간		주방기구 판매점(육아용품점 참조)	
일반 ································· G		카메라 판매점(수예점 참조)	
특별 ································· I		화훼 전문점(수예점 참조)	
점포 내 전반 ····················· E			
진열부			

표 9 옥외시설

장소/활동	조도분류	장소/활동	조도분류
간판		밝은 배경	
광고(게시판, 벽보판 참조)		밝은 표면 ···························· G	
내부 조명 도로 간판		어두운 표면 ·························· H	
주위 조도 수준 ············· 휘도		어두운 배경	
낮음 ···················· 160 [cd/m²]		밝은 표면 ···························· F	
중간 ···················· 350 [cd/m²]		어두운 표면 ·························· G	
높음 ···················· 600 [cd/m²]		공원	
외부 조명 도로 간판		전반 ································· B	
주위조도 수준 ·············· 조도		주된 장소 ··························· C	
낮음 ···················· 60~150 [lx]		광고 사인(게시판, 벽보판 참조)	
중간 ···················· 150~250 [lx]		교도소 구내 ·························· D	
높음 ···················· 250~500 [lx]		교통관계 광장	
건물(건축 중)		매우 복잡한 장소 ·················· D	
굴착공사 ··························· C		복잡한 장소 ·························· C	
일반건축 ··························· E		일반 장소 ··························· B	
건물 외부		발전소-외부	
입구 ································· D		냉각탑	
통로 ································· D		팬덱, 플랫폼, 계단, 밸브지역 ····· D	
건물 배경 ··························· B		펌프지역 ···························· C	
게시판, 벽보판			

표 9   옥외시설(계속)

장소/활동	조도분류	장소/활동	조도분류
변전소		야적장 ·········	D
수평적인 일반지역 ·········	C	정원 [20]	
수직적인 작업 ·········	D	길, 집 밖, 층계 ·········	B
보일러 지역		강조한 나무, 꽃밭, 석조 정원 ·········	D
계단, 플랫폼 ·········	D	대촛점 ·········	E
일반지역 ·········	C	배경－관목, 나무, 담장, 벽 ·········	C
지하실, 침전기, FD와 ID팬 ·········	D	소촛점 ·········	F
수력발전		전반조명 ·········	A
계단, 발전소 지붕, 플랫폼 ·········	D	제재소	
방류 및 취수지역 ·········	A	껍질 제거 ·········	F
연료 취급		나무토막 보관 더미 ·········	C
가스측정, 펌프, 하역 ·········	D	재목 취급 지역, 통나무 기중기, 통나무	
석탄저장소, 재 버리는 곳 ·········	A	운반 ·········	C
저장탱크 ·········	B	재목 하역지역 ·········	D
컨베이어 ·········	C	재목 처리, 톱질, 통나무 갑판 ·········	E
주차장		조선소	
보조 주차장 ·········	B	건조장 ·········	F
중앙 주차장 ·········	C	도로 ·········	E
출장소		일반지역 ·········	D
수평적인 일반지역 ·········	C	채석장 ·········	D
수직적인 작업 ·········	D	투광 조명	
취수 구조물		밝은 환경	
덱 및 레이다운 영역 ·········	D	밝은 표면 ·········	E
밸브구역 ·········	C	보통 표면 ·········	F
취수구역 ·········	A	어두운 표면 ·········	G
터빈지역		어두운 환경	
건물 주위 ·········	C	밝은 표면 ·········	B
계단 [19], 입구 [19], 플랫폼 [19],		보통 표면 ·········	C
하역장 ·········	D	어두운 표면 ·········	D
터빈 및 히터덱 ·········	D		
석탄 저장소 ·········	A		

표 10 주 택

장소/활동	조도분류	장소/활동	조도분류
공공주택 공용부분		공부 $(^2)$, 독서 $(^2)$ ………………	H
계단, 복도 ………………………	E	전반 ………………………………	E
관리 사무실 ……………………	G	욕실, 화장실 ……………………	E
구내 광장 ………………………	A	**응접실**	
로비, 집회실 ……………………	F	소파 $(^2)$, 장식 선반 $(^2)$,	
비상계단, 차고, 창고 …………	D	테이블 $(^2)$ $(^{21})$ …………	F
세탁장 …………………………	F	전반 ………………………………	D
엘리베이터, 엘리베이터 홀 ……	F	**정원**	
주택		방범 ………………………………	A
가사실, 작업실		식사 $(^2)$, 파티 $(^2)$ …………	E
공작 …………………………	G	테라스 전반 $(^2)$ ……………	D
바느질 $(^2)$, 수예 $(^2)$, 재봉 $(^2)$ ………	H	통로 ………………………………	B
세탁 $(^2)$ …………………	F	**주방**	
전반 …………………………	E	식탁 $(^2)$, 조리대 ……………	G
객실		싱크대 $(^2)$ ……………………	F
앉아 쓰는 책상 $(^2)$ ………	F	전반 ………………………………	E
전반 …………………………	D	**차고**	
거실		전반 ………………………………	D
단란 $(^2)$, 오락 $(^2)$ ………	F	점검 $(^2)$, 청소 $(^2)$ ………	G
독서 $(^2)$, 전화 $(^2)$, 화장 $(^2)$ $(^5)$ ………	G	**침실**	
수예 $(^2)$, 재봉 $(^2)$ ………	H	독서 $(^2)$, 화장 $(^2)$ ………	G
전반		심야 ………………………………	A
계단, 복도		전반 ………………………………	C
심야 …………………………	A	**현관(안쪽)**	
전반 …………………………	D	거울 $(^2)$ ………………………	G
공부방		신발장 $(^2)$, 장식대 $(^2)$ …	F
공부 $(^2)$, 독서 $(^2)$ ………	H	전반 ………………………………	E
놀이 $(^2)$ …………………	F	**현관(바깥쪽)**	
전반 …………………………	E	문패 $(^2)$, 우편 접수 $(^2)$, 초인종 $(^2)$ ….	D
대문〔현관(바깥쪽) 참조〕		방범 ………………………………	A
벽장 …………………………	D	통로 $(^2)$ ………………………	B
서재			

표 11 학 교

장소/활동	조도분류	장소/활동	조도분류
실내		인쇄실 .... F	
강당, 집회실 .... F		제도실	
계단, 복도, 승강구 .... G		일반 제도 .... G	
공임실 .... G		정밀 제도 .... H	
교실(칠판) .... G		창고, 차고 .... D	
교직원실, 사무실, 수위실, 회의실 .... F		컴퓨터실	
급식실, 식당, 주방 .... F		일반 작업 .... G	
도서 열람실		판독 작업 .... H	
도서 열람 (^{2}) .... H		탈의실 .... E	
전반 .... F		휴게실 .... F	
두 건물을 잇는 복도 .... E		실외	
방송실, 전화 교환실 .... F		구내 통로	
보건실 .... F		일반장소 .... B	
비상계단 .... D		통행 적은 곳 .... A	
서고 .... F		농구장, 배구장 .... E	
세면장, 화장실 .... E		수영장 .... E	
숙직실 .... E		야구장 (^{22}), 육상 경기장, 축구장,	
실내 체육관 .... F		럭비장 .... D	
실험 실습실		체조장 .... D	
일반 .... G		테니스 코트 .... E	
재봉 (^{2}), 정밀 (^{2}) .... H		핸드볼장 .... D	
연구실		서비스 공간	
정밀실험 (^{2}) .... H		계단, 복도, 엘리베이터 C	
천평실 (^{2}) .... G		세면장, 화장실 C	

【비고】 (^{1}) 수직면 조도
(^{2}) 국부 조명을 하여 기준 조도에 맞추어도 좋다.
(^{3}) 전시용 고조도 설비 포함한다.
(^{4}) 무대조명은 포함되지 않는다.
(^{5}) 주로 사람에 대하여 수직면 조도로 한다.
(^{6}) 음식 서비스 혹은 음식 선택 장소에는 더 높은 조도를 준비한다.
(^{7}) 빛이 유리면에 반사될 수 있으므로 적절한 조도를 얻기 위하여 가중치를 줄일 수 있다.
(^{8}) 특히 반사가 작업에 심하므로 직사광을 차단하거나 작업 방향을 변경할 필요가 있다.
(^{9}) 빛의 반사가 작업에 심각한 영향을 미치는 경우, 대책을 세워야 한다.
(^{10}) 색 지각이 중요한 경우 조도 범위 I를 사용한다.
(^{11}) 수작업 절단기의 경우 국부 조명에 의한 더 높은 조도 필요

(^{12}) 특별한 시작업의 경우 더 높은 조도가 필요하므로 보조 조명이 공간에 제공되어야 한다.

(^{13}) 광원의 색 온도가 색 지각에 중요하다.

(^{14}) 조도를 유지하기 위하여 추가 조명이 필요하다.

(^{15}) 0 [lux]까지 조광이 가능하도록 한다.

(^{16}) 50 [lux]까지 조광 가능한 것이 바람직하다.

(^{17}) 수술시의 조도는 수술대 위의 지름 30 [cm] 범위에서 무영등에 의하여 20,000 [lux] 이상으로 한다.

(^{18}) 색 지각을 위하여는 광원색의 분광 분포가 중요하다.

(^{19}) 혹은 인접 장소 조도의 20% 이상

(^{20}) 반사율 25%(식물과 일반적인 실외 표면 반사율)에 기초한 값. 동일한 밝기로 조명되는 물체의 조도는 반사 정도에 따라 조절되어야 한다. 희미한 테라스 혹은 실내에서 보는 경우 만족할 만한 조도 패턴을 제공한다. 어두운 곳에서 보는 경우에는 적어도 50%로 감소 혹은 강조 조명이 필요한 경우는 2배가 되어야 한다.

(^{21}) 전반 조명의 조도에 대하여 국부적으로 여러 배 밝은 장소를 만들어 실내에 명암의 변화를 주며 평탄한 조명으로 되지 않는 것을 목적으로 한다.

(^{22}) 표 2의 야구조도 참조

6. 조도기준 해설

이 해설은 조도 기준에 관련된 사항을 설명하는 것으로서 규격의 일부는 아니다.

우리나라의 대표적인 국가 규격인 한국산업규격은 권장 규정이다. 한국산업규격을 제외한 제 규정은 각 행정 부서에서 필요에 따라 선진국의 규정을 준용하여 적절히 규정한 것이다. 이들 각 규정 간에 일치하지 않는 항목이 있고, 규정의 내용이 간단하여 적용이 힘든 것이 있다. 한편 우리나라의 국가 규격인 한국산업규격의 조도기준은 일본의 국가 규격인 JIS Z9110을 원용하여 제정된 것이며 일본의 조도기준은 미국의 조도기준에서 허용 범위의 최저값을 조도기준으로 정하고 있다. 대만의 조도기준도 미국의 조도기준을 원용한 일본의 조도 기준을 그대로 원용하고 있다.

미국의 조도기준은 정상시력의 청년을 대상으로 한 것으로, 조도범위와 최저 추천조도를 제시하고 있으며, 시작업에 영향을 미치는 다른 요인, 즉 작업자의 나이, 작업에 요구되는 정밀도, 그리고 대상의 휘도 대비들에 대하여 각각 가중치를 계산하여 기준조도 설정에 적용함으로써, 더욱 구체적인 기준조도를 제시하고 있다.

영국의 조도기준은 시작업의 난이도에 의하여 결정되며, 그 위에 휘도 대비가 낮은 작업일 경우에는 적용 단계를 1단계씩 차례로 증가시킨다.

독일의 기준조도는 옥내조명, 병원조명, 스포츠조명, 항만조명, 지하철조명과 도로조명으로 용도에 따라 분류하고, 실내 조도의 단계를 시작업의 정도에 따라 정하고 있다.

다시 말해서 우리나라의 조도기준은 미국의 조도기준을 원용한 일본의 규격을 그대로 따른 것이다. 그러므로 우리나라 사람들의 심리, 생리적인 고유 체질과 우리나라의 문화적 · 경제적 상황 등이 고려된 명실공히 국가 규격인 KS 조도기준의 설정이 오랜 소망이기도 하였다.

본 조도기준은 서울대학교 지철근 교수 연구실이 1986~1988년의 2년간에 걸쳐 실시한 「건물의 전기설비설계 기준을 위한 조사 연구」 결과를 토대로 하였다. 조도기준에 관한 실험은 평균 20세 정도의 남녀 대학생 40명을 대상으로 2년간에 걸쳐서 실시하였다.

실험으로는 실제작업과 말소작업 방법을 병행하였으며, 실제작업은 대상물의 크기와 조도의 관계를 관찰한 것으로, 대상물로 사용된 한자의 크기는 인쇄체 7, 9, 11, 13, 15급이고, 말소 작업에서는 지름이 3, 4, 5, 6 [mm]의 랜돌트 링(landolt ring)을 사용하고, 각 실험에 사용된 조도단계는 50, 100, 150, 300, 600, 1,000 [lx]이다. 그리고 각 실험에서 대상물의 특정 크기와 특정 조도 하에서의 피실험자의 작업에 대한 시각 평가와 작업에서의 오차, 또한 작업에 요하는 시간 등을 측정하였다. 또한 작업 단계를 초정밀, 정밀, 보통, 단순 및 거친 작업 등으로 분류하여, 한자의 크기와 랜돌트 링의 크기를 대치시켜서 실험 결과를 작업 단계별로 다시 정리하여, 각 작업 단계별의 조도에 따른 시각평가, 소요시간 등을 구한 것이다.

실제작업에서의 시각평가는 심리적 만족도를 의미하므로 이를 토대로 현재의 사용 조도의 실태조사 결과와 현재의 경제력 등을 참고하여 기준조도를 설정하고 또한 말소작업에서의 소요시간이 피로도와 비례하므로 이것을 이용하여 기준조도 적용에 의한 생산성 향상을 구한 것이다.

본 실험에 의한 기준조도의 설정은 미국 규격에서와 같이 시작업자의 연령, 작업의 속도(정확도), 그리고 작업 대상물의 휘도 대비 등이 고려된 가중치를 고려하여 추천조도 범위 내에서는 비교적 적정한 조도를 택할 수 있는 미국식 가중치법을 사용할 수 있도록 하였다.

작업의 등급에 따라 새로 설정된 기준조도는 표 12와 같다.

표 12 기준조도

기준조도 / 작업등급	최저 허용조도 [lx]	표준 기준조도 [lx]	최고 허용조도 [lx]
초정밀	1,500	2,000	3,000
정 밀	600	1,000	1,500
보 통	300	400	600
단 순	150	200	300
거 친	60	100	150

새로 설정된 기준조도를 비교하면 대체로 미국 조도기준의 최저 허용값인 일본 조도기준에 가깝다.

각국의 기준조도를 비교하면 표 13과 같다.

조도 분류의 값 중 E～H의 범위는 실험에 의한 표 12의 범위를 따랐으며, A～D, I～K는 Weber-Fechner의 법칙에 따라 표 12로부터 유추하였다.

표 13 각국의 기준조도

기준조도 작업등급	국가별	최저 허용조도 [lx]	표준 기준조도 [lx]	최고 허용조도 [lx]
초정밀	미 국	2,000	3,000	5,000
	일 본	1,500	2,000	3,000
	한 국	1,500	2,000	3,000
정 밀	미 국	1,000	1,500	2,000
	일 본	750	1,000	1,500
	한 국	600	1,000	1,500
보 통	미 국	500	750	1,000
	일 본	300	500	750
	한 국	300	400	600
단 순	미 국	200	300	500
	일 본	150	200	300
	한 국	150	200	300
거 친	미 국	100	150	200
	일 본	75	100	150
	한 국	60	100	150

각국의 조도기준을 조사한 결과 크게 분류하면 작업장소에 따른 분류와 작업종류에 따른 분류를 따르고 있음을 알 수 있었다. 작업장소에 따른 분류는 이용자가 적용하기에는 편리하나 내용이 방대하게 되며, 작업종류에 따른 분류는 규정은 간단하나 이용자가 적용하는 데 어려움이 있다고 사료된다. 전자를 따르는 조도기준은 기존의 KS A 3011(1991), 일본, 미국 및 독일 기준 등이며, 후자를 따르는 조도기준은 국제조명위원회 및 영국이고, 오스트레일리아는 주로 전자를 따르면서 후자를 보완하여 사용하고 있다.

본 조도기준에서는 대분류로는 작업장소에 따른 분류를 따르고 소분류에서는 작업 종류에 따른 분류를 적용하여, 이용의 편리함과 내용의 간결화를 도모하였다. 그리고 새로 출현되고, 수요가 격증하고 있는 사무 자동화 기기 작업에 대한 기준 조도를 추가하였다.

각국의 조도기준의 대분류 및 중분류의 개수는 표 14에 비교한다. 본 해설에서 사용하는 KS 는 KS A 3011(1991)을 이용한 것이다.

본 조도기준을 개정 전의 KS A 3011(1991)과 비교하여 보면, 대분류는 14개에서 10개로 줄었으며, 중분류는 53개에서 181개로, 소분류는 780여 개에서 1,400여 개로 증가하였다. 따라서 개정 전에 비하여 적용상의 모호함을 크게 줄였다.

표 14 각국 조도기준의 분류 개수 비교

규 격	KS	JIS	CIE	IES	AS	BS	DIN
대분류(개)	14	13	3	5	7	4	19
중분류(개)	53	51	9	237	94	26	130

각국의 조도기준의 대분류의 종류와 각각의 중분류 개수는 표 15와 같다.

표 15 각국 조도기준의 대분류 종류 및 중분류 개수

	대분류	중분류 개수
KS	사무실	1
	공장	1
	학교	2
	병원, 보건소	2
	상점, 백화점, 기타	8
	미술관, 박물관, 공공회관, 숙박시설, 공중 목욕탕, 미용·이발소, 음식점, 흥행장	8
	주택, 공동 주택의 공용부분	2
	역사	3
	통로, 광장, 공원	3
	주차장	2
	부두	3
	운동장, 경기장	15
	선박	1
	공항 청사	2
JIS	사무실	1
	공장	1
	학교	2
	병원, 보건소	2
	상점, 백화점, 기타	8

표 15 (계속)

	대분류	중분류 개수
JIS	미술관, 박물관, 공공회관, 숙박시설, 공중 목욕탕, 미용·이발소, 음식점, 흥행장	8
	주택, 공동 주택의 공용부분	2
	역사	3
	통로, 광장, 공원	3
	주차장	2
	부두	3
	운동장, 경기장	15
	선박	1
CIE	별로 사용하지 않는 장소, 혹은 단순한 모임이 필요한 장소의 전반조명	3
	작업실의 전반조명	3
	정밀한 시작업의 부가조명	3
IES	상업, 주거, 공공 집회 장소	56
	공장	92
	옥외 시설	31
	경기장 및 레크리에이션 지역	53
	교통수단	5
AS	일반적인 건물지역	9
	상업건물 및 제조공정	58
	공공건물 및 교육기관	8
	사무실	4
	병원 및 의료기관	2
	상점 및 주택	2
	사람이 많이 출입하는 장소	11
BS	작업장소	16
	접대 및 순환공간	2
	주거공간	1
	기타공간	6
DIN	공공장소	6
	건물 내 통로	5
	사무실 및 기타 사무공간	8
	화학 공업, 합성(인조) 물질 및 탄성고무제품	7
	시멘트 공업, 요업 및 유리 공업	6
	야금공장, 강철공장 및 압연공장, 대형 주조(주물) 공장	5
	금속가공 및 세공	16

표 15 (계속)

대분류	중분류 개수
발전소	8
전기공업	4
장신구(보석) 및 시계공업	3
목재가공	7
제지 및 종이가공, 인쇄공업	8
가죽공업	6
섬유(직물)제조 및 가공	9
식품 및 기호품 공업	7
도매 및 소매	2
수공업 및 공예	7
서비스업	4
옥외 작업장 및 작업 통행 구역	12

【비고】 1. BS(British Standard)에는 별도의 추천조도가 없고, 몇 개의 예제와 추천 조도 약산법이 있다.

2. 위 도표는 DD(Drafts for Development) 73으로 주광과 인공조명으로 제공해야 할 추천조도에 대한 분류이다.

참고 문헌

- 전기응용, 문운당, 지철근 저
- 전기응용, 학헌사, 김철중 외 2인 공저
- 전기응용, 이공도서출판사, 윤웅열 · 임윤희 공저
- 전기와 조명, 동일출판사, 강도열 · 이준웅 공저
- 電氣應用, オーム社, 大谷嘉能 著
- 電氣工學, ハンドブゥク, 전기학회
- 最新照明計算の基礎と應用, 電氣書院, 黑澤凉之助 著
- 전열공학, 동일출판사, 이덕출 저
- 전기 철도, 동명사, 정연택, 이덕출 공저.
- 철도차량과 설계기술, 기전출판사, 스키야마 다께시 외 다수 공저
- 전기철도 구조물공학, 동일출판사, 김양수, 유해출 공저

● 전기응용 관련 사이트

- 적외선

  http://www.autotech.co.kr/new/0001/techinfo/적외선센서/00107/htm

- 자외선

  http://uvlamp.com.ne.kr

- 백열전구

  http://www.lux.co.kr/info/main/lamp/frame/illamp.htm

  http://www.lux.co.kr/info/main/lamp/frame/fluorescent.htm

- 형광등

  http://www.lux.co.kr/info/main/lamp/frame/fluorescent.htm

- 할로겐 램프

  http://hanalamp.com/h_html/technical_about.htm

  http://kkindustrial.co.kr/content/hal_lamp_k.htm

- EL램프

http://www.item-bank.com/2.html

- 조명설계

  http://www.archibelt.com/education/sub_4_6/4.html

- 전기가열의 특징

  http://www.han-il.com/tech/teck/htm

- 열전대

  http://www.han-il.com/products/korean/tcouplelk.htm

- 온도계

  http://user.chollian.net/~jiwoolee/teach/teach7.htm

- 유도가열

  http://www.heating.co.kr/f_la.html

  http://www.sunjinele.co.kr/infol.html

  http://www.solidele.co.kr/MainMenu.html

- 유전가열

  http://www.heating.co.kr/f_li.html

- 용접

  http://snuih.pr.co.kr/wchl.html

  http://sns.chonbuk.ac.kr/manufacturing/mclass-2-6.htm

  http://greenhospital.co.kr/research/용접과 건강_01_1.htm

- 단상유도전동기의 기동방식

  http://cupel.chosun.ac.kr/spim.htm

- Motor의 선정, 유지 보수, 규격 등 제반 사항

  http://ace.yonam-c.ac.kr/jhs/멀미교재/모터보조.htm

- 엘리베이터 상식

  http://www.elevator21.co.kr/home.html

- 엘리베이터, 에스컬레이터, 리프트

  http://www.jacolift.co.kr/korea/index-k.html

- 컨베이어

  http://www.iljinconveyor.co.kr

- 컨베이어 작동 동영상

  http://www.flexlink.co.kr/#

- 팬

  http://www.dyfan.com/main.htm

- 펌프

  http://www.pumpschool.com/intro/pdtree.htm

  http://www.lgpump-motor.co.kr

- 전기철도

  http://www.korail.go.kr

- 전동차 제동 System 개요

  http://dudigi.hihome.com/subway/subway2/brakesys.htm

- 전지

  http://www.nickmon.co.kr/b.htm

  http://www.dal0000.co.kr/sci/2ron/sco/2-8.htm

- 수은전지

  http://www.dal0000.co.kr/sci/2ron/sco/2-8.htm

- 축전지

  http://www.keic.org/kmonth/2001-06/column.html

- 전기영동의 원리

  http://www.essencemedical.com/seb3-3/electrophoresis.htm

찾아보기

최신 전기응용

초판 1쇄 발행 | 2002년 01월 05일
초판 10쇄 발행 | 2021년 08월 10일

지은이 | 오성근·이용길·정타관
펴낸이 | 조승식
펴낸곳 | (주)도서출판 북스힐

등 록 | 1998년 7월 28일 제22-457호
주 소 | 서울시 강북구 한천로 153길 17
전 화 | (02) 994-0071
팩 스 | (02) 994-0073

홈페이지 | www.bookshill.com
이메일 | bookshill@bookshill.com

정가 22,000원

ISBN 89-5526-039-3